统一用例方法：UML 与敏捷需求实践

张　恂　编著

北京航空航天大学出版社

内 容 简 介

本书重点介绍了通过采用基于统一建模语言(UML)和用例(Use Case)建模的"统一用例方法",开展业务分析(包括业务流程与业务对象分析)与系统需求分析(以功能需求为主)的基本方法、流程、步骤与技术。通过可视化的UML图形(如用例图、活动图、序列图和类图等)与基于规范模板的用例交互脚本有机结合,既可以"化繁为简、抓住本质",又能够保证产品需求描述具有足够的精准度,从而弥补传统敏捷开发仅采用用户故事的许多不足。

本书主要适合各类软件研发团队中与需求分析、产品设计工作相关的产品(或项目)经理、业务与需求分析师、产品与交互设计师、架构师等中高级技术(或技术管理)人员阅读,同时也推荐希望成为专业软件工程师的普通开发人员以及大专院校软件工程相关专业的本科生、研究生与教师阅读。

图书在版编目(CIP)数据

统一用例方法 : UML与敏捷需求实践 / 张恂编著
. -- 北京 : 北京航空航天大学出版社,2020.4
ISBN 978-7-5124-2988-8

Ⅰ.①统… Ⅱ.①张… Ⅲ.①面向对象语言一程序设
计 Ⅳ.①TP312.8

中国版本图书馆CIP数据核字(2019)第069444号

统一用例方法: UML与敏捷需求实践

张 恂 编著

责任编辑 王慕冰

*

北京航空航天大学出版社出版发行

北京市海淀区学院路37号(邮编100191) http://www.buaapress.com.cn

发行部电话:(010)82317024 传真:(010)82328026

读者信箱:emsbook@buaacm.com.cn 邮购电话:(010)82316936

涿州市新华印刷有限公司印装 各地书店经销

*

开本:710×1 000 1/16 印张:20 字数:426千字

2020年4月第1版 2020年4月第1次印刷 印数:3 000册

ISBN 978-7-5124-2988-8 定价:79.00元

若本书有倒页、脱页、缺页等印装质量问题,请与本社发行部联系调换。联系电话:(010)82317024

序 言

在过去十多年间的全球软件(包括互联网等)开发界,最令人瞩目、堪称现象级的一场持续风潮大概就属“敏捷开发热”了,其中又以 Scrum、XP(极限编程,也译为极端编程)以及 Lean(精益)、Kanban(看板)等为代表的敏捷方法与流派最为热门。时至今日,可能很多人仍对当年异常火爆的 Scrum 认证热、人们争先恐后地追求 Scrum Master 证书的场景记忆犹新。

这场热热闹闹的敏捷运动带来了各方面有好、有差的许多效应。例如,源自 XP 的用户故事(User Story)就顺着这股浪潮,成为了一项知名度最高、Scrum+XP 开发的缺省配置,可谓“No.1”的敏捷需求技术,同时在坊间也很少或很难听到针对它的任何批评意见。

用户故事的优势显然被高估了,其实际价值远没有各种营销、推广所宣传的那么大。然而,远比用户故事更为强大和实用、传入中国已近二十年的另一项敏捷需求技术——用例(Use Case,也译作“用况”“用案”等)却被普遍忽视了,这不禁令人感到些许遗憾。

于是,就有了本书。

什么是用例?

简单地说,一个“用例”就是对用户使用某个系统功能的具体执行、交互流程的描述,即一个比较完整的“使用故事(Use Story)”。

不要以为用例是多么高深、难懂的东西。其实,不管是软件还是硬件,地球上的任何产品、系统(或有使用价值的东西)都有用例,至少一个吧。

在产品设计与需求分析的过程中,用例的分析与建模常常从画系统的 UML (Unified Modeling Language,统一建模语言)用例图(Use Case Diagram)开始。以下是一个日常生活中的例子,一个最简单的微波炉系统的用例图可描绘如下:

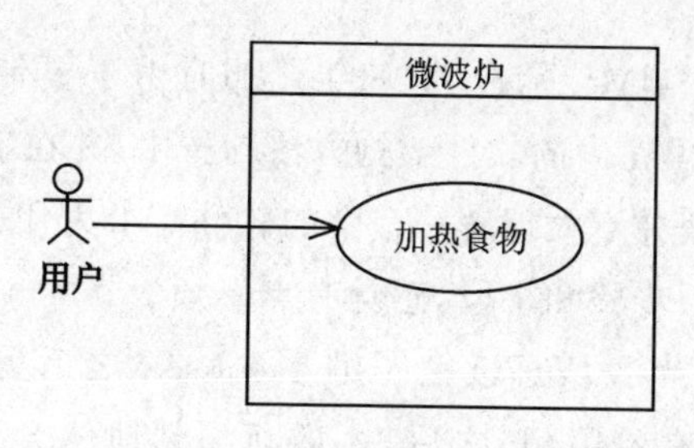

图中的UML椭圆符号“加热食物”所标记的就是一个用例。而一个用例的名称反映了用户针对某个特定系统或产品的一个功能目标，或者系统可为该用户提供的一项有价值的服务。例如，用例“加热食物”，它代表了微波炉的一项基本功能与服务——用户可以利用微波炉来加热食物。这既是一个用户的目标（User Goal），也体现了微波炉作为产品的一项使用价值。

用例图主要用来提取和表示多个用例及其关系，那么一个用例的具体内容又是什么呢？

例如，用户应该怎么通过微波炉来加热食物？正确的使用流程和操作方法是怎样的？具体有哪些步骤呢？用比较规范的用例交互脚本来描述“加热食物”，其文本大致是这样的：

1. 用户打开微波炉的电源；
2. 用户打开炉门，把食物放入微波炉，关好炉门；
3. 用户设置火力；
4. 用户设置加热时长；
5. 用户启动微波炉；
6. 微波炉运转加热食物，直到超过用户已设置好的运行时间；
7. 用户在听到微波炉的提示音、停止运转后，打开炉门，取出食物，然后关上炉门；
8. 用户关闭微波炉的电源。

您看，这就是用例（的基本流）——一个用户如何用微波炉“加热食物”的使用故事。在微波炉的用户手册上常常也能看到类似的介绍，形式与内容非常简单，几乎人人都能读懂。

用例技术是由来自瑞典的UML创始人、被称为“UML三友”之一的Ivar Jacobson在20世纪80年代中期发明的。20世纪70—80年代Jacobson曾长期为爱立信公司工作（参与开发程控交换机），他于1992年出版的名著《面向对象软件工程》（OOSE）可谓是用例技术的奠基之作。1995年以后，用例与UML技术一起被整合进了Rational公司的“统一软件开发过程”框架指南RUP（Rational Unified Process）之中。

我第一次接触用例、UML是在1998年。那时由于要带领研发团队，我正式开始学习了包括UML建模在内的软件架构方法与技术，并在RUP的相关文档中看到了用例。说实话，当时我并不太理解一个个的软件需求为什么要写成用例那样，用文本模板来写，还包括若干步骤和字段，感觉有点麻烦。

直到2000年以后，当我认真读完了继Jacobson之后另一位用例大师Alistair Cockburn的名著《编写有效用例》之后，才逐渐深刻地体会到，除了描画各种UML

图形之外，文本用例与模板对于复杂软件和系统需求分析的巨大价值。

如今自用例诞生，近三十年过去了，业界有哪些著名国际企业一直或仍在使用用例技术呢？大家熟知的主要包括爱立信、IBM（于 2003 年收购了 Rational）、Oracle、Amazon 等公司，涉及通信、IT、互联网等行业。

除了这些行业以外，过去这些年我自己也曾经为国内的其他一些行业（如证券、保险、外贸、税务等）中的知名企业或机构讲解过用例技术。虽然总数不算多，但用例技术在许多软件工程比较成熟的研发组织中应用也并不少见。

尤其值得一提的是，两大 IT 巨头这些年主推的企业级开发过程与方法——IBM 的 RUP 与 Oracle 的 OUM（Oracle 统一方法）其实都源自于“UML 三友”所引领研发的 UP（统一过程），而用例驱动开发与可视化（包括 UML）建模正是 UP 方法（家族）的两个基本特征。

用例的价值

这些年在日常软件开发过程中，坊间常用到的需求技术除了用例以外，主要还有特性（Feature）、用户故事等。那么，用例区别于其他需求技术，有哪些独特的优点和价值呢？

用例在本质上，是一种主要用自然语言编写而成的规范、结构化（模板化）的“需求程序（Requirement Program）”，一个比较完整的用例通常包含了名称、前态、后态、基本流、扩展流等若干项内容，主要被用来描述产品（系统或软件）的功能需求及其交互流。因此，用例文本通常也可以称为功能的“用例脚本”或“交互脚本”。

在工作与生活中我们常常可以看到许多案例，比如一件产品在使用、功能、交互等方面，其设计细节，往往会直接影响到它的易用性与用户体验。如果是一个复杂、上规模的软件密集型的大中型产品或系统，则常常包含了大量的需求或交互细节，要想及时、准确地发现和处理这些细节常常既费时又费力。“细节决定成败，细节是魔鬼”，众所周知的这些谚语说明了简单的事实和道理。

研究 UML 与用例技术多年，我的体会是：

与特性、用户故事等其他需求技术相比，用例方法与技术的最大价值就在于通过其设计科学、系统、合理、规范的文本模板与相应的分析过程和技巧，可以帮助产品的设计师（或需求分析师等）能够有条不紊地把各种复杂、潜藏、难以发现和理解的需求及交互细节逐步挖掘出来，并梳理、表达清楚，从而尽最大可能不遗漏（甚至可以提前预见到）那些关键的、对开发成败具有重要影响的需求。

不仅如此，用规范、格式化的用例脚本结合更加形象、直观的 UML 图形联合建模，可以更加积极、有效地应对常见的需求难题（比如管理好各种需求细节，妥善应对需求变化等），这也是“用例＋UML”方法相较于其他需求方法所具有的一项明显长处。

简单一句话，用例与UML建模的主要价值可以概括为：

基于其他需求方法所欠缺的——流程化与结构化(需求程序)的书面描述方式(包括文本与图形建模等)，可以更加精准、有效地发掘、记载和管理好复杂的需求与交互细节，做到化繁为简、抓住本质。

相信读完本书并经过一段时间的实践之后，您大概也会有类似的体会。

可以说，用例(与UML)建模是自1990年代以来现代软件工程中最重要的需求技术(之一)，在驱动并保障各类复杂产品、系统与软件的成功开发中发挥了独特的价值和重要的作用，用例分析作为当代软件与系统需求分析的一项重点(或核心)技术是当之无愧的。

用例是敏捷的

敏捷方法传入中国也快二十年了，然而对于敏捷需求技术，坊间一直广泛流传着许多似是而非的观点或误解，例如：

用户故事是敏捷的，用例是不敏捷的；

用户故事比用例更好、更先进；

Scrum必须用用户故事，不能用用例。

莫非自敏捷运动兴起以来，用例就真的已经过时、落后了，应该被用户故事所淘汰了吗？

非也。

前面提到的以实用用例技术而闻名的Alistair Cockburn，不但是当年组建敏捷联盟与签署《敏捷宣言》的主创成员之一，而且同时也是敏捷方法水晶(Crystal)流派的创始人，他对于肯定用例在敏捷开发中的重要价值以及优先采用用例的主张与态度可以说是非常坚定和一贯的。

而另一位知名的敏捷与极限编程专家Martin Fowler对“用例与用户故事之争”也持有相对中立的立场。他曾经提到，在敏捷开发实践中用例与用户故事两者既可以结合一起使用，也可以分开单独使用(要么只用用例，要么只用用户故事)，不同的团队可根据自己的实际情况进行选择。

事实上，用户故事只是一项源于XP的专用技术，而Scrum作为一个更加开放、简约的敏捷、迭代开发框架，其本身几乎不含任何技术实践，因而对于采用哪种需求技术也是持中立的态度。成功的Scrum团队既可以采用用户故事，也可以采用用例(故事)，而具体采用哪种技术应该由每个团队在实践中因地制宜、按需(价值最大化、风险最小化)来配置。

此外，在用例编写与建模的过程中，我们可以根据敏捷开发的实际需要，采用各种不同的、从简单到复杂的描述形态，例如从用例名称、用例图，到用例简述，以及UML的活动图、交互图，乃至更加全面、详尽的用例脚本等。可见，用用例来描述需求，既可以比用户故事更简单、方便，也可以比用户故事更复杂和完善（比如达到测试级的精准度）。

所以，用例分析是一项灵活、实用、适用面非常广的敏捷需求技术，它对于当代软件工程与下一代敏捷开发（如 Agile 2）的价值与潜力还远未被业界所真正、广泛地认识到。

统一的用例方法

经过多年的发展与演化，目前用例方法与技术尚存在着几个竞合流派（如 Jacobson 和 Cockburn 等），虽然它们大同小异且都出自同一个源头，但是在一些具体的技术细节（包括术语解释和用法等方面）上仍存在着不少差异；而且，尽管利用 UML 等标准图形符号来描述用例这部分早已经标准化了，但是用例文本模板至今还没有出现一个像 UML 那样被业界广泛认同的国际标准与正式规范。

以上这些情况导致坊间长期一直存在着形态各异的多种用例模板或格式，给专业人士阅读、理解和交流、分享用例脚本与系统需求及其相关知识带来了不少困扰。因此，在日常需求工作中，如何仔细甄别各个流派方法的异同，有效地作出技术决策与取舍以获得运用用例技术的最佳收益，成为产品设计、需求分析相关领域的实践者们必须面对的一个现实问题。

本书根据笔者自 2000 年以来在用例与 UML 建模、需求分析与敏捷开发方法的培训教学、咨询等方面的研究与实践经验，提出并重点介绍了整合用例、用户故事与特性等当代主流需求技术的统一用例方法（UUCM，a Unified Use Case Method），以扬长避短、兼收并蓄，消除或减少各流派方法之间的不一致性和分歧，更好地促进“用例＋UML”等分析与建模技术在下一代敏捷开发中的应用。

本书共分为 7 章。

第 1 章“产品与需求工程”作为全书的开篇，回顾了与产品需求分析相关的一些基本概念和知识，并简要介绍了用例分析在产品、系统或软件开发与需求工程中的关键位置和重要价值。

第 2 章“敏捷需求方法”是对全书主要内容的综述。首先回顾了敏捷开发的起源，介绍了敏捷体系结构，以及以用户故事为代表的敏捷需求实践的现状；然后，介绍了以用例为代表的成熟功能需求分析方法对于敏捷产品设计与交互设计的重要价值；最后，简要介绍了在 16 字“太极建模口诀”（由外而内，层次分明；动静结合，逐步求精）的指导下，基于用例与 UML 建模的统一用例方法的基本工作流程和步骤。

第3～6章是本书的重点。

建议对用例、UML不太熟悉的读者先阅读第3～4章“用例基础”与“UML基础”，以便对需求分析时常用到的用例与UML的一些基本概念、元素和技巧等内容有一个大致的了解。

第5章“业务分析”，介绍了通过基于用例与UML建模的业务分析方法建立产品的业务模型(主要包含“一动一静”业务流程与业务对象两个子模型)的基本流程、步骤和技巧，重点是如何利用业务用例图提取业务流程，以及如何通过绘制UML活动图和序列图来详细分析业务流程。该章最后还简要介绍了用UML类图建立业务对象模型的基本方法。

第6章“系统需求分析”，详细介绍了通过基于用例与UML建模的系统需求分析方法建立系统需求模型(主要包含“一动一静”用例模型与非功能需求集两个部分)的基本流程、步骤和技巧，重点是介绍如何通过编写格式规范、清晰易读的用例(交互)脚本来尽量精准地描述复杂的系统功能需求及其细节。

当然，对于一些简单的系统功能，也可以不必编写详细的用例脚本，而是通过画UML图(如用例图、活动图、序列图)或者编写特性清单等更加轻量的方式来表示。

最后，在第7章“两个故事”中，我们对Scrum＋XP团队常用的用户故事技术的优缺点作了比较深入的分析，并且对用户故事与用例故事这两种故事的异同作了对比，得出的结论是两者具有某种“偏等价”性，即用户故事所能描述的内容、发挥的作用用例故事基本上也可以做到，因而在除了采用XP之外的敏捷开发过程中，后者通常可以取代前者，而反之则不行。

请注意，Use Case在本书中除了被译为“用例”外，有时也被称为“用例故事”，两者完全等价，可自由替换，这是因为用例本来就是一种书面、规范的系统使用或交互故事，而且历史上比用户故事出现得更早，其形式与内容也比后者更加完备。不过本书的“用例故事”不同于Ivar Jacobson在其提出的新版Use Case 2.0中所描述和采用的术语“用例故事(Use Case Story)”，请勿混淆。

本书适合哪些读者阅读

本书主要适合各类软件研发团队中与需求分析、产品设计工作相关的产品经理、项目经理、业务分析师、需求分析师、产品设计师、交互设计师以及架构师和测试师等中、高级技术(或技术管理)人员阅读。

当然，也建议希望今后成为高级程序员、专业软件工程师(或架构师)的普通开发人员阅读，毕竟需求分析是高级(尤其敏捷)开发人员必备的一项重要技能，应当熟练掌握。

本书所采用的主案例是大家日常都很熟悉的B2C电商网站业务(包括购物、下订单等)，为此虚构了一家宠物店公司及其网站，基本不涉及其他行业、领域中一些很专业、难懂的概念或知识，所以对于书中所举例的业务流程、系统需求等各项内容，普通读者也应该很容易理解，没什么难度。

总之，无论你们团队目前采用的是相对传统的软件工程方法，还是这些年比较流行的敏捷方法，相信本书所介绍的统一用例方法对于继续改进您个人或团队的需求分析工作、提升需求质量，或多或少都会有一些启发或切实的帮助。

致　谢

本书能由著名的北京航空航天大学出版社出版，对此我感到非常荣幸。同时，也非常感谢负责、参与本书付梓的各位编辑与文案、排版等工作人员，此书的成功问世离不开他们的信任与辛劳。

衷心感谢我的家人、老师、学员、客户和朋友们，感谢他们几十年来对我一如既往的支持、教诲和帮助，给予我不断前行的力量！

这是本人第一次写书，尽管已校对多遍，但书中难免还存在着一些不当与不足之处，欢迎各位读者批评指正，谢谢！

如果希望获得与本书主题"用例＋UML"相关的更多需求技术文章、模板、工具等资源，或参与本书评论、发表意见，请访问我开设的这两个网站地址：

http://umlgreatchina.org/usecase

http://zhangxun.com/usecase

祝您阅读愉快！

张　恂

2019年末于上海浦东

zhangxun_service@hotmail.com

目　录

第1章 产品与需求工程

好的开始等于成功的一半。（谚语）

在各类产品、系统和软件的开发过程中，需求工作历来是非常重要的。

然而有些遗憾的是，业内很多人（包括不少软件的客户、管理者与开发者等）似乎一直以来并未真正深刻地意识到高质量需求工作的重要性与巨大价值，（或者）也不知道怎么更加有效地来进一步提升产品需求的开发、分析及管理水平和能力。

如果要给一个简单的建议的话，那就是——走向成熟的需求工程。

本章为全书的开篇，主要梳理和澄清了一些与产品需求相关的基本概念和知识（包括需求种类的划分、需求干系人、需求过程与需求的质量属性等），并介绍了用例在需求工程中的关键位置与重要价值，从而为后面详细介绍用例与UML等需求技术在敏捷开发中的应用与实践方法打下基础。

由于本章内容偏理论性，建议对此不太感兴趣的读者可以先从后面的章节（如第3章“用例基础”）读起。当觉得有需要重温一些基本概念，或者了解具体技术细节之外的大视图（背景）时，可以再返回本章来阅读。

1.1 产品、系统与软件

一谈起需求，必然会涉及如下问题：

“谁的需求？”

“用户的需求”，这是一个常见的回答。此外，坊间经常可以看到或听到的各种“需求”还有产品需求、系统需求以及软件需求等。

用户需求比较好理解，就是由用户提出来的针对某些事物的各种需要（Needs）或要求。那么产品需求、系统需求、软件需求（参见1.2.1小节“1. 按来源分”）这三者又分别是什么？它们与用户需求有哪些不同？这些"需求"之间究竟是什么关系呢？

可能很多人对此未必清楚，也很容易产生混淆，因此在后面正式讨论什么是需求以及各种需求的差异与联系之前，有必要先澄清和比较一下"产品"、"系统"与"软件"这三者之间的异同。

图 1－1 展示了本书中的"产品"、"系统"(狭义的)与"软件"这三者之间的关系。

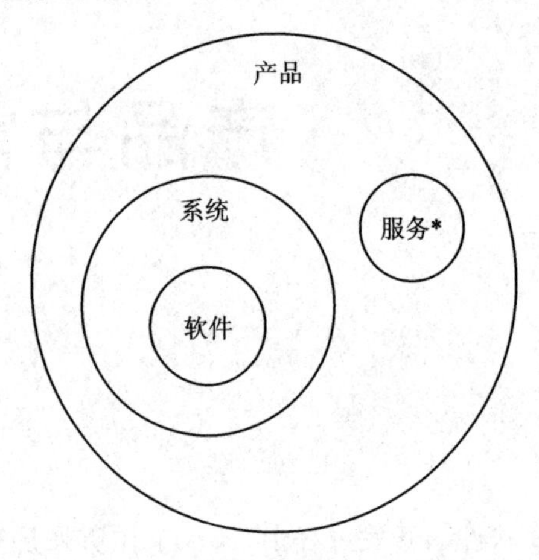

图 1－1　产品、系统与软件的关系示意图

1. 产　品

由于这些年的互联网热，"产品"和"产品经理"一度成为了热词。

那么，什么是产品(Product)呢？

顾名思义，产品就是指任何生产出来的物品。传统或狭义的产品是一种物理上的实物，而且通常也是一种可用于批量销售、买卖的商品，而如今广义的产品还泛指任何生产者生产、制作出来的东西，包括向客户提供的某种服务(Services)或虚拟的、数字类产品(如网络代币、金融理财产品)等。

本书中的"产品"主要是指具有电子计算、程序运行能力的各种软硬件系统与设备，包括纯软件、各类 IT 系统、互联网系统等。

图 1－1 中的产品除了拥有系统与软件以外，还包含了一项单独带"＊"号的"服务"，这不是系统或软件自身所提供的服务，而是主要由人类员工向产品的客户提供的服务。例如，互联网或金融等行业中一些广义的产品定义，除含系统之外，有时也包括一些必要或辅助性的人工服务(如处理投诉、退换货等)。

如果一个产品不含人工服务，只含软硬件提供的自动化服务，那么这个产品就与本书中的狭义"系统"基本等价了。

两者可能唯一的细微区别是："产品"这个词通常还具有可以批量销售或大量复制的涵义(源于制造业)，而一般意义上的系统不具有这种属性，相对比较独立，所以在工程开发类项目中一般称交付给用户的是"系统"较多，而在互联网开发中，由于通常面向的是大量用户或大规模的消费者，因此称“产品”居多，尤其在业务和管理等非技术领域更是如此。其实两者的实质差异并不大，而事实上产品本来就是一个系统（广义的）。

2. 系　统

何谓系统（System）？

国际知名的专业机构 INCOSE（International Council on Systems Engineering，国际系统工程协会）的定义是：

“一个系统就是指一群为了实现既定的共同目标而彼此交互的元素。这些元素的例子包括各种硬件、软件、固件、人员、信息、技术、设施、服务以及其他辅助元素等。”

这个定义很好，也相当全面，指出了各种类型的可能组成系统的元素。

还有一种更简单、一般意义上的“系统”定义（可能不够严谨）：

任何一种有（物理或逻辑的）边界且有内容的东西，都可以叫作系统。

可见，广义的系统概念其实是非常宽泛的，大到宇宙（假设宇宙是有边界的）、银河系，小到原子，这些都是系统。而一个广义的产品本身当然也是一个系统，它既包含了软硬件，也可能包含了各种人工服务。

本书中绝大部分“系统”的定义是狭义的，比广义的系统和 INCOSE 的定义都要小。INCOSE 的系统定义可能还包括人员（People），而一个包含了人员的系统其实往往就是一个开展某些业务活动的组织（如某个企业、机构等）。

为方便起见，在本书中如果未加任何定语或前缀，那么“系统”就是指一个仅包含软硬件，以电子运算为主的系统或一个纯软件系统，也可简称为“电脑系统”。

因此，如图 1-1 所示，本书中的产品包含了系统，系统则包含了软件与硬件（未画出），它们构成了一种 3 层嵌套结构；而如上所述，本书中“系统”的涵盖范围一般要小于或等于“产品”。

3. 软　件

在本书中，一个待开发的软件是一个比待开发的产品或系统更小的概念，通常该软件是待开发系统的一部分（如果该系统还有其他附属的硬件内容）。

如果待开发的当前产品是一个纯软件产品（如应用软件、操作系统、数据库等），那么此时对于该软件来说，所谓待开发的“产品”、“系统”与“软件”这三者的逻辑边界就完全重合了，三者完全等价，该软件的需求也就是产品（或系统）的需求。

为了简化、一致起见，我们作出如下约定：

本书中的“系统”是狭义的，就是指具有电子计算能力、软硬件结合的电脑系统或纯软件系统，这些系统的内部是不包括人类的。

另外，本书中的“产品”与“系统”这两个术语在多数情况下是可互换使用的，大致等价。为了符合一般的使用习惯，在业务领域组词、造句时一般用“产品”，如“产品的业务分析、产品所涉及的业务流程”；而在技术开发领域中一般用“系统”，如“系统的需求分析”等。

1.2 需　求

那么，到底什么是需求（Requirements）呢？

根据业界已沿用了快 30 年的 IEEE（国际电气与电子工程师协会）的软件工程标准术语表，一个“需求”的定义如下：

① 用户解决问题或达到目标所需要的一个条件或能力；

② 系统或系统部件为了满足合同、标准、规范或其他正式规定文档所需达到或应具有的一个条件或能力；

③ 对以上①或②提及的条件或能力的一些文档说明。

以上需求定义是相当全面和完善的，它是分别从用户与系统两个角度来说的，而且还包括了针对需求的文档描述或说明。虽然该定义出自软件工程术语表，但是它不仅很好地适用于软件需求，同样也适用于产品与系统需求。

概括而言，需求是用户所需要的而且同时系统能够满足（或提供）的一种条件（Condition）或能力（Capability）。

通常所说的系统功能或功能需求（FR，见下文）就是一种能力。例如用户在购物时通过电商网站下订单，可以通过系统“下订单”这就是系统所具备的一种“能力”，而且显然也是用户所需要的。

由用户提出，同时系统也应该满足、符合的一些“条件”通常可表示为系统的非功能需求（NFR，见下文），例如系统的“最大响应时间不能超过 3 秒”、应“同时支持 10 万个并发访问连接”等。

以上定义中还提到了两个关键词：问题（Problem）与目标（原文是 Objective，也可用 Goal 等）。

产品的需求一定是要能够帮助用户解决某个问题，或者完成某个任务，实现某个目标的。而本书所介绍的用例方法正是由用户（或用角，参见第 3 章）目标所驱动的，每一个代表系统主要功能的用例名称都反映了一个具体的用户目标，如“下订单”“支付订单”等。

1.2.1 需求的种类

在日常工作中，您可能常常会遇到各种各样的需求，它们都被冠以“需求”的名称，如业务需求、产品需求、系统需求、软件需求、用户需求、功能需求、非功能需求等。

软件需求专家 Karl Wiegers 在他的名著《软件需求》里，列举了至少 10 种需求类型，如下所示（重新排了序）：

- 业务需求；

- 用户需求；
- 系统需求；
- 特性(Features)；
- 功能需求；
- 非功能需求；
- 质量属性(Quality Attributes)；
- 约束(Constraints)；
- 外部接口需求；
- 业务规则(Business Rules)。

以上最后的4种需求类型其实都属于细分的非功能需求。

如何才能分清这么多的需求类型？它们之间都有哪些区别？到底是一些什么样的关系呢？下面我们对各种需求类型做了简单的分类(可大致按不同的目标范围、需求的来源与基本性质来分)，并对其中一些常见的需求类型及其关系进行分析。

1. 按来源分

按照需求的来源(由谁提出，或为谁服务)划分，常见的说法有用户需求、客户需求、干系人需求等。

与后文按目标范围来划分需求类型，针对的都是业务、产品、系统和软件之类的(客观)事物有所不同，此处的划分依据针对的是不同的(主观)人群，他们是需求的一个最重要来源。

首先，用户需求与客户需求分别指的是用户与客户提出的各种需求，包括他们的工作目标、任务需要以及直接针对产品及其功能提出的各种要求等。

而干系人(Stakeholders)需求主要指的是产品的所有干系人提出的需求的一个总集，包括产品开发组织外部的客户与用户，以及开发与运营组织内部的管理者、开发者、运营与维护者等所有利益相关人所提出的需求。有关干系人的具体定义请参见1.3.2小节。

客户与用户的区别

产品的用户就是指直接使用该产品的人，有时也称为“终端或最终用户(End Users)”。

许多时候产品的客户(Customers 或 Clients)一般也就是用户，两者基本相同，除了“客户”还有一层付费购买的涵义。

但有些时候(如在许多软件工程的文献资料中)，“客户”与“用户”这两个词也经常会被分开使用，表明这两者的涵义有所不同。

例如，在许多工程项目中，客户是与开发商(乙方)正式签合同、付款购买产品与服务的这一方(即甲方)，而用户是直接使用、操作标的产品(或系统)的人，因此通常客户代表是来自甲方总部的管理人员，而最终用户是其下属部门的一线业务人员或产品的直接使用者，这往往是两拨人。在这种情形下，客户与用户对于产品的需求、想法和体验等常常是不完全一致的，需要需求分析师（见下文）认真地去调研。

总之，平时留意分清“客户”与“用户”这两个常用术语在涵义上的稍许区别也有好处，可以避免遗漏重要的干系人及其需求。

2. 按目标范围分

任何一个需求，一定是有一个具体针对的目标（或对象）的，也就是针对什么东西提出的需求。按设计、讨论的范围（Scope）分，从大到小主要有这样几个需求所针对的目标范围：业务、产品、系统与软件。

在本章开头，已经对产品、系统与软件这三者的区别与联系做了分析，此处多了一个“业务”。针对这些常见的目标范围，对应的分别有业务需求、产品需求、系统需求和软件需求至少这样4种需求。

（1）业务需求

本书中的业务需求（Business Requirements）主要是指客户（或其他干系人）针对某个组织（如企业、各类机构等）所从事的业务活动提出的需求，包括业务的目标、功能、服务以及各种业务上的需要等。

所有待开发的产品、系统以及软件等最终必然都是为了满足或实现客户和其他干系人的业务需求而服务的，因此业务需求可以说是产品（或系统等所有其他）需求的一个根本（或主要）来源之一。

例如，银行作为一个商业组织，需要满足个人客户的基本业务需求如图1-2所示（用UML用例图表示，参见第5章）。

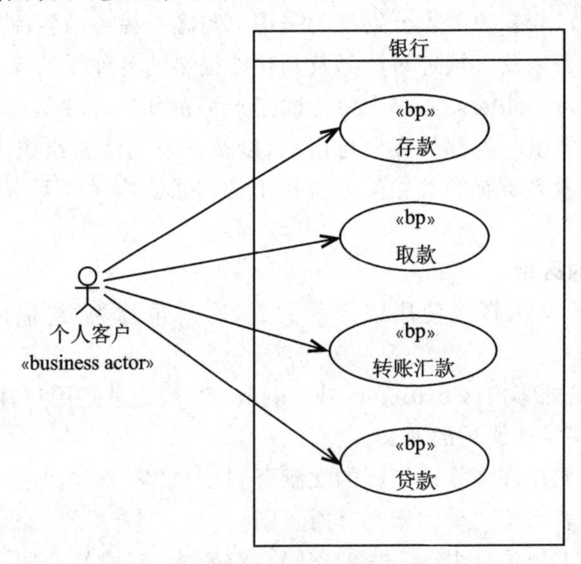

图1-2 银行个人客户的基本业务需求

图1-2中标有《bp》字样的椭圆符号代表一个业务流程（Business Process），也可以视为组织所提供的一项业务功能。

客户的每一个业务目标(或业务需求)通常都需要为其提供服务的组织中的某个相应的业务流程来执行和实现。上图中的“存款”、“取款”、“转账汇款”和“贷款”既是个人客户针对银行的业务目标与业务需求,同时也是银行针对个人客户所提供的一些基本业务流程和服务。

这些已识别的业务需求将在产品开发时,被转化为相应的产品(或系统、软件)的需求,它们通常具有前后的因果与可追溯关系。

(2) 产品与系统需求

产品需求主要是指产品的干系人针对待开发产品所提出的各种需求描述(包括功能需求与非功能需求)。

一个产品通常在业务流程中被业务的客户等干系人所使用,因此产品需求通常应该满足并能跟踪到业务需求。

与产品需求类似,系统需求是指由一个待开发系统的各类干系人提出来的、对该系统应该具有哪些功能需求和非功能需求的描述。

系统是一个递归、可嵌套的概念,一个系统可以包含若干个子系统,而一个子系统又可能包含多个“子子”系统,以此类推。在未注明的缺省情况下,“系统”主要是指一个系统体系的最大边界之外用户直接可见的部分,而该边界内部的系统组成情况通常是不可见的(相当于黑盒)。

在本章开头已讨论过,本书中的“产品”主要由电脑系统以及相关的人工服务所组成。除了拥有“系统(狭义的)”所没有的人工服务以外,“产品”与“系统”这两个概念几乎是等价的。因此在多数或缺省情况下,本书中的产品需求几乎就是该产品中相应系统的需求,都是指它们应当符合的条件与应该具备的能力,而“产品”与“系统”、“产品需求”与“系统需求”等这几个术语也基本上可以换用。

(3) 软件需求

软件需求主要可分为以下两种情况。

第一种情况,开发的是纯软件产品,那么所谓的“产品需求”与“软件需求”就合二为一了。

第二种情况,开发的产品是一个需要进行软硬件设备联合设计与开发的系统,那么分析的重点应该放在“系统需求”之上,把系统基本当作一个黑盒来识别外部用户提出的各项需求,而不应过早地考虑“这是软件需求,还是硬件需求”(这其实已是一种实现方式了),可以等到进行系统架构设计时再来做具体的区分(或分配),决定某一个需求应该用软件实现,还是应该用硬件来实现。

当然,平时人们所谈及的产品或系统开发,大部分涉及的是软件开发,因而所谓的“产品需求”或“系统需求”,其实大部分最终实际指向的还是软件需求。

(4) 架构需求

有时读者可能还会听到“架构需求(Architectural Requirements)”这个术语。对于产品开发而言,常见的架构有产品架构、系统架构和软件架构等。

架构需求主要是指对如何设计产品（系统或软件）架构的各种限制、约束和要求。重点关注架构需求的主要是产品（系统或软件）的架构师。

架构需求主要与产品的非功能需求紧密相关（参见下文“3. 按性质分”），两者在很大程度上是重合的，因此也可以认为架构需求基本上是非功能需求的另一种表述（或一部分）。

既然架构是产品（系统或软件）的一部分，而且架构需求可以从功能或非功能需求推导而来，那么在实际的产品设计与需求分析工作中，通常也就没有必要一开始就把架构需求单独拿出来说，而是重点先把产品的功能与非功能需求弄清楚为好。

(5) 数据或信息需求

最后，对于产品中数据库的开发与设计人员，往往最关心的是数据（或信息）方面的需求，主要内容包括在业务流程与产品（系统或软件）的使用过程中，有哪些数据需要持久保存，这些数据有哪些结构和特征，它们之间的关系如何，以及对它们进行查询、获取、操作有哪些具体的限制和约束等。

数据需求其实也是业务、产品（系统或软件）需求中的一部分，并且可以从以上这些需求中通过逐步地对（业务）信息实体的使用状况分析、推导提取而来。

3. 按性质分

划分需求类型还有一种广为人知的常用办法，即二分法，把所有的需求根据不同的基本性质特征划分成两类：功能需求（FR，Functional Requirements）与非功能需求（NFR，Nonfunctional Requirements）。这种需求分类法可用太极图表示，如图1-3所示。

(1) 功能需求

FR描述产品或系统的功能（Functionality或Function）。那么，究竟什么是功能呢？

在工程与工业界，有一个通用的说法：功能就是指系统能够执行的一个特定的流程、动作或任务。

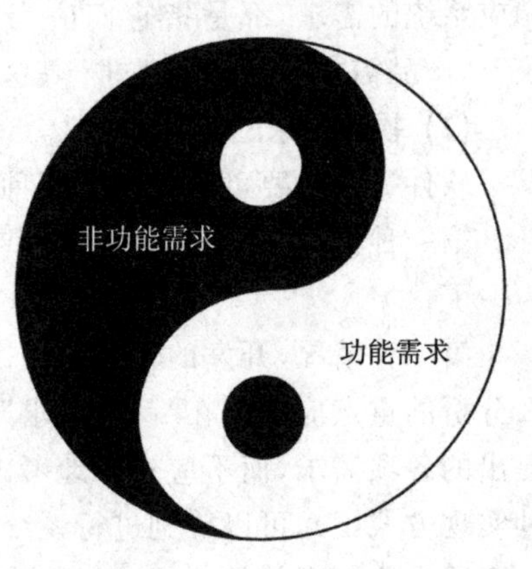

图1-3　需求太极图

这个定义显然也适用于软件工程。执行一个流程、动作或任务，可见所有的FR都是一种动态的行为需求描述。既然是行为，那么一个正常的功能就会有开始和结束，而且用户在使用该功能时通常会与系统之间发生包含若干步骤的交互动作，用户提供一些信息输入给系统，系统则通过运算输出用户所期望的结果。

换一个角度看，用户使用系统提供的某个功能的整个过程就像一个函数的运行，先有若干输入，如x1、x2等，然后通过系统运算得到函数值y作为结果返回给用户，而这种行为上的类似性恰好解释了为什么“功能”这个词的英语原文是 Function(函数)。

产品的 FR 大致可分为两类：一类功能与某些特定业务领域紧密相关(即垂直功能)，如下订单、申请退货等；另一类功能与业务领域关系不大，但与系统或应用的架构紧密相关(即水平功能)，如工作流管理、用户权限管理、打印、邮件、日志等。

功能需求通常可以用简单的特性、用户故事(User Story)或包含详细交互流的用例故事(Use Case)来描述。而本书的重点正是如何有效地利用用例故事、UML 等技术来有层次、有条理地描述好复杂产品与系统的功能需求。

(2) 非功能需求

除了功能需求以外，一个产品或系统的其他需求就都是非功能需求了。与 FR 不同，NFR 主要是针对产品或系统的某个方面提出的一些限制或要求，主要包括各种约束(Constraints)和系统的质量属性(Quality Attributes)。

学习研究 NFR，建议参考一个由惠普公司专家 Robert Grady 等人研发的叫作 FURPS＋的模型。FURPS 是由 Functionality(功能)、Usability(易用性)、Reliability(可靠性)、Performance(性能)、Supportability(可支持性)这 5 个英文单词的首写字母大写连拼而成的。除了第一个代表“功能”的字母 F 以外，其余字母则分别代表了系统质量属性的几个重要方面：

- 易用性——包括对用户体验、人机交互、人机工程学、美学、用户界面的一致性以及文档与帮助信息等方面的要求和约束。
- 可靠性——包括健壮性(Robustness)、可用性(Availability)、稳定性、计算的正确性与准确性、差错率或失效率、失效后的恢复能力等方面的要求与约束。
- 性能——包括对响应时间、传输速度、吞吐量、容量、资源消耗、计算效率等方面的定量化要求。
- 可支持性——包括对系统测试与调试、安装与配置、维护与维修、本地化、可移植性、扩充与升级等方面支持工作的要求。
- ＋——“＋”号代表除了以上几个方面的需求细分种类以外，对系统的安全性、设计与实现、外部接口、物理属性等其他方面的补充要求与约束。

在产品开发中，除了 FR 以外，其实非功能需求也非常重要，它们常常对系统与软件架构的设计具有重要影响。对 NFR 的定义应该尽可能量化，而不能停留在笼统的描述上。如何对 NFR 进行有效的测试和验证也是一个难点。

因此，在提取、分析重要的 FR 以外，精准、全面地抓住一些重点的 NFR，对产品与项目开发的成败也常常具有重要影响。

在本书后面 6.7 节中，还介绍了由需求专家 Karl Wiegers 提出的另一种 NFR 分类方法(可简称“内外法”)，请参阅。

1.2.2　常用需求表示法

以上介绍了各种主要的需求类型，接着再来看看一些业界常用的需求描述技术，即特性、用户故事和用例故事。

在日常开发中，对于同一个具体的产品或系统需求，我们经常可以选择采用这三种技术中的任一种来进行表示。下面以微波炉这个产品为例，说明这些技术分别是如何来描述“加热食物”这项功能的，以便对它们的异同有一个初步的理解和认识。

(1) 特　性

特性(Feature)是工程界或工业界描述产品功能或属性的一种传统而简单的普遍方法。在许多产品的说明书简介上经常可以看到有关产品特性的描述。根据Wiegers的定义，“特性”通常是指一个或多个逻辑相关、对用户有价值的系统能力，通常以一组功能需求的形式来描述。

特性的优点是描述需求相对简单、自由，而且并无统一的标准。

值得注意的是，“特性”一定是指产品或系统所具有的特性，一般不可能出现“用户特性”的说法。

与用户“加热食物”有关的微波炉(系统)特性可简单描述如下：

可加热食物(米饭、肉类等)

- 可设置火力大小；
- 可设置加热时长；
- 可根据食物或加热类型进行快捷设置(自动设置加热火力和时长)；
- 有加热结束提示音(若用户一直未打开炉门，则每隔15 s持续提示)；

⋮

特性也是有大小之分的。可以看到，在“加热食物”这个主特性下面还列举了多个隶属于它的小特性(或子特性)。

(2) 用户故事

用户故事是由极限编程创始人Kent Beck发明的需求技术，也是近些年知名度最高的一项敏捷需求实践，主要被Scrum＋XP团队所采用(参见第7章)，以描述用户提出的有价值的功能需求。

用户故事通常书写在一些物理或电子的小卡片上，作为一种提示物，代表了用户使用系统或与系统交互的故事。

用微波炉“加热食物”的相关用户故事可描述如下：

卡片1

作为一名用户，我要加热食物，以便享用午餐。

卡片2

作为一名用户，我要设置火力，以便加热食物。

卡片3

作为一名用户，我要设置加热时长，以便加热食物。

卡片4

作为一名用户，我要进行快捷设置，以便加热食物。

⋮

用户故事方法的一个显著特点是，卡片上的内容很少，具体的这些故事的功能细节、执行流程需要开发者与现场的用户代表进行口头沟通来获得和补充。用户代表还可以主动为每张故事卡片编写测试(如写在卡片背面)。

所以，用户故事的实质是“口述故事”(的细节)。

另外还可以看到，用户故事与特性之间，两者虽然表达形式有所不同，但其实描述的实质内容差不多，基本上用户故事与上面所列举的大特性或小特性可以一一对应。

(3) 用例故事

用例(故事)是本书重点介绍的需求技术。简单地说，用例就是对产品功能执行与交互过程的一种书面描述，而用例的名称则代表了一个对用户有价值的系统功能(或服务)。

例如，以下为微波炉的用户“加热食物”的用例脚本(基本流)：

1. 用户打开微波炉的电源；
2. 用户把食物放入微波炉，关好炉门；
3. 用户设置火力；
4. 用户设置加热时长；
5. 用户启动微波炉；
6. 微波炉运转加热食物，直到超过用户已设置好的运行时间；
7. 用户在听到微波炉的提示音、停止运转后，打开炉门，取出食物，然后关上炉门；
8. 用户关闭微波炉的电源。

看到这里，也许读者已经体会到用例故事与特性、用户故事之间的(至少一处)显著不同了。

用例从使用一个功能的开始到结束，描述了该功能执行的完整流程，而这些内容是特性与用户故事一般所没有的(至少在书面上)。可见，用例是比特性、用户故事质量更高、更完整的使用故事(Use Story)。

通过用例分析，把用户与产品之间的交互流(Interaction Flow)及其动作步骤以一种清晰、规范的书面形式描述出来，更便于对用户的使用、操作和交互流程进行简化与优化，例如尝试能否采用最少的步骤来执行、完成某个功能。而作为体现交互实质内容的用例脚本，其设计的好坏与否，将直接关系到产品的易用性与用户体验。

本书第3章“用例基础”对用例技术做了入门介绍，第5、6章先后介绍了用例技术在业务分析与系统需求分析当中的具体应用，最后第7章对用户故事与用例故事的异同做了更加深入的比较。

以上这三种需求技术(特性、用例、用户故事)，是新的需求类型吗？

严格地说，其实本质上它们都不是新的需求类型，而只是不同流派的需求专家们所创造的主要用来描述 FR 的三种不同形式的载体，以及内容和特点迥异的方法与技术。

另外，尽管用例、用户故事主要描述的都是 FR，但两者的内容也都可以包含相关的 NFR 信息，而特性其实也可以被用来描述 NFR（如非功能特性）。

1.3 需求工程

以上介绍了什么是需求以及需求的种类与常用的表示技术，本节将接着介绍需求工程（Requirements Engineering）的一些重点知识。

“需求工程”是对涉及一个产品（或系统、软件）的所有需求工作的一种统称，其主要内容一般可以分为需求开发与需求管理两部分。

下面将从需求工作的重要性开始，分若干小节依次来介绍重要的（开发团队内部的）需求干系人、需求过程，以及如何评估需求的质量。

1.3.1 需求的重要性

为什么开发过程中的需求工作那么重要？

这主要是因为产品的需求（分析、描述或定义等工作）处于产品开发的上游。打个比方，一旦发生事故，导致上游的水源受到了污染使水质变坏，下游人们的饮水与生活将会是一种怎样的状况？至少需要投入很大的精力与成本来去污和治理。

类似地，如果上游需求定义方面的错误或缺陷能够越少，或者越早发现和纠正，保证产品的需求尽量清晰、精准和稳定，不要老是改来改去，那么下游的设计、编程和测试等后续工作都会变得很顺畅，而整个研发团队因上游需求错误而将付出的各种纠错或返工（Rework）的代价也就越小，如此简单的道理是显而易见的。

以上是对需求重要性的定性分析，还有定量分析。

著名的软件工程专家 Barry Boehm 是最早对在软件开发周期的不同阶段，对修正错误所耗成本的分布情况开展研究的专家之一。早在 20 世纪 80 年代初，他就研究发现：如果在需求阶段发现并纠正错误的开销是 1 的话，那么在软件正式交付、运行之后发现并纠正前期遗留下来的错误的开销常常会达到 100 以上。

正是由于人们认识到在开发后期或产品交付之后，再纠正前期（尤其需求）错误的成本是如此高昂，长期以来软件工程界达成的共识是（Boehm）：

“应该开展必要、充分的需求分析与设计工作，并尽早进行确认与验证，同时可采用模拟、仿真与原型法等各种有效的办法与技术，以尽可能避免开发后期昂贵的纠错开销。”

100 倍这个比值当时主要是在对大型软件开发（如国防、军工行业）资料研究的基础上得出的。2001 年 Boehm 教授在发表的文章中又补充了新的看法，他提到对于小型、非关键系统的开发，这个比值（也就是软件交付后发现并纠正错误的开销与在需求和设计阶段就发现并纠正这些错误的开销之比）更接近于5:1。

这意味着，小团队在开发后期修正前期的需求错误以及因需求质量不高所导致的开销未必有大团队那么显著，因此小团队可以采用一些与大团队相比，更加灵活、不那么严格或正规（Less Formal）的开发方式（如敏捷方法）。

然而，需求工作对于小团队就不重要了吗？非也。

尽管研究数据表明，开发过程不同阶段的纠错开销之比从软件工程早期、大团队的100:1显著缩小到近年来小团队的5:1，数值上有了大幅减少，然而对于小团队而言接近于500％的平均纠错成本仍然是一个不小的比值，尤其在当今市场竞争压力高居不下的环境之中，这依然凸显了需求质量以及需求工程相关工作的重要性。

到底需求的质量对产品、系统或软件开发的成败与绩效影响有多大，不同规模、成熟度的研发团队可能都有自己的切身体会。如果通过认真的总结、分析，意识到团队的开发效果不好、麻烦不断，很可能与上游需求分析和定义的质量不高有关，那么作为开发团队的主要管理者、负责人就应该明智地尽早启动和实施对团队需求工作的改进。

总之，不管在开发前后期修正需求错误的开销之比是100:1还是5:1，积极地运用和实践好需求工程的成熟方法和技术，就能更加有效地减少开发成本，显著地提高团队整体的开发效率和质量以及用户的满意度，这是肯定的。

1.3.2　主要的内部需求干系人

产品的需求全部来自于产品的干系人（Stakeholders，也译为“涉众”“利益相关者”等）。那么，什么是干系人？

把知名的专业机构项目管理协会（PMI，the Project Management Institute）在《项目管理知识体系指南》（PMBOK）中对“项目干系人”的定义作为模板，产品干系人可定义如下：

“一个产品（或项目、系统、软件等）的干系人是指影响该产品，或受到该产品影响，或自认为受到该产品影响的任何一个个人、团体或组织，这里的影响主要指受到该产品的各种决策、活动或成果的影响。”

（**注**：PMBOK原先的定义是关于项目干系人的，显然该定义同样也适用于产品、系统或软件的干系人，因此在以上定义中把原来的“项目”替换成了“产品”。）

从以上定义可以看到，无论是项目还是产品的干系人，都是指一个人，或者由多个个人所组成的群体与组织，而且一般不包括软硬件或系统设备等（非人类的）物品。

产品干系人的概念、范畴比产品用户（User，产品的直接使用者）大得多，非常广泛，它几乎囊括了所有与某件产品有关的各类人群，既包括产品的开发与运营等组织外部的用户，也包括这些组织内部的各种相关人员，包括内部用户、管理者、开发者、测试者、运维者等。

简单地说，产品干系人就是对当前所开发的产品感兴趣（有利益诉求）且会产生影响（或受其影响）的任何人或团队。

请注意，根据以上定义，干系人不一定都是对产品产生正面、积极影响的，一些对产品（及其开发、运维等）可能产生破坏、负面影响的人或团队也是产品的干系人，在做产品的干系人分析或需求分析时不要把这些干系人遗漏了。例如，在银行ATM（自动柜员机）的干系人中通常就应该包括企图破坏、拆解ATM的非法分子，应专门针对这些非正常干系人的意图和行为做分析，以加强产品、系统的安防设计。

为什么在需求工程中，分析产品需求往往要首先从分析产品的干系人（那么大的范围）开始，而不是一上来仅仅分析普通用户的需求就够了呢？

这么做主要是为了从一开始就保证需求分析的全面性，尽量不遗漏除了产品直接用户的需求之外，可能来自其他干系人的重要需求。一旦遗漏了某些重要的干系人，忽视了他们的需求，或者对这些关键干系人的需求考虑不周全，而又不能及时发现，那么就很可能在后续开发中导致加班赶工、扰乱进度和计划甚至推迟产品发布等各种麻烦。

识别、确定产品干系人，主要目的是从他们那里提取出产品的需求进行分析，以驱动后续开发工作。根据所承担的需求工作职责或任务的不同，在开发过程中与需求相关的一些主要产品干系人，也可称作产品的“需求干系人”（包括开发组织内外），如表1-1所列。

表1-1　一些主要的产品（需求方面的）干系人

需求任务	主要干系人
需求的来源	客户与用户代表（外） 市场分析师、营销代表 客户经理、业务经理 运维代表 产品经理、项目经理（*） 行业监管部门、标准机构（外）
需求的定义 （分析与设计）	产品经理、项目经理（*） 产品设计师 业务分析师 需求分析师 交互设计师 系统架构师、软件架构师

续表1-1

需求任务	主要干系人
需求的实现	交互设计师、UI设计师(含视觉) 程序员(程序设计师) 数据库设计师、DBA等 系统架构师、软件架构师(*) 开发经理
需求的确认与验证	客户与用户代表(外) 产品经理、项目经理(*) 需求评审员(包括其他干系人代表) 系统架构师、软件架构师 测试员(测试设计师)、测试经理 第三方测评机构(外)

*:表示任务负责人。

可见,产品的需求工作(或多或少)几乎与研发团队内、外的所有关键角色都有关,包括客户方的用户代表,开发方的管理者、开发者与测试者等。这是自然的,因为整个产品研发团队的一个根本任务就是要满足和实现用户(或主要干系人)对产品提出的各项需求。

以下对其中一些与需求工作、开发团队相关的重要(内部)需求干系人做简单介绍和分析。

1. 产品经理

产品经理(Product Manager),顾名思义,从事的主要是产品管理工作,应该对一个(或多个)产品的研发、运营与销售等方面的工作负总责。高级产品经理有时也被称作"产品总监"。敏捷方法Scrum中的产品负责人(Product Owner)所起到的作用与产品经理类似。

不同行业、不同组织机构与企业对产品经理这个职位、职责的定义(具体负责、做哪些事)存在着不少差别,可谓五花八门:从公司最顶层的老板、CEO、创始人,到企业的中层管理者、事业部负责人,再到一线的具体负责产品设计和需求分析的人员等,似乎都可以叫作"产品经理",于是就有了"人人都是产品经理"这一句颇为流行的热门口号。

不管到底谁是产品经理,对于负责产品研发的产品经理来说,确定具体把产品设计、开发成什么样子,如何才能更好地满足用户和市场的需求,让本组织可以持续地获得收益,始终是一件大事。为此,产品经理常常需要负责带领一个高效的产品设计(与需求分析)团队来完成这项任务。

产品经理的管理、决策与思维水平无疑对于一个产品研发的成败具有决定性的影响，可以说他们在整个产品的开发过程与生命期中处于一个非常核心的关键（枢纽）位置，既要懂客户、懂市场、懂业务，也要懂设计、懂开发、懂管理……不仅要求产品经理所掌握的知识面相当广泛和深入，而且对其各方面能力、素质的要求也很高，所以做一名优秀、称职的产品经理确实不易。

2. 产品设计师

产品设计师（Product Designer）是主要负责产品设计的专业技术人士。

此外，产品架构师（Product Architect）是一种高级的产品设计师，主要负责设计一件产品的核心架构。

同样负责或承担产品的设计，产品经理偏管理，主要承担管理责任；而产品设计师偏技术，主要承担技术与设计方面的执行责任，这是两者的主要区别之一。

坊间有种观点认为，好像产品设计师就是做UI、交互设计或视觉设计的，这种看法其实是片面的，产品设计师的种类其实有很多，不仅仅是UI或交互设计师。

形象地说，产品设计至少可以分为"外观设计"与"内部设计"两个部分。

产品的"外观设计"回答类似"一个产品是什么样的，具有哪些对外提供的能力或呈现的属性"等问题（What），主要涉及产品的需求和功能、交互、视觉等设计内容，主要的负责或承担者包括产品经理、项目经理、产品的需求工程师（包括需求分析师与业务分析师，见下文）等。

产品的"内部设计"回答类似"一个符合需求的产品内部应该如何来设计和实现"等问题（How），主要涉及产品的核心架构与组件如何设计、实现和测试等内容，主要的负责或承担者包括系统与软件架构师、高级程序员、测试员等。

那么，概括而言，各类软件工程师是否也是产品设计师呢？当然在许多情况下也是，因为他们主要负责分析、设计和实现产品中的软件部分。

可见，其实几乎以上的所有这些角色都可以叫作（广义的）产品设计师。

3. 需求分析师与业务分析师

需求分析师（Requirements Analyst）的主要任务是分析为了满足用户的需要，产品应该提供哪些功能（FR）以及具备哪些属性（NFR）。他们的主要工作成果是产品的需求文档和模型，以驱动后续的设计、开发和测试等各项工作。

"需求分析"是软件工程界常用的术语，而如前文所述其实需求分析师也是一类重要的产品设计师，因为他们要负责"设计"一件产品应该具有哪些符合用户需要的功能与属性（具体长什么样）。

如果细分的话，还有一类处于更上游的需求分析师叫作业务分析师（Business Analyst）。他们主要负责分析和设计产品在业务流程中是如何运用、运行的，应当满足哪些具体的业务需求。前面提到过，业务需求是产品和系统需求的根本或主要来源之一，所以业务分析师的工作也非常重要。他们的主要任务与成果是通过业务分析与建模等技术手段，建立当前产品的业务模型（参见第5章）。

产品的功能和特性设计必须符合业务的需要，因此业务分析师制作的业务模型将输入给产品及其系统的需求分析师，以便从中提取出合适的系统需求、建立起系统的需求模型，这个过程通常叫作（产品或）系统的需求分析与建模，以与业务分析师的业务建模过程相区别（参见第6章）。

在缺省、未说明的情况下，“需求分析师”通常指的就是产品（或系统）本身的需求分析师，而不是业务分析师。当然，对于许多开发团队（尤其中小或敏捷团队）来说，也没必要分得这么细，业务分析和系统需求分析这两个方面的工作也可以全部都由需求分析师（或需求工程师）来担任完成。

4. 交互设计师

交互设计师（Interaction Designer）主要是针对用户在使用每个产品功能时的交互体验进行设计，是一个直接关系到产品用户体验好坏的重要设计岗位。

那么，交互设计（可缩写为IxD）与产品的需求是什么关系呢？

简单地说，通常肯定是先有人（如用户代表）提出对某个产品功能或某一方面的表现（如非功能属性）有需求，然后才谈得上这个需求的交互细节具体应该怎么来设计。所以，交互设计显然也应该是由产品的需求（包括FR和NFR）来驱动的。

看了本书后面相关章节（如第3章与第6章）的介绍，您将会发现采用文本模板编写（或用UML动态、交互图描绘）的用例故事，恰好本身就是一种结构清晰的功能交互脚本（或图），可以作为交互设计一个很好的起点，或者用来梳理复杂交互的理想辅助工具（之一）。无论画UML图还是编写用例文本，只要把一个产品功能的用例交互故事描述清楚了，对复杂功能的交互设计工作都是一种有利的促进和帮助。因此，可以说“交互设计始于用例分析”。

坊间好像有一种错误的观点，认为交互设计师仅仅只是做UI与交互设计的，不用管一个需求或功能是怎么来的、质量如何，交互设计师与产品的需求工作关系不大。

实际上情况不完全是这样的，可能一些初、中级交互设计师由于能力和精力有限等方面的原因确实如此，然而对于许多中、高级交互设计师（尤其敏捷的交互设计师）而言，应该可以向上游发展，掌握一点产品、系统或软件的需求分析（包括功能的用例分析等）技术，这不但对提升个人的设计工作效率与质量会有明显的帮助，而且对提高整个设计团队的敏捷开发成效也有好处。

本书第2章“敏捷需求方法”中的2.2.3小节“交互设计”将对基于用例的敏捷需求方法与交互设计之间的密切联系做一些更加深入的分析与探讨。

5. 项目经理

与产品经理一样，项目经理的缩写也是PM（Project Manager）。做好系统或软件开发的项目管理工作是项目经理的基本职责。

产品开发与项目开发的一个主要区别是，一个产品的生命期往往要长于普通的项目。项目开发通常是一次性或阶段性的，交付给客户的主要成果通常称为“系统”(如在许多工程开发类项目中)。而许多企业的产品开发通常是连续性的，一经启动常常会延续好多年，有的甚至更长，例如微软的 Windows 操作系统产品(家族)已经持续开发约 30 年了。

正是鉴于许多产品开发具有连续性和长期性，在这类开发中可以不需要专门设置项目经理岗(尤其对于小产品、小团队而言)，由产品经理总抓就可以了，整个产品研发团队会随着一个又一个迭代(类似于开发过程中的时间片，如 2 周为一个迭代，参见 2.1.1 小节“4. 核心敏捷实践——迭代开发”部分)的推进而稳定、可靠地不断发布产品的新版本。

敏捷开发中的 Scrum 方法采取的就是这种管理模式，通常只设一个产品负责人(Product Owner，类似于产品经理)，并由 Scrum Master 作为教练进行辅助，而无需再设额外的项目经理。在这类典型的敏捷产品的连续开发过程中，每一次迭代或发布周期就相当于一个缺了传统项目经理的小项目。

另一方面，在某些产品(尤其大中型、复杂产品)的开发过程中，在产品主线的开发之外，有时也可以同时安排多个子项目的开发。例如，对于产品中涉及某些关键核心技术的研发，可以设置一个相对独立的子项目进行研发、攻关，并指派一个专门的项目经理来负责，该项目经理应接受产品经理的领导并向其汇报工作。

总之，项目经理作为工程类项目开发中的核心管理角色，应该对整个项目开发的质量、绩效与最终成败负总责。因此，项目经理与产品经理一样，显然也要自始至终对最终交付的系统的上游需求质量如何、能否真正地满足用户和干系人的需要保持高度的重视与关注。

以上我们简要地分析、澄清了产品开发与项目开发，以及产品经理与项目经理之间的联系和区别。本书介绍的统一用例方法无论对产品开发还是项目开发，基本上都是通用和适用的，因此后面章节的介绍将以产品或系统开发为主背景，若无特殊情况，就不再做重复说明或详细区分了。

1.3.3 需求过程

本小节从需求过程(Requirements Process)的角度，简要地介绍产品需求工作中涉及的一些主要工作与任务。“需求过程”是软件工程、需求工程中对需求相关工作流程及其任务的一个概括性说法和专业术语，基本上也适用于产品或系统的研发。

总体上，需求过程可分为需求开发与需求管理两大任务。这些工作通常应由产品经理带领一个由业务分析师、需求分析师和用户代表等各方面主要干系人代表所组成的需求小组，通过有效的交流沟通来协作完成。

成熟的当代需求过程应该是迭代、演进式的，应尽量避免采用传统、低效的瀑布式过程。

迭代是当代敏捷开发的一个基础与核心实践。基本做法是把一个产品、项目的开发工期划分成多个连续的时间片——迭代(Iteration)周期，每个迭代的长度一般介于1～6周之间，团队在每个迭代中通常都会同时(或并行)开展需求(包括本节所介绍的各项任务)、设计、编程、测试等各方面的工作。

当然，敏捷开发不仅仅是做到迭代开发就够了，还有更多的要求与内容。本书第2章"敏捷需求方法"将对敏捷开发方法与敏捷、迭代的需求过程做进一步的介绍。

1. 需求开发

需求开发主要分为以下这几项工作或任务：

- 需求提取；
- 需求分析；
- 需求定义；
- 需求验证。

(1) 需求提取

需求提取(Requirements Elicitation)是需求开发工作的起点，也可叫作"需求获取""需求发现"等。

需求提取的主要目的是发现和提取原始的产品需求，以及对各种相关的重要素材、资料进行收集、编辑和整理工作，获得的主要成果是可作为开展后续需求工作基础的一个初始产品需求集(或模型)。

需求提取的一些主要任务包括：

- 明确待开发产品的具体范围，了解其未来的使用与运行环境；
- 识别产品的用户和主要干系人，并对其进行分类和排序；
- 开展产品的业务分析，通过明确业务目标，收集业务流程(在本书中用业务用例表示)、业务规则等方面的材料来构建一个业务模型(参见第5章)，以明确用户需要利用当前产品来执行、完成的具体任务和目标，并以此作为提取系统功能(在本书中用系统用例表示，参见6.4节"提取用例")的主要依据；
- 直接与用户代表等干系人进行交流、访谈，收集、提取出他们对产品的各种需求(包括功能需求与非功能需求)等。

刚提取出来的初始需求集，通常是比较粗糙、不稳定的，时常会出现需要增、删、改等情况，而每一项需求通常也只有一些简单的名称、标识或说明，有待做深入的分析和描述。

(2) 需求分析

需求分析(Requirements Analysis)的主要任务是针对前面通过需求提取已获得的初始需求集(或模型)，从广度与深度两个层面，做进一步科学、系统化的分析。

一些主要任务包括：

- 对已提取出的各项需求进行准确的梳理和归类(如可细分为功能需求、质量属性、业务规则、设计约束等)；
- 对一些高层、大粒度的需求进行必要的分解，对一些低层、小粒度的需求进行必要的合并，同时删除冗余、错误（或存在其他严重缺陷）的需求，以提高整个需求集（或模型）的结构质量；

- 对所有已提取出的需求根据其用户价值、重要性、实现的难易度等因子设定其优先级，并完成初步的排序；
- 利用画图、文字说明等手段对一些关键需求进行个体分析，并描绘、澄清重点需求之间的关系等。

(3) 需求定义

需求定义主要是在前面需求提取与（初步）分析的基础之上，编写和制作正式、规范的需求规约或说明，此时需求描述的程度要比前面需求分析时更为详细、全面和稳定，因而这项任务也可以叫作“需求详述”或“编写需求规格说明（Requirements Specification，即需求规约）”。

需求定义输出的工件主要有文档和模型（此处指狭义的图形化模型）两类。

常用的需求文档主要有下面几种（参见6.1.3小节中的“4. 常用的需求文档”）：

- 愿景（Vision）文档；
- 产品需求文档（PRD，参见2.2.1小节）；
- 系统需求规约（SRS）；
- 软件需求规约（SRS）。

这些文档中出现的功能需求主要可以特性或用例的形式来表示，同时这些文档中通常也会引用到从UML需求模型中挑选出来的一些关键UML图。

常用的基于UML的需求模型主要有：

- 用例模型（除了用例图外，主要用活动图、序列图等动态图来描述功能的执行与交互流程）；
- 领域模型（主要用类图描述系统将要处理、存储的各种主要信息实体的内容及其关系）。

(4) 需求验证

如何才能确保、验证开发出来的产品真正符合用户需求、满足他们的需要呢？

对此，软件工程提供了两个基本的手段，即“V&V”：确认（Validation）与验证（Verification）。

这两个术语的中、英文意思都很相近，代表了两种虽紧密相关但有所区别的质量保证活动，初学者很容易混淆。简言之，两者的根本区别是：“确认”主要是保证做对的东西（Do the right thing），而“验证”主要是保证把东西做对（Do the thing right）。简略解释如下：

首先，我们应该保证做出正确的东西，也就是确认当前所开发的确实是客户（或用户）真正需要的东西。作为开发者，怎么才能知道客户真正需要什么呢？显然，不管采用何种办法，必然需要客户对自己想要什么东西进行某种适当（不论详略、口头还是书面等形式）的说明或描述，即需求描述（如需求规约、用例模型、用户故事卡片等)。有了需求描述,才能展开相关的确认活动,来认定这些需求是否是客户的真正需要。

其次,开发者应当根据已获得的针对当前产品(或系统)的需求描述来进行验证(例如根据需求文档编写测试脚本,并执行测试等),以确保实际做出来的东西确实符合、满足了客户提出的需求(描述)。

然而,产品通过了测试,符合了需求文档的要求,就一定是客户真正需要的东西吗?也不一定,因为需求文档毕竟是人写的,也可能存在着各种质量问题(参见1.3.4小节"需求质量"),例如描述的内容不正确、不完整、没有准确地反映客户需要,等等。所以,需求的验证活动既包括对产品是否符合需求描述的验证,也包括对需求描述本身质量的验证。

确认与验证,究竟哪个更为重要一些呢?显然是前者,即首先确认"做对的东西"通常比验证"把东西做对"更为重要。这其实也很好理解,例如:假设客户真正需要的是一支圆珠笔,可是你却为他制作了一支钢笔,像这样结果产品本身与客户的期望标的根本不符(即东西不对,不是圆珠笔),那么即使把这件东西(钢笔)做得再好、再精致(如镀金的),也于事无补。

总之,除了根据需求描述对产品进行验证(如通过内部测试等)以外,始终都不能缺少对产品的需求(描述)本身进行确认这个环节(如通过用户代表直接参加的需求评审会议、评审系统原型等)。而终极、彻底的产品(及其需求的)确认手段,只能是通过用户代表对产品进行实际地使用和测试来完成(如常见的验收测试等)。

为简化起见,本书将以简略说法"需求验证"来代替"需求的确认与验证",即书中凡是出现涉及需求的"验证"之处也同样适用于需求的"确认",对两者未作明确细分。

本书重点介绍的用例和UML建模技术,主要涉及以上的需求提取、需求分析和需求定义这前3项需求开发任务,而需求的确认与验证超出了本书范围,故就不展开深入讨论了。

2. 需求管理

需求管理是需求过程中的另一项重要任务,主要指对通过需求开发而获得的各种需求文档、模型等需求工件进行及时、有效的管理与维护,从而保证产品需求集(或模型)的质量,以保障产品开发的顺利进行。

需求管理所涉及的内容与产品管理、项目管理等领域有不少重合之处。参考软件需求专家Karl Wiegers的归纳和总结,需求管理的一些主要工作包括:

- 需求基线(Baseline)管理(在开发进程中,定期地定义和维护一套相对稳定、经过评审的需求集——需求基线版本,以驱动本轮周期的开发或发布);
- 需求关系管理(建立并维护各个需求项之间的依赖关系);
- 需求状态管理(监控和维护各个需求项的属性和状态,如优先级、"已设计、已实现、已测试、已发布、已暂停"等);
- 需求的追溯链管理(建立并维护需求项与其设计方案、实现代码和测试程序等其他相关工件之间的可追溯关系）；

● 需求变更管理（对变更需求的流程和行为进行规范与管控，沿着追溯链对需求变更可能造成的影响进行评估）。

由于本书的重点是介绍以用例、UML建模为主的敏捷需求开发方法和技术，因此对需求管理就不展开进一步讨论了。

1.3.4 需求质量

需求质量的好坏在很大程度上决定了产品的研发是否顺利乃至成败，所以处于整个开发过程上游的需求质量无疑是几乎所有的产品主要干系人都应该关心的一件大事。

请注意，这里所说的产品“需求的质量”不同于“产品（本身）的质量”（见图1-4），前者是干系人对产品提出的要求（属问题域），而后者是产品经设计、实现后所呈现的结果（属解决域，类似于问题的答案）。

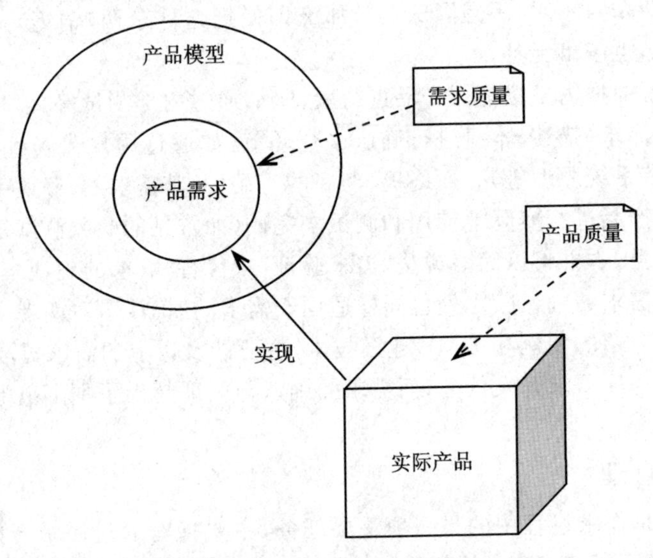

图1-4 需求质量与产品质量的区别示意图

需求的质量，也就相当于问题定义（我们所开发的产品究竟要解决哪些问题）的质量。如果连问题都描述错了，那么试图解决问题的答案很可能就更不靠谱了，正所谓“失之毫厘，谬以千里”。

那么，应该如何来有效地评价产品的需求质量的好坏呢？

下面介绍一些常用的可有效评估需求质量的重要定性指标。

需求的质量属性

为了有效地评价软件需求的质量，多年来软件工程界的专家们归纳、总结出了下列多个需求的质量属性（Quality Attributes），以用来评估软件需求（包括文档、模型等描述)的质量,这些属性同样也适用于评估产品或系统需求的质量。

(1) 可行性

首先,一个即将要投入人力、财力、物力进行实现的产品需求应该是大致可行的。需求的可行性(Feasibility)主要可分为两个层面:

- 业务上的可行性,如预计实现该需求后未来在业务绩效上能否获得正收益;
- 技术上的可行性,如该需求在工程技术上是否真的能够可靠实现。

因此,如何准确地估计、判断出一个复杂需求是否具有可行性,常常需要团队中的业务与技术这两方面专家的参与和评审。

需求描述的内容应该具有实际的业务或商业价值(Business Value),而且最终可以被技术实现(或者具有较大的成功实现的可能性)。通常应该删除那些已经被断定为技术上完全(或较大概率)不可实现以及不具有业务可行性的需求。

对于那些一时难以判断可行性的复杂需求,业务或技术专家们有时也难以达成一致意见。如果这些需求尚具有一定的开发价值,则可以采取迭代过程进行试验性开发,通过每次迭代的反馈来修正、更新对这些需求可行性的判断,这也是一种较好的常见处理办法。

(2) 正确性

正确性(Correctness)主要是指需求的描述不应有明显或严重的逻辑错误。

在用程序代码实现需求之前,如果连对用户如何使用一个功能的步骤、流程都明显描述错了,那么开发、实现的结果自然也就不可能正确。

分析需求的正确性或逻辑性,仅仅靠阅读、理解描述需求的文字、文档常常是比较困难的。

与其他行业类似,软件工程界保证需求正确性的一个常用技术手段和实践就是建模(Modeling),包括图形建模(如画 UML 图)、原型建模、数学建模等。对照着通常比文字叙述更为直观、形象的 UML 活动图、交互图和类图等模型,分析业务流程与系统需求描述的正确性,将会便捷许多。

(3) 稳定性

与稳定性(Stability)基本等价的另外两个需求质量属性是确定性和易变性(Volatility)。稳定的需求即是确定的、不容易发生变化的,反之则是不确定、容易变化的需求。

如果一项需求的稳定性差,或者它的主要内容目前还不确定,将来很可能发生变化,那么最好的办法是继续观察和研究,暂时不投入开发和实现。

建议在产品的需求集中,显著地标识出那些很不稳定的需求,重点关注,随着开发进程及时调整它们的状态。

(4) 一致性

需求的描述应该具有一致性(Consistency),而不应该是互相不一致甚至矛盾、冲突的(无论在形式或内容上)。

"一致性"主要包含这两个层面的意思：

首先，需求描述应该具有形式（如语言、语法）上的一致性，如概念和术语的命名、称谓以及格式上的统一等方面。保持这种一致性相对容易做到，主要与分析师的技术编辑和写作水平有关。

其次，是保证需求描述语义上的一致性。如何发现文档或模型中一些需求描述在语义上的不一致，这个比较难，也很抽象，往往需要业务专家、高水平的需求分析师与架构师等干系人的参与和评审，常用的技术手段也包括建模和逻辑分析等。

(5) 完整性

需求的描述应该具有（相对的）内容完整性（Integrity）或完全性（Completeness），不应该遗漏重要的需求信息，即"该有的都有了"，不然很容易导致返工、紧急加班甚至发布延误等负面状况。

需求的完整性大致可以分为产品的需求集与单个需求两个层面：

首先，在整个产品需求集的层面上，不应该遗漏高优先级（如对用户有着重要影响）的需求。

其次，对于每个即将或已经投入开发、计划发布的需求，也不应该遗漏这些单个需求的重要细节；一旦某个关键的产品功能做得不完整，缺失了一些重要内容，也很可能会影响到发布的效果和用户评价。

当然，在产品的开发过程中，需求的完整性往往是相对的。不可能在一开始就要求所有的需求都很完整，在敏捷开发中追求完整性应该是一个逐步递增、迭代和演进的过程。

确保或提升需求的完整性，有许多行之有效的手段和办法，例如：

- 做好全面的干系人分析，不能只分析用户需求；
- 通过科学、系统的逻辑分析方法，有针对性地尽早发现当前需求集中缺失的内容；
- 给需求排序并及时更新，分清主次缓急，毕竟实际的开发常常需要在需求的迫切性与开发的成本、难度和风险等多重因素之间做好取舍与权衡，而不可能总是面面俱到。

除了指不能缺少需求的一些要素和内容以外，需求质量的完整性在涵义上与正确性、准确性等属性也有一定程度的关联。

(6) 精确性

精确性（Precision）一般是指需求的描述应该提供足够、必要的内容细节，而不能太笼统、简略或含糊，以便能够高效地指导实际的设计与开发。

如果需求描述和定义不够精确或精度不够，缺少细节，那么开发人员很可能就会按照自己的理解来"填补空白"进行实现，从而易导致一系列预想不到的错误。

具有完整性的需求通常也是精确的，这两个属性紧密相关。

(7) 必要性

产品需求集中的所有需求定义都应该具有必要性(Necessity),这意味着它们是用户或其他干系人真正需要的、有价值的内容,而"不该有的都没有",否则很可能会增加不必要的开发与维护成本。

应定期对产品的需求集进行梳理、瘦身,尽量减少任何"画蛇添足"或"锦上添花"的需求。

(8) 准确性

准确性(Accuracy)不同于前面所述的正确性和精确性。准确的需求描述应该不具有多义性,即描述需求的一些文字(或图形)通常不应该有多种不同(甚至相互矛盾的)解释。

在日常实践中,大部分需求描述都采用的是自然语言(汉语、英语等),而文字或口头语言描述常常具有歧义性或多义性,同一个名词、概念或一段话常常可以有多种不同的解释,这就给判断什么是真正的用户需求(用户真正想要的是什么)带来困扰和麻烦。一旦开发人员对重要的需求的语义理解或判断错误,就很可能导致开发进度延误和频繁返工等现象。

(9) 可验证性

可验证性(Verifiability)主要是指任何正式、稳定的需求描述,最终都应该是可以通过测试(包括人工测试、使用与自动测试等)来进行验证的(尤其是非功能需求)。

无法进行实际验证的需求描述一般都是一些空话、无效或低质量的需求。应该进一步细化这些需求定义,补充必要的内容,如为复杂或重要的功能需求编写用例交互与测试脚本,或者为非功能需求添加可测量的定量指标等,否则应该把它们从产品的需求集中删除(或暂时标记为"无效")。

通常只有具有高精准度(即内容细节足够精确和准确)的需求描述,才是可测试、可验证的。需求的精确性、准确性和可验证性这3个质量属性是密切相关的。

(10) 可跟踪性

可跟踪性(Traceability)要求每个需求都是可以被跟踪(或追溯)的,从上游的业务目标、业务需求到系统需求,再到下游的系统设计模型、实现代码与测试程序等工件。

建立需求的可跟踪性,尤其对于需求繁多的大中型复杂系统而言,有多个好处。既可以自上而下,沿着从上游目标、需求开始的跟踪链条,检查是否有重要需求尚未被实现和测试;也可以自下而上,检查下游的设计、代码等是否无法追溯到上游的有效需求,以便剔除那些孤立或冗余的开发内容。

需求可跟踪的另一个好处是有利于做需求变更的影响分析(Impact Analysis)。当发生需求变更(如修改或删除某些需求)时,可以顺着跟踪(或追溯)链找到可能受到该变更影响的所有上、下游工件,包括各种设计方案、实现代码和测试脚本等,这样就可以更加准确地估算出因需求变更所可能导致的各种成本开销,便于团队有效管控变更，从而做出更好的决策。

管理好大量需求的可跟踪性通常需要专业需求管理工具的支持。

综上所述，高质量的产品需求主要应当满足以下这些要求：

首先，任何有效的需求都应该是可行的，不要在不可（或不值得）实现的需求上浪费时间和成本。

其次，需求描述应该是正确和稳定的，在逻辑明显错误，或者很不稳定、将来一段时间内很可能发生显著变化的需求上投入开发，很可能导致严重浪费；需求描述还应具有广泛的一致性和规范性，以降低文档、模型的阅读和理解难度；需求描述（包括整个需求集和单个的需求）应该具有（相对的）完整性与足够的精准度，内容既不多（满足必要性）也不少，而且很少产生歧义。

最后，所有有效的需求还应该是可验证的，或可跟踪的（可选）。

前面1.2.2小节曾以微波炉为例，分别采用特性、用户故事和用例（仅基本流大纲，未包含扩展流等其他要素）的形式简要描述了同一个产品功能“加热食物”，以此展现了这3种常用需求技术的一些基本区别与联系。读完本书后您将体会到，按照一定格式和规范编写的书面用例故事所反映的需求质量，往往比相对自由式的特性陈述，以及主要用于辅助口述需求细节的用户故事都更高，尤其在需求的完整性、足够的精准度与可验证性（如便于驱动测试设计）等方面。

1.4 小　结

本章首先澄清了产品、系统、软件三者之间的关系，然后全景式地简要介绍了什么是需求工程：回顾了需求的定义及其种类，介绍了重要的需求工作人员、需求开发过程的主要任务，以及如何评估需求的质量；同时，也提及了用例等技术在其中的位置与所能发挥的重要作用。

对软件需求工程感兴趣的读者，推荐阅读软件需求专家 Karl Wiegers 的名著《软件需求》（最新第3版），此书堪称“软件需求大全”，对当今需求工程中各种成熟方法与技术的介绍非常全面、专业。

本书重点介绍的用例技术并非创造了一种新的需求类型，而主要是与其他需求技术（如特性、用户故事）相比，一种针对（尤其复杂的）系统功能需求的执行、交互过程，更加行之有效的结构化描述形式与分析方法（请参阅第3章）。

当代的产品开发必然缺少不了敏捷的需求过程，第2章将介绍敏捷开发与敏捷的需求方法，以及统一用例方法的对策和具体做法（框架）。

第2章

敏捷需求方法

不变的永远是变化。(谚语)

近十多年来,敏捷开发与敏捷方法在国内外可以说是软件开发、软件工程以及互联网产品研发界的一大热门话题与热点现象。的确如此,敏捷热潮在很大程度上推动了一些业界优秀的开发方法与实践的落地,并取得了明显的实效,例如用迭代开发取代落后的传统瀑布式开发模式,以及持续集成、重构、自动单元测试的广泛应用等。

然而,从另一方面看,敏捷开发整体上还处于欠成熟的初(中)级阶段,有待继续发展和改进。事实上,从一开始敏捷方法论就存在着多个竞合的流派,各个流派专家与拥趸的观点、主张不尽一致,有的激进、有极端化倾向,有的平和、包容、主张兼收并蓄,而有的还互有矛盾、彼此冲突。纵观约半个世纪的软件工程发展演进史,历来就没有一种开发方法论是完美无缺的。敏捷开发自然也不例外,其思想、方法和具体实践做法都还存在着不少缺陷。例如,极限编程的测试驱动开发、用户故事、结对编程等实践就一直存在着不少争议。

无论如何,业界多年敏捷实践所积累的大量经验和教训值得我们认真、深入地去研究、总结和汲取。本章作为全书的综述,提纲挈领地介绍了 Agile 2 背景下的统一用例方法(UUCM,Unified Use Case Method),以此作为对传统敏捷需求方法的继承与改进。

本章首先回顾了敏捷开发的基本原理,对 Scrum+XP 以用户故事驱动开发的主要优缺点进行述评;然后分析了以用例故事为核心的产品需求模型在产品设计流程中所能起到的关键作用,并以“太极建模口诀”为指导,概要地介绍了基于 UUCM 的统一的敏捷需求流程框架,该框架主要分为业务分析与系统需求分析两大步,主要特点是目标与用例驱动,并辅以特性与 UML 建模等技术。

2.1 敏捷开发述评

本节将首先从回顾敏捷开发的起源与基本内容开始，然后再谈一谈敏捷需求实践的现状与问题。

2.1.1 敏捷体系

敏捷软件开发方法正式诞生于2001年，当时有17位软件开发专家在美国共同签署了一份简短的仅含有4条价值观的《敏捷软件开发宣言》（简称"敏捷宣言"），由此开启了敏捷运动的序幕。

敏捷开发方法，也可简称为"敏捷方法""敏捷过程"等。

敏捷开发的体系结构如图2-1所示。

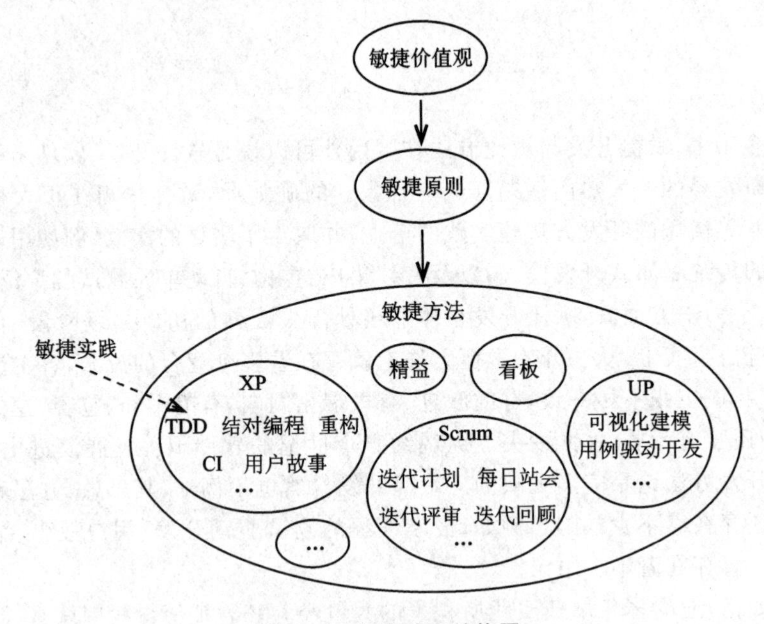

图2-1 敏捷体系结构图

从图2-1可以看到，敏捷开发体系自顶而下可分为至少以下4个层面的内容：

- 敏捷价值观；
- 敏捷原则；
- 敏捷方法；
- 敏捷实践。

其中，敏捷价值观（见后文）可以说代表了最核心的敏捷思想，而十多条敏捷原则（见后文）是敏捷价值观的具体化，对实际开发所应遵循的一些基本态度和行动原则进行了阐述。

敏捷方法(论)位于敏捷体系结构的第三层,它们是由不同流派专家提出的针对敏捷价值观与敏捷原则的具体落实方案,每一种方法论都包含了多个位于第四层的具体实践(做法)。近20多年来已经发展形成了若干流派的敏捷方法论,其中在业界比较知名、流行的敏捷方法论包括XP(极限编程)、Scrum(原义为橄榄球比赛中的双方球员争球,类似于中文的开"磁头会")以及精益(Lean)和看板(Kanban)方法等。

1. 敏捷价值观与原则

敏捷软件开发的创始专家们在其所签署的《敏捷宣言》中列举了4条核心的敏捷价值观:

- 个体及其互动胜于过程与工具;
- 可用的软件胜于详尽的文档;
- 客户协作胜于合同谈判;
- 响应变化胜于恪守计划。

这4条价值观还是非常有道理的。

本质上,敏捷开发一定是反对开发过程中的各种官僚主义和形式主义的,如果需要补充,那么敏捷开发也应该反对教条主义和极端化倾向。

鉴于这4条敏捷价值观比较抽象,于是敏捷开发的创始人们又联合制定了若干条细化的敏捷基本原则(简称"敏捷原则"),用于指导日常的敏捷开发工作。

"敏捷原则"原本共有12条,形式上只是十几句话,而且当时专家们并没有对每一条敏捷原则进行命名。为了便于理解和引用,我们对这些敏捷原则进行了改编、翻译和命名,结果如图2-2所示。

图2-2中的每一个椭圆代表一项敏捷原则的名称,其右上角的数字代表了原"敏捷原则"中的顺序编号(便于查找)。

而图中分别标记为a、b、c的三个原则是我们新添加的,它们分别是"科学客观"、"平衡辩证"与"敏捷领导力"。

这样经过改编和补充,新的敏捷原则一共是15项。图中把它们分成4类,分别是指针类、管理文化类、迭代相关类和基石类(代表所有其他原则的核心基础,包括3个新添的原则)。

其中有一些敏捷原则与本书所介绍的需求分析内容关系比较紧密(在图中用"*"符号标记)。例如:

原则1　交付价值——"我们最优先的目标是通过尽早、持续地交付有价值的软件来让客户满意。"

原则2　拥抱变化——"我们欢迎不断变化的需求(甚至在开发的后期)。敏捷过程通过驾驭变化来帮助客户获得竞争优势。"

原则4　完整团队——整个开发过程自始至终,业务人员与开发人员都必须每天在一起工作。

原则6　直面对话——"向一个开发团队(以及在其内部)传递信息最有效率与实效的方法

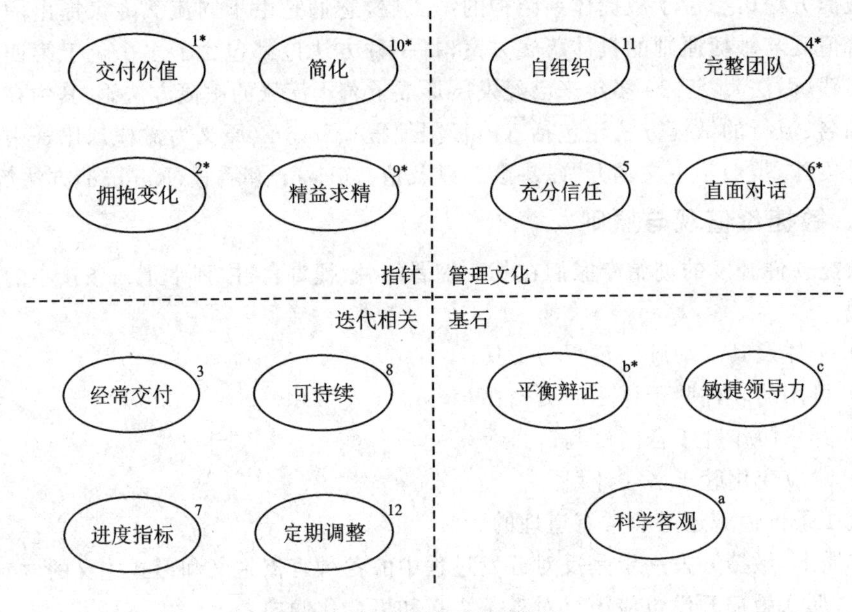

图 2-2　敏捷开发原则图

是：面对面的对话。"

原则 9　精益求精——"持续关注精湛的技术与优秀的设计可以增强敏捷度。"

原则 10　简化——"简化——使不必完成的工作最大化的艺术——是成功的关键。"

原则 a　科学客观——任何有效的敏捷开发理论、方法和实践都受制于软件工程（或系统工程）的客观规律，而符合事实与逻辑的科学、经济观点是支撑所有开发活动与思考的理性基础。

原则 b　平衡辩证——实践敏捷方法时为了获得最佳效果或最大价值，应始终保持平衡、辩证、灵活的思维，切忌僵化与教条，盲目地走极端。

原则 c　敏捷领导力——只有具有成熟、敏捷思维的领导力，才能带领出一支真正成功的敏捷团队。

2. 敏捷方法流派

从一开始，敏捷开发的核心圈子就不是只有一派、一种方法，而是一个由多方面专家共同参与的多样化的敏捷生态圈。

2001 年参加敏捷联盟创始会议、共同签署《敏捷宣言》的 17 位专家就来自多个流派，他们分别是（**注：** 以下只是我们根据专家们已发表作品和主要论点进行的大致分类，并非完全准确）：

极限编程（6 人）——Kent Beck、Ward Cunningham、Martin Fowler、Ron Jeffries、Robert C. Martin、James Grenning。

Scrum（3 人）——Ken Schwaber、Jeff Sutherland、Mike Beedle。

水晶方法（1 人）——Alistair Cockburn。

实务编程（Pragmatic Programming；2 人）——Andrew Hunt、Dave Thomas。

ASD(敏捷软件开发方法,偏项目管理;1人)——Jim Highsmith。

可执行UML建模与Shlaer-Mellor方法(偏嵌入式、实时系统;1人)——Steve Mellor。

不明确的或其他派别(3人)——Arie van Bennekum、Jon Kern、Brian Marick。

可见,其实敏捷联盟当初在创立时,就有UML建模的代表Steve Mellor和Martin Fowler(名著《UML Distilled》的作者),以及知名用例技术专家Alistair Cockburn参加了。而另一位敏捷创始人,在业内昵称为"Bob大叔(Uncle Bob)"的知名技术专家Robert C. Martin其实也是支持UML敏捷建模的,他的名著曾经把XP方法与UML巧妙地结合在了一起。

另外,Martin Fowler的知名文章《新方法论》对于全面、准确地了解敏捷方法生态圈是必读的。这篇发表于2000年的文章中,简要分析、介绍了几个重要有代表性的敏捷方法,除了XP、Scrum、水晶、精益等方法以外,最后还介绍了统一过程UP(或RUP)。Fowler谈到用例驱动(他认为用例近似于一种用户可见的特性)、迭代开发以及"以架构为中心"是UP的显著特点,而由于UP本身具有敏捷过程的内涵,如果正确地运用、实践UP,其实也可以做到非常敏捷。因此,Fowler把UP也纳入敏捷方法集是比较公道、客观的,值得称赞。

事实上,以上各派中大概除了极限派对于UML、用例有比较多的负面看法以外,其他各派对于UML、用例方法则是相对中立的(至少不反对)。所以,大家完全可以不必有误解,认为"敏捷方法是反对UML与用例建模的"或者"只要做了UML或用例建模,就是不敏捷的"。

3. 敏捷实践(做法)

在以上4层敏捷体系结构(见图2-1)中的最底层是大量、具体的敏捷实践(或做法,practices)。每一种敏捷方法论都有自己的一套理论论述,并且都有自己的一组比较典型、有特色的敏捷实践来作为支撑。所有的敏捷实践定义了如何在日常的开发与管理当中遵循和体现敏捷价值观与敏捷原则的许多具体做法或技术,它们是敏捷"落地"与敏捷实施成功的关键。

例如,XP的十几项实践中有5个实践比较典型(可谓"五大招"),它们分别是:持续集成(CI)、测试驱动开发(TDD)、重构(Refactoring)、用户故事(User Story)与结对编程(Pair Programming)。其中,用户故事是Scrum+XP开发一直主要采用的需求技术。

在图2-1的敏捷方法论中我们还特意画出了UP(统一过程),而本书所介绍的UML与用例建模技术正对应于UP的两个核心实践:可视化建模与用例驱动开发。

所有的敏捷实践,总体上可分为公共(或共享)实践与特有(或特色)实践两种。除了以上列举的XP、UP的特色实践以外,也有许多基础实践是各个流派的敏捷方法论所共有的,例如迭代开发(见后文)、版本控制等。

敏捷联盟(Agilealliance.org)在其网站上创造性地以直观的、模仿地铁路线图的形式，归纳、总结出了几十个主要或常用的敏捷实践（或其子实践、相关技术）。该图总共把所有的敏捷实践分为9个类别（在图中对应于9条不同颜色的路线），分别是：基础实践、产品管理实践、设计实践、测试实践、DevOps实践、团队实践，以及三种方法论Scrum、XP与精益（Lean）方法各自所拥有的实践。

在该图中，每一个敏捷实践都相当于某条“地铁”线路上的一个站点，如果某一个实践被多个方法论或实践类别所共享，那么在该实践的“站点”位置上就会有多条（类别的）线路经过。

在该敏捷实践地图中，所列举的与需求工程（在该图中主要归属“产品管理”类）有关的敏捷实践（或技术）主要有：用户故事、3C、INVEST准则、故事拆分、故事地图、虚拟人物（Persona）、待办簿梳理等，基本上都与用户故事有关。

以上敏捷联盟所列举的重点敏捷需求实践主要都与用户故事相关，却不见用例故事（参见第3章）与UML建模的踪影，这说明了什么？

说明了UML、用例建模技术不敏捷，完全不值得一提？恐怕不是。

我们估计更可能的原因是，由于某些方面（如流派、组织之间的观点分歧、争拗和关系等）的原因，导致包括UML与用例建模技术在内，一些原本可以非常敏捷的实践技术，没有得到主流敏捷圈的足够关注和重视，遗憾地被主动（或被动地）忽视了。

然而请不要忘了，前面曾经介绍过，当年17位创始人签署《敏捷宣言》的时候，其中可是至少有4位知名专家（如Martin Fowler、Alistair Cockburn、Steve Mellor和“Bob大叔”）是明确支持UML或用例建模的（尤其Fowler和Mellor本来就是UML领域的知名专家）。

因此，努力把UML与用例的敏捷建模实践技术以某种方式名正言顺地纳入到敏捷方法与技术（如Agile 2）体系之中，也是本书创作的初衷之一。

以上简要介绍了敏捷实践，那么如何判断一个开发团队是否真的做到了敏捷开发呢？

用该团队是否采用了某些具体的敏捷实践，或者使用了哪些工具来判断他们是否真正做到了敏捷开发，有一定的必要性，然而这些是比较机械、表面的判断法，不一定准确、可靠。

难道不用XP的“五大招”，就不是敏捷开发了吗？或者，不用Scrum＋XP的实践，就不敏捷了吗？

其实都不是。

Scrum＋XP的实践做法远没有达到完美无缺的程度，如其主要缺点包括：对架构设计、系统建模、书面记载需求等方面强调得不够，甚至在个别实践与主张上有极端化、片面化倾向等。

一个团队是不是敏捷，最终要拿实际开发的效果和效益来检验，例如客户是否满意（即符合敏捷原则第1条“交付价值”），是否能对用户需要、市场和技术等变化做出快速、准确的响应和调整（即符合敏捷原则第2条“拥抱变化”）等。

所以，更加科学、合理的判断方法，除了评估团队所采用的具体实践和工具以外，还要判断这个团队的实践行为及其结果，是否真正符合敏捷开发的基本精神（包括敏捷原则和价值观），做到“知行合一”“形神一致”。

4. 核心敏捷实践——迭代开发

敏捷原则第3条（经常交付原则）是这么说的：

“经常交付可用的软件，间隔时间可从两周到两个月不等，应优先采用较短的时间尺度。”

该原则实际上描述的就是迭代开发。迭代开发是敏捷开发以及当代软件工程的一个基础与核心实践，也可以叫作迭代（Iterative）、演进（Evolutionary）与递增（Incremental）式开发。

过去传统的软件开发习惯采用瀑布式，把整个开发工期划分成若干阶段，如需求分析、系统设计、编码、测试和部署等，通常要等一个阶段基本完成了之后再启动下一个阶段的工作，就像阶梯式的瀑布沿工期分布。

这种开发方式的主要缺点是：在前期的需求分析、系统设计与编码阶段，由于基本不开展比较全面、细致的系统测试（都留到测试阶段才做）以及向用户演示可运行的系统非抛弃、增量原型等工作，因而开发团队经常无法获得及时、有效的反馈，导致许多隐藏在分析、设计文档和代码中的风险、问题往往直到进入了后期的测试或部署阶段才被发现，此时只好手忙脚乱地再紧急进行修改、调整和完善，因而错过了消除错误的最佳时机。所以，瀑布式这种看似稳妥、实际却效率很低且落后的开发方式往往会引起开发进程的大幅延期与成本显著增加，甚至最终失败。

与瀑布式不同的是，迭代式开发把整个开发工期从头到尾划分成一系列连续的时间片，如图2-3所示。其中，每个时间片就是一个迭代（Iteration），其长度通常可取1～6周之间，比较常见的取值是2或4周（即半个月或一个月）。

上图中的“√”表示某项任务在当前迭代中很有可能发生或被执行，而“?”表示不确定（即该任务不执行的可能性较大）。

从图2-3中可以看到，每一个迭代中都包含了各项主要的开发与管理活动，包括分析、设计、编码、测试等以及图中未画出的迭代计划、交互设计与迭代评审等工作。随着开发过程的推进，这些任务或工作也将在多次迭代中循环往复地并行开展，产品和代码规模也将随之波浪式增长，而每一个迭代就相当于一个小项目。

每次迭代结束时，通常会有一次产品（或系统）的内部发布，以便进行测试和演示，并且评估开发的进度。一般待经历了若干次迭代后，再对外向用户正式发布。

如此，开发团队就可以定期通过质量评审、测试和向用户演示、迭代总结会议等多种方式不断地获得来自用户、团队内部等各方面的反馈，并根据这些反馈对当前的开发任务以及开发与管理过程等环节进行及时的反思、调整和完善，以适应各种变化，从而可以提高开发效率与质量，显著降低复杂产品、系统开发的风险。

产品开发工期 t

迭代 任务	迭代1	迭代2	迭代3	…	迭代n
业务分析	√	√	√	?	?
需求分析	√	√	√	√	?
架构设计	√	√	√	√	?
编　程	√	√	√	√	√
测　试	√	√	√	√	√
产品增长曲线					

图 2-3　迭代开发过程示意图

2.1.2　敏捷需求实践

前面列举的敏捷需求实践大多与用户故事有关，那么敏捷需求实践与传统做法有哪些不同呢？

敏捷开发就是不写需求文档，不用建模吗？这其实是一个流传很广的误解。

基本不写文档、不用建模，这只是敏捷开发的一种极端（极限）情况。

而反对过度建模，提倡适度、“刚刚好（Just Enough）”的分析和建模，这才是敏捷需求鼓励的实践。

一提到敏捷需求技术，可能大部分人马上想到就是——用户故事（User Story，如图 2-4 所示）。的确，随着敏捷运动的兴起，加上 Scrum 认证热以及来自媒体、社区等方面的各种营销、推广活动的助力，现在说“用户故事是过去 10 多年知名度最高、影响力最大的敏捷需求技术”，一点也不为过。

作为一位顾客，我希望下订单，以便购买一些商品。

图 2-4　用户故事卡片示意图

然而，用户故事真的有那么好吗？

我们对用户故事的总体评价不高，可以简单地用 4 个字来概括——“虚晃一招”，而且用户故事大概是“XP 五大招”（持续集成、测试驱动开发、重构、用户故事与结对编程)里面实用价值最小的实践之一(另一个是结对编程)。

为什么说用户故事是“虚晃一招”呢? 这是因为用户故事这项技术有点避重就轻,绕开、回避了主要矛盾——没有有效、正面地回答如何更好地应对复杂的产品或系统需求。

产品需求大致可分为简单与复杂两大类。在应对简单(如小团队、小项目)的产品需求方面,应该承认:用户故事确实表现得不错,有自己的一些独到之处,很轻量、很简单(至少从表面上看)。

然而,复杂需求呢?

熟悉用户故事的人知道,用户故事的“法宝”是 3C(Card、Communication、Confirmation,卡片、沟通与确认),除了用一堆小卡片记录了一些简单的需求描述(通常只是一两句话)以外,一般就没有其他更正式、更详细的书面需求记载了,因此用户故事卡片还具有不完整(Incomplete)、非正式(Informal)等特点。可是对于复杂的需求,不画图、不写文档、不建模,仅凭那几张薄薄的、临时用完即可撕掉的故事卡片,就能把复杂的产品需求彻底搞清楚了? 事实上这常常办不到。

用户故事 3C 中的“沟通”通常意味着让产品负责人(或用户代表)与开发者在现场拿着故事卡片作为信息提示器(Reminder),进行口头交流,澄清或补全复杂的需求细节,或者直接编写验收测试。这些做法大概体现了正宗的极限编程的极限精神。

然而,发扬极限精神,不画图(建模),也不留任何详细一点的关于复杂需求的书面记录,请问在实际的开发中,这可行吗? 抑或是最佳实践?

我们的观察与结论是:

① 仅靠简略的卡片作为提示物,并且主要通过口述、口头沟通(不画图、不建模)来交流、澄清复杂产品的需求细节,这往往是不现实的,很难做到。

② 在没有高质量、清晰的需求文档与产品模型支持、协助的情况下,就动手直接编写产品/系统测试,常常是困难的,效果也不好。有点软件工程常识的人都知道一定是需求驱动开发与测试,因此如果连需求都还没搞清楚,测试会写得好吗? 至少要画点流程图吧。

以上两点可以说是用户故事在实践中暴露出来的两个最主要的缺点(尤其对于大中型团队与复杂产品而言)。本书将在第 7 章中继续深入地分析、探讨用例故事与用户故事的异同和优缺点,并分析为什么两者之间存在着偏等价关系(即用例故事可以取代用户故事)。

与基于用户故事的 Scrum＋XP 方法有所不同,统一用例方法推荐的主要需求技术方案是“特性＋用例＋UML”(以用例故事为核心)。

其中,特性(Features)主要用于描述简单的需求,作用与用户故事类似,用例则主要用于描述复杂的需求;特性与用例故事的描述主要是以文本为主,而 UML 模型(涉及业务模型与系统需求模型等)则是以图形符号为主,既可以描述简单需求,也可以描述复杂需求,必要时还可以加上同为 OMG 标准的 BPMN(一套业务流程建模专用符号)与SysML(系统建模专用语言)中的需求元素。这样的技术组合兼顾了简单需求与复杂需求、文本描述与图形建模、业务需求与系统需求等多种分析领域、手段和方法，与传统敏捷开发单一的用户故事方案相比是更加完备与灵活的。

下面本章将介绍不采用用户故事的敏捷需求方法大致是怎样做的，以及如何尽量消除或避免传统敏捷开发基于用户故事驱动开发的缺点。

2.2 敏捷的产品设计

前文提到，本书中的“产品”主要是指以软件为主或具有电子计算、程序运行能力的各种产品或系统，包括纯软件、IT产品、互联网产品等。

那么，产品设计就是做UI(用户界面)设计、交互设计，产品设计师(Product Designer)就是UI设计师或者交互设计师吗？不完全是。

产品设计中很重要的一部分内容是首先确定产品应该具有哪些功能与属性(如性能、可靠性、稳定性、安全性等)，这项工作在软件工程界一般叫作“需求分析”。确定了功能，才谈得上针对某个功能，它的界面、交互应该具体怎么设计，这是合理的逻辑，所以UI、交互其实从根源上都应该是由产品的需求驱动的，需求分析才是产品设计的起点。而从事这项工作的人员通常叫作“需求分析师”，那么产品的需求分析师当然也是产品设计师。

产品设计师其实是一个很宽泛的称谓。除了需求分析师、交互设计师、UI设计师以外，像产品经理、架构师、视觉设计师等人员也都可以叫作“产品设计师”，因为他们的主要工作都涉及到了如何设计一个产品的某些重要方面。可以说，这些专业岗位或多或少都在从事着产品设计，而把所有这些人的设计工作综合在一起才是完整的产品设计。

目标与用例驱动的迭代产品设计

敏捷的产品设计过程首先是迭代的。

而与Scrum＋XP的用户故事驱动有所不同，统一用例方法(UUCM)提倡主要以目标、用例故事来驱动产品设计与开发。

所有的产品需求都应该服务于用户(或干系人)的目标，目标是总源头。大部分的产品需求可以用特性、用例来表示，它们服务于用户目标，是这些目标的具体细化与体现。其中，特性常用于表示简单的需求，而用例尤其适合表达复杂的功能需求和交互。

用例故事在UUCM中占据着核心位置，目标和用例驱动的敏捷开发示意图如图2-5所示。

如图2-5所示，所有的产品需求组成了产品的需求模型(省略了非功能需求)，其中用例模型是产品需求模型的重要内容，该模型作为需求的核心，驱动了后续的用户体验设计、交互设计、UI设计、架构设计以及编程、测试等各项工作。

每一个产品功能几乎都有着与其相对应的用例，因此可以说用例模型基本上包

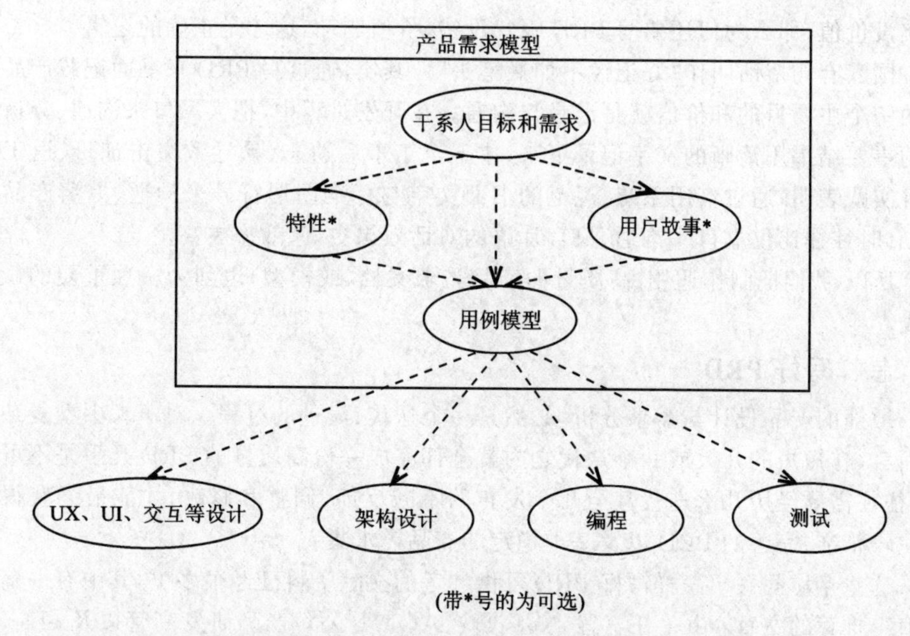

图 2-5　目标和用例驱动的敏捷开发与产品设计示意图

含了所有的产品功能，是产品功能需求的代表。当然，在具体描述时，并非所有的功能都需要用一个个单独的用例来表示，许多细小的功能往往可以并入到一个粒度更大一些的用例中。

既然产品研发的一个首要工作是把用户对于产品的需求基本搞清楚，以下两个小节将介绍敏捷开发中产品需求(含用例故事)的重要载体和工件——产品需求文档(PRD)与产品模型。

2.2.1　产品需求文档

众所周知，产品需求文档(PRD，Product Requirements Document)是产品研发与产品设计过程中最主要或核心的工件之一，它包含、定义了当前待开发的产品应该满足或实现的所有主要或关键的需求(含功能需求与非功能需求)，可用于驱动和指导产品的设计、开发与测试等各项工作。

通常产品经理应该对 PRD 的最终质量负总责，并由他带领一个由需求分析师、业务专家、产品设计师、架构师以及用户代表等相关人员组成的产品设计团队来共同协力完成 PRD 的编写。

有些人受到极端敏捷思想或江湖上一些宣传的影响，认为“敏捷开发了，就不再需要写需求文档了”，或者“有用户故事卡片就足够了(而且用完可以撕掉)，写了 PRD 就不敏捷了”，这些观点或主张基本不靠谱。

当然，究竟要不要写 PRD，不能一概而论，合理的做法是因地制宜、视情况而定。一个底线思考是：PRD 对于当前的产品团队到底有没有价值？如果经过尝试发现确实没价值，那么为何还要写PRD呢？没错，价值驱动，这才是正确的逻辑。

国人有句俗话叫作“好记性不如烂笔头”。其实，通过写PRD来书面记载产品需求的一个主要目的和价值就是记录与沟通。在开发过程中，把大家口头沟通、分析需求的重要结果用清晰的文字记录下来，才不至于事后遗忘(易导致突击加班、返工)。而且实践表明，通过借用系统、规范的书面文字与标准图形符号来沟通、澄清产品需求，有时往往比仅靠口头沟通、只言片语的对话效果更好、效率更高。

所以，我们把制作适用、高质量的产品需求文档(或模型)也列为一项重要的敏捷实践。

怎样写好PRD

敏捷的产品设计与需求分析，必然是一个迭代、演进的过程。对于大中型复杂产品而言，在短短的几天或一个迭代之内就全部完成一份高质量的PRD几乎是不可能的，往往需要经历几次迭代甚至几个发布的不断反馈、调整和修改，才能最终获得一份比较精准、完善的PRD以及基本稳定的产品需求集。

这些年坊间关于怎样写好PRD可供参考的文献资料已经很多了，其中有一篇尤其值得推荐的文章：由曾任惠普、Netscape、AOL等公司产品研发高管以及eBay公司产品管理与设计副总裁的Martin Cagan所写的*How To Write a Good PRD*。他在这篇文章里总结了写好PRD的10个步骤(经验)，值得大家借鉴：

① 做好功课；

② 明确产品目的；

③ 明确用户描述、目标与任务；

④ 明确产品原则；

⑤ 构建原型并测试产品概念；

⑥ 识别并质问各种假定；

⑦ 写下来；

⑧ 排优先级；

⑨ 测试完全性；

⑩ 管理好产品。

若想详细地了解以上这些步骤或经验的具体内容，请根据本书后面参考文献中提供的超链接来下载该文。

(1) PRD的主要内容

综合坊间可见的各种参考模板与格式，PRD一般主要包含以下一些内容(大纲)：

- 产品目的(或目标)；
- 市场分析；
- 干系人(含用户)描述；
- 需求概述；

- 主要的功能需求；
- 主要的非功能需求；
- 重要的假定(假设)前提与约束；
- 外部依赖与关系。

除此以外，Cagan 认为 PRD 的核心内容主要可归纳为以下 4 部分：

① 产品目的；

② 特性；

③ 发布标准；

④ 排程(Schedule)。

基本同意 Cagan 的观点。在这 4 部分内容中，“产品目的”的描述通常提纲挈领，具有高度概括性，可以说是整篇 PRD 的起点与入口(头)；“发布标准”是出口(尾)，影响到产品测试是否通过以及产品是否可以发布的评判标准；“排程”是时间上的整体进度计划，用于项目与发布管理；而“特性”是 PRD 的主体部分，它们应该服务于产品目的，详细定义了一个产品具体应该做成什么样子。

(2) 用例在 PRD 中的位置

对于以上 PRD 大纲“主要的功能需求”部分中的一些重点功能，一般建议最好用用例的形式来描述(如用例脚本或 UML 动态图)。

在分析 PRD 的核心内容特性部分该如何写时，Cagan 建议：

“应当在交互设计与用例的层面上对每一个特性进行描述。编写者必须对每一个特性是什么以及相关的用户体验应该是怎样的非常清楚，而同时又为开发团队保留了尽可能多的实现上的灵活性。”

在这里 Cagan 明确提到了 Use Case，并把它与交互设计并列，而且建议“在交互设计与用例的层面上描述每一个重要的产品特性”，它们将直接关系到用户体验与产品质量，可见每个关键产品特性的用例与交互设计描述无疑是 PRD 的一项核心内容，至少在这位业内一流专家的眼里是如此。

至于 Cagan 上面提到的用用例故事来描述产品特性，如何编写才能为开发工程师预留足够的灵活性，这正好是本书将要涉及的一个内容(参见后文“交互设计”)，而了解有关用例写作技巧的详细介绍请阅读第 3 章。

2.2.2　产品模型

2.2.1 小节分析了 PRD 对于产品设计与开发的重要性，以及用例等技术在 PRD 的编写过程中可以发挥的重要作用和价值，下面再来谈谈什么是产品模型。

产品设计流程的重要成果之一是获得一个高质量的产品模型(Product Model)。事实上，大家所熟知的产品需求文档只是整个产品模型的一部分。而除了 PRD(或 SRS，系统或软件需求规约)以外，驱动产品开发的还有一个比 PRD 的定义更为宽泛、对于产品设计与开发也非常重要的一个概念和工件——产品模型。

“产品模型”中的“模型”两字代表着它不是最终发布的实际的产品(包括程序代码、各种软硬件等),而是一种虚拟的产品视图(View)集合,或者对实际产品的一种抽象与简化表示。

高效地建立起高质量的产品模型,除了常规的文字描述以外,无疑还要依靠采用各种成熟的产品建模技术,目前系统工程与软件工程界常用的产品、系统和软件建模技术主要包括UML、SysML等国际标准的建模语言。

“产品模型”只是对人们在设计与开发某个产品的过程中所建立的各种描述产品的模型的统称,它一般由多个子模型组成,而这些子模型基本上可分为两大类：问题域(Problem Domain)模型与解决域(Solution Domain)模型,如图2-6所示。

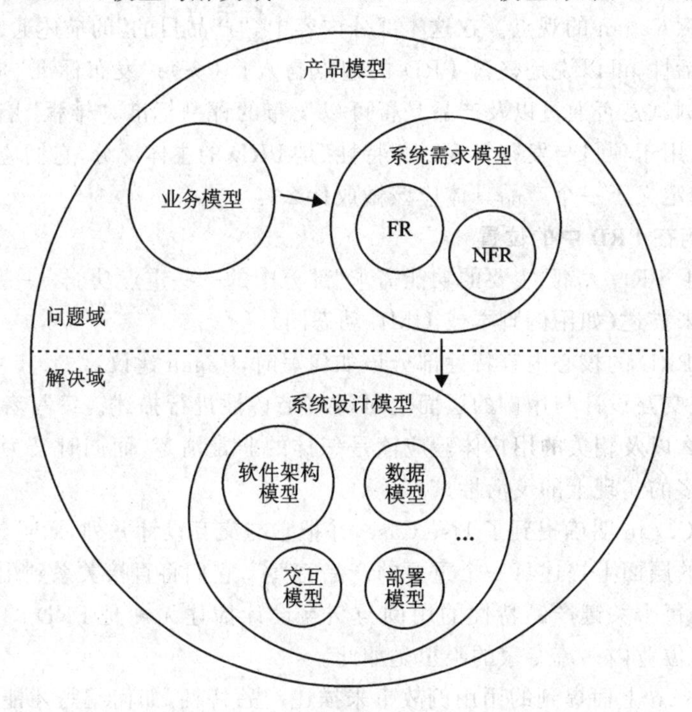

图2-6　产品模型的一些基本内容

问题域(也可以叫作“需求域”)主要描述了产品的各种需求(即所要解决的问题),主要包含产品的业务模型与产品的系统需求模型这两个子模型。

其中,产品的业务模型主要描述客户的业务目标,产品所参与的各种业务流程以及涉及的各种信息实体。而既然任何产品都应该服务于其所属组织的业务活动,那么业务模型可以说是几乎所有产品需求来源的“根”。

同时,产品(或系统)的需求模型(可简称为“需求模型”)则主要描述产品的用户需求,包括各种功能需求(FR)与非功能需求(NFR),这是所有后续设计与开发的依据和基础。

请注意,本书所说的产品(或系统)的需求模型是泛指、广义的“模型”,其中既包含了各种图形符号描述,也包含了各种文本说明(如 PRD 或 SRS 等需求文档)。

解决域的各种产品模型则主要描述产品本身的结构与行为(即针对需求问题的解决方案),它们应该满足、实现来自问题域的所有产品需求。开发出来的产品本身通常就是一个系统,例如一个由各种软硬件设备组成的 IT 系统,所以有时也把解决域的产品模型称为"系统模型"。

系统模型进一步可细分为若干子模型,常见的有:软件架构模型,用于程序开发;数据模型,用于数据库开发;部署(或网络)模型,用于系统网络设计和部署等。鉴于本书探讨的是需求方法,全书侧重于产品的业务与需求模型,所以对于产品解决域的模型就不展开讨论了。

2.2.3　交互设计

交互设计(IxD,Interaction Design)是产品设计中的重要一环,也是产品大前端设计中的一项主要内容。这里所谓的"交互",一般指的是用户在使用产品时,人机(人与电脑系统)之间发生的各种信息交换与动作的互动,即"人机交互"。现代交互设计这门学科主要是由计算机科学与工程学中的用户界面设计(UI Design)与工业设计(Industrial Design)这两个专业领域相结合后经多年发展、演化出来的产物,是一门重要的交叉学科。

1. 交互设计的难点

在日常的交互设计工作中有不少难点,其中如何把握真正的用户需求与用户目标是一个比较突出的难点。知乎上有一题问到"做交互设计,最难的地方在哪?",不少答主也表达了类似的看法。

当然,做交互设计时理解真正的用户需求,包括用户在使用、操作产品时的真正目标和意图(Intention),这只是交互设计中最难的地方之一。

事实上,准确地分析和抓住用户的需求与目标正是需求分析的一项核心任务。产品需求分析与交互设计这两项紧密相关的工作之间存在着一种上下游关系,如图 2－7 所示。

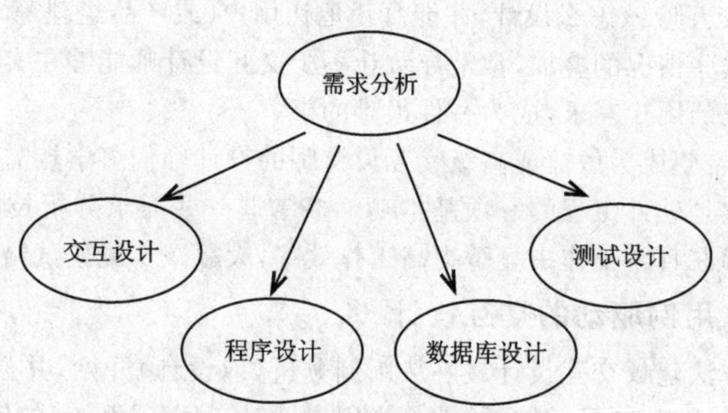

图 2－7　产品的需求分析驱动下游的各种设计

交互设计，必然是针对一个个的产品功能的交互来做设计，所以，肯定是先确定当前产品应该提供某个功能，然后再谈用户使用这个功能时具体应该怎么与产品交互，这是相当简单、不言自明的逻辑。

那么，产品所拥有的全部的功能来自哪里？如何确定？来自交互设计的上游工作——需求分析。当然，如果非要把“需求分析”叫作“需求设计”也可以，产品的需求分析（或设计）与交互设计都是产品设计的重点和主要内容。

需求分析的一个核心任务就是理解真正的用户需求——用户到底想要从产品这里获得什么，包括获得哪些服务，完成什么任务等。只有精准地掌握了真正的用户需求，然后才谈得上产品应该做到什么（如具有哪些功能和属性，如何与用户交互）来满足用户的需要。

可是，为什么理解真正的用户需求，对于不少交互设计师来说常常觉得很难呢？原因很可能不止一个。

其中一个原因可能是许多初、中级交互设计师常常不需要（或很少）做需求分析。在日常工作中，产品的需求或功能描述往往已经由其他人（如产品经理、需求分析师、架构师等）做好了，而交互设计师通常拿到手的就是一个关于产品需求或功能的简单描述，直接就让他们做（这些功能的细化）交互设计。长此以往，导致他们对如何做好需求分析不熟悉、了解较少。

同时，在软件工程不太成熟的团队中，这些功能描述常常是很简略的，简单得就一两句话，缺少很多重要或关键的需求细节信息，这就时常会让交互设计师犯难：“怎么补全某个功能的所有细节的完整拼图？这个步骤是必需的吗？”，等等。解决这些问题，需要设计师不停地与用户、产品经理等其他人沟通、了解，然后不停地对设计方案做出调整、修改，甚至推翻自己先前的设计——所谓“试错”。（当然，这里说的是针对复杂的产品功能的交互设计，简单的设计可能早就搞定了。）

一些团队的需求分析整体水平与需求文档质量不高，加上交互设计师的需求分析能力有限，导致交互设计师拿到手的需求或功能信息非常有限，而且还含糊、不准确，需要设计师自己努力去尝试用各种办法来分析、理解用户到底需要什么，产品应该怎么做，UI、交互应该怎么设计，才能真正地让用户（或产品经理等）满意。

大概以上这些情况的叠加，常常导致让不少交互设计师能够在实际工作中快速、精准地理解真正的用户需求，成为一件很难的事。

因此，建议希望成为敏捷或高级交互设计师的设计师们多学点需求分析（尤其用例分析）技术，这是软件工程的一项基本功。多掌握一些需求分析技能，可以有效地帮助交互设计师在日常工作中显著提高工作效率，大幅减少频繁试错的麻烦。

2. 目标和用例驱动的交互设计

统一用例方法建议交互设计最好从用例分析（或设计）开始，并且用目标和用例驱动交互设计。这里的“目标”主要就是指用户针对产品（或系统）的使用目标。而用例总是与产品用户或干系者的目标紧密相连，每一个用例通常既代表了产品的一项功能(及其交互),也反映了一个用户目标,因此用例驱动交互设计的同时,也是目标驱动。

高效、高质量的交互设计应该准确地把握交互的本质——功能需求,尤其 FR 可以某个产品功能的交互脚本来体现。而抽象描述功能的交互脚本,正是用例(故事)的一个实质。

用 Scrum＋XP 的主要需求技术用户故事来驱动交互设计可以吗?

可以,然而效果常常比用例要差。主要原因:用户故事只是一张很简单的提示性卡片,上面可记载的信息很少,只有一两句概括性的功能描述,甚至常常可以用完就撕掉,因而一个功能需求的许多细节(包括交互脚本),都需要设计师与用户代表或产品经理等其他人员进行现场口头交流才能基本搞清楚。这种做法,对于一些大家都明白的简单需求,当然是没问题的,完全可以胜任。

然而,如果一旦发现某个功能有点复杂,光靠口述、大脑记忆是不行的,很可能讨论过后就忘了,那么就应该把该功能的细节和交互脚本等重要的信息用书面文字、图形符号等持久的形式记录下来,这时用例就能派上大用场了。用例驱动交互设计大意如图 2-8 所示。

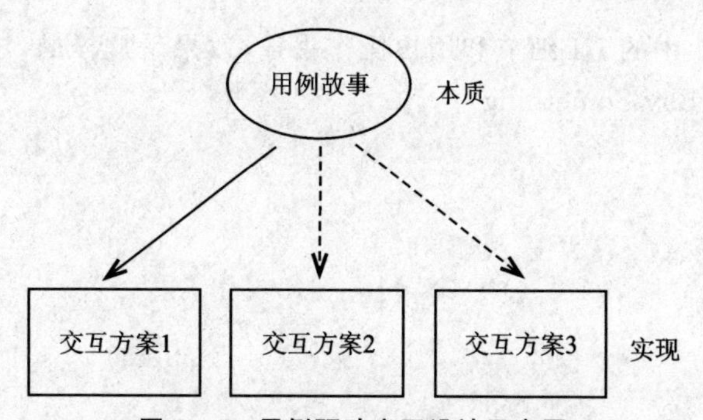

图 2-8　用例驱动交互设计示意图

描述一个用例故事,既可以用 UML 图,也可以用文本模板,或者两者并用。典型、紧凑的用例描述,通常其中不包含对 UI 细节或用户操作 UI 的具体描述,而只是对用户与产品之间发生的交互流的一种抽象描述。

UI 的设计细节或者对用户使用 UI 的操作细节的描述等,这些都是交互设计的具体方案,属于针对用例交互脚本(需求)的某种具体的实现,是交互设计师的份内工作。

早期人们在写用例的时候,通常会夹杂着许多 UI 细节和操作,这其实是一种用例描述的缺陷。以下面的“购物”用例片段为例(**注:** 改编自 Cockburn 书中的用例 Buy Something):

用例 1

名称:购物。

范围:某购物软件(系统)。

层级：用户目标。

主用角：顾客。

基本流：

1. 系统显示用户 ID 与密码输入框。

2. 顾客输入用户 ID 和密码，然后按下 OK 按钮。

3. 系统验证顾客已输入的用户 ID 和密码为有效，显示用户的个人信息输入页面。

4. 顾客输入自己的姓名、街道地址、城市、州、邮编和电话号码，然后按下 OK 按钮。

5. 系统验证该顾客为已知用户。

6. 系统显示当前用户可购买的商品列表。

7. 顾客点击所有想要购买的商品图片，并在这些商品图片的旁边位置分别输入想要购买的商品数量，然后按下“完成”按钮。

8. 系统查询后台仓储系统，确认顾客所要购买的每件商品都有足够的存货。

…

以上这个用例的主要缺陷在于，它包含了不少对 UI 细节和用户操作的描述，例如“输入框”“按下按钮”等，在第 7 步甚至还指明了输入商品数量的位置（在商品图片旁边）。

如果把用例 1 中的 UI 细节和用户操作去掉，效果是这样的（**注：** 改编自 Cockburn 书中的用例 Buy Something）：

用例 2

名称：购物。

范围：某购物软件（系统）。

层级：用户目标。

主用角：顾客。

基本流：

1. 顾客输入用户 ID 和密码。

2. 系统验证用户 ID 和密码的有效性。

3. 顾客输入自己的姓名、地址和电话号码等信息。

4. 系统验证该顾客为已知用户。

5. 系统显示当前用户可购买的商品列表。

6. 顾客选择所有想要购买的商品，并输入想要购买的数量。

7. 系统查询后台仓储系统，确认顾客所要购买的每件商品都有足够的存货。

…

与前面的用例 1 相比，改进后的用例 2 去掉了各种 UI 细节和用户对 UI 的操作，清晰地反映了用户与系统进行交互的每个动作步骤的意图（即购物时的小目标），显然这是一个更高质量的用例故事与功能描述，它揭示了购物交互流的本质内容，为后续的交互设计工作提供了足够必要的信息与更大的后期设计、实现上的灵活性。

以上分析了产品设计、交互设计与需求分析之间的紧密关系，以及用例等技术在其中可以发挥的重要作用。下节将介绍如何在敏捷开发中采用基于 UML 和用例建模的方法与流程来更好地开展敏捷的产品需求分析与设计。

2.3　统一的敏捷需求流程

本节概要地介绍基于统一用例方法的敏捷需求流程。

产品需求分析大致可分为以下两部分：

第一部分是产品的业务分析，包括业务流程分析、业务信息（数据）分析等。产品（或系统）需求是为业务需求服务的，所以在确定产品应该具备哪些功能特性之前，通常应该先把它的业务需求搞清楚，所以这一部分也可叫作产品的业务需求分析。

第二部分是产品的系统需求分析（这里的"系统"是指任何具有电子计算能力的系统），包括功能需求（FR）分析与非功能需求（NFR）分析等工作。

搞了十多年热热闹闹的 Scrum 认证，导致现在一谈敏捷需求，大家马上就会想到用户故事，似乎"敏捷需求就等于用户故事"，这其实是一个很大的误区。

2.3.1　太极建模口诀

十多年前，总结自己多年的软件设计与建模经验，我创作了一首"太极建模口诀"，内容如下（发表于《软件世界》杂志）：

由外而内，
层次分明；
动静结合，
逐步求精。

太极建模口诀这简单的四句话依次揭示了产品与软件设计中的这四对基本的阴阳辩证关系：

外与内
高与低
动与静
粗与细

统一用例方法所倡导的敏捷需求流程，可以说其核心也是该口诀。下面依次介绍该口诀是如何指导敏捷需求流程的。

1. 由外而内

外与内是一对辩证的阴阳关系。

分析产品需求，首先应该从设定最大的逻辑（分析或设计）边界开始，由外而内，逐层深入。

对于一个产品而言，通常合适的最大设计范围（边界）是业务边界（BoB，the Boundary of Business）。业务边界通常指向一个组织，也就是当前产品所属的运营企业或机构边界，产品位于该边界之内。

针对BoB做的都是业务分析，主要对当前组织有哪些业务需求（Business Requirements）和业务流程（Business Process）进行分析与设计。

通常产品本身就是一个系统，分析产品本身应该具有哪些功能或特性，针对的是（产品或）系统的边界（BoS，the Boundary of System）。

针对BoS做的是系统需求分析。

分析的视野从产品外部的业务边界缩小到产品本身的系统边界，从业务分析到系统需求分析，即是一个"由外而内"的过程。

如图2-9所示（有关用例图符号的说明请参阅第4章），分析宠物店网站作为宠物店公司的一个核心产品的各种需求，一种合理的建模顺序是由外而内，从网站系统所隶属的外部最大边界（宠物店公司）开始，先把顾客购物的整个业务流程搞清楚。顾客在网站上能操作的一个具体功能是下订单，而这只是整个购物业务流程（从顾客挑选商品到最终收到快递的商品）其中的一个关键步骤或环节。

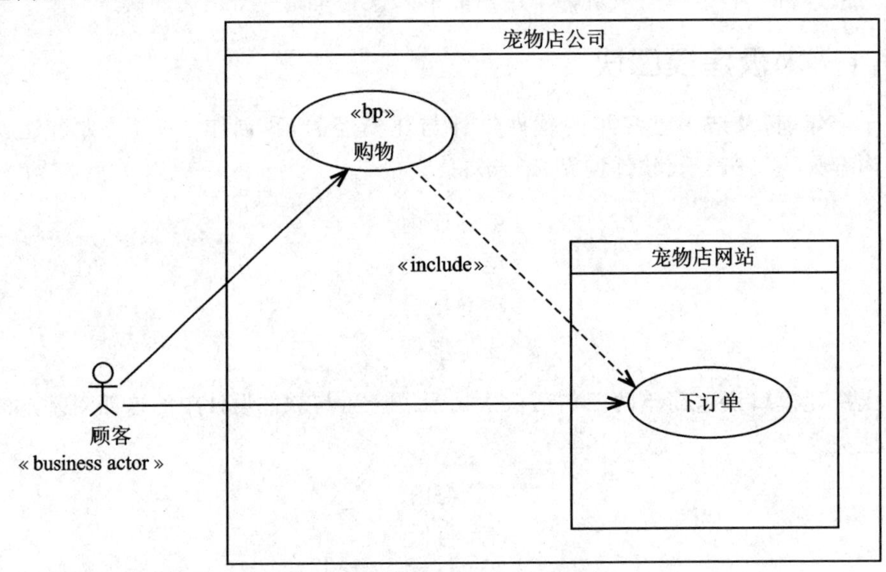

图2-9　由外而内（从业务边界到系统边界）

2. 层次分明

高与低也是一对辩证的阴阳关系。

产品的功能需求是有大小的，而用例也是有粒度分别的。画图时，一般把大粒度的需求放在上面，小粒度的需求放在下面，就构成了需求或用例的层次（层级）。

图2-10画出了用例常见的三个层级（有关用例关系与层级的详细介绍请参阅第4章）。顶层的业务用例"购物"属于概要目标层，粒度最大，涵盖的内容也最多；中间的核心用例"下订单"属于用户目标层，代表了系统的一个核心功能，内容与步骤适中；最下面的"使用购物车""修改收货人信息"这两个小用例属于子功能层，是用户在下订单的过程中可能会用到的一些小功能。

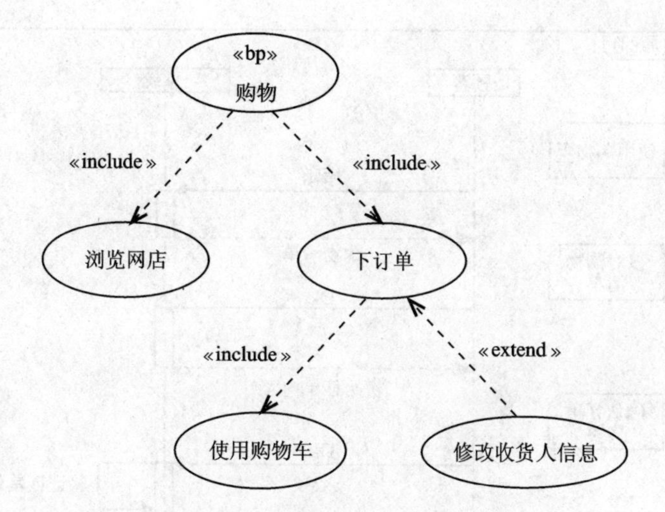

图 2-10　层次分明(用例的层级)

那么,为什么要对系统功能(或用例)进行分层呢?

首先,系统的功能有大、有小,这是一种客观的自然现象。其次,有些功能过大,步骤和内容过多,描述起来比较费劲,而且开发、实现也要花费很多时间,不好控制;而如果出现大量零散、琐碎的小功能,管理和维护起来也很麻烦,容易让人迷失开发的目标与方向。

因此,通过层次结构来认识和组织需求,可以把一些复杂的大功能(或用例)切小了,同时也可以把一些过细的小功能描述与粒度适中的功能进行合并,这既有利于整个需求模型的分析与组织,也便于高效地开展后续的设计、开发、测试、跟踪与管理等各项活动。

3. 动静结合

动与静是另一对辩证的阴阳关系。

一个系统的所有功能需求几乎都可以采用用例(或大用例、小用例)来表示。一个用例描述了用户在使用一个系统功能的过程中,与系统之间发生的各种交互行为,包括信息数据的交换、事件的发生、动作的执行以及状态的改变等。显然,用例的执行是一个动态的过程,相当于一个工作流或一段程序,有开始和结束,既有顺序执行,也可能有循环、分支执行等,所以可以说用例本质上是一种"需求程序"。

描述用例的动态执行,除了基于文本模板的文字描述以外,常用的手段还包括 UML 的各种动态图,如活动图、序列图等。

例如,用序列图描述顾客在宠物店网站上"下订单"时与系统之间发生的动态交互行为,如图 2-11(上部)所示。

然而需求分析,仅仅描述动态行为,常常还是不够的。

例如,购物流程中常用到的一些核心领域类,有顾客(会员)、订单、商品(规格)等,它们各自的属性和彼此关系如图 2-11(下部)所示。

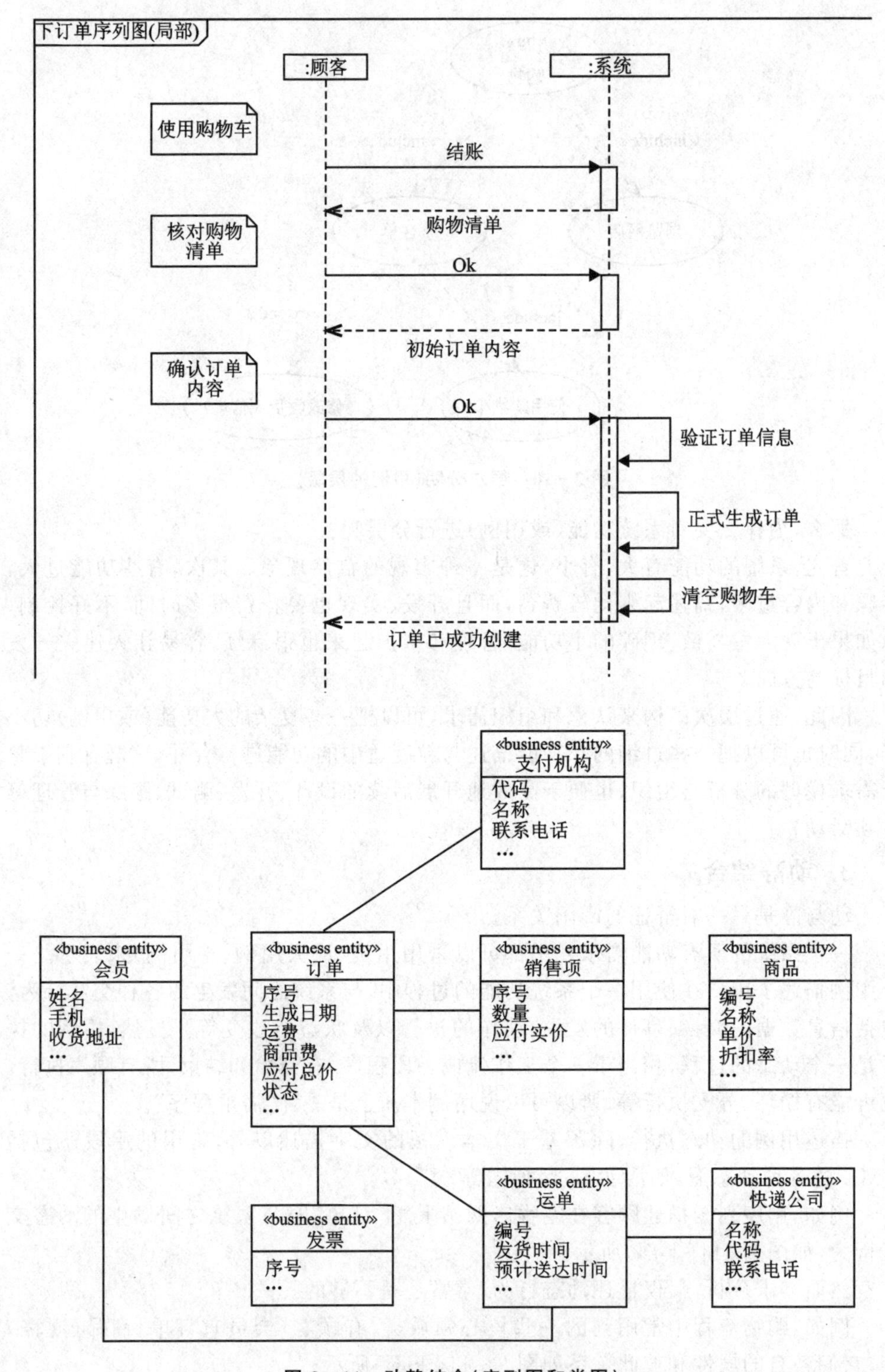

图 2－11　动静结合(序列图和类图)

在业务与系统需求的分析阶段，这些业务信息或数据主体通常可以用 UML 的类图（详细说明请参阅第 4 章）来表示，而图中的这些静态信息与结构将驱动后续的数据库设计与软件架构设计等下游工作。

与程序设计阶段的类图不同的是，需求分析时的类图描述的许多是业务领域（如电商）中的信息实体概念，它们代表的是在自然世界中被动地被其他对象所操纵、使用的哑数据，所以这些类通常只有数据属性（Property 或 Attribute）而没有任何行为操作（Operation），并不是在软件世界中实际可以运行的程序类（一般含操作）。

成熟的产品设计与需求分析必然是动静结合的，兼顾针对系统的动态行为、功能需求与静态的信息结构、数据需求这两方面的分析（本书以前者为主）。

4. 逐步求精

最后，粗与细也是一对辩证的阴阳关系。

太极建模口诀的最后一句话"逐步求精"，说明需求分析是一个从粗略到精细、逐步递增演进的自然过程。

例如，用用例描述一个系统功能，通常会经历一个"从零到全""由粗到细"的过程，如图 2-12 所示（有关活动图的详细介绍请参阅第 4 章）。

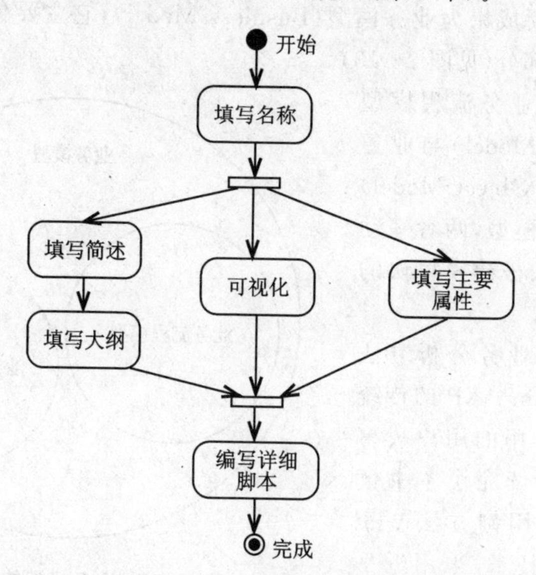

图 2-12　逐步求精（用例建模过程的简化活动图）

敏捷开发中的用例分析是一个迭代、递增、演进的过程。

从提取出某一个用例开始，先要给它命名，如"下订单"。然后，通常要给刚提取出来的用例写上一两句简短的文字描述即用例简述（Use Case Brief），说明这个用例大致是干什么的。对于一些简单的功能，有了相应的用例简述，就可以直接用于驱动本次迭代的开发了，类似于 Scrum＋XP 中的用户故事（User Story）。

而对于复杂一点的系统功能，通常简述还不够，需要把它的用例纲要(Outlines)写出来，至少应该包含用例的前态、后态、触发条件以及基本流，还可以包含一些关键的扩展条件以及对如何处理这些扩展或异常情况的大致描述。用例纲要是介于用例简述与用例详述之间的一个中间状态。

2.3.2 业务分析流程

任何一款待开发的产品，最终必然要通过服务于它所归属的运营组织的相关业务活动，为其创造价值，因而产品的设计以及产品的需求(如应该提供哪些功能)必定要能够满足其运营组织的业务目标和业务流程等各方面的需要。

开展产品的业务分析，一个主要任务就是重点分析当前产品将在组织的各个业务流程的执行过程当中，如何才能有效、高效地服务于组织及其客户和其他干系人，而产品运行时所涉及的各个关键的业务流程步骤(或环节)和业务对象(或资源)等要素，可能都是后续获取系统以及软件需求的根本或重要来源。因此，作为系统需求分析(见后文)的上游工作，通过适度的业务分析把当前产品所涉及的业务面情况尽量搞清楚，这对于复杂的产品开发取得成功无疑非常重要。

业务分析的主要成果为业务模型(Business Model)，它主要包含业务流程模型和业务对象模型两部分(见图2-13)。

图2-13中的业务流程模型(Business Process Model)与业务对象模型(Business Object Model)都是业务模型的子模型，两者一动一静，恰好呼应了太极建模口诀的第3句"动静结合"。

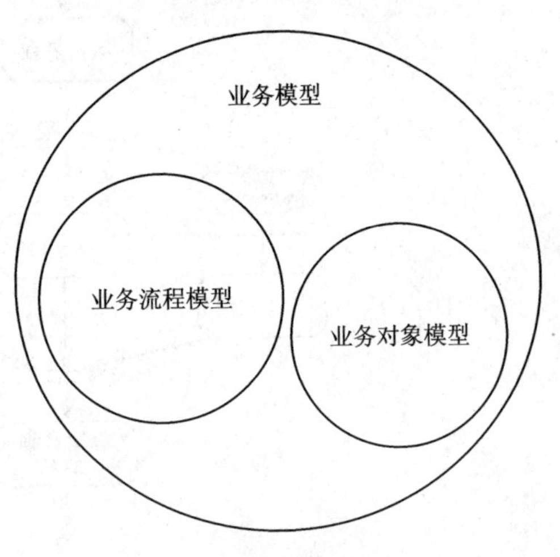

图2-13 业务模型的主要内容

本书所介绍的业务分析方法和技术是基于Scrum+XP的传统敏捷开发所普遍采用的用户故事方法所欠缺的。而读完了本书读者可以发现，统一用例方法基于UML和用例建模技术，采用近乎同一套语言以及前后基本相似的分析思路和步骤，可同时应用于复杂产品的业务分析与系统需求分析(用户故事只适用于后者)，这体现了UML+Use Case的比较优势。

敏捷的业务分析一般在产品开发的前、中期进行，由产品经理或项目经理、业务分析师等相关负责人带领若干分析师，以迭代、演进的方式，通过持续地建立高质量、稳定的业务模型，为后续的产品设计、系统需求分析等工作奠定良好的基础。在一个迭代中，业务分析工作通常应先于系统需求分析工作进行，而开展这两种分析活动经常也可以共用同一场需求分析会议(如需求工场,Requirements Workshop)。

业务分析流程的基本任务和步骤如下:

① 确定业务边界;

② 分析业务用角;

③ 提取业务流程;

④ 分析业务流程;

⑤ 分析业务对象;

⑥ 组织业务模型;

⑦ 评审业务模型。

以上所有步骤有可能在某一次迭代中都展开执行,而不是这次迭代只做“提取业务流程”,下次迭代只做“分析业务流程”等。而且随着迭代开发过程的进行,这些步骤(除第①步外)通常需要在后续迭代中反复执行,不断地对业务模型进行添加、修改和完善,直到满足当前产品发布计划对业务分析提出的要求为止。

下面对以上这些步骤逐个进行简要的介绍。

第①步:确定业务边界

首先,“画框为界”——确定当前要讨论、分析的处于产品外部、一个合适的业务逻辑边界,即 BoB(the Boundary of Business)。

BoB 通常位于当前产品所归属的某一个组织与它的外部环境之间,BoB 隶属于该组织,代表了该组织开展业务活动的边界,位于 BoB 之外的是组织所服务的各类客户、合作伙伴以及其他干系人。

所谓“组织”,是对各种行业中某个业务运营实体及其附属机构(子组织)的代称,组织可大可小,例如某个公司、某个企业的部门、某个政府或第三方服务机构等。

当前开发的产品经交付、部署后将归属于 BoB 之内的某个(或某些)组织,并向 BoB 内外的各种用户提供服务。

在某些情况下,一些业务可能需要由多个不同的分离组织协作来共同完成。例如,手机客户每月通过第三方机构来向移动运营商支付话费,此时“委托支付话费”这项业务所对应的逻辑边界之内可能就需要包含除了移动运营商以外的银行、邮局或超市等多个其他不同组织,即一个业务边界之内有时也有可能包含多个相互独立的组织,BoB 之内的这些分离组织相当于为了某个共同目标而组成了一个“虚拟组织”。

由于 BoB 内部主要包含的是各种组织,因此业务边界有时也可以称为“组织边界”(尤其当 BoB 内只含有一个独立组织时)。为统一起见,本书均采用“业务边界”这个术语,因为如上所述,“业务”的内涵似乎比“组织”更为宽泛和灵活。

业务边界通常要大于系统需求分析时所采用的系统边界(BoS,the Boundary of System),这是因为开发出来的系统(或产品)通常归属于某个运营组织,在该组织边界之内,并运行、服务于该组织的某些业务流程。

BoB 与 BoS 的联系与区别请参见前面图 2 - 9 中的“宠物店公司(组织)”与“宠物

店网站(系统)”,后者即在本书中充当案例的当前要开发的一个产品。

第②步：分析业务用角

针对已确定的业务边界,下一步就是找到当前BoB外部的一些重要业务用角(BA,Business Actor)。

业务用角一般是指与当前组织发生行为交互(包括物资、数据和信息等交换)的外部的人、系统或其他组织所承担的某种角色,例如企业的客户、公司外部的系统用户、价值链上的合作伙伴、供货商以及政府部门、监管机构等。

BA只是当前组织的所有干系人中与该组织直接发生交互的一些重点角色。对于当前组织的所有干系人中,那些不与组织发生直接交互但仍有可能对组织的业务产生潜在、间接影响的一些外部干系人,如有必要,也可以对他们进行标识并注明其可能产生的影响。可以认为,业务用角分析其实是组织干系人分析的一个部分(子集)。

除了提取出BA外,还应该对已识别的BA,根据其重要性或优先级进行筛选和排序,从中挑选出一批需要做进一步分析的BA,填写其相关属性(如名称、简述、责权利等),以便为下一步提取业务流程做好准备。

第③步：提取业务流程

在前两步的基础上,这一步首先应分析每一个重要的BA与当前组织的关系,问：某个BA为什么要访问或联系当前组织？有什么目的？

这个问题的答案通常反映了BA针对当前组织的一些业务目标,同时也代表了当前组织可以为BA提供的某些服务和业务流程。例如,银行的BA个人客户针对银行的业务目标通常有存款、取款、转账、汇款等几项,这些目标名称既代表了银行可向客户提供的服务类型,也代表了需要客户提出请求、银行负责完成执行的几个基本业务流程。

接着,在业务用例图中用椭圆形的业务用例(BUC,Business Use Case)符号来表示这些业务流程。业务用例图中的每一个业务用例就相当于一个业务流程,所以提取业务流程也就相当于提取(和画出)BUC,两者是等价的(UP)。

例如,宠物店公司针对BA顾客的重点用例图如图2-14所示。

如有必要,还可以对BUC的一些基本属性(如简述、范围、层级等)进行适当的描述。

最后,对所有已提取出的BUC进行优先级排序,以便为下一步深入分析重要的业务流程做好准备。

第④步：分析业务流程

这一步是业务分析与建模中的重点工作,也通常是耗时最多、涉及细节最多的一步。

从已提取出的业务用例集中挑选出一些重要、比较复杂的业务流程(BP)逐个进行详细地分析与描述。规范地详述BP(也称“业务流程建模”)的主要技术有UML

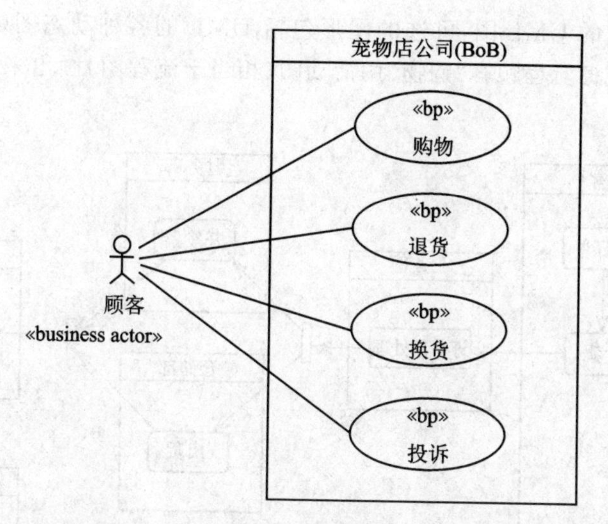

图 2-14　网店公司为顾客服务的一些核心业务流程(业务用例图)

动态图、用例文本、传统流程图以及 BPMN 等。

业务流程建模(或描述)通常有黑盒与白盒之分。黑盒描述只能看到外部 BA 与当前组织之间(即发生于 BoB 边界之上)的交互,看不到组织边界内部发生的情况。而白盒描述则可以看到组织内部的运行情况,包括除了 BA 以外,组织内部的各种部门和业务工员(Business Worker)、业务装备(包括当前开发的产品或系统)如何参与整个业务流程的执行,其中用到了哪些信息实体,发生、处理了哪些业务事件等。为了提高分析的整体效率,建议在敏捷开发中一般可以跳过黑盒而直接采用白盒业务流程的方式进行分析。

另外,统一用例方法建议在敏捷开发中,一般采用"以图形为主、文本为辅"(即"图主文辅")的策略来描述业务流程,即着重画图,然后用文字配合图形加以适当说明。主要原因是:

首先,在开展正式的业务流程分析之前,许多开发团队通常可以从各种渠道(如业务专家、用户代表等各处)获得比较详细的业务调研文档(或素材),其中就已经含有大量有关业务流程的重要或有价值的文字描述与说明,尽管这些材料有时存在着一些质量问题,与正规的符合软件工程要求的业务模型可能尚有差距(如缺乏系统性和一致性、存在逻辑错误等)。此时若按照一定的方法和步骤来系统地画出 UML 图,就可以很好地起到化繁为简,加快梳理、消化这些现成业务文档的效果。

其次,一个相对复杂的业务流程往往涉及许多参与者和执行者,其中有很多执行步骤和环节、交互、状态与事件等等。实践经验表明,利用直观、抽象的 UML 等图形方式来科学、系统、结构化地描述、提炼这些内容,往往比单纯采用大量烦琐、呆板、难读的文字描述业务流程来得更加简洁、容易和方便,也非常有利于分析师乃至整个团队迅速地抓住复杂业务流程的行为本质与要素。

画业务流程的 UML 图,可选的图形包括 UML 的各种动态图(如活动图、序列图等)。例如,业务流程顾客“购物”用活动图(相当于流程图)画出来大致如图 2－15 所示。

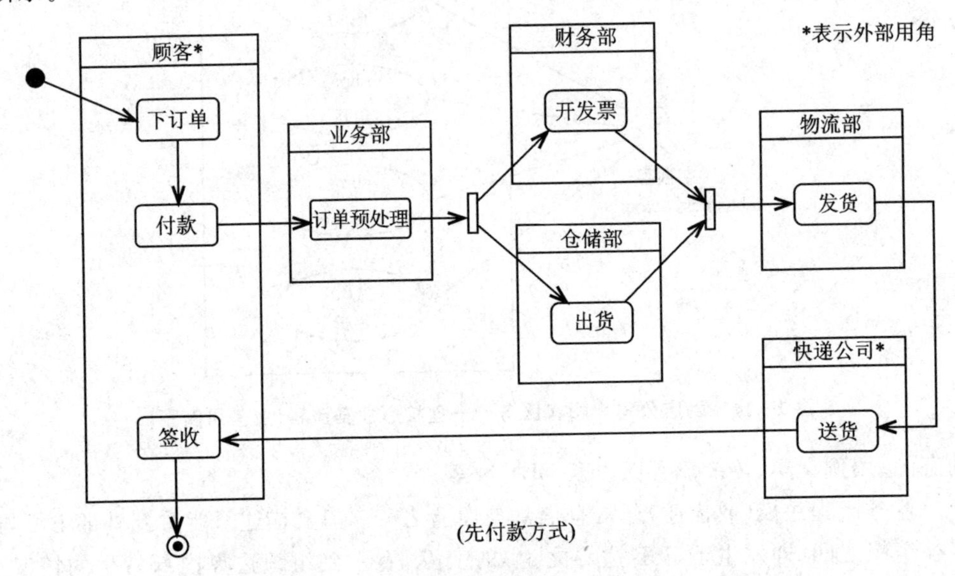

图 2－15　顾客购物的基本业务流程

对于一些复杂的业务流程,如果画了 UML 图还觉得有很多细节没有(或难以)说清,可以考虑采用统一的用例文本模板来进行补充说明或详述。

第⑤步：分析业务对象

除了主要针对动态行为所做的业务流程分析之外,业务分析中另一块重要的任务就是对业务流程中所涉及的各种业务对象的静态结构及其关系进行分析,其结果是业务对象模型。

业务对象可分为主动对象与被动对象两类,而业务对象分析的着重点主要在于后者。

主动业务对象主要是指组织内部具有主动行为能力并参与业务流程执行的各种对象(包括人与系统),如业务工员、业务装备等。而组织外部的主动业务对象主要就是业务用角,前文已做了介绍。

被动业务对象是指那些本身一般无行为能力,在业务流程当中服务于主动业务对象并被动地被其操纵、处理和维护的各种代表信息与数据的概念性实体,本书把它们称为“信息实体”,在 UP 中也称为“业务实体”(Business Entity)(**注：**中文的“业务实体”不是很准确,有可能被用来指向主动业务对象或组织机构)。这些用于存放信息的被动对象也是后续开发时,软件架构的业务逻辑层中领域类(Domain Class)以及数据库中表的最初来源。

在这一步,通常需要用 UML 类图画出一些反映核心被动业务对象的信息实体类(为简化起见,在本书中也简称为“业务类”或“信息类”)以及它们之间的关系。这些类图既反映了当前组织所在业务领域的信息结构(见图2-8中的类图),也包含了一些开发时将会用到但不易发现的业务规则、约束等需求信息。所以,业务类图乃至业务对象模型也是后续提取系统需求的一个重要来源。

业务分析时用到的信息实体(业务)类与软件分析、设计时用到的领域类有所不同。业务类代表了问题域中的信息实体或概念,其名称和属性除了用英文书写以外,通常还可以采用中文(以便促进与用户、业务专家等干系人的沟通),而且用于表示被动信息对象的业务类一般是没有操作(Operations)的;而程序中的领域类则代表了解决域中用程序语言编写的类,它们与程序代码直接对应,所以一般可以有操作,而且无论类名、属性和操作都应该采用符合编程语言规范的英文来书写。

除此以外,实践表明问题域的业务类模型与解决域的领域类模型,两者之间往往具有很大的结构相似性,因此做好了业务类分析常常会促进后续的领域类乃至数据库设计。这说明解决域的程序设计可以方便地模仿、参考或沿袭问题域的分析结果,即所谓用软件来“模拟现实世界(的运行)”,可以有效提高设计效率和质量,而这正是传统面向对象方法的一大优点。

第⑥步:组织业务模型

随着迭代开发以及以上业务流程分析与业务对象分析工作的不断深入,业务模型中的元素和内容也在不断地增多与演化,可能变得越来越复杂,需要及时对整个模型的结构进行更好的组织、管理与调整。

利用UML中一个有点类似于文件夹(Folder)的构造——包(Package)可以对规模不断增长的业务模型进行有效的组织和管理。一个包中可以存放UML中的各种图形和个体元素,诸如用例图、活动图、类图以及用例和类等。

其实,一个模型就相当于一个大包,大包里可以含多个小包,而小包里又可以含多个小小包,如此层层递进,便建立起了树状的包层嵌套结构,足以存放和管理大量的建模内容。

业务模型的分包有多种方式,一般可以按照当前组织的部门或业务结构来分。例如,首先分出组织内、外两个包,组织外部可以按用角的不同来源或种类来分(如客户、供应商、分销商、金融机构等),而组织内部可以按照职能部门(如销售、财务、仓储、物流等)细分出多个子包,用不同的包来存放分属不同类型、区块的用角、用例和类等元素及其相关图形。

第⑦步:评审业务模型

通过以上各步的分析建模,到了这一步,一个“由外而内、层次分明、动静结合”的业务模型(框架)就大致建立起来了,有待“逐步求精”、继续完善和改进。

在迭代开发过程中应该适时地对业务模型的整体质量进行评审或检查。参与评审的人员主要是负责或参与当前产品设计和需求分析的相关人员,包括产品经理或项目经理、业务与需求分析师、架构师以及客户方的业务专家、用户代表等。

如果评审之后对业务模型的质量还不满意，发现了若干质量问题或缺陷，应该返回到以上有关步骤对相应的建模结果做出调整和修正。

开展业务模型评审活动通常有几个合适的时机。

第一个合适的时机是在每次迭代前期（通常在迭代计划会议之后）所举办的需求分析会议的进程当中，可以组织与会人员开展一次即时、快速的业务模型评审。在评审中一旦发现了问题，便可以马上做出适当修改，为的是获得相对稳定的业务模型，以便在会上接着推导出质量更好的系统需求，用于在需求会议之后驱动和指引后续的迭代开发。

第二个好时机是在每次临近迭代结束时（通常在迭代总结会议之前），组织一次业务模型评审。这种评审活动安排在每次迭代的末尾举办，一般许多评审人员此时已基本完成了自己的其他工作，因而事先准备评审和举办评审会议的时间相对充足，可以对本次迭代中已完成的各种模型分析成果进行更加全面和深入的质量检查。一旦在评审中发现了质量问题，应当作好记录，并且尽量把它们排入后续的迭代计划，以便在下一轮开发中及时进行修改和完善。

以上简要介绍了敏捷业务分析的一些基本步骤和任务。若想了解结合具体案例，如何运用基于 UML 和用例技术的统一用例方法来开展产品的业务分析与建模，请阅读本书第 5 章。

2.3.3 系统需求分析流程

在通过 2.3.2 小节的业务分析工作，对一个产品所参与的相关业务面情况有了充分、清晰的了解之后，下一步就可以进入系统需求分析阶段，对该产品应该具有哪些功能和属性进行分析与设计。本书中的“系统”是指一个主要由各种软硬件设备组成且具有电子运算能力的系统（可统称为“电脑系统”），也包括纯软件系统。

本书推荐采用基于用例与 UML 建模的敏捷产品设计方法。理论上任何产品（或系统、软件）的一项功能都可以用一个单独的用例来表示，用例描述了一个系统功能的具体执行步骤与交互过程，相当于一种“需求程序”。因此，把所有的系统用例汇集在一起就基本代表了一个系统的全部功能需求（FR）的集合，再加上系统的非功能需求（NFR）描述，就构成了一个完整的系统需求模型（广义的模型，含图和文档）。

系统需求模型是系统需求分析工作的主要成果，包含了用例（子）模型与非功能需求（子）模型这“一动、一静”两个部分，如图 2-16 所示。

系统的需求模型不但要遵从、服务于其上游的产品业务模型，而且还要驱动后续的系统设计、编程、测试与部署等各项活动，因此它在整个产品的开发过程中占据着承上启下的核心位置。

用例模型，作为系统需求模型的一个子模型，包含了大量描述用户如何与系统交互、有哪些操作意图与具体目标的动作脚本，起到了类似影视剧本（或戏剧脚本）在拍摄电影、电视或编排戏剧中所发挥的关键作用，处于开发过程中的核心地位。因此，代表了系统主要功能描述的用例模型也是产品交互设计、软件架构设计、编码实现与系统测试等一系列下游开发活动的重要起点与核心驱动器。

从简单到复杂，描述系统功能需求可以有多种灵活的技术手段和方法供选择。

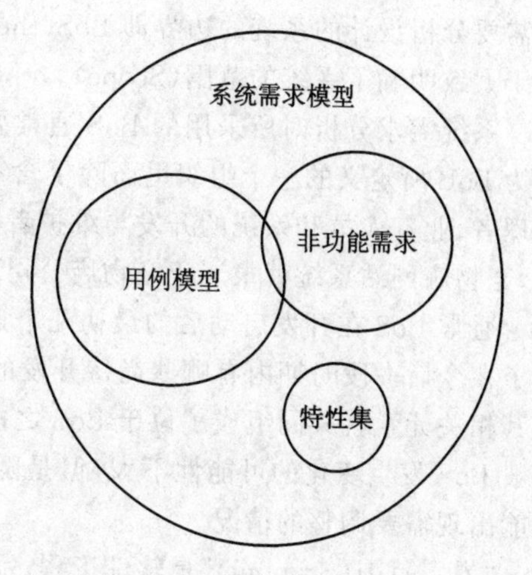

图2-16 系统需求模型的主要内容

对于简单、一般性的系统功能，可首先采用用例图加文字简述等方式来表示，如用例名称以及(与 Scrum＋XP 的用户故事相类似的)用例简述或特性陈述等，如有必要，还可以为这些简述配上若干直观的 UML 动态图(如活动图、序列图等)来实现可视化。

对于一些比较复杂的系统功能与交互，如以上方式仍不能满足需要，还可以采用基于文本用例模板的交互脚本来进行详述，并适当地配以若干 UML 动态图。另外，在把一些复杂的用例故事交给交互设计师和前端开发者进行交互界面的设计与实现之前，最好为交互脚本配上相应的 UI 原型(如线框图、故事板、页面截图等)以增强用例的可理解性。

那么，应该如何从零开始敏捷地建立一个基于用例与 UML 表示的系统需求模型呢？统一用例方法建议的系统需求分析流程主要可分为以下几个步骤(或任务)：

① 确定系统边界；
② 分析用角；
③ 提取用例(或特性)；
④ 分析用例；
⑤ 组织用例模型；
⑥ 分析非功能需求；
⑦ 评审系统需求模型。

以上所有步骤有可能在某一次迭代中都展开执行，而不是这次迭代只做“提取用例”，下次迭代只做“分析用例”等；而且随着迭代开发过程的进行，这些步骤(除第①步外)通常需要在后续迭代中反复执行，不断地对系统需求模型进行添加、修改和完善，直到满足当前产品发布计划对系统需求分析提出的要求为止。

下面对以上这些步骤逐个进行简要的介绍。

第①步：确定系统边界

系统需求分析的第①步与业务分析类似，通常也是“划框为界”——首先确定当前需要分析设计的系统的边界即BoS(the Boundary of System)，确定了BoS也就相当于大致明确了系统的范围(Scope)。

系统需求分析时所采用的BoS通常要小于前面介绍过的业务边界(BoB)，这是因为BoB所定义的一个组织里面除了含有软硬件设备以外，通常还有许多人员(如管理者、业务人员和系统的开发与维护者)以及各种物资、材料等。如前面图2-9所示，宠物店网站系统就隶属于宠物店公司，是该企业的一项重要业务资产。

通常BoS在开发启动后的最初几个迭代中(或之前)就能够基本确定下来，如明确了在今后一段时期内有哪些尚待开发的软硬件子系统、设备(或组件)等，这些内容及其相关元素就共同组成了位于BoS之内、当前需要开发的一个系统的范围。尽管一般BoS发生变化的可能性不大，但是随着迭代开发的进行，已确定的BoS以后也可能出现需要调整的情况。

"界定范围(Scoping)"是软件工程、需求工程与项目管理中的一个常见术语，它与名词Scope有所不同，是一个动词。除了设定BoS以外，界定范围的涵义主要是指动态地管控好当前开发的系统(尤其需求的)范围。例如，根据已设定的BoS和开发目标，界定一些候选的需求项(包括某些特定组件)是否确实属于需要开发的内容，如果不是，就应该把它们排除在BoS或产品开发的任务集之外。这种界定真实需求的操作通常在整个开发过程的每次迭代中都需要不断地反复进行，以免出现常见的系统需求范围蔓延(Scope Creep)、"越做越多"的现象，从而干扰和耽误系统的开发进程。这是日常的界定范围工作与仅仅一次性划定BoS的不同之处。

第②步：分析用角

确定了BoS之后，下一步就要找一找系统之外都有哪些可能与系统直接发生交互的用角(Actor)。

(系统)用角一般是指与当前系统发生直接交互或通信(包括信息交换)的人员或第三方系统所承担的某种角色，例如，网店系统的各种用户(如顾客、客服、系统管理员、店长)以及与网店系统通信的第三方支付平台等。

系统用角的一个重要来源是前面通过业务分析已经提取出来的业务用角、业务工员等主动对象，它们往往是在业务流程当中使用或访问当前系统的一些组织内外的用户(或其他系统)。

例如，用UML用例图表示宠物店网站系统的一些主要用角，如图2-17所示。

分析用角除了提取出用角以外，还应该对已识别的所有用角，根据其重要性或优先级进行筛选和排序，从中挑选出一批需要做进一步分析的用角，填写其相关属性(如名称、简述、责权利等)，以便为下一步提取用例做好准备。

用角只是当前系统的所有干系人中与该系统直接发生交互的一部分重点角色。对于所有系统干系人中那些不与系统发生交互，但仍有可能对系统的开发、使用与运行产生潜在、间接影响的一些干系人，如有必要，在这一步也可以对他们进行标识并注明其可能产生的影响。可以认为，用角分析其实是系统干系人分析的一个部分(子集)。

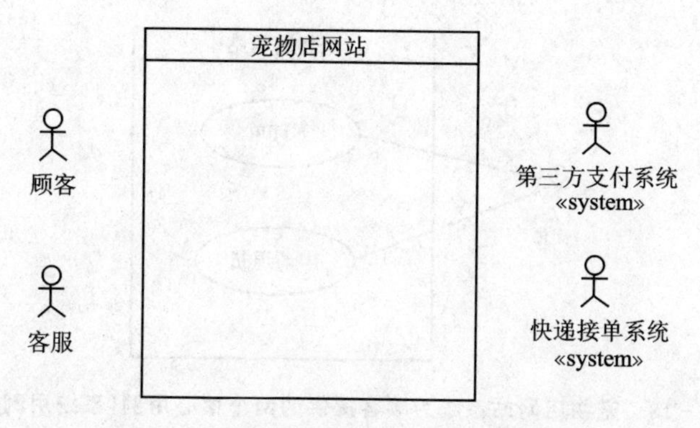

图 2－17　宠物店网站系统的一些重点用角

第③步：提取用例(或特性)

提取出一批合适的用角之后，应该针对每个用角，逐一分别列举出它们针对当前系统的使用或访问目标，问：某个用角为什么要访问当前系统？有什么目的？

从这个问题的一些答案中，经过适当的分析、细化和调整，往往可以提取出合适的候选用例，而这些作为答案的用角目标通常就是候选用例的名称(一般为动词词组)。然后，在 UML 用例图中把这些用角需要访问的用例画出来，它们既代表了用角针对当前系统的访问目标，也代表了系统可以向相关用角提供的某些功能(或服务)。

例如，对于一位宠物店网站系统的用角顾客来说，为什么他要访问该网店呢？首先，无疑“购物”就是一个最主要的目标，然而通过进一步分析，可以发现仅仅通过访问网站，顾客一般并不能真正地完成购物(实际收到订购的商品)，其实顾客针对网站真正能够完成的一个任务目标是“下订单”(整个购物业务流程当中的关键一步)。其次，顾客在购买了之后如果不满意，还可以提出退货。同样地，顾客也不可能仅仅通过访问网站、操作软件就能完成整个退货流程(包括货物的流转)，他实际通过访问网站能够实现的另一个确切目标是“申请退货”。于是，可以提取出“下订单”和“申请退货”这两个核心用例，如图 2－18 所示。

除此以外，从前面获得的业务模型(如业务流程的描述)中提取用例也是一种常用办法(其他更多提取方法请参阅 6.4 节)。

另外，通常还有必要对这些已提取的用例的一些基本属性(如简述、范围、层级等)进行适当描述或设定。

提取用例之后，应该及时把它们添加到产品开发的整个工作集(Product Workset)中。然后，通常还需要根据产品的开发目标、发布计划等要素对产品工作集中的这些用例进行优先级排序，并从中挑选出几个重点用例添加到当前迭代的工作集(Iteration Workset)作为开发任务，以便在当前迭代中对其展开深入的分析、设计与实现。

当然，并非所有的系统功能都必须要用用例来表示，一些简单明了的功能可以直

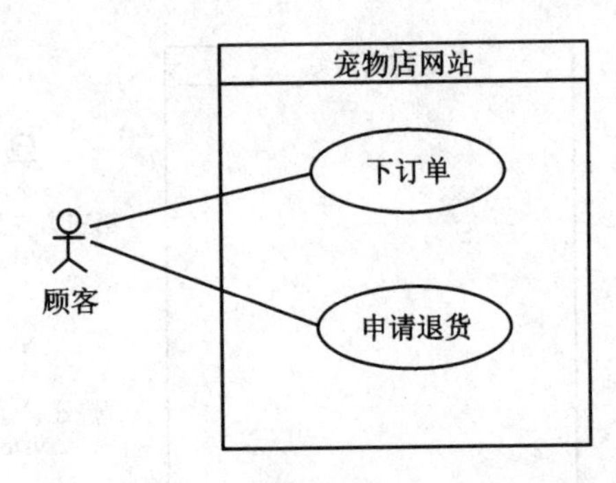

图 2－18　宠物店网站系统为顾客提供的两个核心用例（系统用例图）

接采用传统的特性列表或清单来罗列。而特性与用例这两种形式之间存在着简明的对应关系，可根据实际需要灵活地相互转换使用（请参阅后面 6.4.6 小节“特性列表”）。

第④步：分析用例

这里所说的“分析用例”是指对产品或迭代工作集中的单个用例做进一步的深入分析和建模，主要包括以下任务（这些任务是可选的，应根据实际需要来取舍）：

- 填写用例的属性；
- 画出用例的动态图；
- 编写用例的交互脚本。

用例执行的交互流（或动作流）主要可分为基本流与扩展流两部分，两者合在一起组成了一个用例的主干。其实做单个用例分析一般主要就是做用例交互流的分析与设计。

描述用例交互流的常用手段包括画 UML 动态图（如活动图、序列图等）与编写用例的交互脚本（可简称为“用例脚本”或“用例文本”）。

对于复杂的用例，统一用例方法建议采取的建模策略是“以文本为主、图形为辅”（即“文主图辅”）。

用例脚本基于特定的文本格式模板描述了用例的交互流，它们非常适合用来紧凑、有条理地描述复杂功能的交互细节与完整流程。

当然，通过画 UML 图来描绘一些简单的功能交互，常常比书写交互脚本要来得更加方便。而对于一些已经提取出来的重点用例，如果它们的步骤或内容细节很多，一时难以阅读，常常也有必要画出它们所对应的 UML 动态图，以增强可理解性。

这里所谓“文主图辅”的涵义是：把大量、主要的需求（细节）信息存放在用例脚本等文本描述中，而 UML 等图形则主要起到了可视化与辅助说明、简化或澄清这些文字内容的作用。

该策略与前面介绍的业务流程分析时所采用的“图主文辅”策略正好相反。主要原因如下：

第一，不像业务分析时常常可以获得大量的业务文字资料供参考，分析复杂的系统功能一开始往往缺少高质量的文字描述，需要逐步积累和完善，所以有必要把分析工作的重点放在系统需求的文本上。

第二，通过编写用例脚本以提供丰富的、满足精准度要求的各种需求细节信息（如扩展流、数据项等），将非常有利于驱动和促进后续的交互设计、编程设计与实现、系统测试等各项工作的高效开展。

第三，实践经验表明，如果事先没有或缺少文字内容说明的支持，直接为复杂功能的交互画出抽象的 UML 图，这对于许多缺乏建模经验的初学者来说，往往是比较困难的。有了一些初步的用例脚本（或大纲），常常可以促进 UML 建模；反之亦然，两者是相辅相成的。

总之，分析建模时究竟应该采取“图主文辅”还是“文主图辅”策略，以及图形、文本各自工作内容所占的比重如何，这些最终应该由分析师根据所面临的不同实际情况以及价值原则来权衡、确定。本书所采用的业务分析“图主文辅”、系统需求分析“文主图辅”策略只是可选方案之一，而且未必在任何情况下都是最佳的选择，仅供参考。

第⑤步：组织用例模型

随着迭代开发以及用例分析工作的不断深入，用例模型中的元素和内容也在不断地增多与演化，变得越来越复杂，需要及时对整个模型的结构进行更好的组织、管理与调整。

与前面介绍的组织业务模型步骤类似，利用 UML 包（Package）的树状嵌套层次结构，同样可以对规模不断增长的系统用例模型进行有效的组织和管理，以存放大量的建模内容。一个包中可以存放各种 UML 图形和个体元素，如用例图、活动图、用例和用角等。

用例模型的分包有多种灵活的组织方式。

一种可行的分包方式是，首先分出系统的用角与用例两个包，用于分别存放所有的用角与用例。而无论对于用角包还是用例包，一般都可以参照当前系统所隶属（或相关）组织的部门或业务结构来做进一步的细分。例如，用例包可以按照组织的职能部门或业务类型（如销售、财务、仓储、物流等）细分出多个功能子包，然后再用这些包来分别存放分属于不同功能区块的用例等元素及其相关图形。

只要遵循“高内聚、低耦合”的分包原则，同时善于利用一些 UML 工具的便利功能（如添加便于在几个图形之间快速切换访问的超链接等），就能让整个用例模型既做到结构清晰、层次分明，又不失完整性，而且易于浏览和及时找到所需查看的各种元素。

第⑥步：分析非功能需求

完善的系统需求分析，除了主要分析代表系统功能需求（FR）的各种用例以外，另一项重要的任务就是分析系统的非功能需求(NFR)。

NFR的类型与分法有很多种，知名的如源于惠普公司的FURPS+(参见1.2.1小节“3. 按性质分”)、Wiegers分类法(参见6.7节)等。最重要的一些常用NFR包括性能、易用性、稳定性、可靠性和可维护性等。

此外，从与FR的关系角度看，总体上NFR声明可分为全局性的NFR与局部性的NFR两类，前者主要与整个系统有关，而后者只与单个或若干用例(FR)有关。

NFR声明或描述一般以相对自由的文字说明为主。NFR分析的难点和重点是要尽可能把有关NFR的描述(包括各种约束、限制条件等)准确地进行量化，以便更好地有针对性地开展有效的系统测试，力求做到每个NFR都真正可验证、可落实。

作为系统需求模型的另一半，通常NFR(尤其局部NFR)可与用例模型一起，直接在UML工具中的有关图片(如自由文本段、标签等)或用例模板的属性字段中进行描述，或者也可采用独立的补充需求文档来书写(尤其全局NFR)。

本书把领域模型(Domain Model)分析也纳入到NFR分析的范畴之中，并把该模型也作为系统需求模型的一部分。这项工作主要是利用UML工具画类图，以描述有待系统处理的各种重要信息(或概念)实体的组成结构和关系。它们通常来源于前面业务分析中的业务对象模型，其中也蕴含了一些可能影响到系统功能设计与实现的业务规则等需求。对复杂领域模型的组织与管理办法与前文“组织用例模型”类似。

第⑦步：评审系统需求模型

通过以上各步的分析建模，到了这一步，一个“由外而内、层次分明、动静结合”的系统需求模型(框架)就大致建立起来了，有待“逐步求精”，继续完善和改进。

在迭代开发过程中，应该定期、适时地择机对需求模型的整体质量进行评审。与业务模型评审不同的是，参与系统需求模型正式评审的人员通常会更多，主要是负责(或参与)当前产品设计与需求分析、架构设计以及系统测试等方面的相关人员，包括产品经理(或项目经理)、业务与需求分析师、交互设计师、架构师与技术骨干、测试师以及客户方的业务专家、用户代表等。

如果评审之后对当前需求模型的质量还不满意，发现了若干质量问题或缺陷，应该参照以上介绍的有关步骤对相应的建模结果做出调整和修正。

与业务模型评审类似，开展系统需求模型评审活动通常有几个合适的时机。

第一个时机是在每次迭代前期(通常在迭代计划会议之后)所举办的需求分析会议临近结束时，此时相关的业务模型、对已提取出来的用例等需求的分析结果已相对稳定，可以组织与会人员开展一次即时、快速、局部性的系统需求模型评审(主要针对一些重点用例与相关NFR)。在评审中一旦发现了问题可以马上做出适当修改，以便在会上获得质量更好的需求描述，用于在会后驱动后续开发。

第二个时机是在每次临近迭代结束时(通常在迭代总结会议之前)，组织一次需求模型评审，对截至本次迭代已累计完成的系统需求分析成果(主要是增量或变更部分)的质量进行比较全面的检查与评估。一旦在评审中发现了质量问题,应当作好记录,并且及时把它们排入后续的迭代计划,以便在下一轮开发进程中做出及时的修改和完善。

以上简要地介绍了在敏捷开发中进行系统需求分析的一些基本步骤和任务。若想了解结合具体案例,如何运用基于UML和用例技术的统一用例方法来有效开展系统的需求分析与建模,请阅读本书第6章。

2.4　小　结

本章是对全书主要内容的综述。

首先回顾了敏捷方法体系,分析了基于用户故事的传统敏捷需求方法的特点和缺陷,然后介绍了敏捷的产品设计、交互设计与需求分析、用例交互脚本之间的密切联系,最后重点介绍了基于用例与UML建模的新型敏捷需求方法(即统一用例方法,UUCM)的基本流程框架。

可以说,"太极建模口诀"的16个字、4句话("由外而内,层次分明;动静结合,逐步求精")既是对UUCM的高度概括与提炼,也可以作为指导日常需求分析工作的简明扼要的步骤指南,它们在本书后面(尤其介绍业务与系统需求分析流程)的主要章节中将会不断有所体现。

下面第3、4章将分别介绍用例与UML建模技术的一些基本概念和知识,为后续深入介绍业务分析与系统需求分析方法做好准备。

第3章

用例基础

用例是完整、书面的需求与交互故事。

用例(故事)是本书统一用例方法所推荐的核心需求技术。

毋庸置疑,任何产品、系统或软件开发都应该由最终用户、客户(或其他干系人)的需求来驱动。作为迄今为止软件工程界用来精准、规范、结构化地分析与描述最重要的一类需求——系统功能需求的最佳技术(之一),用例方法对于成熟、高效的需求分析、交互设计、系统测试以及架构设计和程序开发等方面工作的重要性与价值是非常显著的。可惜国内外搞了十多年的敏捷运动,导致许多人不知道用例故事其实比传统敏捷开发所推崇的用户故事更为强大和实用。

本章详细介绍了用例技术的一些基本概念与基础知识,包括用角、用例及其本质,文本用例模板,用例的范围和层级等基本属性,用例的主干(交互流)编写技巧等。

建议初学者在学习本书后面的业务分析与系统需求分析等内容之前,先仔细阅读本章,对相关知识点有一个大致的了解。

3.1 用例简介

简而言之,一个用例(Use Case)就是对一个系统功能的执行流程及其交互行为的描述。

描述用例,既可以采用文本,也可以采用图形等多种方式。

用例技术是由同为UML(参见第4章)、UP(统一过程)创始人之一的Ivar Jacobson发明的。它最早可追溯到20世纪70年代末Jacobson在瑞典爱立信公司领导程控电话交换机开发时所采用的Traffic Case(话务案例)技术。1986年Jacobson在OOPSLA大会上发表的论文标志着用例这项技术的正式诞生。

1992 年，Jacobson 在其出版的名著《面向对象软件工程：用例驱动方法》中正式发表了基于用例驱动的软件工程方法。从此用例在欧美软件工程界得以逐渐普及，并于 20 世纪 90 年代中后期被 Rational 公司知名的软件开发过程指南 RUP(Rational 统一过程)和 OMG(对象管理集团)的 UML 标准吸纳为核心内容。后来 Rational 公司又于 2003 年被 IBM 公司收购，于是 Jacobson 的用例方法也就进入了 IBM 的软件工程技术体系，而如今 IBM Rational 样式的用例模板也主要是由用例创始人 Jacobson 这一支发展而来的。

用例技术的另一支重要流派的代表人物是 Alistair Cockburn，他同时也是敏捷方法水晶(Crystal)流派的创始人、2001 年参与敏捷联盟创建会议并共同签署《敏捷软件开发宣言》的 17 位知名的敏捷软件开发专家之一。

Cockburn 于 20 世纪 90 代初从 Jacobson 那里学习了用例，随后通过多年深入、广泛的实践，对其进行了继承、发展和创新。1997 年前后 Cockburn 首次提出了著名的"基于目标的用例"方法，该方法主要体现在其于 2001 年出版的《编写有效用例》这本名著中，该书可以说是迄今为止最为详细的一本关于如何写好用例的教材，对于指导实践者如何写好文本用例具有很高的参考和学习价值，本书对该书也有多处引用和借鉴。

基于目标、用例分层以及结构化的独特文本用例模板等是 Cockburn 方法的几个主要特点。Cockburn 的用例模板在坊间流传很广，后来也被 Oracle 公司的同样是用例驱动的 OUM(Oracle 统一方法)所借鉴和采用。

随着从 1997 年起 UML 成为国际软件的民间行业组织 OMG 的标准，以及从 2005 年起开始成为政府间的国际标准化组织 ISO 的正式标准，可以说如今如何利用 UML 的标准图形符号来可视化表示用例的方法和技术(即"图形化的用例")已经基本实现了标准化。

然而遗憾的是，在文本用例的描述方面，各个流派的专家及其支持者们都还在使用各自虽大同小异、但风格多样的用例模板、相关术语与解释，彼此之间存在着许多不一致甚至矛盾的地方，至今还没有像已经获得阶段性成功的 UML 那样，形成统一的(文本用例描述的)国际标准，这就给多年以来人们在实践中沟通、交流和共享用例与需求知识带来了不少困扰和麻烦。

本书所介绍的统一用例方法在很大程度上学习、借鉴了 Jacobson、Cockburn 等用例专家们的研究成果与贡献，试图在融合、消除各派的分歧并在此基础上做出创新等方面，进行一点尝试。

作为描述系统需求的一项关键与重要技术，我们预期用例文本格式(或模板)有希望成为一种描述需求的领域专用语言(DSL，Domain Specific Language)，而更值得期待的是，也许在未来 5～8 年内就有可能出现一份有关用例文本描述规范的正式国际标准。

用例工具

描述用例故事一般可采用图形与文本两种形式，对应的用例分析、建模工具主要也可分为图形建模工具与文本编写工具两大类。

在敏捷开发中，对于一些比较简单的小系统开发，通常采用画用例图加用例简述的形式可能就够了，这时首选的是各种UML画图工具（参见第4章）。

对于一些复杂的系统、产品需求分析，只有用例简述，或仅画出描绘用例的动态图常常是不够的，还需要编写更加详细的用例脚本。为此，一些UML工具在可画图、注释以外，还提供了利用内嵌模板编辑、编写用例文本的功能，典型的如Sparx Systems公司的EA（Enterprise Architect）等。

除了UML图以外，独立的用例文档或作为PRD（产品需求文档）重要内容的用例脚本，也是需求文档的一种主要体现形式。如果觉得只采用UML画图工具（及其内嵌的用例编辑器）不合适或还不够用，那么就可以考虑采用一些常见、通用的字处理或文档制作软件（如各种免费、支持模板功能的Wiki系统），或者专门的用例脚本编写工具（如Serlio软件公司的商业版CaseComplete等）来制作基于HTML、DOC、PDF等格式的用例文档。

值得提一下的是，二十年前我就已见到、至今仍印象深刻的，一种具有代表性和开创性的用例制作与需求管理工具——Rational RequisitePro（如今归属了IBM公司）。首先，为了方便用例文本的编写，RequisitePro提供了基于微软Office Word的用例模板，并且创造性地利用预先提供的一些Word宏（Macro）程序作为小助手，可以很方便地把Word文档中的用例信息提交到后台需求数据库（可选用各种主流数据库管理系统，即DBMS）进行管理，并保证前、后端用例数据的同步和一致性。此外，RequisitePro还提供了一个专门的用例与需求管理客户端，不但支持需求检索和查询等功能，而且还可以通过需求矩阵等形式对用例等相关需求进行有效、方便的跟踪、管理和维护。

展望下一代、更好用的用例工具，它们应该作为团队需求管理系统（RMS）的一个有机组成部分，而后者又构成整个产品或项目开发门户（PPP）的一个子系统。无论用例工具还是RMS、PPP等，最好都是基于Web（乃至云计算）平台，从而让整个开发团队成员不但都能通过多种终端（在受控情况下）便捷地访问到各类需求信息，而且还能有效地使用用例等需求的版本控制、比较合并以及变更管理、发布管理等多项团队协同功能。

3.2 什么是用例

介绍统一用例方法是本书的重点，那么什么是用例及其本质呢？

简单说，一个用例是对系统的某个功能具体如何使用、执行的一段流程描述。

用例的“用”字好理解，为什么称作“例”呢？这是因为每一个用例，不管大小，都对应于系统所提供的一个功能,是一个相对独立的功能单元,如"注册、登录、下订单、添加评论、支付订单"等,这些都是有效的用例(名称),它们就像菜例、案例那样是一例一例的,所以称作"例"。

顺便提一下,一个用例就代表了系统的一个(主要的)功能需求,与其对应的还有若干测例(Test Case)用于对需求的验证。Test Case 过去在国内的软件工程文献中大多译成"测试用例"或简称为"用例",显然此"用例"非彼"用例",两个"用例"分属需求领域和测试领域,涵义虽有联系但截然不同。为了避免术语混淆,本书均把 Test Case 译成"测例",而仅把"用例"用来指称需求用例。

在以上定义中,有一个非常重要的关键词——流程。

用例本质上是一种需求程序。马上您将看到,就像一段段的"程序",几乎每一个有效的用例都有自己的开始(前态)与结束(后态),基本的执行流程与扩展流程(如条件分支、异常处理等)。用例通常描述了发生在系统的边界之上,用户使用系统功能或系统与第三方系统之间发生的交互、执行过程,而且主要用格式化的自然语言写成,所以可称为"需求程序"(或"需求故事""使用故事""交互故事"),有别于系统内部运行的纯软件程序。

描述用例的常用手段主要有两种:一种是利用用例的文本模板来书写;另一种是利用图形符号来画图(参见下一章)。

以上简要、概念性地介绍了什么是用例,下节将以一个文本用例实例的形式来介绍用例的基本组成内容。

3.3　用例文本范例

很多 UML 或需求分析的初学者经常有一个误解,以为用例就是 UML 中的那个椭圆符号,用例分析就是把这些椭圆与小棒人(Actor,用角)都画出来、连上线就万事大吉了。然而,事情远没有那么简单。

除了椭圆符号以外,一个用例具体有哪些内容呢?

首先,鉴于"用例"是一个名词性的概念,在 UML 规范中"用例"也是一个类元(Classifier),即一个有点像面向对象方法中常见的类(Class)那样的东西,可以像普通的类(对象的模板)那样拥有自己的属性与操作。于是图 3-1 借用了 UML 中类的符号(带分栏的矩形框)来直观地表示"用例"这个概念以及它所拥有的一些基本属性。

其次,一个用例除了应该具有图 3-1 所示的名称、范围、层级、用角、基本流与扩展流等这些基本的属性以外,还可以作为一个在开发过程中被管理的需求项,拥有其他许多附加的(开发或管理)属性,如优先级、版本号、状态、作者、修改时间、相应的非功能需求和测例等。

描述用例,常用的技术手段有文本模板、UML 图形,同时还可以辅以更加直观、形象的用户界面原型、线框图、故事板(Storyboard)等。而描述一个功能用例的具体内容和细节，采用文本模板来书写则是常见的最佳手段之一。

以简易版的“注册”用例为例，它的文本描述主要内容如例3-1所示。

用　例
名称 类型 范围 层级 简述 主用角 辅用角 其他干系者 前态 后态 触发事件 基本流 扩展流 扩展点 ⋮

图3-1　用例的一些基本属性

例3-1　用例文本——注册(简易版)

名称：注册(简易版)　　类型：SUC

层级：!(用户目标层)　　范围：某网站系统

简述：

用户通过提交一些简单的个人信息(如用户名和密码等)为自己(或他人)注册一个网站的新账户(Account)。

主用角(PA)：用户。

辅用角：无。

其他干系者：无。

最小保证：

- 保持PA当前状态(已登录或未登录)不变。

成功后态：

- 创建了一个用户名为AccountName的新账户，为该账户分配了供系统内部使用的一个新的、全局唯一的AccountId；
- 初始化了该账户的其他数据和记录，包括用户密码、注册IP地址、注册时间等；
- 验证用户信息并创建成功后，该账户立即被激活，可供登录使用；
- 已通知PA注册成功。

失败后态：～

前态：～

触发事件：

- PA选择“注册”；
- PA直接访问注册页面。

基本流：

1. 系统显示注册页面。
2. PA输入用户名(AccountName)；系统即时验证该名称的有效性(不区分大小写)。
3. PA两次输入密码(一次和二次密码)；系统即时验证这些密码的有效性(不区分大小写)。
4. PA输入系统提示的校验码；系统即时验证该校验码的有效性。

// 2～4步执行顺序任意，而且可选，用户可能零输入直接提交。

5. PA提交已填写的个人数据(含用户名、密码等)，系统对该注册信息进行再次验证。
6. 系统以AccountName创建一个新账户，分配一个全局唯一的新账号(AccountID)，并用收到的PA个人数据初始化该账户，记录注册成功时间和IP地址等信息。

```
7. 系统通知 PA 注册成功。
END

扩展流：
1[PA 已登录]{
    1. 系统显示 PA 的个人空间主页。
    2. 系统提示 PA 注册新用户之前应先退出登录。
    3. ABORT
}

2[用户名错：
用户名已存在 ||
无效用户名 // 用户名太长、太短或含有除字母、汉字、数字外的其他非法字符、敏感词等…
]{
    系统保留显示已输入的用户名，提示具体出错原因，让 PA 进行修改或重新输入。
    RERUN
}

3[密码错：
    无效密码 // 密码太长、太短或含有除字母、特定字符、数字外的其他非法字符…
        ||两次密码不相等]{
    系统清空 PA 已输入的所有密码，提示具体出错原因，让 PA 重新输入密码。
    RERUN
}

4[校验码错]{
    系统生成并显示一个新的校验码，提示校验码错，让 PA 重新输入。
    RERUN
}

2 - 4[PA 选择更换校验码]{
    系统生成并显示一个新的校验码。
    RETURN
}

5[注册信息验证失败]{
    系统显示新的注册页面，其中保留了 PA 已输入的正确、有效的字段(如用户名等)内容，
    显著标记出无效与空缺的字段及其出错原因，并清空输入框中的所有密码和校验码。
    系统提示 PA 更正错误重新输入。
    GOTO 2
}
```

用例文本通常也可称作“用例脚本”或“(用例的)交互脚本”。

以上用例脚本中的 PA 为 Primary Actor(主用角)的缩写(参见 3.7 节)，“～”号

表示省略(或任意)。

以上脚本书写采用的是统一用例方法的模板，其格式和写法与其他流派(如Jacobson、UP、Cockburn等)的模板相比，基本内容(包括属性或字段等)大体一致，但在一些具体细节上有所创新，如引入了关键|保留词(如ABORT、GOTO、RERUN等，参见3.9.8小节)、执行块(参见3.9.6小节)、注释等元素或构造，并且借鉴了传统编程语言的一些语法特点和写法，从而使得用例文本看上去更像一种结构化的清晰、易读的"需求程序"。这些内容和特征都是统一用例方法所研制的文本用例语言UCL(Use Case Language，暂定名)的一部分。因此，基于统一用例方法的文本用例模板也可称作"UCL模板"。

以下我们将结合具体案例，依次分若干小节来介绍用例的这些基本组成内容及其编写技巧，包括用例的名称、简述、范围、用角、层级、基本流和扩展流等。

3.4 用例名称

当前系统或主体(Subject，参见3.6节介绍)所提供的每一个用例都有一个名称，这个名称构成中的主要部分通常是一个动词性词组，例如"注册""登录""下订单""在线付款"等，描述了系统向外部的用户或第三方系统等用角(参见后面3.7节介绍)所提供的一项功能(或服务)，或者这些用角可通过当前系统执行、完成的一项任务。

在统一用例方法中，带修饰的用例名称的基本格式如下：

```
前缀_ + 用例名称 + 用例层级符号 + 注释
```

以上格式中除了用例名称(即动词性词组)以外，其他元素都是可选的。

其中，前缀主要用来标明当前用例的类型，通常有两个值："BUC"表示业务用例(即业务流程，参见第5章)；"SUC"或"UC"表示系统用例(即普通用例)。前缀缺省时，即表示系统用例。前缀与用例名称之间用下划线连接。

用例名称之后的层级符号代表了当前用例所处的层级(参见后面3.8节介绍)，主要有3类值："+"或"++"代表概要目标层的用例(在本书中也称为大用例)；"!"代表用户目标层的用例(可省略)；"-"或"--"代表子功能层的用例(在本书中也称为小用例或微用例)。缺省时，即在用例名称中未添加任何层级符号，表示当前用例为一个用户目标层用例(即普通用例)。

用例名称最后的注释部分通常采用小括号内的文字加以注明。

例如，"注册"等用例名称可以有以下多种写法：

```
注册
SUC_注册！(简易版)
BUC_购物 +
```

清空购物车 -

3.5 用例简述

用例简述(Use Case Brief)是对一个用例故事的目标与行为所做的非常简略、概括性的描述和介绍,省略了各种不太重要或复杂的细节内容。

例如,以上用例"注册(简易版)"的简述如下:

简述:

用户通过提交一些简单的个人信息(如用户名和密码等)为自己(或他人)注册一个网站的新账户(Account)。

Cockburn 建议用例简述通常为 2~6 句话,叙述既不应太长,也不应太短。

用例简述与 Scrum+XP 所采用的用户故事的形式与作用类似,两者几乎是等价的(参见 7.1 节)。

3.6 范围与类型

本节介绍用例的类型和范围(Scope)这两个属性。

从定义上看,用例是当前被讨论(或被设计、待开发)的主体(Subject,UML 术语)所提供的一项功能或服务,以及对在这项功能(或服务)的执行过程中主体与外部的用户(或其他参与者)之间发生的交互行为的一种描述。

可见,任何一个用例一定是隶属于某一个主体的。而一个用例所归属的这个主体本身,有的可以是业务组织(如公司、政府机构或其他第三方服务组织,或者这些组织内部的部门等),而有的可以是系统(一般由软硬件组成)。根据所归属的主体的不同范围,用例主要可以划分为以下两种类型:

- BUC(Business Use Case);
- SUC(System Use Case)。

BUC(即业务用例)的范围属性通常指向一个开展各项业务的组织,对应的主体为业务主体,其边界为业务边界(BoB,the Boundary of Business),主要用于业务分析和建模。在本书中一个 BUC 就代表了一个业务流程,两者等价,因此可以通过业务用例建模来进行业务流程分析。有关 BUC 的具体例子请参见第 5 章。

SUC(即系统用例)的范围属性通常指向一个产品、系统或软件,对应的主体为系统主体,其边界为系统边界(BoS,the Bounary of System),主要用于系统功能需求的分析和建模。例如,前面的"注册"用例就是一个 SUC,它的范围是"某网站系统"。

为简化起见,本章中的用例例子将以 SUC 为主来进行介绍。

图 3-2 展示了业务主体与系统主体两种不同的范围,以及 BUC 和 SUC 这两种

用例之间的区别与联系。

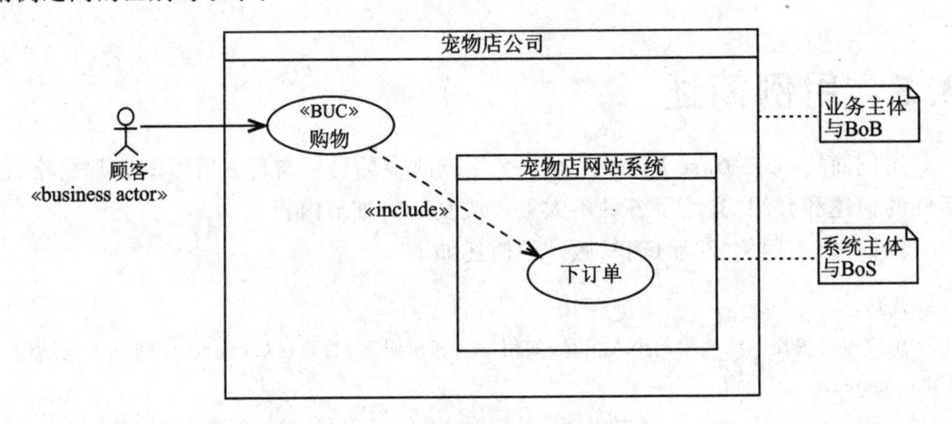

图 3-2 用例的范围与类型示意图

图中从业务用例“购物”到系统用例“下订单”之间有一条标记为《include》并且带箭头的虚线，表示这两个用例之间是一种包含关系(参见第4章“UML基础”中对用例关系的介绍)。

3.7 用角与干系者

本节简要介绍用例文本中的主、辅用角与其他干系者(Stakeholders)这三个属性字段的基本写法。

一个用角(Actor)通常指的是位于当前主体(如一个业务组织，或一个系统)之外的某一种干系者角色，它使用了主体所提供的某项功能或服务，或者为了某些特定的目的而与主体之间发生交互与通信。

借用Cockburn的话来说：An actor is anything having behavior(用角就是任何一种具有行为、行动能力的人或物)。这个定义够简单！

例如，前面例3-1中的“用户”就是“注册”用例的一个(主)用角。因为通常系统的任何用户都可以使用、访问到系统的注册功能，所以这里就采用了一个最常见、最简单同时也是泛化的用角名称。

请注意，一个用角所指代的不一定都是人，它们既可能是与主体交互的人类所扮演的某种角色，如“用户”“系统管理员”“店长”等，也可能是与主体交互的其他系统或设备、软件或硬件甚至组织机构(所扮演的角色)，如第三方支付系统、接入服务器、快递公司、供货商等。

用角在本质上是与主体发生交互的一种抽象的角色类型。所谓“抽象的角色类型”，意味着用角的名称通常应该表达的是某一类参与交互的角色的类型，是泛指，如“用户”“系统管理员”“店长”这些都是有效的用角名。用角的名称一般不应指向人类或系统的某个具体的个体或实例(Instances)，如“小王”“小李”“这台路由器”“那只手机”等。

根据一个用例所归属的主体范围不同(业务边界或系统边界),用角主要可分为业务用角(Business Actor)与系统用角(System Actor)两种类型。一般约定:平时如果不在“用角”这个词之前添加任何定语(即缺省情况),那么指的就是系统(的)用角。

无论是业务用角还是系统用角,它们都有主、辅之分。用角的这两种划分方式(业务与系统、主与辅)是正交的,如表3-1所列。

表3-1 用角的基本类型与划分

用角类型 / 重要性	业务用角	系统用角
主用角	√	√
辅用角	√	√

本书第4章将详细介绍与用角相关的用例图和用角图的画法,并且第5、6章还将分别对如何确定和分析业务用角与系统用角进行更加深入的介绍。

3.7.1 主用角

一个用例的主用角(Primary Actor,缩写为PA)是指该用例所服务(或为该用例的主体提供服务)的一个最主要的用角。一个用例的主用角数量不一定都是一个,也可能是两个或多个。

为了方便辨识,在画UML用例图时,一般建议把主用角放置在用例或主体边界的左边。

在用例脚本的主用角字段中,除了简单地列出当前用例的所有PA的名称外,还可根据实际情况分别说明各个PA的责权利,这些信息将有可能影响到当前用例的设计。

3.7.2 辅用角

一个用例的辅用角(Supporting or Secondary Actor)指的是除了PA之外,那些对于当前用例的成功执行起到了必不可少的提供服务、支持、保障等作用的辅助性用角。

不是每一个用例都需要辅用角。如例3-1所示,简易的注册通常只有一个PA(用户)与当前系统交互,是无需辅用角参与的。

但是高级、复杂一点的系统注册流程,可能就需要辅用角了。例如:互联网上常见的“第三方注册与登录”模式,大意是用户可以利用其在某个网站B上已成功注册的身份在另一个网站A上完成注册,而无需再创建另一个不同的身份,该用户身份的验证和授权等信息的共享、交换与操作均由两个充分信任的友好网站A和B在后台自动完成。这样就大幅简化了用户注册流程，避免了用户以往在不同网站上需要维护多套身份或多次重复输入身份信息的麻烦，给用户访问带来了很大的便利。典型的例子如在许多知名网站上，用户可直接用自己常用的第三方社交网络身份进行注册与登录等。

对于这类“第三方注册”用例，其辅用角可命名为“第三方身份授权网站”，而且为了方便辨识，在画 UML 用例图时，一般建议把辅用角放置在用例或主体边界的右边，如图 3－3 所示。

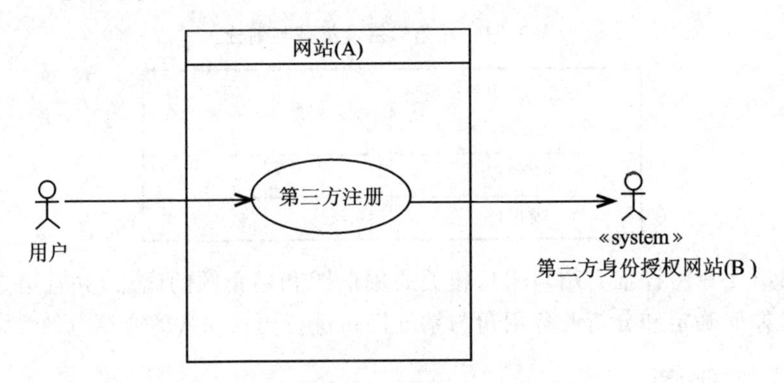

图 3－3　辅用角示意图(第三方注册)

确定了辅用角之后，在用例脚本中相应的字段可添加描述为：

辅用角：

第三方身份授权网站——验证系统转发的 PA 身份信息(含用户名、密码等)的有效性，并提供相应的授权。

3.7.3　其他干系者

无论主用角还是辅用角，它们都是在当前主体的所有干系者中与当前主体发生直接交互的用例参与者。除此以外，还有一类干系者，通常他们并未直接参与、介入到用例的执行过程当中，但是对当前的用例(需求)可能具有一些间接(甚至比较重要的)影响。所以，有时也需要在用例模板中把这类其他干系者的责权利，以及它们对当前用例可能的潜在影响列举、描述出来。

“其他干系者”字段的书写格式同主、辅用角。若确定没有必要列举当前用例的其他干系者，则可填写“无”或“～”(表示任意或省略)。

一般系统用例的干系者除了包括人类角色以外，也可能指向其他外部系统或设备，所以此处用“干系者”而非“干系人”，以示区别。

3.7.4　Actor 的译法

在业界的 UML、用例等相关中文文献中，英文 Actor 这个术语一直存在着多种不同的译法，并未统一。显然，在软件工程的语境中把Actor直译成“演员”（或“男演员”）肯定是不合适的。其他常见的译法主要有以下几种，评述如下：

1. 参与者

不少书把Actor译为“参与者”。

的确，Actor确实是用例的参与者，而且不仅是参与者，还是用例的执行者之一（见下文）；用例另一个主要的执行者和参与者是当前设计中的系统（主体）。应该说把Actor译成“参与者”，虽然意思上还行，没有明显的错误，但是缺乏特异性（最好明显有别于其他术语或概念）。

而且，“参与者”这个译法不够准确。因为许多Actor其实就是系统的用户，用户是系统服务的对象，如果仅把Actor说成是参与者，感觉语义不够显著、到位，不能突出或强调用例方法“以用户为中心”进行设计的内涵。

此外，中文“参与者”对应的英文通常是Participant而不是Actor，后者具有更一般的抽象涵义，更多强调的是行为人或具有行为、动作能力的某种物件（源自Act、Active或Action）。

因此从以上这几个角度看，把Actor译成“参与者”还不够好。

2. 执行者

那么，如果把Actor译成“执行者”，怎么样？

首先，汉语的“执行”既可作动词用，也可作形容词来用，有“实施；实行（政策、法律、计划、命令等）”之义，英文对应的词汇如Implement、Execute、Conduct、Perform等。“执行者”一般就是指负责具体执行某项任务、计划或命令等事项的人或系统。

一个用例的执行通常需要用户与系统的共同参与、交互和协作才能完成，所以如果说“Actor是用例的执行者（之一）”，这基本上是对的。不过，需要补充的是，Actor更准确的定位其实是用例执行的请求者（或响应者），而系统（及其内部组件）才是最主要的用例执行者。

然而，如果把系统之外的Actor也说成是“系统的执行者”，那么就错了，会出现语义上的矛盾。这主要是因为：“用例的执行者”与“系统的执行者”并非完全一回事，前者“用例”是一个执行流程，通常包含了用户与系统等多个参与者，可以说它们都是用例的执行者，而后者就是指单一对象（特指“系统”）的执行者；如果Actor是系统的具体执行者，又怎么可能位于系统之外呢（根据Actor的定义）？

例如，《软件方法》中是这么写的：

> 系统执行者的定义：在所研究系统外，与该系统发生功能性交互的其他系统。
> 系统执行者不是所研究系统的一部分，是该系统边界外的一个系统。

系统的执行者居然不是系统内部的一些执行组件（或人员，对于业务系统而言），而是身处系统的外部，可是一个系统外部的角色怎么来执行该系统呢？

举一个非常简单的例子。用户作为Actor，使用一台电脑（系统），通过键盘、鼠标等设备来与该系统交互。那么，真正的"系统执行者"是谁呢？

电脑系统的执行者，不是应该包括CPU、芯片、操作系统等在内的各种系统软硬件吗？可是按照该书中定义和翻译，用户可以成为系统的执行者。系统之外的用户怎么能执行一台计算机呢？（请注意，"使用"与"执行"、"用户"与"执行者"的涵义是有区别的。）

类似的例子，此书中还把以上定义延伸到了业务建模领域：

以某组织为研究对象，在组织之外和组织交互的其他组织（人群或机构）就是该组织的执行者。因为研究对象是一个组织，所以叫业务执行者（Business Actor）。

以一家商业银行为研究对象，观察在它边界之外和它打交道的人群或机构，可以看到储户来存钱，企业来贷款，人民银行要它作监管……这些就是该商业银行的执行者。

一个组织的执行者居然可以在组织之外、不属于这个组织，而且储户、人民银行等竟然都成了商业银行的业务执行者，那么银行内部的管理者和员工算什么呢？

按书里所说，银行的内部员工应该是业务工人（Business Worker），可是银行的业务工人难道不也是银行业务的具体执行者吗？怎么反倒是一向作为银行客户的储户，成了银行的业务执行者呢？

这些与Actor相关的定义和结论存在着明显的逻辑错误和矛盾，显然是硬要把Actor译成"执行者"而造成的。

小结一下：

用例的执行者与系统的执行者是两个相关但不同的概念。更多时候，Actor（尤其主用角）其实是用例（代表系统所提供的一项功能或服务）的请求者和系统所服务的对象，而系统作为当前主体才是用例真正（或最主要）的执行者；而系统之外的Actor肯定不是系统的执行者（或实施、实行者），不然逻辑上是讲不通的。

虽然"Actor是用例的执行者（之一）"这个说法没错，但是在日常用中文遣词造句时，一旦把"系统的Actor"译成了"系统的执行者"，顺着这个逻辑，很容易出现与上述类似的错误，如"患者是医院的业务执行者"，等等。

什么时候以上的译法、说法是正确的呢？作者认为大概只有一种情况——除非该书中的"执行者"三个字已经只剩下了读音，而不再具有中文"执行者"的原义。既然如此，为何不改意译为音译呢？比如，把Actor译作"艾可特"，这样就省去了许多麻烦。

所以，建议最好不要把Actor译成"执行者"，以避免可能出现各种意想不到的后果。

3. 角　色

有些文献和资料中还把Actor译为"角色"。的确，Actor本质上确实是一种与系统进行交互的抽象角色。仅从涵义上讲，这个译名没错。

然而，"角色"对应的英文词一般是Role，这个术语已被UML规范等其他文献用作他用，具有比Actor更一般意义上的抽象涵义，用途也更加广泛，而非仅指向用例语境中的交互角色。这也意味着,一旦把 Actor 译成“角色”,那么 UML 标准规范就不大好翻译了,因为其中出现了两个难以分清、都叫“角色”的术语。

所以,“角色”这个译法是欠妥的,主要是没有体现出 Actor 这个术语的特定涵义与适用语境,很容易与 Role 产生混淆。

4. 用　角

通过以上分析,既然发现把 Actor 译作“参与者”“执行者”“角色”等词语都不妥当,存在着各种各样的问题和缺陷,那么不如就造一个新词(这类现象在计算机、软件界其实并不稀奇)。

“用角”相当于“用户的角色”“参与用例交互的角色”等,组词很方便,例如“主用角、辅用角”“业务用角、系统(的)用角、用例的用角”等,遣词造句时相比其他译法也显得更加自然和流畅。

如果读者在阅读本书时,对“用角”这个词所出现的上下文和段落没有感到任何不适,那么说明这个译法可能是成功的。

3.8　层　级

本章前面介绍的用例的范围(Scope)属性可以说是一种横向的划分,大致可以把所有的用例根据主体范围(边界)的不同分为业务用例(BUC)与系统用例(SUC)两类。

本节所介绍的用例的层级(或层次,Levels)则是一种纵向的划分,可以自上而下、由高到低地把同一个主体所拥有的所有用例划分为多个层级,每一层分别对应着不同粒度大小的用例,通常粒度大的位于高层,粒度小的则位于低层。

Cockburn 提出根据各种用例目标的不同大小,一般可将用例分为 3～5 层。以顾客在宠物店购物为例,各层用例如图 3-4 所示。

图 3-4 中间的“下订单”和“支付订单”为两个粒度适中的用户目标层(别名“海面层”)的用例。

海面层的上、下分别为概要目标层与子功能层,所以用例的基本层级为 3 层。概要目标层(别名“天空层”)从高到低又可细分为白云与风筝两个子层,而子功能层(别名“水下层”)从上到下又可分为鱼虾和蛤蜊两个子层。因此,加上这些子层,整个用例层级一共至少是 5 层。

海面层与风筝层、鱼虾层是用例分析时应该重点关注的主要层级。

图中各用例之间标注有 include 或 exclude 的箭头虚线分别代表了用例之间的包含或扩展关系。有关用例关系的具体涵义、画法等介绍请参阅 4.2.1 小节“5. 用例关系”。

横向与纵向,这意味着用例的范围与层级这两种属性是正交的。因此,无论业务用例还是系统用例,各自都可能存在着至少 3 种不同层级的用例划分,如表 3-2

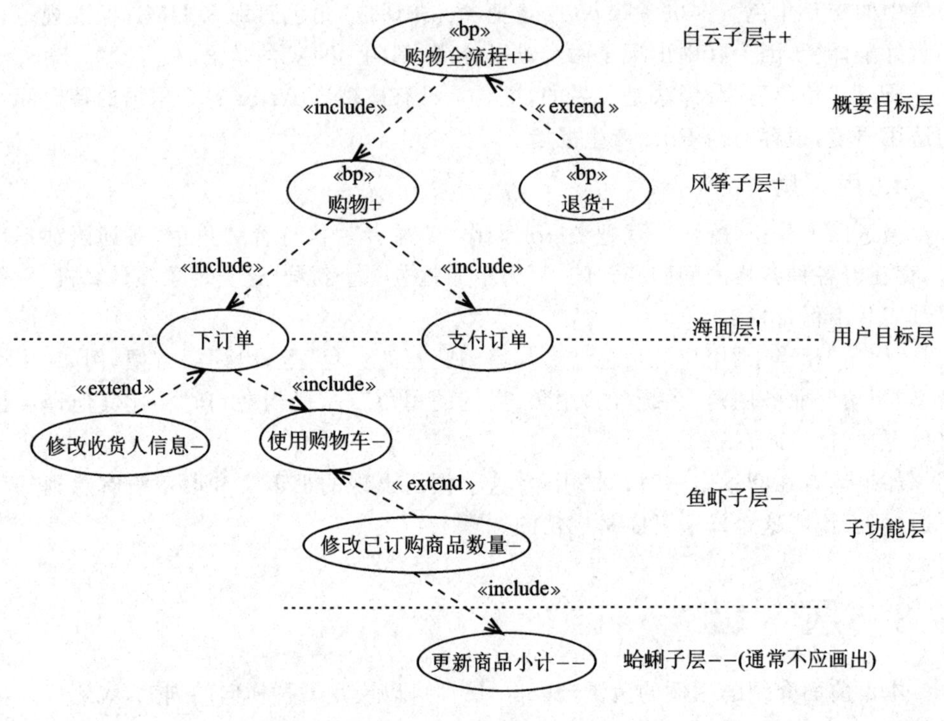

图3-4　用例的层级示意图

所列。

为简化起见，统一用例方法把一个主体或系统所拥有的全部用例大致分为“大用例”、“用例”与“小用例”3层，分别对应于Cockburn用例方法中的概要目标层(Summary Goals Level)、用户目标层(User Goals Level)与子功能层(Subfunctions Level)。

表3-2　业务与系统用例的层级分布

层级与别名＼类型	业务用例	系统用例
概要目标层(大用例)	√	√
用户目标层(用例)	√	√
子功能层(小用例)	√	√

以下将主要以系统用例为例，分别介绍用例的这3个层级的基本特征、划分与识别方法。

3.8.1 概要目标层

概要目标层用例对应着一些粒度较大的业务流程、系统功能或服务。在时间跨度上，它们的成功执行通常无法在一天之内(或一次性)完成，而是常常需要分多次交互，跨多天、多周、多月甚至多年才能完成。

一个概要目标层的用例的粒度较大，意味着它通常包含了若干粒度更小的用户目标层或子功能层用例。

在 Cockburn 方法中，概要目标层用例又可细分为“白云层”与“风筝层”两个子层，均显示为白色。

在统一用例方法中，简称概要目标层用例为“大用例”或“顶层/高层用例”。这些顶层或高层用例的作用和重要性在于，它们为大量低层的用例提供了一个清晰的上下文(Context)，使我们能方便地看到全局的流程和功能概貌。

对于不同的业务或系统主体而言，可能都存在各自范围内的概要目标(大)用例。

例如，对于网店公司的主业务用角“顾客”来说，“购物”无疑是一个最重要、最核心的概要目标层的业务用例，如图 3-5 所示。为什么说“购物”是一个概要目标(大)用例呢?

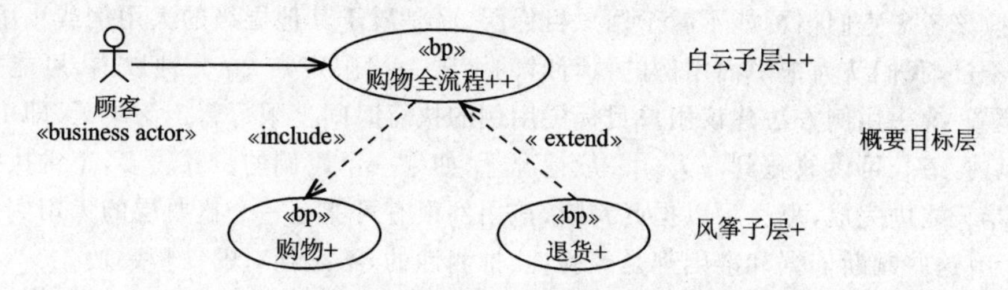

图 3-5 概要目标层用例示意图(业务用例，网店公司)

分析一下购物的业务流程，不难发现其中包含了顾客挑选商品、下订单、完成支付，以及网店公司发货、快递公司送货，直至顾客最终验收等许多关键的步骤与环节，显然所有这些步骤(即整个购物流程)通常很难在几个小时以内一次性完成，需要顾客、网店公司以及支付中心、快递公司等多方角色的共同参与才能完成，而一般最快的交付时间是次日达。此外，购物的业务流程本身就包含了多个相当于用户目标层(参见下文)用例的步骤，例如“下订单”“支付订单”“签收”等。既然“购物”用例包含了一些用户目标层的用例，说明它的粒度很可能比这些被包含的用户目标层用例的粒度还大，再结合考虑执行完成的时间因素，那么业务用例“购物”只能是一个概要目标层的用例了。

3.8.2 用户目标层

用户目标层用例位于三大用例层级的中间层，它们是用例分析(尤其前期分析)的重点，代表着当前主体(业务或系统)提供给主用角的一些粒度适中的主要(核心)

功能与服务。例如，一些典型的用户目标层用例有“注册”“下订单”“管理个人资料”“查询订单状态”等。

用户目标层的用例通常比概要目标层的用例粒度稍小，因而也更适中，数量更多。在时间跨度上，这类用例的成功执行通常可以一次性（或在一天之内）完成，这是它们与概要层用例的主要区别之一，后者的正常执行通常都需要跨一天以上，而且无法在现场一次性完成。

在 Cockburn 方法中，用户目标层也被称为“海面层”（或“波浪层”），其用例显示为蓝色。

在统一用例方法中，如果不加任何定语（即缺省情况），那么“用例”这个词一般指的就是用户目标层（或海面层）的常规用例。

如何有效地判断一个用例是否是用户目标层用例呢？

Cockburn 提供的一条经验判断依据——在多数情况下，用户目标层用例基本都符合以下特征：

- 一人次（即只有一个主用角）；
- 一次性（One Sitting or Single-Sitting）完成（通常在 2～20 分钟之内）。

我们把以上经验准则归纳为“两个一”。如果有些用例不符合“两个一”的特征，那么应该考虑它们很可能不属于用户目标层，而是属于其他层级的大用例或小用例。

不过，我们认为把海面用例的执行时间上限一律限定在 20 分钟以内，可能过于严苛了。统一用例方法建议用户目标层用例的执行时间上限可暂定为半天（即 12 小时）以内，最长可以放宽到一天。一般情况下，如果一个用例的步骤较多，正常执行无法在半天之内完成，那么可以据此判断，该用例很有可能是一个概要层的大用例。当然，所有这些判断依据和准则都是经验性、推测性的，不是绝对的铁板一块。

此外，Cockburn 还提供了一个非常实用的经验，就是发问：

“做了这件事之后离开，主用角会感到满意吗？”

如果答案是肯定的，即主用角在做了某件事之后能够满意地离开现场，那么完成这件事很可能就代表了一个真正的用户目标，而它所对应的用例很可能就是一个用户目标层的用例；反之则不是。

把 Cockburn 的问题稍微改一下，就可以用来帮助我们发现潜在的用户目标层用例：

“做了什么事，能让主用角真正感到满意？”

以大家熟知的 ATM（银行自动柜员机）为例，如图 3－6 所示。

作为一名普通用户，在 ATM 上操作、完成了哪些事，才会使您真正感到满意呢？或者换个角度问：您希望 ATM 为您做哪些事，才能让您真正满意呢？

针对以上这些类似的问题，绝大部分的用户可能都会脱口而出，日常的 ATM 操作无非就是做了这么几件事：存款、取款、查询，以及转账和改密码。这几件事都是

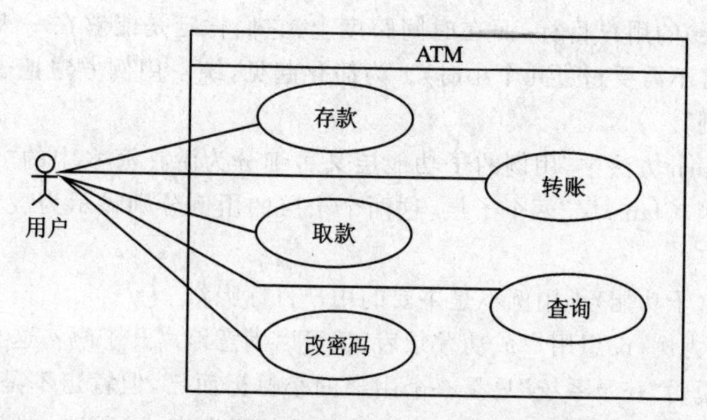

图 3-6　ATM 系统的典型用户目标层用例

ATM 的基本(核心)功能与操作,而且满足了"两个一"的特征,显然它们就是我们要提取的真正的用户目标,因而对应着图 3-6 中的 5 个用户目标层用例。

然而,用户使用 ATM 时系统其实还有不少功能与操作,例如插卡、读卡、输密码(身份验证)、实时录像、发提示音、点钞、吐钞、退卡、吞卡等。相比之下,哪些功能对于用户而言,才是真正的关键、核心或最主要的功能是不言而喻的。其实这里列举的 ATM 的这些其他功能基本上都是子功能层的用例,与图 3-6 中的 5 个用例(真正的用户目标)相比,它们只能算是一些小功能和小用例了(但不等于它们不重要)。

无论业务用例还是系统用例,都有着各自相对应的用户目标层用例。

再以宠物店公司为例,图 3-7 画出了位于概要层的业务用例"购物"(代表了一个业务流程)所包含的两个系统用例,即"下订单"和"支付订单",如图 3-7 所示。

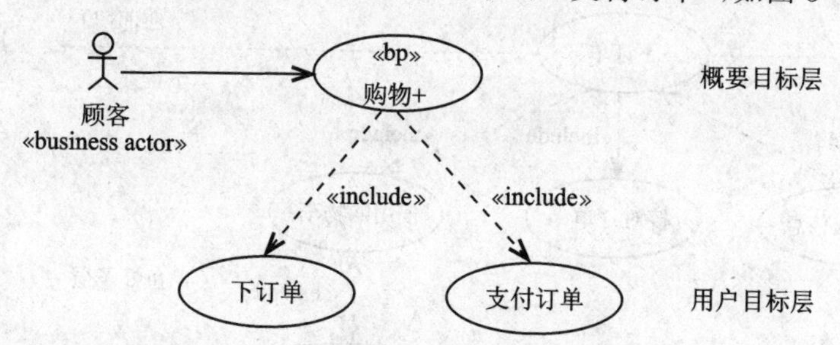

图 3-7　用户目标层用例示意图(网店)

在正常情况下,无论"下订单"还是"支付订单",它们的成功执行一般都可由一个主用角(顾客)在几个小时之内完成,符合"两个一"的划分标准,因此这两个用例都是海面用例;而且,它们同时还是上层"购物"业务流程中的两个必要步骤,因此均被概要用例"购物"所包含。

3.8.3　子功能层

子功能层用例对应着一些比用户目标和概要目标层用例粒度更小的功能,它们不是真正(主要)的用户目标，而在时间跨度上，它们肯定是能够在一天之内完成的(完成执行通常不需要超过几个小时)。为简化起见，统一用例方法把子功能层用例也称为“小用例”。

在Cockburn方法中，用例的子功能层又可细分为游在海水中的“鱼虾层”与躺在海底的“蛤蜊(Clam)层”两个子层，这两个子层的用例分别显示为靛青色(Indigo)和黑色。

为什么说(子功能)小用例不是主要的用户目标呢？

以“登录”为例，设想用户成功登录后，就可以满意地离开了吗？这显然不符合实际，这个现象说明“登录系统”只是一个用户的小目标而已，但肯定不是主要目标，因为在登录之后用户一般还有更重要的目标和任务要去完成(所谓的“正事”)，如“转账”“下订单”等。

图3-8画出了用户目标层“下订单”用例所涉及的3个子功能层用例(用用例名称后面的减号表示)，分别是“修改收货人信息(包括收货人的姓名、送货地址、手机等)”“核对订单”与“使用购物车”。请注意，作为示意图，此图(包括前面图3-4等)主要是为了说明用例的层级分解以及大、小用例与系统功能之间的对应关系。这些图中除了“修改收货人信息”和“使用购物车”以外，其他小用例平时一般是不适宜专门提取出来作为独立用例的(应该留在它们的上级用例当中)。“修改收货人信息”被单独提取出来主要是因为它扩展了至少两个以上的其他用例(参见图4-11)，而“使用购物车”也可以被提取为一个小用例主要是因为它具有相对的独立性和足够的重要性。

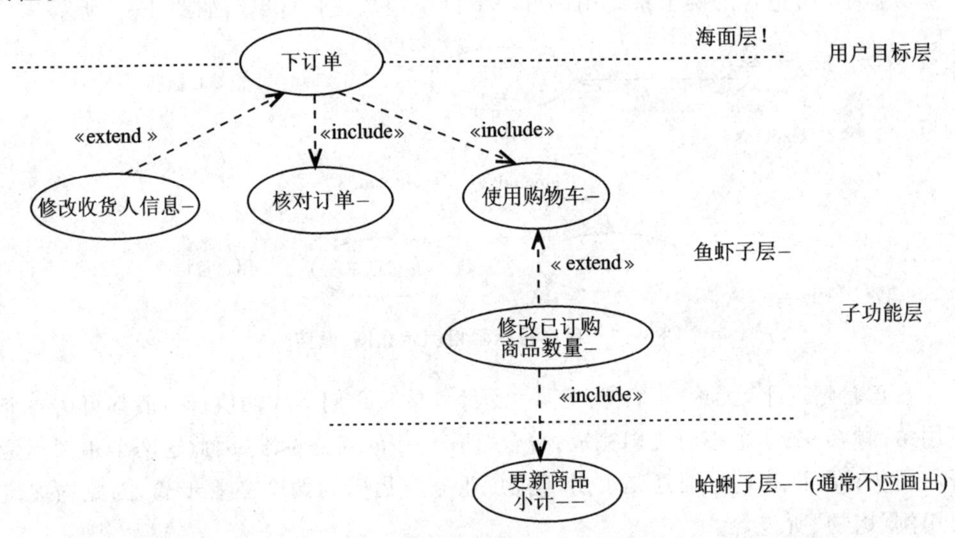

图3-8　子功能层用例示意图(网店)

该图同时也说明了这些小用例与上级用例之间的关系不一定都是包含关系。例如："修改收货人信息"不是顾客下订单过程中每次必需的操作，所以它扩展了"下订单"用例；而"核对订单"是下订单过程中一个必要的步骤（对应于例 6－8 中的执行块"确认订单内容"），所以它被"下订单"用例所包含。有关用例之间的包含与扩展等关系的具体涵义解释请参阅本书 4.2.1 小节"5. 用例关系"。

3.8.4　Why/How 关系

各个层级的用例相互之间是什么关系呢？

Cockburn 总结的经验是：各个层级的用例之间主要是一种 Why/How 关系。即对于任一层的某个当前用例而言，它与它的直接上层用例之间是一种 Why（为什么要做）与 How（如何做）的关系：它的直接上层用例代表了一个更高层的目标，表明了为什么（Why）需要当前用例，而当前用例通常代表了如何（How）做才能实现上层用例目标的一个步骤，如图 3－9 所示。

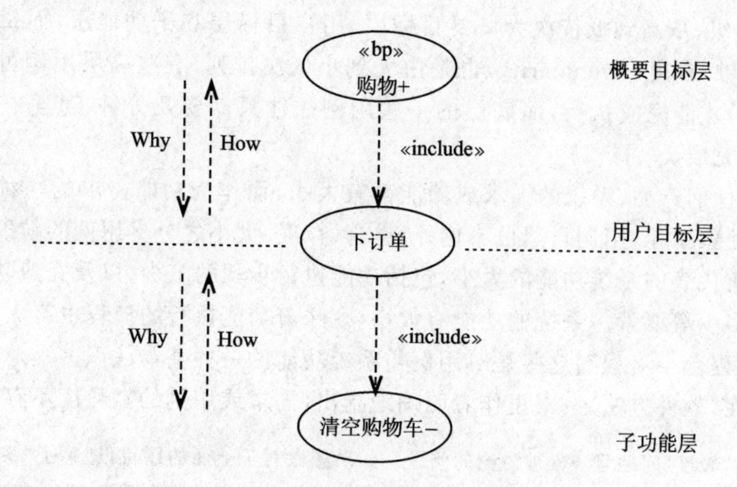

图 3－9　各层用例之间的 Why/How 关系

顾客在网店购物，对应的是概要目标层的业务用例"购物"而在顾客的购物流程中必然有一步"下订单"（在图中用用例之间的包含关系 include 表示），它对应的是海面层的系统用例"下订单"。这两层用例之间是一种 Why/How 关系：为什么要下订单呢？因为要完成购物流程；怎么做才能完成购物呢？需要下订单。

再来看图 3－9 中"下订单"与子功能层用例"清空购物车"之间的关系。通常网店系统在为顾客成功地创建订单之后必然有一步"清空购物车"（在图中用用例之间的包含关系 include 表示），这是一个相对很小的步骤（功能），所以位于海面以下的鱼虾层，通常不应该被单独提取为一个用例。除此之外，它与包含它的"下订单"用例之间也是一种 Why/How 关系：为什么要清空购物车？因为要完成下订单任务；怎么做才能完成下订单呢？最后需要清空购物车。

认识到各个层级用例之间的这种 Why/How 关系规律，便于我们更加有效、自如地进行用例分解，以避免提取出大量粒度过小的子功能层用例。

例如，一旦用户觉得当前用例的粒度太小或层级太低，那么可以对着当前用例问一句："为什么要这样做(执行该用例)?"通常答案就是一个比当前用例层级更高、粒度更大一些的用例，如果判断它正好位于海面层，那么我们便获得了一个比较合适的用户目标层用例。

反之，如果觉得某个用例的粒度太大或层级太高，那么就可以问一句："怎么做才能实现这个用例的目标?"，通常答案就是一个比当前用例的层级略低一层、粒度稍小一些的用例，而且后者往往是前者执行流程当中的一个步骤，正如上面"购物"与"下订单"这两层用例之间的关系。

3.8.5 粒度是否存在

以上我们引用、借鉴了Cockburn方法的研究成果，介绍了用例客观上存在的3个基本层级，从高到低依次为概要目标层、用户目标层和子功能层，而每一层所对应的用例(颗)粒度(Granularity)也是由大到小依次排列，有些高层用例可能需要几天(及以上)才能完成执行，而底层的一些用例往往只需要几分钟(甚至在更短时间内)就可以完成。

其实，任何产品、系统的需求或功能都有大小，而作为功能需求的一种规范化描述形式与抽象单元，用例自然也不例外，也有(粒度)大小之分。用例的粒度大小其实反映了它所代表的系统功能的大小，包括功能执行步骤的多少，以及完成功能执行所需时间的多少等要素。系统的功能有大小，意味着功能执行的流程也有大小，而且往往是"大流程套小流程"，这些是对用例与系统功能的一种基本认识。

然而在《软件方法》一书里作者明确地指出(需求或用例的)"粒度不存在"：

> 用例的"粒度"问题是经常被讨论的问题。如果您做对了上面的题目，理解了"买卖"的要点，"粒度"的困惑就迎刃而解了。注意，"粒度"加了双引号，也就是说，<u>所谓"粒度"，其实并不存在</u>。用例不是面团，任由开发人员关在办公室里乱捏："我觉得那个用例粒度大了，捏小一点，那个用例粒度小了，捏大一点"，开发人员只能根据涉众心中对系统的期望，最后确定系统能提供什么，不能提供什么。
>
> 有的书中会给出"粒度原则"，例如：一个系统的用例最好控制在××个之内、一个用例的基本路径最好控制在×步到×步之间……<u>"粒度""层次"这些概念迎合了开发人员的"设计瘾"，对开发人员的误导相当严重。</u>开发人员不要玩弄"粒度原则""分层技巧"，应该把屁股坐过涉众那边去，揣摩涉众的心理，实事求是写下来。对于"用例是否用对了"，有一个朴素的判断标准：是否加强了和涉众的联系。如果不是，那就用错了——别管某些书上怎么说。

那么，用例的层级或粒度是否真的如书中所写，不存在呢?

所谓"大粒度"或"小粒度"，无非就是指一件东西的相对大小。那么，不同的用例之间到底有没有大小之分呢？当然有了。例如，该书里也是这么说的：

> Include的目的是为了复用在多个用例中重复出现的步骤集合，形状往往是多个<u>大用例</u> In-

clude 一个小用例。

"大用例""小用例",这不正是在说用例的粒度吗?

该书里既提到了"大用例"和"小用例",同时又强调"粒度、层次这些概念不存在,对开发人员的误导相当严重",显然前后自相矛盾、缺乏逻辑性。

在《软件方法》第 2 版里,又换了一种说法——系统用例不存在层次问题,书里是这么说的:

> 5.3.5　系统用例不存在层次问题
>
> 系统用例的研究对象就是某特定系统,不是组织,也不是系统内的组件。如果存在"层次"上的疑惑,背后的原因是研究对象不知不觉改变了。

真的如此吗?系统用例完全没有层次,或者一旦系统用例出现了分层,就表示研究对象改变了吗?

用例专家 Alistair Cockburn 在《编写有效用例》第 5 章中就列举了 3 个比较复杂的、位于不同层级的系统用例的实例,可用如图 3-10 所示的用例图来表示(详细的原用例文本请阅读原著)。

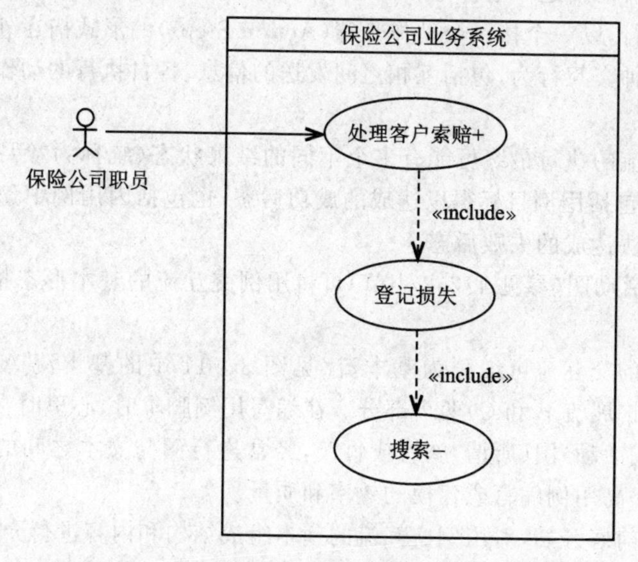

图 3-10　系统用例的 3 个层次(处理保险客户索赔)

图 3-10 中的 3 个用例主要都是供保险公司职员使用(由保险公司业务系统提供)的系统用例(注意,不是面向组织的业务用例),它们分别位于概要目标层、用户目标层与子功能层。其中,"处理客户索赔"这个用例执行的时间最长,通常需要几个月之久,而"登记损失"用例的执行时间较短,通常可以在客户索赔的当天,通过职员在系统上的一次性操作即可完成。

同样是针对系统边界分析,图 3-10 描绘的 3 个不同层次用例的划分很自然,也具有合理性，并不存在所谓的“层次的问题或疑惑、研究对象改变了”。

小结一下：

无论是业务用例还是系统用例，其实都是有大小、可以分层的。

之所以要区分不同用例的粒度大小与层次高低，其实主要是为了避免因某些单个需求的描述内容过多或过少（如低内聚或高耦合）而增加阅读、理解和维护需求的难度，从而有利于我们更加有效地进行用例分析，管理好复杂的用例模型。

3.9 交互流

用例的本质是用角与主体之间发生的一个交互流程，因而交互流（Interaction Flow）无疑构成了一个用例的主要内容（主干）。此外，用例的交互流也可称为用例的“动作流”或“执行流”等，可用UML动态图或交互脚本等方式来表示。

既然用例或系统功能的执行是一个流程，那么就必然与其他的任何流程一样，有其开始与结束，以及中间的各种执行步骤。

用例交互流的描述一般都是从前态（Preconditions）开始，经触发事件（Triggers）的触发开始执行，以一个接一个动作步骤（Action Steps）的形式描述外部用角与主体之间发生的各种交互行为，包括互相之间发送的信息、各自执行的动作以及接收或发送的事件等。

一个交互流的执行最终可能有多个不同的结束状态（统称为“后态”，Postconditions），其中既包括用例目标得以达成的成功后态，也包括因用例中途终止执行而导致用例目标无法达成的失败后态。

用UML活动图（参见4.2.2小节）可将用例交互流的基本形态描绘如图3-11所示。

一个用例的交互流可细分为基本流（见图3-11中的基本流A）与扩展流（见图3-11中的扩展流B和C）两个部分。在编写用例脚本时，心里时常揣着类似这样的一张流程（或活动）图（所谓“胸有成竹”），经常进行图与文本之间的互相参照和比对，往往能够提高用例编写或建模的效率和质量。

下面就从前态开始，对用例交互流的基本组成结构和内容进行介绍。

3.9.1 前　态

用例的前态（Preconditions）是指一个用例在开始执行前主体所处的状态或应满足的条件。

如果一个用例在任何情况下都可以执行，无需满足任何前提条件，那么该用例的前态属性可以省略不写，或用“～”符号（非标）来表示“任意”。

例如，对于一个网店系统的用户来说，“浏览网店”用例在正常、缺省的情况下应该是7×24小时随时都可以执行的，所以无需特别注明它的前态。

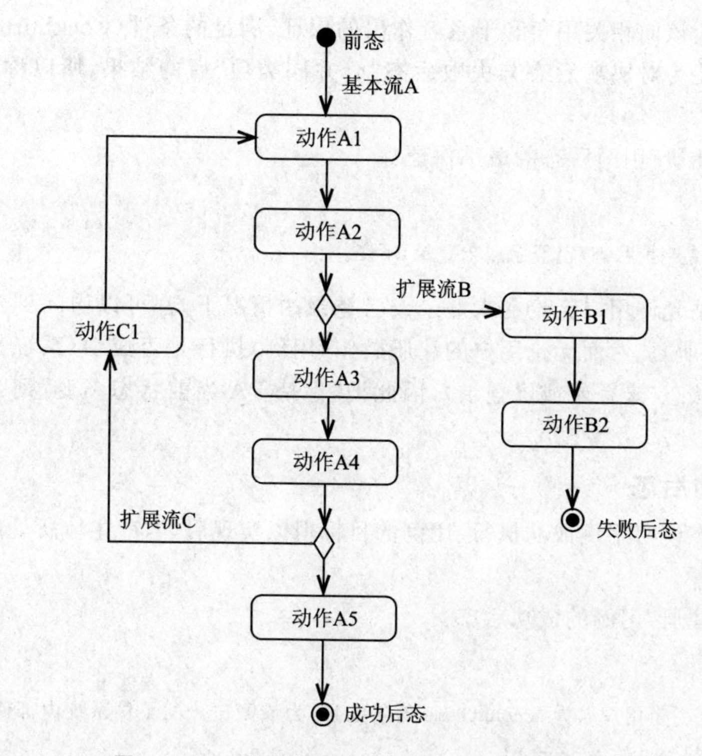

图3-11　用例的交互流示意图(用活动图表示)

用户"登录"用例则有所不同。对于系统的任何一位用户来说,一般只可能有这两个状态:未登录与已登录。一个用户在尚未登录系统的情况下,自然可以执行登录操作完成登录。可是,如果当前他已经登录系统了呢?此时,已登录的用户是无法再执行登录操作的,而且系统也不应提供可供登录的界面。所以,"登录"用例的前态通常应该是(用户)"未登录"。

3.9.2　后　态

用例的后态(Postconditions)是指一个用例执行完毕后主体所处的状态或应当满足的条件。

一个用例的执行结果既可能成功,也可能失败,分别对应着不同的后态。对于不同的后态或结果,当前主体分别应该做到什么、满足哪些条件,建议在用例模板中分别从以下三个字段来进行描述:

- 最小保证;
- 成功后态;
- 失败后态。

1. 最小保证

最小保证(Minimal Guarantees)指的是不管用例的执行结果是成功还是失败,

当前主体都应该向相关用角和干系者作出的保证、满足的条件(Cockburn)。该字段的内容可以视为对成功后态与失败后态“合并同类项”后的结果，所以称之为“最小的”保证。

例如，“注册”用例后态的最小保证：

最小保证：
- 保持PA当前状态(已登录或未登录)不变。

许多网站允许用户无论在未登录或已登录的情况下，都可以访问到注册功能页面(即尝试注册)。然而无论用户的注册操作(用例)执行是否成功，系统都不应改变用户的初始状态(未登录或已登录)，因此把“保持PA当前状态不变”列为系统的一个最小保证。

2. 成功后态

成功后态说明用例成功执行、用例的目标得以实现后，当前主体所处的状态或应该满足的条件。

例如，“注册”用例的成功后态：

成功后态：
- 创建了一个用户名为AccountName的新账户，为该账户分配了供系统内部使用的一个新的、全局唯一的AccountId；
- 初始化了该账户的其他数据和记录，包括用户密码、注册IP地址、注册时间等；
- 验证用户信息并创建成功后，该账户立即被激活，可供登录使用；
- 已通知PA注册成功。

用例的成功后态可以视为对用例目标的具体细化与阐释。例如，“注册”这既是用例的名称，同时也反映了用户的一个目标，然而只有一个简单的名称过于抽象了，到底“注册”意味着什么？有哪些具体的后果？这些内容由成功后态来详细说明(定义)是最合适的。

3. 失败后态

失败后态说明当用例执行失败、用例的目标未实现后，当前主体所处的状态或应满足的条件。一个用例的执行可能有多种失败后态。

导致一个用例执行失败的原因可能各有不同，因此对于一些相对复杂的用例执行结果，有必要进行细分，可以把失败后态列表看作是对扩展流(参见3.9.7小节)中各种失败情况的汇总和概括，而事先就预见、列出这些后态也将有助于扩展流的编写。

例如，“注册”用例一些可能出现的失败后态主要有：

失败后态：
- 用户超时或放弃；

- 系统后台响应超时；
- 用户状态错误(如“已登录”等)；
- 注册次数超过当日上限；
- 用户 IP 地址被禁。

…

当出现以上各种错误或故障状态时，系统应尽可能向用户提示具体的失败原因。

3.9.3 触发事件

用例的触发事件(Triggers)是指引发一个用例从前态开始执行的一个或多个当前主体或系统能够检测到的事件。

例如，“注册”用例的触发事件声明如下所示：

触发事件：

- PA 选择“注册”；
- PA 以其他方式直接访问注册页面。

以上两个事件只要有一个发生，就会引发“注册”用例的执行，所以这两个触发事件之间是“或”的关系。

有时触发事件是一些独立事件，而有时触发事件可能就是基本流(见下文)的第一步，而无需再重复声明。

3.9.4 基本流

用例的基本流(Basic Flow)是指从用例的开始到结束，一条执行步骤最少、最优化的成功路径，所以也称为“最简基本流”。

除了 Basic Flow 以外，基本流在坊间还有各种五花八门的称谓，例如 Normal Flow、Main Flow、Normal Course 以及 Primary Scenario、Main Success Scenario、Sunny-Day Scenario、Happy Path，等等(Wiegers)。

以“注册”用例为例，它的基本流描述如例 3-2 所示。

例 3-2 “注册”用例的基本流

基本流：

1. 系统显示注册页面。

2. PA 输入用户名(AccountName)；系统即时验证该名称的有效性(不区分大小写)。

3. PA 两次输入密码(一次和二次密码)；系统即时验证这些密码的有效性(不区分大小写)。

4. PA 输入系统提示的校验码；系统即时验证该校验码的有效性。

// 2～4 步执行顺序任意，而且可选，用户可能零输入直接提交。

5. PA 提交已填写的个人数据(含用户名、密码等)，系统对该注册信息进行再次验证。

6. 系统以 AccountName 创建一个新账户，分配一个全局唯一的新账号(AccountID)，并用收到的 PA 个人数据初始化该账户，记录注册成功时间和 IP 地址。

```
7. 系统通知 PA 注册成功。
END
```

以上用例的基本流一共列出了7个执行步骤。每一个步骤都说明了用例的参与者、执行者(用角或系统等)各自所执行的动作,具体做了什么事。

其中PA是主用角(Primary Actor)的缩写,在本例中即“用户”。

3.9.5 基本写作技巧

本小节结合以上例3-2来介绍编写用例基本流的一些基本规范与技巧。若未做特别说明,这些内容也同时适用于整个用例交互流(含基本流和扩展流)的写作。

1. 明确主语

为了避免混淆,交互流中的每一个动作步骤都应该明确主语,说明这件事或这个动作是谁做的或是由谁发起的,动作的发起者或执行者通常是某个用角(如用户)或当前主体(如系统)。

如果某个步骤的主语是主用角,则可直接采用其缩写PA以简化书写。

2. 聚焦动作的目的或意图

编写交互流中每一个动作步骤的重点是描述用例的参与(执行)者执行某一个动作的真实目的或意图(Intent),而尽量不要去(尤其过多地)描述他们针对用户界面的操作行为及其动作细节。

在做产品的需求分析时,在交互流中描述UI细节(如UI的布局、元素、操作等)的缺点主要有两点：一是可能会降低用例的可读性,让人不容易准确地看清在这一系列交互细节背后的真实本质;二是过早给出(同时也是限定了)UI的交互细节,然而常常这些细节未必就是最佳结果,有可能妨碍设计师构思出更好的交互设计方案。

例如,例3-2中的最后一步目前只有很简单的一句话：

```
7. 系统通知 PA 注册成功。
```

“通知PA注册成功”这就是系统执行这个动作的真正目的,至于系统具体怎么告知PA,是通过显示一个反映注册成功的通知页面,还是通过弹出一个信息条,抑或是通过向用户发送一条通知短信等,这些多样化的具体交互方案可以留待交互设计师与用户代表、开发团队等相关人员进一步沟通之后,再来做补充、细化与定案。

3. 控制步骤的粒度

交互流中的每一个动作步骤究竟应该写多少内容好呢？这也是用例编写的一个FAQ(常见问题)。

用例之父Ivar Jacobson曾经提出过一个概念,即在用例中每一个由用角(如用户)向系统发起的一个动作请求及其完整的执行过程都可视为一个“事务(Transaction)”,而该事务可细分为4个部分的子操作,分别为“输入”、“验证”、“改变”和“输出”,如图 3－12 所示。

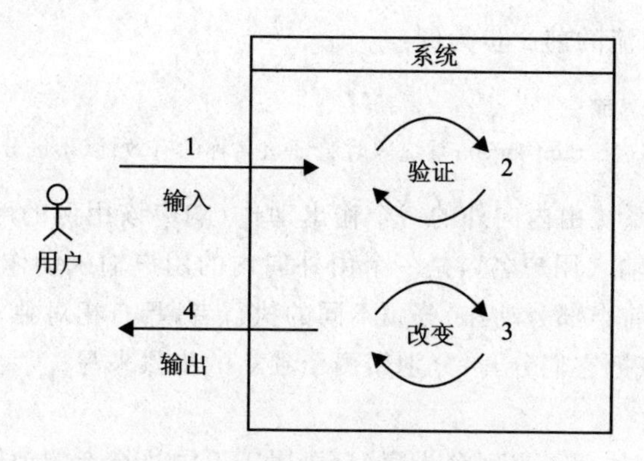

图 3－12　用例交互事务的 4 步模式

对照图 3－12,以前面例 3－2 中“注册”用例的基本流为例:

第 2～4 步 PA 输入用户名、密码和校验码,这些都是用户的输入动作。

在第 2～4 步 PA 输入的同时,系统都有相应的即时验证动作,而在第 5 步当 PA 正式提交了这些数据后,系统还有一个进行再次验证的动作。

第 6 步,系统正式为 PA 创建一个新账户,这无疑是一个对系统内部(含数据库)状态进行改变的动作。

最后,第 7 步,系统通知 PA 注册成功,这是一个系统向用户的输出/反馈动作。

有读者可能会问,那么第 1 步呢,“系统显示注册页面”,这不也是一个输出动作吗? 没错,这个动作其实是对一开始用户选择“注册”等触发事件输入的响应。

可见,图 3－12 所归纳、概括的由这 4 个交互动作所组成的事务模型是非常典型的,所以可以把该模型称为用例交互的“4 步事务”模式(the Four-Step Transaction Pattern),在日常进行系统分析时它具有广泛的适用性,有助于对一些复杂的系统功能或用例交互进行更好的梳理。

参照以上模式,交互流中每一个动作步骤的描述应该包含合理数量的动作,既不能太多,也不能太少。如果一个步骤描述的动作或内容太多(即粒度太大),会降低它的可读性和可理解性;反之,如果每一个步骤描述的内容又都太少,平均只有一两句话(即粒度太小),则有可能导致一些复杂用例的整个交互流中所包含的步骤数量过多(如出现十几步,甚至几十步),而且都是一些小粒度步骤,虽然每一步都变得清楚、易读了,但是将会增加交互流整体阅读与后期步骤维护的难度。

如何控制好步骤粒度的大小,关键是掌握好步骤内容多与少的平衡。下面介绍通过拆分来控制步骤粒度的 3 个常用小技巧。

(1) 技巧 1

一般情况下,分属于不同用角(或系统)的动作彼此应该分开,尽量不要写在同一个步骤里。这些动作往往是相对独立的,有着不同的主语,分别代表了不同的任务目标。

以例 3-2 基本流的前 2 步为例：

1. 系统显示注册界面。
2. PA 输入用户名(AccountName)；系统即时验证该名称的有效性(不区分大小写)。

以上第 1 步是系统由内向外的一个输出动作(响应该用例的触发事件)，第 2 步中分号前部的"PA 输入用户名"，是一个由外向内的用户输入动作。这两个动作(即第 1 步与第 2 步的前半部分动作)分属不同的执行者，具有相对独立性和比较明显的时间间隔，所以应该把它们分开，分别用两个独立的步骤来写。

(2) 技巧 2

然而，根据以上技巧 1 来划分步骤(只要属于不同执行者的动作就把它们分开)，也有例外。例如，可以看到以上示例第 2 步的后部是第 3 个动作，即系统在 PA 输入用户名的同时对用户的输入即时进行验证。为什么第 2 步要这么写，包含了分属 PA 与系统的共两个动作，而不把它们拆分为两个独立的步骤呢？

这是因为，"用户输入"与"系统即时验证"，这两个动作几乎是同时(或并行)发生的，而且它们具有一个共同的任务目标——保证用户输入有效的用户名。如果把这两个动作分开写成两个步骤，例如：

2. PA 输入用户名(AccountName)。
3. 系统在 PA 输入用户名的同时，即时验证该名称的有效性(不区分大小写)。

前后对比，这样写虽然意思差不多，却显得有点啰嗦和麻烦，不如原写法用"；"号连接前后两个动作显得更加紧凑和有效。

因此，如果分属于不同执行者的两个或多个动作，几乎同时发生，而且明显具有一个共同的任务目标，那么最好把它们写在同一个步骤当中，并(建议)用分号"；"来分隔这些动作。

(3) 技巧 3

对于由同一个执行者(用角或系统)执行的动作，主要根据这些动作各自的任务目标(或意图)、时间跨度等因素进行分析，应把具有不同任务目标，或者在时间上具有明显区隔的动作拆分到不同的步骤中，以保证每一个步骤所包含的动作与内容具有高内聚性和(相对的)完整性。

例如，假如把例 3-2 中的最后两步合并为一步，结果变为：

6. 系统以 AccountName 创建一个新账户，分配一个全局唯一的新账号(AccountID)，并用收到的 PA 个人数据初始化该账户，记录注册成功时间和 IP 地址，然后通知 PA 注册成功。

从表面看，在上句的最后添加一个"通知注册成功"的动作似乎并无不可，尤其当系统只是简单地在页面上动态地显示一条通知消息时，从前后动作较短的执行时间间隔上看，这么写也说得通。

然而，这样书写其实不太好，不是最佳方案。因为“创建一个新账户”与“通知注册成功”其实是性质上相对独立的两件事、两个任务。参照 Jacobson 的用例交互四步模式可以发现“创建一个新账户”是系统内部的一个状态改变动作，而“通知注册成功”则主要是系统面向外部用户的一个输出、回馈动作。

况且，现在尚未确定通知用户的具体方式。如果今后确定是采用发送短信或邮件等更复杂一点的通知方式呢？那么在这些情况下，把“通知注册成功”这个动作从上面第 6 步中拆分出来，作为一个独立的动作步骤和任务(即保持原来例 3-2 基本流中的第 7 步)，显然更具有灵活性与合理性。

4. 少写条件判断

为了保持用例基本流书写的简洁、清晰与紧凑性，建议在基本流中一般不要编写(类似于 if-then 结构的)条件判断以及对发生不同条件情况时的处理步骤，这些相对较复杂的内容通常应该放入扩展流部分(参见 3.9.7 小节)来写，在基本流中只需考虑能够让当前步骤成功执行的一种最简单情况。

例如，在例 3-2 中，PA 在第 2～5 步先后输入并提交用户名、密码和校验码等数据，这些信息都有可能出错，针对不同的错误情况(如输入的用户名已存在、无效用户名、两次密码不符等)，可能需要系统做出不同的处理。一旦用户名、密码错误，或者验证未通过等情况出现，该怎么办？建议应该在扩展流中编写相应的处理步骤，以免破坏了基本流的可读性。

而且，在基本流中，我们默认当前步骤之前的每一个步骤都是已经成功执行了的，也就是说，当用例执行到了例 3-2 的第 6 步，像用户名、密码等个人数据必然都已经通过了系统验证，是正确的，因此便可以直接为 PA 创建账户了。基于这种规则约定，在基本流中通常也不必再写或可以少写“系统检查某某是否……”这类的判断句子。

5. 非顺序流的写法

用例的交互流不一定都是自上而下、一个步骤接一个步骤地顺序执行的，也有可能出现循环、并发、跳转执行等情况。

(1) 循　环

在交互流中表示若干(一个或多个)步骤在一定条件下的循环执行，可采用 UCL 的 DO-UNTIL 语句，如例 3-3 所示。

例 3-3　DO-UNTIL 语句示例

…

DO

1. 用户从当前显示的商品列表中勾选一件想要购买的商品。

2. 系统立即把这件已勾选的商品添加到用户的购物车当中，并提示用户已挑选商品的数量和总价。

UNTIL 用户结束挑选

...

以上用例片段用结构化的DO-UNTIL语句描述了用户逐个挑选多件商品并把它们加入购物车的一个细微交互流程。在两个关键词DO与UNTIL之间一共只有两步——“用户勾选一件商品，随后系统把该商品加入购物车”，这两步将不断循环执行，直到关键词UNTIL之后表示循环结束条件的参数“用户结束挑选”成真。

如果只有一个步骤需要循环执行，则可以直接在该步骤中用简单的文字加以说明。

(2) 跳　转

跳转执行可直接采用UCL的GOTO语句来书写，以目标步骤的编号或名称作为参数，如例3-4所示(有关扩展流的介绍参见3.9.7小节)。

例3-4　跳转执行的写法示例

```
扩展流：
5[注册信息验证失败]{
    系统显示新的注册页面，其中保留了PA已输入的正确、有效的字段(如用户名等)内容，
    显著标记出无效与空缺的字段及其出错原因，并清空已输入的所有密码和校验码。
    系统提示PA更正错误重新输入。
    GOTO 2
}
...
```

(3) 任意顺序与可选执行

有时在交互流中，一些步骤的执行顺序可以是任意的，即可不按原先已设定的数字编号顺序依次执行，而是有可能出现(随机的)乱序执行；还有一些步骤的执行则是可选的，即在正常情况下它们有可能不执行(或无需执行)。

前面“注册”用例的基本流如例3-5所示。

例3-5　用注释表示任意顺序执行与可选执行

```
基本流：
1. 系统显示注册页面。
2. PA输入用户名(AccountName)；系统即时验证该名称的有效性(不区分大小写)。
3. PA两次输入密码(一次和二次密码)；系统即时验证这些密码的有效性(不区分大小写)。
4. PA输入系统提示的校验码；系统即时验证该校验码的有效性。
// 2～4步执行顺序任意，而且可选，用户可能零输入直接提交。
5. PA提交已填写的个人数据(含用户名、密码等)，系统对该注册信息进行再次验证。
...
```

例3-5用步骤4～5之间的单行注释说明了第2～4步为可选执行，且顺序任意。只要把意思表达清楚了，这种说明方式当然可以，只不过需要输入较多额外的文字，略显麻烦。

其实还有一种更简洁的办法,可以结合采用UCL关键词RANDOM(表示任意、随机的执行顺序)、OPTIONAL(表示可选执行)、CONCURRENT(表示多个步骤并发执行)和执行块(参见3.9.6小节第1条)等构造与符号来描述这些情况。

例如,例3-5经改写后的结果如例3-6所示。

例3-6 用UCL关键词表示任意顺序执行与可选执行

基本流:

1. 系统显示注册页面。

RANDOM OPTIONAL {

  2. PA输入用户名(AccountName);系统即时验证该名称的有效性(不区分大小写)。

  3. PA两次输入密码(一次和二次密码);系统即时验证这些密码的有效性(不区分大小写)。

  4. PA输入系统提示的校验码;系统即时验证该校验码的有效性。

}

5. PA提交已填写的个人数据(含用户名、密码等),系统对该注册信息进行再次验证。

…

6. 步骤编号

为了阅读方便,通常可以为交互流中的步骤加上顺序数字编号,例如"注册"用例交互流中的部分步骤编号如例3-7所示。

例3-7 交互流步骤编号示例

基本流:

1. 系统显示注册页面。

2. PA输入用户名(AccountName);系统即时验证该名称的有效性(不区分大小写)。

3. PA两次输入密码(一次和二次密码);系统即时验证这些密码的有效性(不区分大小写)。

4. PA输入系统提示的校验码;系统即时验证该校验码的有效性。

// 2~4步执行顺序任意,而且可选,用户可能零输入直接提交。

5. PA提交已填写的个人数据(含用户名、密码等),系统对该注册信息进行再次验证。

6. 系统以AccountName创建一个新账户,分配一个全局唯一的新账号(AccountID),并用收到的PA个人数据初始化该账户,记录注册成功时间和IP地址。

7. 系统通知PA注册成功。

END

扩展流:

1[PA已登录]{

  1. 系统显示PA的个人空间主页。

  2. 系统提示PA注册新用户之前应先退出登录。

  3. ABORT

}

顺序或连续数字编号有若干好处。首先，有了顺序编号，便于快速统计和控制交互流中相应步骤的数量，如例3-7，一看便知以上基本流一共只有7步，内容不多，比较合适。

其次，步骤编号也为位置引用提供了方便。在用例的某个位置（如扩展流中，参见3.9.7小节）需要引用另一个位置的某个步骤时，可以直接指明它的编号，例如"基本流的第7步""第3～5步"，等等。

然而，诸如1、2、3、4、5…之类的连续编号方案的缺点也是显著的，主要是难以适应中间数字的变化。例如，当添加或删除一个用例基本流中间的某个步骤时，常常会引发该步骤后面一连串其他步骤的编号数字的变化。假设某个用例基本流原来共有10步，因某个原因导致基本流中原步骤1的编号变成了2，而有许多其他地方（如扩展流中）引用了该步骤的原编号数字1，那么现在就需要把所有其他地方对该编号的引用都改成2，而这只是受到影响的其中一个步骤。后面原先的步骤2～10的编号也都接连发生了变化，所以还有一堆其他类似的对这些步骤编号的引用需要进行修改，而在没有任何工具支持的情况下手工逐一完成所有这些数字的修改是非常麻烦的（参见3.9.6小节"2. 命名步骤"）。

其实步骤编号并不是必需的，许多交互流也可以不添加编号，尤其是在当前所要描述的内容已经足够清晰，而且无需位置引用等情况下。例如，"注册"用例中的某个扩展流如例3-8所示。

例3-8　无步骤编号的交互流示例(扩展流)

```
扩展流：
5[注册信息验证失败]{
    系统显示新的注册页面，其中保留了PA已输入的正确、有效的字段（如用户名等）内容，
    显著标记出无效与空缺的字段及其出错原因，并清空输入框中的所有密码和校验码。
    系统提示PA更正错误重新输入。
    GOTO 2
}
```

（**注：** *以上扩展流中出现的数字5和2代表了基本流中的相应步骤。*）

总之，对于交互流中的步骤编号，原则上加与不加都是可以的，而一般为整个基本流步骤添加编号的情况较多。如何取舍，关键还是看编号方案所带来的好处与坏处的平衡点。如果手工添加、管理和维护步骤编号感觉到非常麻烦而且价值不大，那么就应该考虑放弃编号，或者改用自动工具来进行维护。

统一用例方法的建议是：尽量少写步骤编号，如有可能，应该把交互流自动编号这项任务交给用例编辑工具软件来完成；步骤名称常常是比顺序数字编号更好的引用方案，需要书写位置引用时，应尽可能使用步骤名称而非不稳定的数字编号。

7. 如何说明时间

如何在动作步骤中说明时间？

由于用例文本主要采用自然语言来描述，因此在交互流中说明某一件事、一个动作的发生、持续或结束等时间信息，可采用的描述方式是相当自由、灵活的。例如（参考 Cockburn 样式）：

```
从第 x 步到第 y 步之间的任意时间内，用户将……
一旦用户完成了……，系统将……
```

3.9.6 辅助构造

本小节介绍在用例交互流文本中可选择采用的一些高级构造元素，如块、命名步骤和注释等。若未做特别说明，则以下内容可同时适用于基本流和扩展流。

1. 块

为了更好地实现用例交互流的结构化与模块化，增强用例文本的可读性，UCL 引入了名为"块（Block）"的一种构造，也可称为"执行块""动作块"或"任务块"等。借鉴类 C 编程语言的语法，UCL 用一对大括号"{"和"}"来标记交互流中执行块的首尾。

例如，可以把"注册"用例中原来的第 2～4 步合并为一个动作块，因为这几个步骤是紧密相关的，可归纳为同一个任务——输入个人数据（含身份识别信息）：

```
2.输入个人数据 {
//以下各步执行顺序任意且可选，用户可能零输入直接提交。
PA 输入用户名（AccountName）；系统即时验证该名称的有效性（不区分大小写）。
PA 两次输入密码（一次和二次密码）；系统即时验证这些密码的有效性（不区分大小写）。
PA 输入系统提示的校验码；系统即时验证该校验码的有效性。
}
```

动作块支持匿名和有名（如上例）两种写法。在用例编写的过程中，若有的块名称一时无法确定，则可暂时保持匿名。

2. 命名步骤

若有需要，则可以为交互流中的任何一个动作步骤（或块）添加一个简单的名称，以简要说明当前步骤（或块）的目的或意图。

步骤名称的编写规则类似于用例名称，通常也应该是一个动词词组，简明扼要地表明当前步骤的目的或意图（什么角色做了或发生了一件什么事）。为简化起见，在意思明确的情况下，步骤名称通常可以不带主语（如 UP 用例模板中的命名步骤）。

命名步骤有多个好处。首先，适当地对交互流中一些内容较多、较复杂的步骤进行命名，可以增强这些步骤乃至整个交互流的可读性与可理解性。

其次，在编写用例的交互流时，一般建议可以先写流程大纲，等到合适的时机再对相应（尤其复杂）的步骤逐个进行细化。先写主要由步骤名称组成的大纲，勾勒出交互流的基本轮廓（或骨架），然后再由浅入深、由粗到精，逐步添加和完善，这是一种更加敏捷和娴熟的用例编写技巧。

命名步骤的第三个好处是支持更稳定的位置引用方案。在编写用例时，常常需要在某一个位置引用另一个位置（如扩展流中的扩展位置等）。前文提到，由于基于连续的自然数序列（如1、2、3…）的编号方案存在固有的内在缺陷，难以适应因中间插入、删除步骤等引起的位置变化情况，所以统一用例方法建议在书写位置引用时，应尽可能引用（依赖）步骤或块的名称而非数字编号。

最后，由于在当前用例中，一些复杂的步骤都拥有了自己的名称（或简称），那么一旦以后需要把这些步骤从当前用例中抽取出来作为单独的（被包含或扩展等）用例，这些步骤名称就成为了新用例的最佳候选名称（或提示），或者可作为相关特性或用户故事的候选名称（参见第7章"两个故事"）。

这里列举几个命名步骤的例子。例如，例3-2"注册"用例基本流中原第6步为：

6. 系统以AccountName创建一个新账户，分配一个全局唯一的新账号（AccountID），并用收到的PA个人数据初始化该账户，记录注册成功时间和IP地址。

鉴于该步骤的内容较多，为了增强可读性，可以命名该步骤为"创建新账户"，结果书写如下：

6. 创建新账户：
　　系统以AccountName创建一个新账户，分配一个全局唯一的新账号（AccountID），并用收到的PA个人数据初始化该账户，记录注册成功时间和IP地址。

如上所示，交互流中一个动作步骤的名称应位于该步骤的编号（如"6."）之后，并以英文冒号":"结束。步骤名称的书写通常应单独占据一行。

对于块中的步骤，也可做类似的处理。例如，对于前面示例中的块"输入个人数据"，可以尝试为其中的最后一步加上名称"输入校验码"，结果如下：

```
2. 输入个人数据 {
        //以下各步执行顺序任意且可选，用户可能零输入直接提交。
        1. PA输入用户名(AccountName)；系统即时验证该名称的有效性(不区分大小写)。
        2. PA两次输入密码(一次和二次密码)；系统即时验证这些密码的有效性(不区分大小写)。
        3. 输入校验码：
        PA输入系统提示的校验码；系统即时验证该校验码的有效性。
}
```

当然，以上块中的第2.3步"输入校验码"的内容目前非常简单，不命名也可以。

3. 注　释

类似于编程语言的做法，如有必要，还可以在用例交互流的动作步骤之间插入一些具有补充说明性质的注释文字，以加强用例文本的可读性。

例如，在例3-2基本流的第4～5步之间插入了如下一行注释（用开头的"//"符号标记)：

// 2～4 步执行顺序任意，而且可选，用户可能零输入直接提交。

对于多行注释，则可以采用类 C 编程语言的一对"/ * "与" * /"符号来标记注释的首尾。

3.9.7 扩展流

用例的扩展流(Extension Flows 或 Extensions)是指在当前用例的基本流(或其他扩展流)的基础之上扩展、变化与延伸而来的一个交互流程。一个扩展流的最终执行结果既可能是成功的，也可能是失败的。

有的专家把扩展流细分为其他成功的可选流(Alternative Flows)以及失败的异常流(Exceptions 或 Exception Flows)等几种类型。为简化起见，统一用例方法把这些基本流之外各种类型的交互流(或特殊、异常流)统一称为"扩展流"，并在用例模板的"扩展流"属性中集中进行描述。

例如，"注册"用例的部分扩展流如例 3-9 所示。

例 3-9　"注册"用例的部分扩展流

```
扩展流：
1[PA 已登录]{
    1. 系统显示 PA 的个人空间主页。
    2. 系统提示 PA 注册新用户之前应先退出登录。
    3. ABORT
}
2[用户名错：
    用户名已存在 ||
    无效用户名 // 用户名太长、太短或含有除字母、特定字符、数字外的其他非法字符、敏感词等
]{
    系统保留显示已输入的用户名，提示具体出错原因，让 PA 进行修改或重新输入。
    RERUN
}
3[密码错：
        无效密码 // 密码太长、太短或含有除字母、汉字、数字外的其他非法字符…
        ||两次密码不相等]{
    系统清空 PA 已输入的所有密码，提示具体出错原因，让 PA 重新输入密码。
    RERUN
}
4[校验码错]{
    系统生成并显示一个新的校验码，提示校验码错，让 PA 重新输入。
    RERUN
```

```
    }
    2-4[PA选择更换校验码]{
        系统生成并显示一个新的校验码。
        RETORN
    }
    5[注册信息验证失败]{
        系统显示新的注册页面，其中保留了PA已输入的正确、有效的字段（如用户名等）内容，
        显著标记出无效与空缺的字段及其出错原因，并清空输入框中的所有密码和校验码。
        系统提示PA更正错误重新输入。
        GOTO 2
    }
```

基本写法

一个扩展流的基本语法格式可描述如下：

```
扩展流名称:扩展位置[扩展条件]{
    步骤 1
    步骤 2
    步骤 3
    ...
}
```

其中，若无必要，则扩展流的名称通常可以省略。若书写了当前扩展流的名称，则应用一个英文冒号":"来分隔它与后续的扩展位置。

扩展流的扩展位置的格式可描述如下：

被扩展步骤的编号列表|被扩展步骤的名称列表|*

扩展位置中可引用若干被扩展步骤的编号或名称，以上的"*"表示交互流中任意有效的被扩展位置。

被扩展步骤的名称列表可书写多个步骤名称（中间用英文","号分隔）。

被扩展步骤的编号列表可列举被当前扩展流所扩展的多个步骤的编号，可采用与以下类似的多种灵活、简易的写法：

```
2,5,8-10
```

或

```
-3,7,9
```

或

```
6,10-
```

其中,各编号之间均用英文逗号“,”分隔。“－”号为连接号,“8－10”代表第8、9、10步;“－3”代表从基本流的开始直到第3步,即包括基本流的第1、2、3步;“10－”代表从第10步开始直到基本流的最后一步,例如若基本流的最后一步为第11步,则包括第10、11步。

扩展流的扩展条件(Extension Conditions)表达式,在扩展位置之后用一对方括号“[ ]”中自由格式的文字来表示,并可使用AND、OR(或 &&、||)等逻辑关系符来组合、连接不同的条件声明。

例如,“注册”用例的一个扩展流如下所示:

```
1[PA已登录]{
    1.系统显示PA的个人空间主页。
    2.系统提示PA注册新用户之前应先退出登录。
    3. ABORT
}
```

以上扩展流声明的扩展位置为基本流的第1步,扩展条件为“PA已登录”,这意味着当用例执行到基本流的第1步时,若此时PA(即主用角“用户”)的状态为已登录,则将导致当前用例不再继续执行原来的基本流而改为触发以上扩展流的执行,即开始执行其第1步“系统显示PA的个人空间主页”。

需要注意的是,一个正确、合适的扩展条件必须是系统一定能够检测到的,不要把那些系统事实上无法明确检测到的情况列为扩展流的扩展条件。

用例交互流中的扩展位置与扩展条件之间是一种类似“多对多”的关系。也就是说,有可能出现多个不同的扩展位置对应于(使用)相同扩展条件(表达式)的情况,而反之,在同一个扩展位置上也可能出现同时适用多个扩展条件的情况。

如果在同一个扩展位置上可能出现多个扩展条件,而对于它们的处理步骤(扩展流)是相同的,那么可以用OR(或“||”)符号来接连这些条件,如例3-10所示。

例3-10　带多个子条件的扩展条件表达式示例

```
2[用户名错:
    用户名已存在 ||
    无效用户名 // 用户名太长、太短或含有除字母、汉字、数字外的其他非法字符、敏感词等
]{
    系统保留显示已输入的用户名,提示具体出错原因,让PA修改或重新输入。
    RERUN
}
```

例3-10中的“用户名已存在”和“无效用户名”是用户名错误的两种具体情况(子条件),于是用“||”符号来连接这两个子条件,并且在它们前面添加了一个以“:”号结尾的扩展条件标签“用户名错”以增强整个条件表达式的可读性。

例3-10只有1个条件标签,比较简单,如果要书写多个带标签的扩展条件表达

式，可采用如下格式：

[(标签 1：条件 1 逻辑关系符 条件 2…) 逻辑关系符 (标签 2：条件 3 逻辑关系符 条件 4 逻辑关系符 条件 5…)…]

即先用小括号“( )”把带标签的子条件表达式括起来，然后再用合适的逻辑关系符连接这些子表达式。

此外，一个扩展流在执行的过程中，其自身也可能产生新的扩展流，所谓“扩展的扩展”，就像编程语言中有时会出现的“异常中的异常”。本书 6.5.3 小节“6. 第 6 步：充实扩展流”部分将对如何处理这种更复杂的现象做进一步的介绍。

3.9.8 流控制保留词

为了简化用例交互流的书写，让用例脚本的结构更加清晰、易读，统一用例方法建议在编写用例文本时可以采用类似于编程语言的一些 UCL 保留词(或关键词)。

例如，例 3-1 中基本流末尾的 END 就是一个保留词，它明确标志了一个用例的正常(成功)结束、用例或主用角的目标得以实现。此外，对于一些成功的扩展流，在它们的末尾也可以使用 END。

另一方面，在扩展流中常常会出现用例的异常终止情况，可以在这些扩展流的末尾用保留词 ABORT 来表示。例如，前面例 3-9 扩展流中的 ABORT 即表示整个用例执行流程的异常终止。

在用例交互流中常用的一些用于流控制的 UCL 保留词及其语义如表 3-3 所列。

表 3-3 一些常用的 UCL 流控制保留词

保留词	说明
ABORT	用例异常终止，用例的目标未实现
END	用例成功结束，用例的目标得以实现
GOTO loc_expr	跳转到表达式 loc_expr 所指明的交互流中的某一个位置(步骤或块)继续执行。loc_expr 可以是某个步骤(或块)的有效编号或名称
RERUN	返回到当前扩展流的发生之处，恢复原交互流，重头开始执行原来被中断的步骤
RESUME	返回到当前扩展流的发生之处，恢复原交互流，继续执行被中断步骤之后的下一个步骤
RETURN	返回到当前扩展流的发生之处，恢复原交互流，继续执行被中断步骤的剩余部分

以下是两个有关 RERUN 和 GOTO 用法的简单例子：

```
4[校验码错]{
    系统生成并显示一个新的校验码，提示校验码错，让 PA 重新输入。
    RERUN
}
```

```
5[注册信息验证失败]{
    系统显示新的注册页面,其中保留了 PA 已输入的正确、有效的字段(如用户名等)内容,
    显著标记出无效与空缺的字段及其出错原因,并清空输入框中的所有密码和校验码。
    系统提示 PA 更正错误重新输入。
    GOTO 2
}
```

3.10 用例编写的常见错误

编写文本用例时一些容易出现的常见错误及其解决措施建议,如表 3-4 所列。

表 3-4　一些常见的用例编写错误

序　号	错误描述	主要的解决措施
1	步骤无明确主语	为当前步骤添加明确的主语(系统或主用角等),并从用角和系统之外的第三方视角来进行描述
2	步骤描述的 UI 细节过多	从用例步骤中去掉 UI 设计和实现的细节(或可以作为注释),着重描述用户动作背后的任务目标与意图
3	用例的目标层级过低或过高	利用 Why/How 分析技术,把当前用例与上一级用例合并,或者对大用例进行适当地分解
4	用例的目标与所描述内容不相符	调整相关目标或内容描述,使两者保持一致
5	文字不够精炼、有些啰嗦	提高编写者的文字概述与精简能力
6	采用的术语不一致	建立团队唯一的标准术语(或词汇)表,并对用例文档与术语的使用情况定期、及时进行检查
7	书写格式不一致、不整齐、不规范	采用团队一致认可的统一的用例模板来书写,并定期、及时进行检查
8	遗漏步骤	通过逻辑分析添加合适数量的步骤
9	遗漏扩展条件或扩展条件错误	修正或添加合适的扩展条件,并保证系统确实能够检测到这些扩展条件情况的发生
10	用例的内容存在其他逻辑错误	通过逻辑分析对相关内容描述进行修正

3.11 小　结

本章主要结合文本与系统用例的形式,简要介绍了什么是主体、用角和用例,以及一个用例的基本组成内容及其重要属性(如范围、层级、交互流等),从而为后续章节介绍如何通过用例建模来进行业务分析与系统需求分析打下基础。

在本质上,一个用例就是对某个系统功能的动态交互过程的一种描述,因而用例

也是一种流程，有其开始与结束状态，也有分支和扩展流程。或者，用最简单的话来说，用例就是一种“需求（交互或功能的）程序”。

然而，利用文本模板来编写用例脚本也并非用例描述的唯一最佳方式。在日常的敏捷开发中，利用UML等图形语言对用例及其交互流进行便捷、直观地可视化，也是一种很好的、值得推荐的实践。如果读者对此不熟悉，建议继续阅读第4章。

如果想了解有别于系统用例的业务用例相关内容，请阅读第5章。

如果想了解用例故事与Scrum＋XP所常用的用户故事之间的异同与详细比较，请阅读第7章。

第4章 UML基础

一图胜千言。(谚语)

第3章介绍了用文本用例描述系统功能需求的一些基本概念和基础知识,其实在敏捷开发中采用基于统一建模语言(Unified Modeling Language,UML)的各种图形、符号来清晰、快速地描述系统功能等需求也是一种很好的实践。

本章主要介绍UML这一图形化建模国际标准语言适用于产品(或系统、软件)需求分析的一些基本概念和基础知识,包括几种常用的动态图(如用例图、活动图和序列图)与静态图(如对象图、类图)的基本符号、语义和画法,以及UML灵活的扩展机制等内容。

通过阅读本章,读者将能掌握一些常用UML图形的基本用法和绘图技巧,为通过后续章节深入地学习UML在业务分析与系统需求分析中的实际应用打好基础。

4.1 UML简介

UML全称为"统一建模语言",它正式诞生于1997年,是一个由国际软件行业标准化组织OMG(对象管理集团)研制的一个针对软件开发领域、以图形建模为主要内容的标准语言规范,并且自2005年起OMG UML同时也成为了ISO(国际标准化组织)的正式标准。

4.1.1 简　史

UML的问世主要归功于三位创始人:Grady Booch、Ivar Jacobson与James Rumbaugh,业界习惯将其亲切地称为"UML三友(Three Amigos)"。

人们在做系统、软件分析和设计时,以描画图形、符号的形式来表达设计、传递想法、进行沟通，并非始于UML。类似的做法早在以PASCAL、C等语言为代表的结构化编程时代(20世纪70—80年代)就有了，当时出现了一批适用于结构化编程的图形与符号，对应的是传统的结构化分析与设计方法。

自20世纪80年代至90年代早、中期，随着C++等面向对象编程语言的逐渐兴起，以面向对象分析与设计(Object Oriented Analysis and Design，OOAD)为核心的面向对象方法的研究与普及可谓方兴未艾，当时流派众多，据说光是坊间相互角逐的OO图形建模语言方案就多达几十种，可谓一场热闹的技术“混战”。

于是，时任Rational公司首席科学家的Booch邀请Jacobson和Rumbaugh加入了Rational公司，三位知名面向对象方法流派(分别为Booch方法、OOSE方法、Rumbaugh方法)的创始人一起携手合作，并向国际软件行业非营利的标准化组织OMG贡献了他们的共同研究成果，这才推动了面向对象建模语言在20世纪90年代后期基本实现了统一和标准化。他们不仅慷慨地让业界可以免费共享UML这一重要的知识资产，而且还把各自的开发方法也都融入到了公开的统一过程(Unified Process，UP)参考模型当中，这一善举成为了软件工程史上的美谈。这就是所谓统一建模语言“统一”的主要由来。

UML并非一种全新的发明，事实上它吸收、借鉴了软件与系统工程历史上许多专家的建模语言和相关技术成果。例如，UML状态机图的一个重要来源是Harel状态图(Statechart)，而UML序列图在许多方面也学习、参考了国际电信联盟ITU-T的MSC(消息序列图，Message Sequence Chart)建议的经验等。

此外，从UML规范的版权页可以看到一些大家所熟悉的著名企业或机构，如阿尔卡特、Borland、CA、富士通、惠普、IBM、微软、Oracle、Unisys等，也都曾经联合为UML的发展做出了积极的贡献。

4.1.2 用途

UML主要是用来做什么的?

UML是一种以图形为主的建模语言，顾名思义，UML主要是用来建模的(俗称“画图”)。在各类复杂产品、系统和软件的开发过程中，科学、系统化的建模历来是进行系统分析与设计的一种主要和基本的工程技术手段。

UML具有抽象、简单、一致、通用等特点，可跨领域、跨行业应用，其用途和适用面相当广泛，这些充分体现了UML名称中“U”这个字母所代表的统一性。

通俗地讲，UML建模主要就是画图(当然，UML图形中也少不了一些必要的文字说明)，以图形加少量文字的方式来抽象、简洁、准确地描述系统的需求或软件的设计等内容。

如图4-1所示，无论是问题域的业务分析、系统需求分析，还是解决域的软件/程序/架构设计，无论是描述系统或对象的各种动态行为，还是描述各种概念或信息实体的静态结构与关系，基本上都可以采用UML来建模。

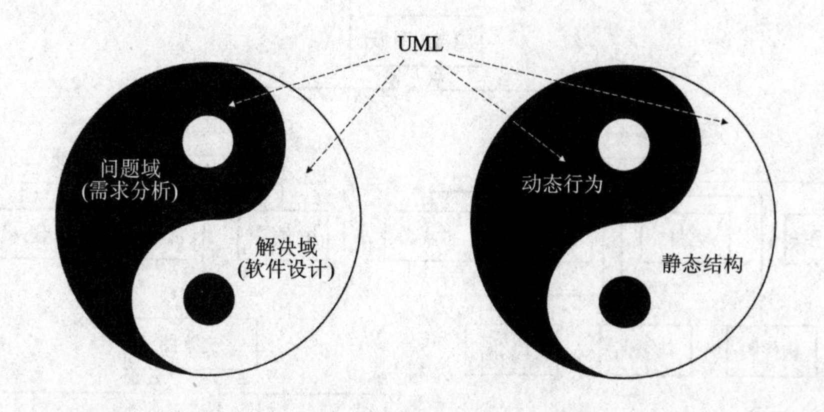

图 4-1　UML 可同时应用于问题域与解决域、动态行为与静态结构的建模

本书主要介绍 UML 在问题域(业务分析与系统需求分析)的应用,包括如何描述代表系统功能需求的用例及其动态、交互行为,以及信息概念或实体的静态结构与关系等。

与许多烦琐、复杂、难以阅读和理解的文档相比,帮助各类分析师、设计师与开发人员"化繁为简、抓住本质",更好、更敏捷地理解业务与系统,可以说是画 UML 图、UML 建模的一项主要价值。

4.1.3　基本内容

一个 UML 模型主要是由一张张的 UML 图形(Diagram,或图片)组成的,每一张 UML 图片中包含了各种 UML 的符号,如节点(Node)、连线(Edge)等。UML 标准对这些图形中的基本构造元素的形状、画法和语义等做出了统一的定义和规范。

标准的 UML 图形可分为动态图与静态图两大类,共 14 种,如图 4-2 所示。

UML 静态图一共有 7 种,主要用来描述各种对象(或类型)的静态结构及其关系,分别是:对象图(Object Diagram)、类图(Class Diagram)、包图(Package Diagram)、组成结构图(Composite Structure Diagram)、构件图(Component Diagram)、部署图(Deployment Diagram)与扩集图(Profile Diagram)。

图 4-2 本身其实就是一张 UML 类图,在这里我们用类图来表示 UML 各种标准图形之间的简单分类关系。其中,最左边的"对象图"与上面的"静态图"这两个方框之间有一条带空心三角箭头的连线,这表示"对象图是一种静态图"(即继承关系),图中其他连线与此类似。有关类图的具体画法和更多介绍请参阅本章 4.3.2 小节。

UML 动态图共有 7 种,主要用来描述各种对象的动态行为,它们分别是:

- 对象图(Object Diagram);
- 类图(Class Diagram);
- 包图(Package Diagram);

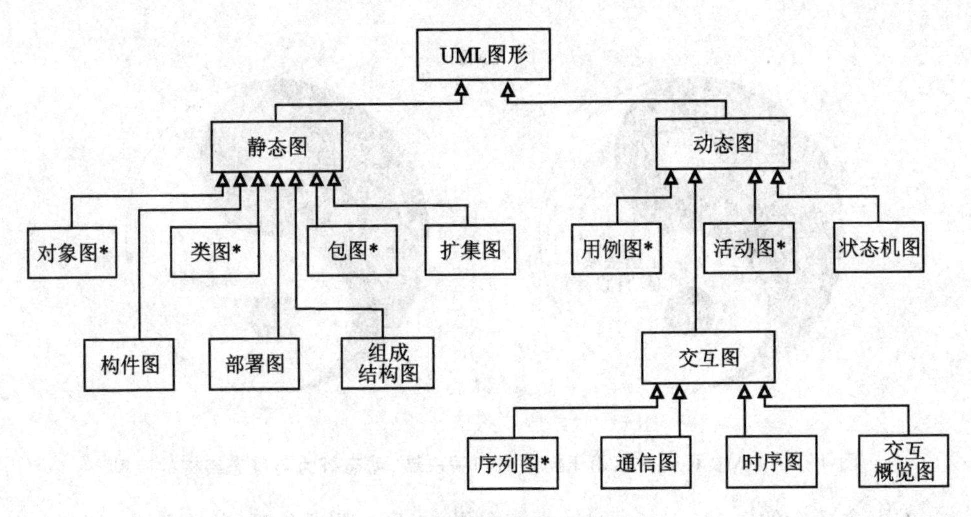

图 4－2　UML 标准图形的分类

- 组成结构图(Composite Structure Diagram)；
- 构件图(Component Diagram)；
- 部署图(Deployment Diagram)；
- 扩集图(Profile Diagram)。

其中，后 4 种动态图(即序列图、通信图、时序图、交互概览图)也并称为 UML 的“交互图(Interaction Diagram)”。

本书一共重点介绍了 6 种需求分析时常用的 UML 标准图形(在图 4－2 中用“*”符号标注)，包括 3 种动态图(依次是用例图、活动图和序列图)与静态图(依次是对象图、类图和包图)。

各种类型的 UML 图片是一个 UML 模型中最主要的内容(之一)。一张 UML 图(片)的基本结构如图 4－3 所示。

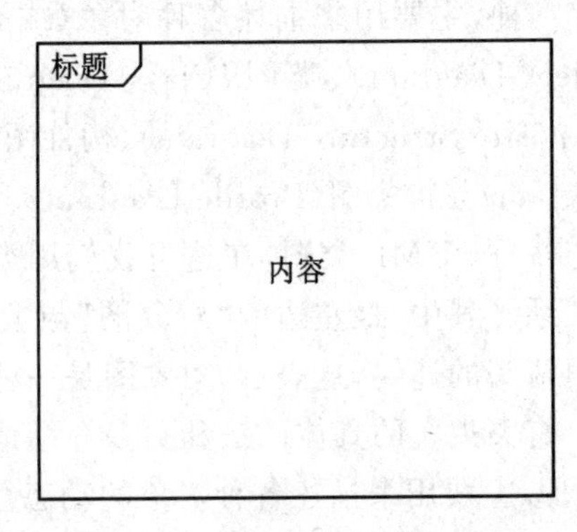

图 4－3　UML 图片的基本结构

请注意，图 4－3 中的标题栏与整张图的矩形边框都是可选的。也就是说，一张有效的 UML 图也可以只含图 4－3 中间的内容区域，而不带周边任何的标题栏和边框修饰。为了简化起见，本书中的大部分 UML 图都采用了这后一种简单画法。

一个小技巧

在平时画 UML 图时有时会遇到下面这样一个容易被忽视的简单问题：

理论上，任何一张 UML 图所描绘的内容在语义上要么是"完全"的（即针对该图中的所有已画出的元素，属于这些元素的未画出内容为不存在），要么是"部分"的（即该图只画出了一些重点需要关注的内容，而未画出的内容有可能存在，也可能不存在）。那么，我们如何知道、判断出某一张 UML 图所画的内容是否完全呢？

为了避免读图时产生误解和简化起见，建议大家可以事先约定好：在缺省情况下，所画的任何一张 UML 图都是语义不完全的（这符合日常的大多数情况），而为了明确表示某一张 UML 图具有语义（相对的）完全性，则应该在图中加以特别注明，如图 4－4 所示。

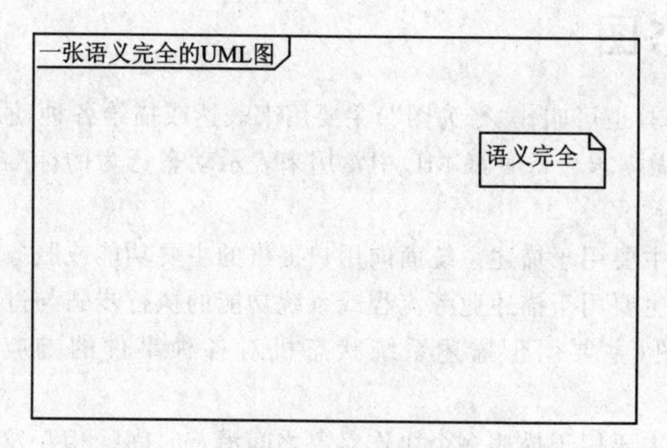

图 4－4　用标签注明语义完全的 UML 图

图 4－4 中用了一个 UML 标签符号（即右上角耷拉着一个"小耳朵"的注释用小方框）来表示这张图里所画的内容是语义（或意思）完全的，即所有需要描绘或表明的元素及其内容都已经画在该图里了，任何没有画出的（即属于这些已有节点、连线及其元素）的其他内容为不存在。

4.1.4　UML 工具

自 20 世纪 90 年代起开始流行的 Rational Rose 可谓最早、最著名的第一代 UML 建模工具，最初由时任 Rational 公司首席科学家的 Grady Booch 领导的团队创立和研发，2003 年后随着 IBM 收购了 Rational，又在此基础上发展衍生出了 IBM 公司与 UML 建模相关的一整套产品线。

这些年流行的第二代知名 UML 商用工具，除了 IBM 的产品外，主要还有 EA（Enterprise Architect）、MagicDraw、StarUML（新版）、Visio 等，而知名的免费开源 UML 工具主要有 Modelio、Papyrus、StarUML（老版）、UMLet 等。

考察功能的全面性，UML 工具主要可分为两大类。第一类工具主要仅以单纯的画 UML 图为主，一般不支持代码双向工程(包括从 UML 模型正向生成程序源代码以及从源代码反向生成 UML 模型)，如轻量级的 StarUML、UMLet 等。第二类工具除了 UML 建模以外，还有比较强大的代码工程以及与开发环境 IDE(如 Eclipse、Visual Studio 等)无缝集成等能力，支持 UML 模型与多种编程语言之间的双向转换(如 EA 等)。

本书中的绝大部分 UML 插图利用开源工具 Papyrus 画成，主要考虑到它在对 UML 等最新国际标准的支持上是比较全面和出色的，在此尤其要感谢 Eclipse 基金会以及 Papyrus 的核心开发者法国 CEA LIST 团队。不过目前 Papyrus 的易用性等方面似乎还存在着一些问题，有待改进。在日常实际的建模工作中，建议大家还是尽可能采用一些适用、主流的商用 UML 工具为好。

4.2 动态图

UML 动态图(也可叫作“行为图”)主要用来表达或描绘各种动态行为(Dynamic Behaviors)。在做需求分析时，UML 中常用来表示动态行为的标准图形主要有以下几种：

- 用例图(主要用于描述系统面向用户提供的主要功能或服务)；
- 活动图(主要用于描述业务流程或系统功能的执行步骤与过程)；
- 状态机图(主要用于描述系统状态机对各种事件的响应、处理与状态的变迁)；
- 序列图(主要用于描述多个协作对象之间沿着时间线相互发送一系列消息的交互行为)；
- 通信图(主要用于描述多个协作对象在相互发送消息进行交互、通信时彼此之间的动态联系)。

下面本章将依次对需求分析中最常用到的 3 种动态图(如用例图、活动图和序列图)的基本元素、符号、语义和画法进行简要的介绍。

本书未展开介绍的其他 4 种动态图分别是通信图、时序图、状态机图和交互概览图。

通信图(早先在 UML 1x 中称为“协作图”)描述了为了完成一个共同的目标，多个相互协作、发生交互的对象之间发送多个消息的序列(以数字编号反映先后)，以及这些对象之间的动态联系——用链接(Link)线条表示。一个对象与另一个对象之间首先应该有了某种链接，才能够向后者发送消息。

在描绘交互对象之间的结构(链接)关系这点上，通信图有点像对象图(参见 4.3.1 小节)，而在展现消息发送的序列上通信图又有点像序列图(参见 4.2.3 小节)，并且在所描述交互内容的实质上与后者存在着某种等价性(如在早期的工具软件 Rational Rose 中按下某个快捷键就可以非常方便地自动实现协作图与序列图之间的动态切换）。不过通信图与对象图或序列图在各自的表现形式上还是有着明显的差异，如通信图没有自上而下的生命线等，因此在所反映内容的实质上，通信图更像是对象图与序列图的某种“叠加”。

在描绘用例的交互过程中，一般参与交互的对象不多，描绘这些对象之间的动态结构关系并非很重要，而且考虑到通信图与序列图两者之间存在着某种等价性，因此本书选择以介绍序列图为主，而不再详细介绍通信图。

时序图是除了序列图、通信图和交互概览图以外的第 4 种 UML 交互图，主要用于描绘一个或多个对象在交互过程中为了响应外部的消息或事件、信号等激励，沿着各自的生命（时间）线（通常自左向右横向摆放）所发生的各种状态变化情况。在日常的需求分析工作中时序图用得相对较少，主要用于对时间敏感（或要求较高）的某些专业领域开发（如实时、工控、网络系统等），或针对性能等非功能需求的描述，故本书对其也作了省略处理。

状态机图（可简称为“状态图”）大概是相对高级的画法最多、最复杂，也最难画好和理解的一种 UML 动态图。这主要是因为状态机中的状态往往是比较抽象、隐蔽的，不如活动图所展现的流程动作、步骤节点那么直观，而且画出的状态机结果是否正确、优化，也往往比较抽象、难以判断，需要建模者具有很强的逻辑分析能力。不过在用例执行、交互的过程中，常常伴随、隐含着多个系统状态之间的变迁，而首先把活动图、序列图等相对简单、易于理解的图形画好，也会有助于画好复杂的状态图。鉴于这些原因以及篇幅关系，本书省略了对状态图的介绍。

交互概览图主要是以一种可以概览（或查看）到整体控制流（Control Flow）的方式来描述多个对象之间的交互行为。它所采用的一些符号、画法与活动图很像（如分叉、汇合节点与变迁等），与活动图不同的是，交互概览图中的节点不再是活动图中的动作，而是交互或交互引用（Interaction Use）。然而如果在某些工具的支持下，通过点击活动图中的动作节点就可以打开、访问到相应的序列图或其它交互图，那么交互概览图的必要性就存疑了，故本书也未介绍这种图。

4.2.1　用例图

从表面上看，用例图（Use Case Diagram）通常只有少许的符号和连线，大概是最简单的一种 UML 图形。然而事实上，在实际工作中要真正地画好、用好用例图，并没有想象的那么简单。

图 4－5 是一张反映用例图基本元素的示意图，描绘了宠物店网站系统的两个核心用例（如“下订单”等）与 3 个外部用角（Actor，参见本节“2. 用角”），即顾客与两个外部系统（其中“支付机构电商支付系统”在本书其他地方也简称为“第三方支付系统”）。

下面对图 4－5 中出现的主体、用角、用例以及它们之间的关系分别进行说明。

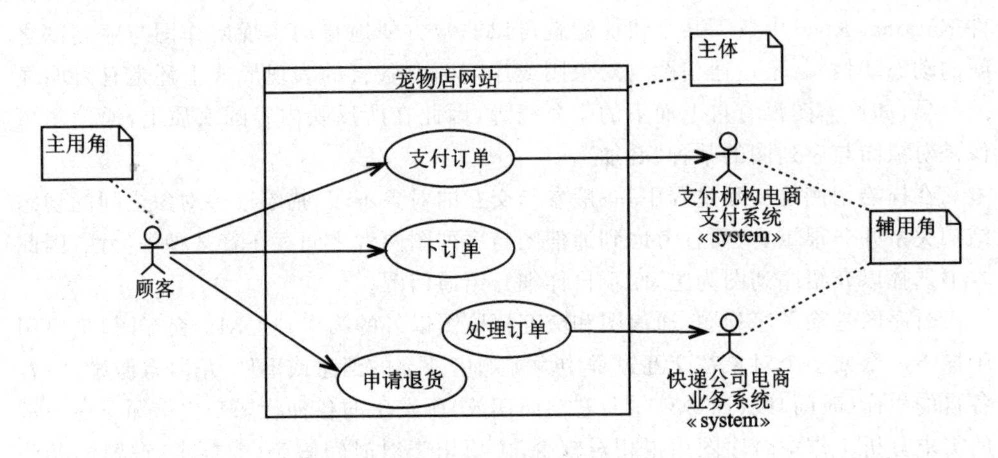

图4-5 宠物店网站系统的核心用例示意图

1. 主 体

UML术语“主体(Subject,即主题)”是指当前我们正在设计或开发中的系统(广义的)。正是针对这个主体,我们来分析或设计它的功能需求和用例,这是所有后续讨论的起点,所以首先要把主体这个概念搞清楚。

UML规范对主体的定义是:

“每个用例的主体代表了该用例所适用的一个当前设计中的系统。”

有的书中也把“主体”缩写为SuD(System under Design or Discussion,即当前设计或讨论的系统)。

本书中的名词“主体”或“系统”,如果不加任何修饰、注释或定语,通常是指一个IT或含有电脑的系统(狭义的),对应的用例是系统用例(System Use Cases)即一个系统所拥有的用例,简称为“用例”,此时主体的边界是系统边界(BoS,the Boundary of System)。BoS的作用是把系统与外部世界从逻辑概念上分隔开来,如图4-5中“宠物店网站”系统的方框边界线所示。

此外,UML的主体概念还可以扩展、延伸到业务分析与建模领域,此时的主体则是一个业务或组织系统。在业务建模时,提取、分析的用例是业务用例(Business Use Cases),这些业务用例所隶属、对应的主体通常是一个业务组织(如企业、机构,或公司的某个部门等),此时主体的边界是组织或业务边界(可缩写为BoB,the Boundary of Business)。BoB的作用是把当前业务组织与外部世界从逻辑概念上分隔开来。

业务建模主要针对某个组织/业务主体进行分析,这时建议标注主体的版型(Stereotype,UML的一种扩展机制,参见4.4.2小节)为《business》或《org》(organization的缩写),主体的名称里也最好含有可以表明业务组织性质的“某某公司”“某某机构”“某某部门”等字样。了解更多与业务主体相关内容请参阅本书第5章中的相关章节。

2. 用　角

在确定了要分析、设计的主体及其边界之后，下一步就要找一找主体边界的外部有哪些与当前主体（系统）交互的用户或第三方系统。UML用一个专门的术语“用角”来表示这些与主体发生交互的用户与外部系统。

UML规范对用角的定义是：

“用角定义了与当前主体交互的某些用户或其他系统所扮演的一种角色。”

从以上定义可以看出，用角本质上是一个抽象的概念。通常一个用角不是某个具体的人（或系统）的个体（如小王、小李等），而是一种抽象的角色，代表了与当前系统发生交互的某一类人（或第三方系统）所扮演的某种角色，如顾客、网站管理员、店长、支付平台等。

UML中用角的基本画法是一个简单的小棒人（Stick Person）符号，如图4-6所示。

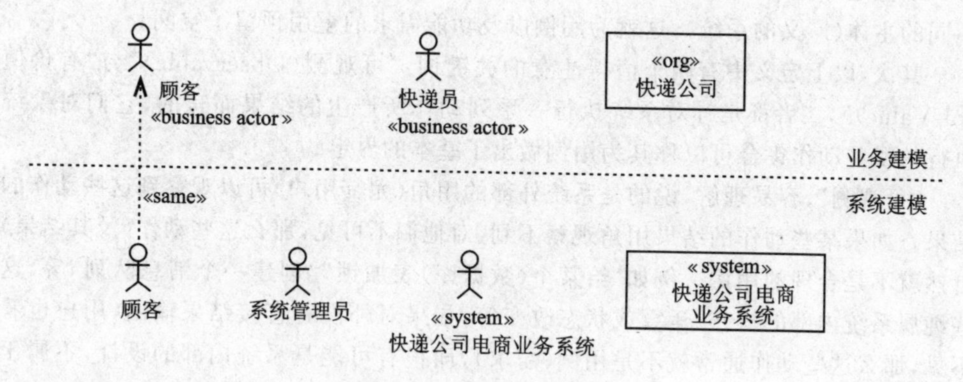

图4-6　用角符号示意图

图4-6分为两个部分。

上半部的顾客和快递员采用的是业务分析（建模）时使用的业务用角符号，通常都应该标注版型为《business actor》，以示它们是组织边界外部的业务角色（了解更多业务用角相关内容请参阅本书第5章）。

下半部的几个符号都是系统需求分析（建模）时采用的（系统）用角符号，它们代表了当前系统的直接用户（如顾客、系统管理员）或者与系统发生交互、通信的第三方外部系统（如快递公司电商业务系统）。

本书中的术语“用角”及其符号，如果不加任何修饰、注释或定语（即缺省情况下），则就是指系统用角，用于系统需求分析。

除了业务用角以外，一般的用角符号通常是不用加任何版型的，如图4-6中顾客、系统管理员这两个人类角色。为了更加清晰地区分人类与非人类用角，建议在代表非人类系统的小棒人符号旁加注版型为《system》或《sys》，如图4-6中的电脑系统“快递公司电商业务系统”。

有关UML版型的详细介绍请参阅本章4.4.2小节。

3. 用　例

用例是对一个系统(主体)功能的行为描述。一方面,一个用例通常就代表了系统的一个主要功能,但用例本身并非一种新的需求类型,它们只是主要针对功能需求及其执行与交互过程的一种非常有效的结构化描述形式;另一方面,可以说几乎任何一个系统功能,都有着与其相对应的用例,但是并非所有的系统功能都适合作为一个单独的用例而存在。

(1) 定　义

UML规范对用例的定义如下:

"一个用例描述了它的主体所执行的一系列动作,这些动作为主体的一个或多个用角(或其他干系者)产生了一个可观测且有价值的结果。"

以上定义有几个特点。首先,根据该定义,同一个用例有可能适用(作用)于多个不同的主体(广义的系统),这就为用例以及功能需求的重用预留了空间。

其次,以上定义中有两个值得注意的关键词:"可观测(Observable)"与"有价值(of Value)",二者都是针对系统执行一系列动作所产生的结果而言的,它们对系统执行的哪些动作集合可以称其为用例做出了基本的界定。

"可观测",容易理解,说的是系统外部的用角(尤其用户)可以观察到这些动作的结果。如果某些动作的结果用角观察不到、对他们不可见,那么这些动作(及其结果)自然就不是合理的用例。例如"给某个(数据库)表加锁""创建一个消息队列"等,这些纯属系统内部的操作、运算或状态改变等,如果对外没有直接结果输出,用户也看不见,那么这些动作通常就不是用例(需求),而很有可能是系统内部的设计,不属于需求分析范畴。

同样地,系统执行的一些动作及其结果是否真的"有价值",也应该得到外部用角(或干系者)的认可,对他们确实是有价值的。例如大部分的系统功能一般既有输入也有输出,用户可以观察到且有价值,如"登录""下订单""打印发票"等。

然而,有一些非常细小的用户操作,例如"按下了某个按钮""打开一个对话框"或者"移动了一下鼠标",它们是不是用例呢?严格来说,这些操作也是系统的功能,它们有输入和输出,系统对其有响应也可观测,可称为"细微功能"(或微用例),那么它们真的有价值吗?

其实在日常的需求分析中,这些系统的细微功能的价值相对而言是很小的,仅仅完成这些动作可以说对于一般的用户意义不大,因为它们并不能反映用户在使用系统、软件时的真正目的(即任务目标,用户希望获得什么对他们而言真正具有价值的结果)。所以,一般情况下虽然这些细微功能也具有某些价值(如在操作系统开发中),但是它们并不是合适的用例(粒度过小)。

以上UML等文献对用例的定义都强调"可观测""有价值",然而仅把考虑系统的一些动作是否"有价值"作为"它们是否是用例"的界定依据之一往往还不够,因为有时再小的系统动作、功能可能也是有价值的，不同的人从不同的视角观察对此经常会得出不同的结论(单凭此依据作出判断偏主观)。如果有时很难确定系统的一个功能或动作集合是否是真正合适的用例，那么不要忘了“价值也是有大小的”，价值太小(如不能反映用角目标)的动作通常不适合作为用例，此经验判断依据可供大家平时在提取用例时参考。

(2) 表示法

在 UML 中，用例的基本画法通常采用一个椭圆形符号来表示。图 4－7 所示描绘了两种基本的用例类型——业务用例与系统用例，它们分别来自业务模型与系统需求模型。

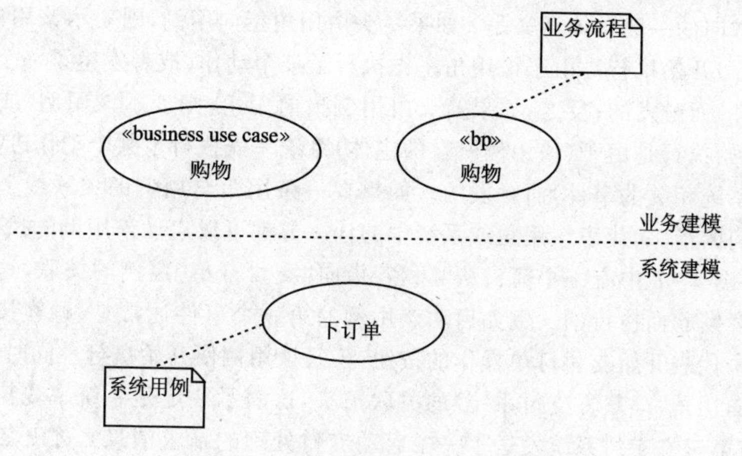

图 4－7 业务用例与系统用例示意图

以上单独的一个用例符号只是抽象代表了一个业务流程或系统功能(及其交互)。描述一个用例的实质内容(具体行为和执行过程)，可以采用多种形式和手段，包括前一章已介绍过的文本用例模板，以及 UML 动态图中的交互图、活动图、状态图等。本章后面将对活动图和交互图中的序列图作专门介绍。

每个业务用例(如图 4－7 中的“购物”，其版型为《business use case》)在本质上其实都代表了一个业务流程(或过程)。既然业务用例与业务流程两者几乎等价(UP)，那么为了简化起见，统一用例方法在采用一般用例的椭圆符号描绘业务用例(或业务流程)时，如图 4－7 右上角所示，还采用了一个比左边的传统业务用例画法更简洁的缩写版型《bp》(代表业务流程，business process)。

有关 UML 版型的介绍请参阅 4.4.2 小节，更多业务用例或业务流程建模的相关内容请参阅第 5 章。

4. 用角与用例的关系

根据 UML 规范的定义，用角与用例之间通常存在着关联(Association)关系，可用连接两者的一条实线(可带箭头或不带箭头)来表示，如图 4－8 所示。

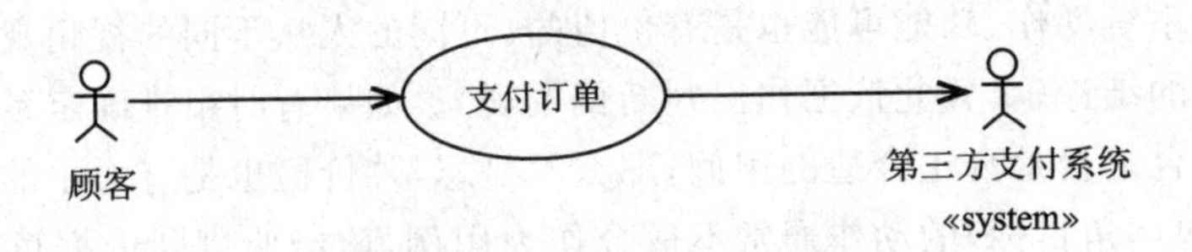

图 4-8　用角与用例的关联示意图

图 4-8 中省略了主体边界 BoS(宠物店网站系统)，未画出。

(1) 关联的箭头方向

通常建议在用角与用例的关联连线上画出箭头，以表示当前用例的交互是由哪一方发起的。

箭头方向的一般具体涵义是：如果箭头由用角指向用例，则表示该用例(或两者之间的交互)开始执行是由于该用角率先执行了某个动作(或者发生了一个与该用角相关的事件)而触发的；反之，如果箭头由用例指向用角，则表示该用例(或两者之间的交互)开始执行是由于(该用例所在的主体)系统率先执行了某个动作(或者发生了一个与该系统相关的事件)而触发的。如果在一条用角与用例的关联线上同时画出了两个方向的箭头，代表该用角或系统中的任一方都可以启动该用例的执行。

因此，图 4-8 中有一个箭头从"顾客"指向"支付订单"用例的关联，这表示该用例是由顾客发起而执行的。例如启动该用例的第一个事件通常是，顾客按下了网站页面上某个代表开始支付订单操作的按钮，于是该用例便开始执行。同时，该用例还有一个指向用角"第三方支付系统"的关联箭头，这表示一定是系统率先执行了某个动作(如向第三方支付系统发送了一条启动支付处理的请求消息)，才开始了与该用角的交互进程。

(2) 关联的多重性

有时还可以看到一些用例图在用角与用例关联的两端标注了若干数字和符号(如 1、*、0..1 等)，在 UML 中这些数字与符号表示关联的多重性(Multiplicity)，如图 4-9 所示。

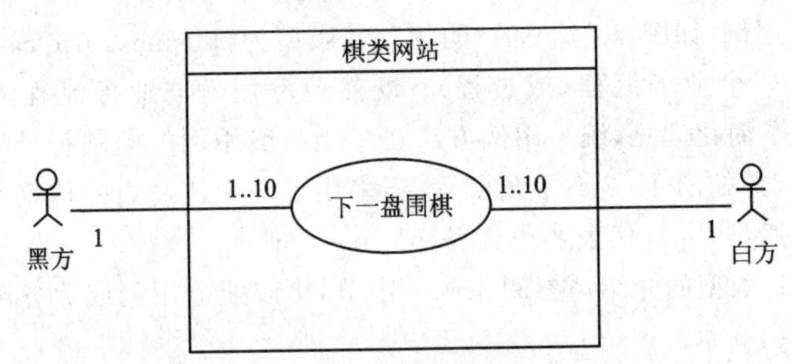

图 4-9　用角与用例关联的多重性示意图

这里所谓"多重性"的涵义是：在某个用例与用角的关联当中，如果标注于用角端的多重性大于 1，那么就表示同时可以有多个该用角的实例(Instance)参与该用例的一个实例的运行；如果标注于用例端的多重性大于 1，那么就表示一个该用角的实例可同时发起（或参与）多个该用例实例的运行。

用角与用例关联多重性的常见取值如下：

- 1；
- 1..*（表示从 1 个到多个）；
- *。

其中“*”号表示任意多个，在有些 UML 工具中也可用字母“n”代替。

如果需明确表示数量范围，可用“..”号来连接多重性的最小值与最大值，如图 4-9 中的“1..10”所示，表明无论是黑方还是白方，最多只能同时与别人下 10 盘棋。

由于在用角与用例的关联当中，每次当有一个当前用例的实例开始执行时，必然至少有 1 个用角对象参与其中，所以无论在用角端，还是在用例端，都不可能出现多重性（或最小值）为 0 的情况，它们必然大于或等于 1。

那么，何时应该画出用角与用例关联的多重性呢？

用角与用例之间关联的多重性属于比较细小的需求或约束，它们的重要性与优先级不高。在需求分析初期（如提取用角、用例的阶段），一般不需要画出多重性。通常是在某个迭代进程中，当要开发和实现某几个用例了，需要先对这些用例进行详细分析，这时再把用例图中这些用例及其相关用角之间的关联多重性作为一种需求（约束或规则）标注出来以指导设计和开发，是一个比较合适的时机。

以上这种用角与用例之间双方的实例在运行时的数量对应关系，与面向对象方法中的类（Class）与类之间的关联多重性非常相似，这其中有一个原因是：在 UML 中，“用角”与“用例”作为两个术语和概念，在本质上也是一种与类相似的东西（即类元，确切地说两者都是 Behaviored Classifier，带行为的类元）。了解更多类、对象、实例、关联和多重性等相关内容请参阅本章后面 4.3 节。

5. 用例关系

以上介绍了如何描述用角与用例之间的关联关系，下面接着介绍用例与用例之间的几种关系。

请注意，UML 规范中规定隶属于同一个主体的任意两个用例之间不能存在任何的关联关系。这主要是因为对于当前这个主体来说，它的每一个用例都是一个（相对）独立完整的功能，任何一个用例在运行时都无需再访问其他的用例实例（除了被扩展以外，见下文）。

此外，用例之间主要可以有包含、扩展与泛化这 3 种常见的关系。下面将着重介绍这些关系在 UML 用例图中的画法。

（1）包含关系

一个用例包含了（Include）另一个用例，有点像在编程语言中，在一个函式执行的内部无条件调用（Call）或执行另一个函式。通常我们把前者称为“包含用例（Including Use Case）”或“基用例（Base Use Case）”，而把后者称为“被包含用例（Included Use Case)”或“附加用例”。用例的包含关系示意图如图4-10所示。

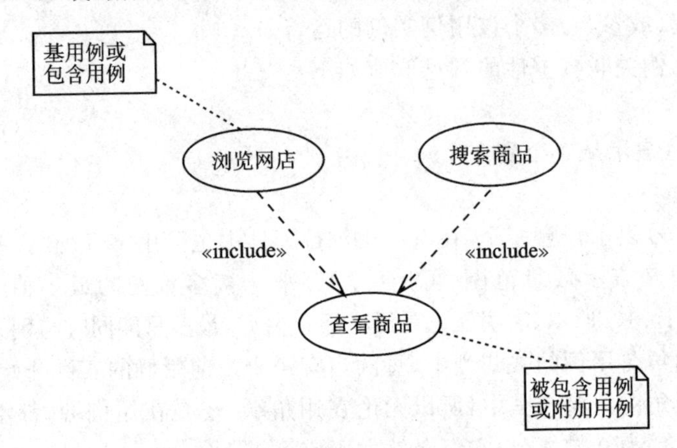

图4-10　用例的包含关系示意图

在用户“浏览网店”或“搜索商品”的过程中，通常都会用到“查看商品”（即打开、查看某件商品的详情页）这项功能，这意味着在这两个用例的有意义且完整的执行过程中，必然都应该包含了“查看商品”这个用例的所有执行流程和步骤。

所以，在图4-10中我们用包含关系来表示前两者与“查看商品”之间的关系。其中“浏览网店”和“搜索商品”是两个包含用例，而“查看商品”是被包含用例，它们之间的包含关系分别用一条从包含用例出发连接到被包含用例，且带着开放箭头、标注着UML关键词（参见4.4.1小节）《include》的虚线来表示。

若一个基用例包含了某个被包含用例，则在该基用例的基本流中应该至少有1个或多个明确调用该被包含用例（或供其插入）的位置。当基用例执行到这些调用位置时，将中断基用例的运行并无条件地启动被包含用例的执行；当被包含用例执行完毕后，基用例将从刚才被中断执行的位置开始恢复执行后续的步骤。

请注意，基用例调用或执行被包含用例是无条件的，也就是说在基用例的执行过程中，无需作任何条件判断，被包含用例必然会被执行到，这点明显有别于带条件执行的扩展用例与扩展关系（见下文）。

另一方面，任意两个用例之间存在着包含关系，通常说明它们的联系非常紧密，也就是说基用例的完整、成功执行应该离不开被包含用例的执行，被包含用例对于基用例具有语义上的重要性。一旦缺少了或无法执行被包含用例，那么将会导致基用例不完整，令其执行目标无法真正或全部实现。例如在本例中，顾客无论“浏览网店”还是“搜索商品”，最后如果缺少了“查看商品”这一步，那么从常规、全面的角度看，这两个用例的定义或执行都将是不完整的。

此外，被包含用例通常也代表了两个或多个基用例之中的公共执行部分（即共享交互流）。因此，提取出一个被包含用例，往往也就类似于提取出一个“公共（或可重用）函式”，从而可以减少用例模型中用例描述的冗余性。

在日常建模时，请注意不要误用或滥用用例的包含关系，例如不考虑客观的必要性，主观地从基用例中提取、分解出过多、琐碎的被包含用例，从而使得整个用例模型的可读性和可维护性变差。

一般当某个被包含用例至少被两个(或以上)基用例包含时，才值得把它单独提取出来。不过这条建议也不是绝对的。有时如果某个被包含用例只拥有一个基用例，但是它相对独立而且比较重要，为了强调说明，也可以在用例图中专门把它画出来。

在第 3 章"用例基础"中介绍用例的层级时，我们已经在多张用例图中以顾客在网店购物为例，画出了不同类型(业务用例、系统用例)与层级(大、中、小)用例之间的多个包含关系。同时，在第 6 章"系统需求分析"中我们也先后给出了"下订单"与"使用购物车"这对具有包含关系的用例的具体脚本及写法。这些包含关系的图形与文本表示法，可供参考。

(2) 扩展关系

一个用例扩展(Extend)了另一个用例，意味着在运行时前者(即扩展用例，Extending Use Case)在某些情况下(如满足特定条件时)可以中断后者(即被扩展用例，Extended Use Case)的执行，让系统转而执行前者(即扩展用例)。当扩展用例执行完毕后，再恢复被扩展用例的运行。这种一个用例可以有条件中断另一个用例执行的情况在用例图中可用扩展关系来表示，如图 4－11 所示。

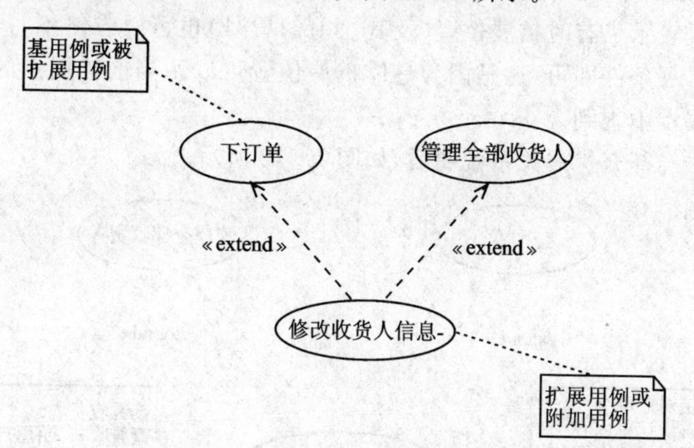

图 4－11　用例的扩展关系示意图

用户在网店下一份订单时，通常不需要每次都填写或修改收货人信息(包括收货人的姓名、联系电话、地址等)，尤其是在已经通过其他方式事先设置好了缺省收货人的情况下。而且，系统通常会按惯例推断出订单的缺省收货人就是当前用户本人自己，或者沿用上一份订单的收货人，并在订单信息中自动显示当前收货人的信息。那么，什么时候用户需要修改当前订单的收货人及其信息呢？一般包括系统显示的当前收货人为空，新的收货人信息与当前收货人信息不一致，或者用户还需要添加额外的收货人等情况。

可见，修改收货人信息对于“下订单”用例来说更多时候只是一种例外情况，即用户在多数情况下是可以不需要修改而默认或沿用系统显示的缺省收货人就直接提交订单的，所以图4-11用一个单独的扩展用例来表示“修改收货人信息”这个功能，并用一个带着开放箭头、标注UML关键词为《extend》的虚线从它出发连接到被扩展用例“下订单”。

图4-11中右边的“管理全部收货人”用例的情况与此类似。

扩展关系比包含关系的画法要稍复杂些，通常不是简单地画一两条连线就行了。尤其在意义不明的情况下，为了表达完整，有必要在图中明确地标注出一个用例扩展(插入到)另一个用例中的具体位置——在被扩展用例中的一个或多个扩展点(Extension Point)，以及扩展何时会发生的条件说明。

UML规范建议扩展关系说明可以用普通的UML注释符号(标签)来显示，一般包含扩展点(含名称与扩展位置)与扩展条件两部分。扩展点隶属于被扩展用例(即基用例)，在其用例中的每一个扩展点都必须有一个唯一的名字。

参考UML规范，扩展关系说明的完整格式可写为：“扩展点名称：扩展位置{扩展条件}”。其中，扩展位置通常是指向被扩展用例的交互流(基本流或扩展流)中的某一个(或多个)特定位置，可采用步骤或执行块的名称、编号等进行标识，具体如何书写UML对此未作规定。扩展条件在UML中是一项约束(参见后面4.4.3节)，所以用大括号表示。有时扩展位置(及其之前的冒号)也可以省略不写，而只标注扩展点名称与扩展条件即可，这是因为具体扩展位置可以用当前扩展点的名称在基用例的扩展点属性中查到。

图4-11经补充扩展关系说明后，如图4-12所示。

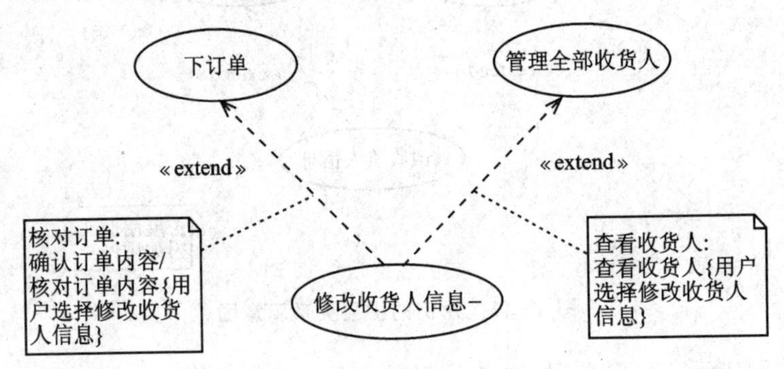

图4-12　用例扩展关系说明示意图

可以看到，图4-12中的“修改收货人信息”这个小用例扩展了“下订单”用例，具体的扩展或插入位置是“下订单”用例中一个名为“核对订单”的扩展点(具体扩展位置为基本流中标记为“确认订单内容/核对订单内容”这一步，参见例6-8)，扩展条件是“用户选择修改收货人信息”；也就是说，当基用例“下订单”的流程执行到用户

"确认订单内容/核对订单内容"这个位置时，一旦用户选择了修改收货人信息（如按下某个按钮），那么就将启动扩展用例"修改收货人信息"中相关步骤的执行。

为了展示完整的画法，上图中的扩展用例、扩展关系说明中都出现了"修改收货人信息"等重复文字，略显啰嗦。而本书后面的图 6-27 则采用了一种更简化的画法（只注明了扩展点名称），甚至有时在意思简单明了、不会产生误解的情况下，只画出扩展依赖线而不书写任何扩展关系说明也是可以接受的。

以上简要介绍了用例的包含与扩展关系。扩展用例与被包含用例都可以作为一种附加用例中断原基用例的执行，而在用例图中表示这两种关系的连线箭头的方向恰好相反，在分析时经常容易发生混淆。

参考 UML 规范，两者的主要区别在于：

① 被包含用例的触发、执行（通常）是无条件的，而扩展用例的触发、执行（通常）是有条件的。

② 被包含用例是基用例的一个重要组成部分，基用例的完整、成功执行不能缺少它；而扩展用例对于基用例而言总是次要或不重要的（甚至两者的目标可以完全不相关），即使缺少了扩展用例，基用例也能成功执行。

有关包含、扩展用例文本的具体例子，请参考 6.5.4 小节。

(3) 泛化/继承关系

除了包含与扩展关系以外，用例与用例之间还可以存在着一种类似于类与类之间的泛化（Generalization）或继承（Inheritance）关系（参见 4.3.2 小节"4. 继承/泛化关系"）。

例如，同样是新用户注册功能，除了基于提交用户名和密码的普通注册方式以外，可能还存在着多种不同的可选注册类型与交互方案（如手机注册、邮箱注册和第三方注册等），如图 4-13 所示。

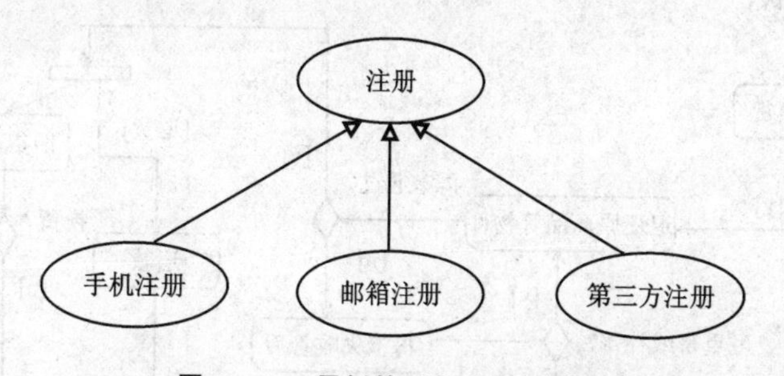

图 4-13　用例的泛化关系示意图

在图 4-13 中，这些多样化的注册流程也都用用例符号表示。虽然在具体的交互流程与细节上它们与普通注册有所差异，但本质上它们仍然还是注册流程，尤其是一些基本的流程步骤与普通注册很相似（具有相似的目的或意图），所以它们都是泛化用例（Generic Use Case）"注册"的继承用例（Inheriting Use Case），彼此之间用一根带空心三角箭头的实线连接（箭头应指到泛化用例）。

用例之间的泛化与继承关系必然是同时存在的，就像太极的阴阳，它们是同一件事物相互依存的两个方面。与类的泛化与继承关系相似，泛化用例也可以叫作基用例或父用例，而继承用例也可以叫作子用例或派生用例(Derived Use Case)。

图4-13的泛化/继承关系说明了“注册”用例是一个基础(或一般化)的注册流程，它集合了所有注册用例的共性(如一些公共、抽象的步骤)，而无论“手机注册”“邮箱注册”或“第三方注册”，都是一些特殊化的注册流程，它们之间的差异性可在各自的用例描述当中具体表示。

4.2.2 活动图

UML活动图(Activity Diagram)可用来描述各种各样的流程，包括业务流程、工作流(Workflow)、程序的算法与运行流程等。与大家所熟悉的传统流程图(Flowchart)相比，虽然两者名称不同，但UML活动图其实也是一种流程图，而且在某种意义上可以说是一种升级版的流程图。

在日常的产品业务分析与系统需求分析中，活动图常用于直观地描述产品所参与的业务流程，以及系统用例的执行流程。同时，画活动图也是帮助理解复杂用例文本一个很好的助手。

根据UML的定义，一张活动图描述的就是一个活动，其中包含了活动的流程执行时所产生的控制流(Control Flow)与对象流(Object Flow，可包含数据流)。当然，也可以说一张活动图描述了一个过程(Process)或流程(Flow)，只不过“活动”这个词是UML采用的术语。“活动”“过程”与“流程”这三个词意思相近，在许多上下文中常常指的是同一个东西，请注意辨别。

例如，图4-14描述了顾客在网店退、换货的一个基本业务流程。

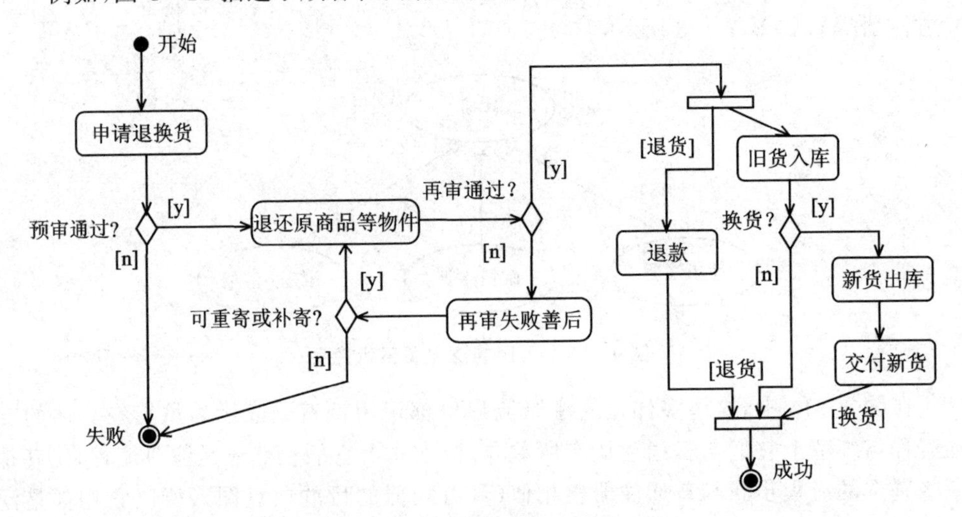

图4-14 网店退换货业务流程的活动图

从图 4-14 中可以看到活动图的开始与结束节点、动作节点、条件分支与分叉(并发)等多个基本构造元素,下面依次介绍这些元素的符号、语义和用法。

1. 控制流

以下介绍与活动图所描述的控制流相关的一些主要元素。

(1) 开始与结束节点

每一张活动图所描述的流程整体上代表了一个活动,而任何一个有效的活动必然都有自身执行的开始状态与结束状态(除了无效的死循环或空转流程等),因此正规、完整的活动图有且仅有 1 个开始节点,通常至少有 1 个或多个结束节点。这两种节点的符号如图 4-15 所示。

活动图的标准结束节点主要有两种。图 4-15 中左边的"活动结束节点"表示整张图所代表的活动的结束节点,执行到该节点就代表整张图的活动全部结束了;右边的"流结束节点"可用来标记当前活动图中某个支流(如因并发、分叉执行而引起的某个线程)的结束,执行到该节点只代表该支流(或线程)的结束而非整个活动(图)的结束。

例如,图 4-14 中画出了两个活动结束节点,分别标注为"成功"与"失败",代表了整个退换货业务流程最终的执行结果。

(2) 动　作

如图 4-16 所示,活动图中的每一个圆角方框都代表一个动作(Action),相当于业务流程或工作流中的一个执行步骤。

图 4-15　活动图的开始与结束节点　　　　图 4-16　活动图中的普通动作符号

动作可以逐层嵌套,这意味着活动图中有些动作节点不是完全无法分解的原子动作,而是可以进一步再分解为子活动的复合动作。如果把这些动作从当前活动图中抽取出来,则可以为它们画出单独的下一级活动图,这样就形成了父活动包含子活动的层层嵌套结构。

(3) 变　迁

动作与动作节点之间一条带简单开放箭头的连线(UML 中的正式名称为 Activity Edge,即活动连线)代表了从一个动作到另一个动作的执行变迁(Transition,也可译为"转移")。为简化起见,本书把活动连线统一称为"变迁"或"变迁线"。

基本的变迁线画法是不带任何(文字或条件等)标记的,它们表示前一个动作执行完毕后将自动触发下一个动作的执行,如图 4-17 所示。

图 4－17 中从前一个动作到当前动作节点的变迁线也称为“导入流（Incoming Flow）”，而从当前动作节点到后一个动作的变迁线也称为“导出流（Outgoing Flow）”。

用变迁线把许多动作节点一个一个地连接起来，就形成了活动图中的控制流。

此外，变迁线不仅可以通过连接动作节点来反映控制流，还可以通过连接对象节点来反映对象流。有关活动图中对象流的画法请参阅本节“3. 对象流”。

（4）条件判断（决策）节点

条件判断节点在 UML 中也叫作“决策节点（Decision Node）”，它们与传统流程图中的条件判断节点非常相似。当执行到该节点时，将进行必要的计算与条件判断，并根据条件判断的结果值（如 yes|no 或 true|false 等）将活动的执行流导向相应的条件分支和下一个节点。

条件判断节点有且只能有一个导入流（除可能出现的决策输入流以外），可以有多个导出流（一般是 2 个或 2 个以上）。

为了明确地区分条件判断后的不同执行分支，应该在条件判断节点的每条导出连线上明确标示出不同的条件值，并把这些条件值写在方括号里，如图 4－18 所示。这个语境中的方括号“[]”在 UML 中表示这些是条件值（Conditions），而非连线本身的名称（无需添加任何括号），这是 UML 表示条件的一种标准画法（即用方括号）。

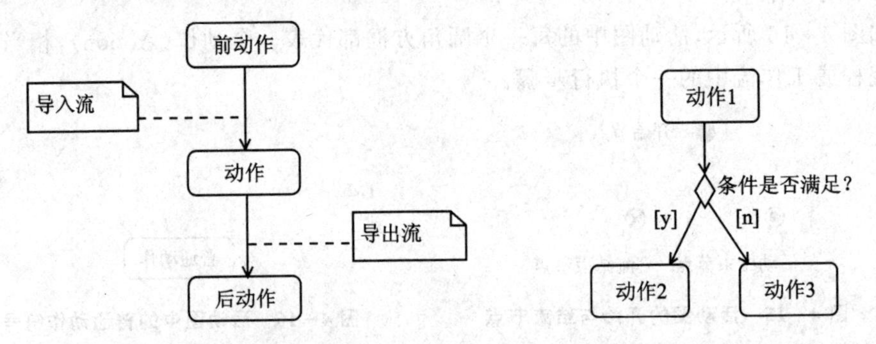

图 4－17　活动图的变迁线（控制流）示意图　　图 4－18　活动图中的条件判断节点示意图

（5）合并节点

在 UML 中合并（Merge）节点与条件判断（决策）节点所采用的符号是完全相同的，都是一个小菱形，然而两者的语义完全不同。

合并节点的用途是以异步的方式合并（归并、合拢）多个导入流。异步方式也就是非同步的方式，具体意思是指当当前的合并节点有多个导入流时，只需其中任何一个导入流所连接的前置节点执行完毕，那么该合并节点即可执行通过，并引发它唯一的导出变迁所连接的后继节点开始运行。这种执行语义与需要在多个导入流之间进行同步的汇合节点（见下文）有所不同，合并节点相当于“或”关系，而汇合节点相当于“与”关系，使用时请注意区分。

一个合并节点必须有2个(或以上)的导入变迁,但有且只能有1个导出变迁。合并节点的所有导出变迁和导入变迁必须都是同类型的,也就是说:当导出变迁是控制流时,所有的导入变迁也必须都是控制流;而当导出变迁是对象流时,所有的导入变迁也必须都是对象流。

例如,图4-19所示描绘了退换货业务流程中的一个细节片段(封箱打包)。

该图用一个简单的合并节点归并了由前面一个条件判断节点引发的两条导入流(条件执行分支),形成了两股合为一股的视觉效果。

(6) 分叉节点与汇合节点

分叉(Fork)节点的作用是把一股导入流分解成多股并发(或并行)流。一个分叉节点有且只能有一个导入变迁。

与分叉节点正相反,汇合(Join)节点的作用是通过同步的方式(缺省情况下)把多股导入流汇聚成一股导出流。一个汇合节点可以有多个导入流,但有且只能有一个导出流。所谓同步的方式,是指只有在当前汇合节点的全部导入变迁所连接的前置节点都执行完毕时,该汇合节点才算执行通过,从而引发导出流中后继节点的执行。与合并节点"或"的工作方式不同,汇合节点通常采用的是一种"与"的处理方式。

分叉节点与汇合节点在活动图中常常一起配对使用,它们的典型画法如图4-20所示。

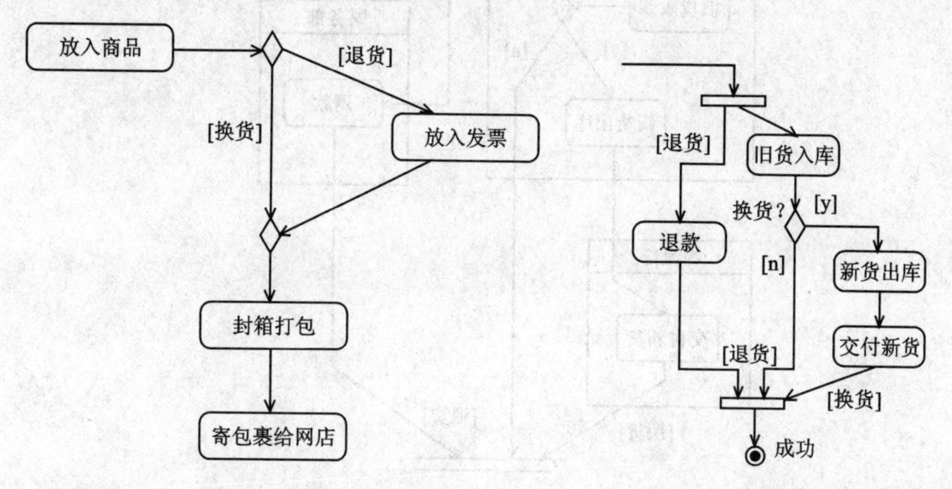

图4-19 活动图中的合并节点示意图 **图4-20 退换货业务活动图的局部(分叉与汇合)**

可以看到,图4-20采用了一对分叉和汇合节点符号,顶部分叉节点下面的左导出流画的是退货流程中的"退款"步骤(标注了执行条件为"[退货]"),而右导出流的第1步是无论退货、换货都要执行的"旧货入库"步骤,这两个动作(任务)是可以同时并发进行的,而且只有当两者都完成了,整个退货业务流程才算成功完成。

2. 分 区

一般的活动图只描述工作流程的运行(即一个动作接一个动作是如何依序执行

的)，通常不描述这些动作分别是由哪些人员或系统来实际执行的，这就涉及一个工作职责或任务分配的问题。如果在活动图中要明确表示动作(或职责、任务等)的分配，可以采用更加高级的分区(即活动分区，Activity Partition)画法。

分区(过去在 UML 1 中也叫作“泳道”)的符号如图 4－21 所示。

分区符号非常简单，就是一个两栏的方框，可任意拉长拉宽。图 4－21 中上部为标题(名称)栏，应该写明分区的名称；下部为内容栏，可放置活动图中任意其他元素，表示这些元素归属于当前的分区。

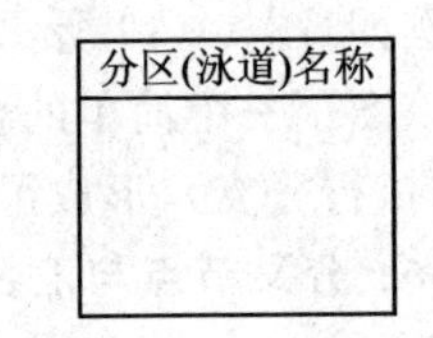

图 4－21　活动分区符号

例如，对照前面介绍的退换货业务流程活动图，如果需要明确区分图中的哪些动作分别是由哪些部门或人员来做的，那么就可以采用分区的画法，如图 4－22 所示。

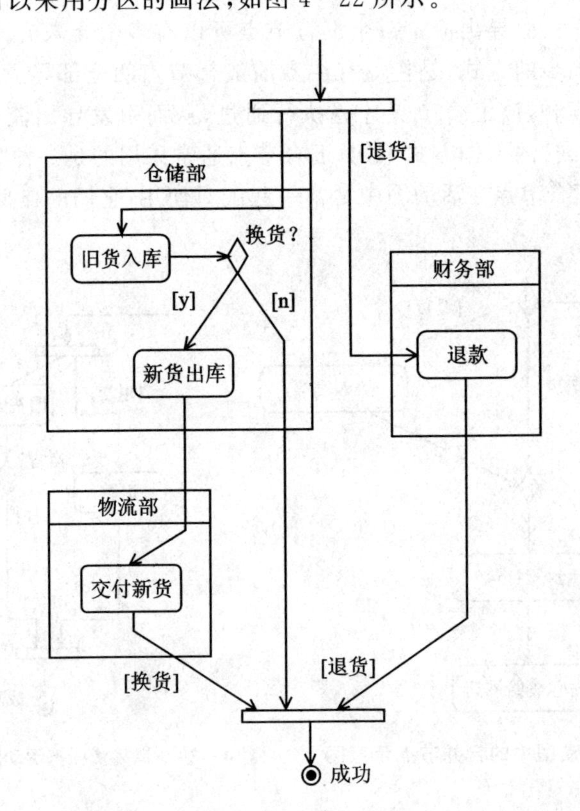

图 4－22　活动图的分区示意图(退换货流程局部)

在图 4－22 中一共画出了 3 个分区，分别是仓储部、财务部和物流部，并且把各个部门所负责的动作(任务)放入各自的分区方框中，这样每个部门在当前的整个业务流程中所承担的职责就一目了然了。

此外，一个分区的方框既可以上下竖放，也可以左右横放。分区也支持嵌套，即一个大分区里还可以画出多个小分区，以此类推，层层嵌套。UML 2 甚至还引入了二维分区的画法，把几个横向分区（如表示地区）与纵向分区（如表示部门）并排交叠在一起，便可以形成一个更复杂的分区矩阵。

3. 对象流

在描述控制流动作执行的同时，活动图还可以描述对象流（Object Flow）伴随着控制流的运行过程，其中也包括数据流（Data Flow）。由于数据或信息也是某种形式的对象，显然对象流比数据流更为宽泛。于是活动图不仅可以描述数据或信息这些软对象的流动，甚至还可以描述一些实物、硬件等硬对象的流动和迁移，正所谓“万物皆对象”。

UML 中的对象流主要有以下两种画法。

第 1 种画法是采用独立的对象节点（Object Node）来表示对象流，其中节点的名称代表了流经该节点的对象类型，如图 4－23 中间的简单矩形所示。

图 4－23　活动图中对象流的第 1 种画法

请注意图 4－23 中的对象节点并不是流动的对象本身，可以把它看作暂时用来存放某种类型的对象的容器。这种对象（可能不只一个）作为输出结果从动作 1 流出，经过中间的对象节点后，再作为输入对象流入动作 2。图 4－23 中的两条变迁线也不再描述的是不同动作之间执行转移的控制流，而是描述对象流动（输入与输出）的对象流。

第 2 种常用且相对更加紧凑的画法如图 4－24 所示。

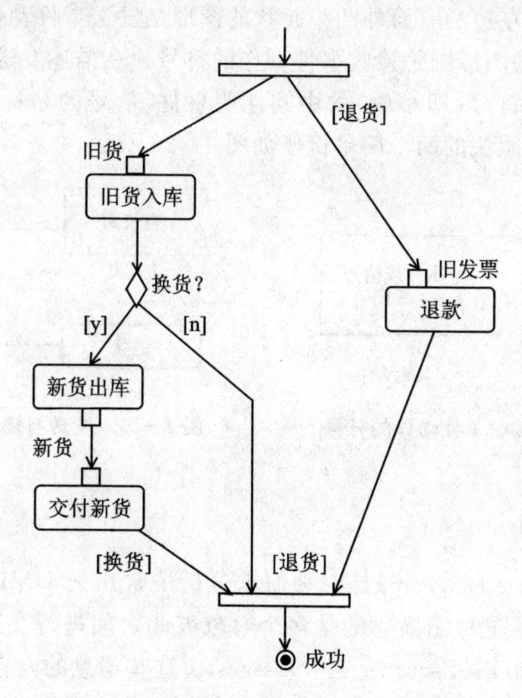

图 4－24　活动图中对象流的第 2 种画法

在图4-24中，“旧货入库”动作的上方有一个标着“旧货”的小方块，在UML中这叫动作的输入针(Input Pin，或输入引脚)，形状就像芯片的针脚，代表了用于存放动作输入参数(对象)的一个位置(槽或容器)。由于从上部连接该输入针的一条变迁线的箭头正好指向它，因此该输入针代表旧货是“旧货入库”的输入对象。其他类似的还有“旧发票”输入针，它代表“退款”动作的输入对象(类型)。

除了输入针，图4-24还画出了一个输出针(Output Pin，或输出引脚)，即“新货出库”动作下面有一个标着“新货”的小方块(针脚)，它表示出库动作完成后将输出新货这个物件。同时，有一根变迁线从该输出针出发连接到“交付新货”的一个输入针，这表示新货从“新货出库”动作流出后将自动作为输入对象从图中匿名的输入针流入“交付新货”这个动作。为简化起见，在意思明确的前提下，这里就无需在“交付新货”动作的输入针上再重复标注“新货”这个名称了。

4. 事件与信号

活动图除了描述按照常规的控制流一步一步地往下运行各个动作节点以外，还可以描述对异步事件的处理，如信号的收发。异步事件的一个基本意思是指通常无法事先准确地预测到这些事件何时会发生，它们往往是随机或突然发生的，例如有人打电话进来，你的手机就突然响铃了，手机铃响就是一个信号，而且是一个异步事件。

一张活动图既可以接收信号，也可以发送信号。发送与接收事件(或信号)的动作符号如图4-25所示。

在图4-25中，左边的一面外凸小旗状的图形是发送事件动作的符号，而右边的另一面内凹小旗状的图形则是接收事件动作的符号。在描述发送或接收事件的动作时，应该在相应动作符号(即小旗)的中间注明事件、信号的名称或类型。在活动图中，接收与发送信号画法的两个简单例子如图4-26所示。

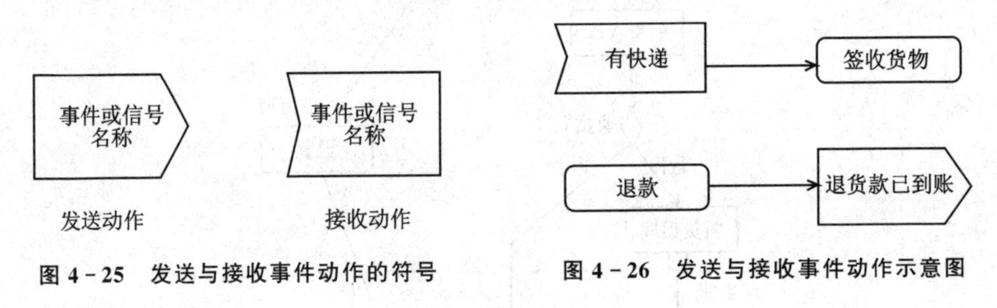

图4-25　发送与接收事件动作的符号　　**图4-26　发送与接收事件动作示意图**

4.2.3　序列图

序列图(Sequence Diagram)是一种需求分析中常用的UML交互图。所谓“序列”，确切的涵义是指这种图描述的是多个对象彼此之间进行交互时，互相发送或交换的各种消息的序列(the Sequence of Messages)。这些消息的内容或类型是比较宽泛的，通常包含了各种信息或数据，但也有可能是一些实物或硬件(如用于业务建模)。

有的书上把序列图称作“时序图”或“顺序图”，这些译法其实都不太准确。UML 中真正的时序图其实是 Timing Diagram（它与序列图一样也是一种交互图）。

图 4－27 是一个简单的序列图的例子，描述了用户在注册时与系统之间发生的交互行为。

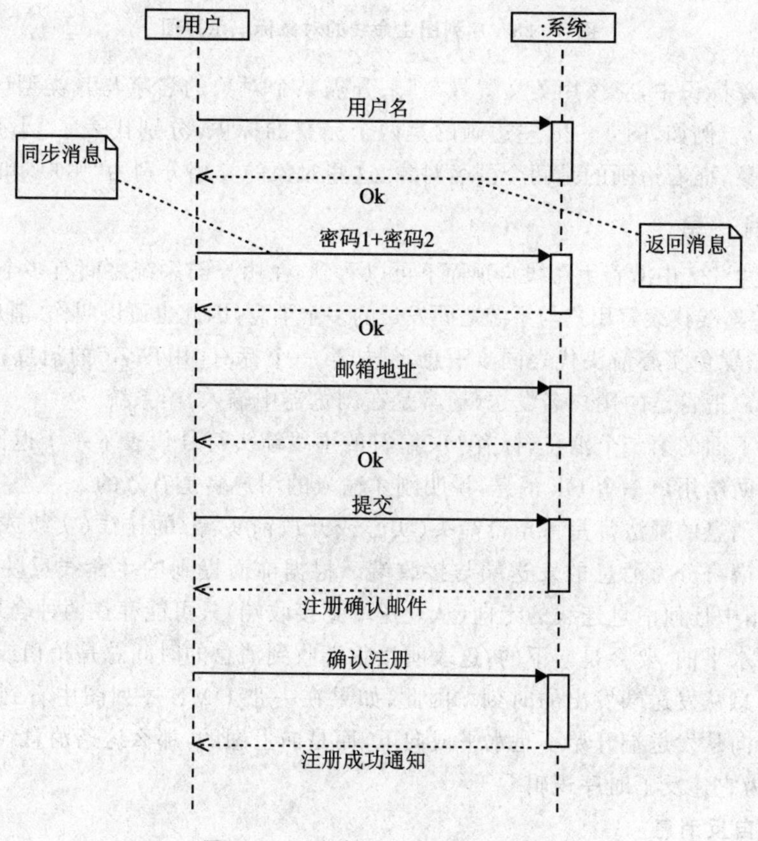

图 4－27　用户注册的简化序列图

该图展示了序列图的生命线、消息等基本元素，下面依次介绍这些基本元素以及序列图的一些高级画法。

1. 生命线

图 4－27 顶部出现了分属用户和系统的两个匿名对象，都用小方框（线头）表示。它们的下面分别有一根竖直的虚线，这两根虚线在 UML 规范中叫作对象的生命线（Lifeline）。生命线自上而下的画法代表了时间上的先后顺序，因此也可以视为一种时间线（Timeline）。

每一条生命线都代表了一位参与这张序列图所描绘的交互行为的参与者（对象或实例）。

我们用每条生命线的“线头”中的对象标识（在 UML 规范中也叫作“生命线标

识”Lifelineident)来标注这些参与者，基本格式如图 4-28 所示。

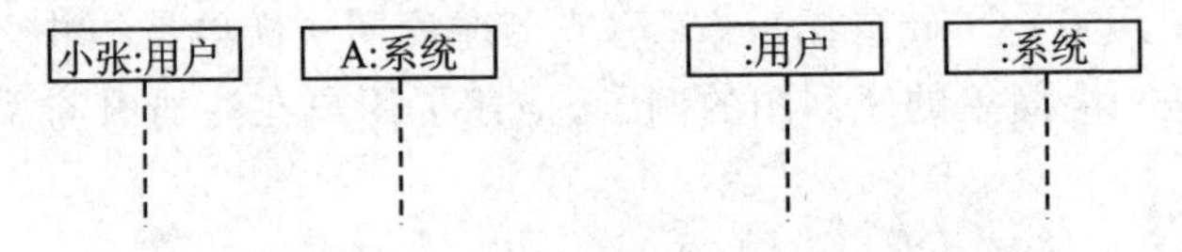

图 4-28　序列图生命线的对象标识示意图

在对象标识中，应该用英文冒号“:”来分隔某个对象的名字与其类型(两者不能同时为空)。例如，图 4-28 左边画的是两个完整的标识，分别代表了“小张”和“A”这两个对象，而右边画的是两个匿名对象，这些对象的类型分别为“用户”和“系统”。

2. 消　息

从图 4-27 中沿着生命线自顶而下可以看到，在用户与系统之间有多个带箭头的连线，这些连线代表着用户与系统之间发送的多个消息，因此也可以叫作“消息线”。

其中，黑色实心箭头代表同步消息，例如第一个标有“用户名”的消息，这个符号代表了用户把自己的用户名发送(通常是在浏览器中输入)给系统。

接着下面的第二个消息，标有 Ok 字符的虚线箭头符号代表了一个返回消息，表示系统返回给用户一个 Ok 消息，说明刚才输入的用户名是有效的。

常规消息的画法都是一条带箭头(实心或开放箭头等)的连线(实线或虚线等)，连线的两端可分为消息的发送端与接收端。根据前面提到的生命线反映时序的特点，序列图中任何消息连线的走向(从发送端到接收端)只可能存在两种合理的情况，即要么是水平的，要么是向下的，这表明接收端收到消息的时间总是稍稍或明显落后于这条消息从发送端发出的时刻。因此，如果在一张 UML 序列图中看到有一条消息线的走向从发送端开始不是水平或向下，而是向上翘的，那么这条消息线肯定是画错了，因为它违反了时序逻辑。

(1) 自反消息

消息不一定都是跨越两条生命线(即由一个对象发送给另一个对象)的，一个对象有时也可以给自己发送消息(称作“自反消息”)，这种消息线的发送端与接收端都在同一条生命线上，如图 4-29 所示。

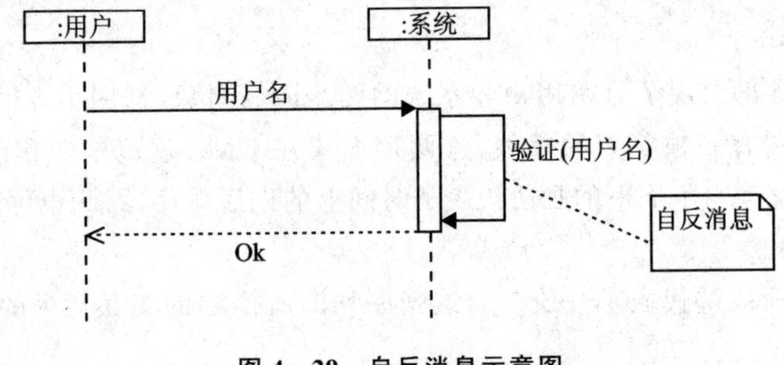

图 4-29　自反消息示意图

从图 4 - 29 可以看到在两个消息线之间有一个竖直的方块(矩形),这叫作"执行条"或"运行条"(UML 规范中正式的英文名称是 Execution Specification)。执行条的作用是代表了系统(或其他对象)在收到一个消息后运行、活跃了一段时间,并且对收到的消息做了相应的处理。

一个对象给自己发送自反消息,实际上这通常代表了该对象执行了一个(与该消息名称相对应的)动作,如图 4 - 29 中"验证(用户名)",往往通过这种动作可以把序列图与活动图的语义联系起来。

(2) 异步消息

与需要等待应答的同步消息相对的是异步消息。所谓"异步消息"的一个基本涵义是,消息的发送方(对象)一旦把该消息发送出去之后,便无需等待消息接收方的处理和应答消息,即可往下继续执行自己的任务。

异步消息的画法与同步消息相似,都是实线,区别在于箭头,同步消息是实心箭头,而异步消息是开放(未闭合的)箭头,如图 4 - 30 所示。

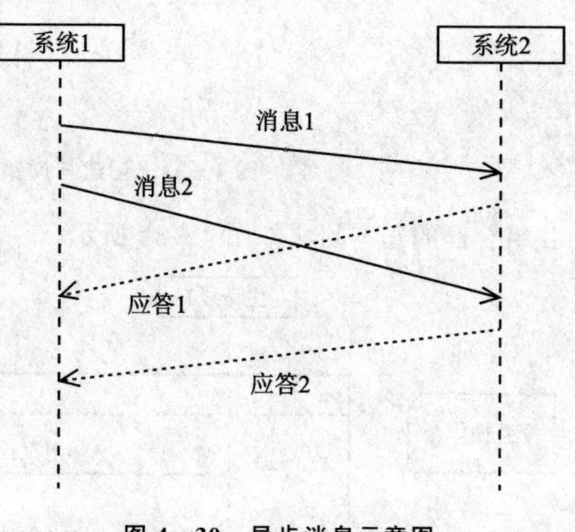

图 4 - 30　异步消息示意图

图 4 - 30 显示了系统 1 在向系统 2 发出异步消息 1 之后,并未等待应答 1 的达到,而是接着发出了异步消息 2。这类异步通信情况在网络系统及其通信协议的交互过程中很常见。

此外,该图的两个对象标识中都不含冒号,表明"系统 1"和"系统 2"是两个对象的名称,未指明它们的具体类型。这是一种简易画法。

(3) 创建与撤销消息

除了以上介绍的同步、异步和返回消息等类型以外,创建(Create)与撤销(Delete)消息在序列图中也是比较常见的消息类型,如图 4 - 31 所示。

创建消息(其实是一个动作)用于创建一个对象,而撤销消息(也是一个动作)用于销毁一个已存活的对象。

图 4 - 31 显示:系统在用户小王登录时,通过创建消息(一条指向图中最右边的生命线头、带开放箭头的虚线),为小王创建了一个类型为 Account 类、名称为"♯8"的账户对象;而在小王退出登录时,系统通过撤销消息(末端带"X"符号与实心箭头的一条实线)自动删除了该账户对象。

3. 组合框

利用组合片段(在 UML 中叫作 Combined Fragment,本书简称为"组合框")符号,序列图还可以描述一些比较复杂的交互行为,如条件选择、循环、并行等。

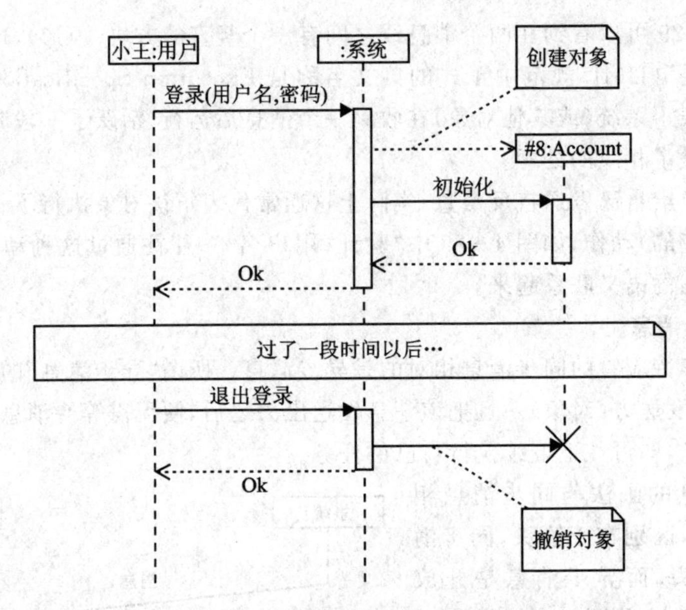

图 4-31　创建与撤销对象消息示意图

组合框的基本画法如图4-32所示。

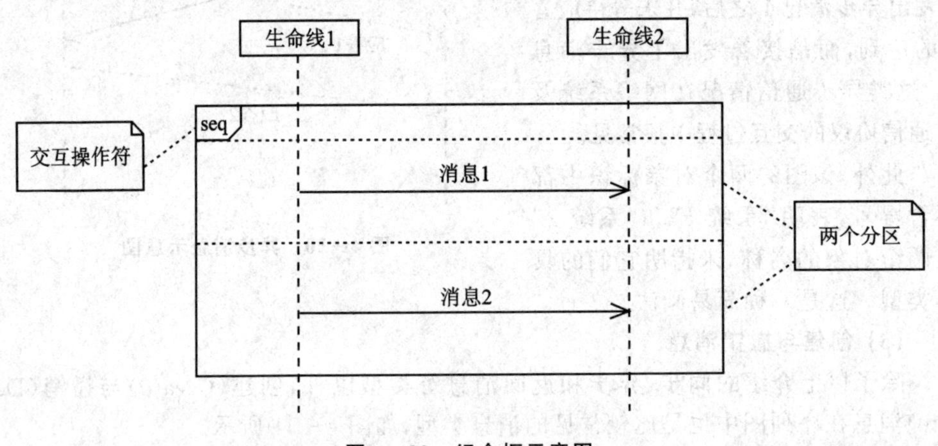

图 4-32　组合框示意图

图4-32中横跨在生命线上并且标记为seq的一个实线方框就是组合框，可以看到该组合框的中间有一条虚线把该框划分成了两个分区，每个分区中分别有一条消息。

组合框的这些分区在UML规范中的正式名称叫作交互操作域(Interaction Operand)，为简化起见，本书统一简称为组合框的“分区”。

上图的seq标记在UML中的正式名称叫作交互操作符(Interaction Operator)，它标明了当前组合框的类型和用途。除了seq以外，UML规范还定义了组合框可用的其他许多交互操作符类型(Interaction Operator Kind)，如图4-33所示。

图 4 - 33 显示的是一个枚举类型，其中所罗列的各个单词（枚举值）都是序列图中可用的交互操作符，例如 loop 代表循环框，而 alt 和 opt 代表条件选择框（见下文）。下面分别介绍这几种序列图中常用组合框的画法。

« enumeration »
Interaction Operator Kind
seq
alt
opt
break
par
strict
loop
critical
neq
assert
iqnore
consider

图 4 - 33　交互操作符列表

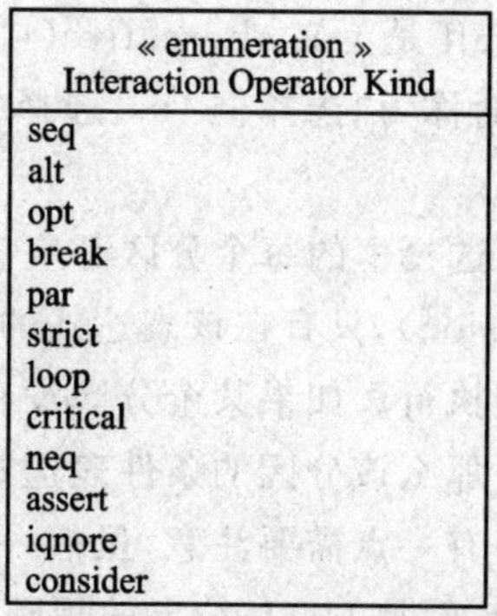

(1) 条件选择框

条件选择组合框主要可分 alt 和 opt 两种情况，以下分别说明。

opt 是英文 optional（可选）的缩写。opt 组合框有且仅有一个分区，所以相当于一种单选框。opt 表示这个组合框中的交互行为是（根据某些条件）可选的，既可能执行，也可能不执行（被完全跳过）。

例如，在图 4 - 27 的“注册”序列图中可以加入一个可选组合框（未声明执行条件），用来表示用户输入电话、联系地址等个人资料这个操作是可选的，如图 4 - 34 所示。

:用户
:系统
用户名
Ok
密码1+密码2
Ok
邮箱地址
Ok
opt
电话、联系地址等其他个人资料
Ok
提交
注册确认邮件
确认注册
注册成功通知

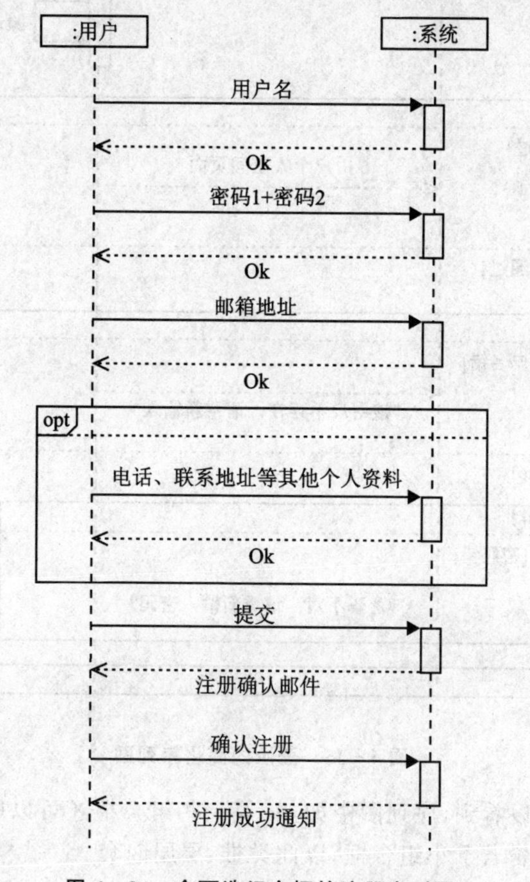

图 4 - 34　含可选组合框的注册序列图

alt 是英文 alternative(可选项)的缩写。标记为 alt 的组合框可称为条件选择框(或简称为"选择框")。选择框内的分区要比 opt 可选框多,通常有 2 个或更多的分区。

选择框的每个分区都应该显式或隐式地标注一个(监护)条件表达式(Guard Expression),只有在该表达式的计算结果为真(true)的情况下,该分区中的交互内容才会被执行。如果某个分区没有显式或明确地声明一个条件表达式(即为隐式、缺省情况),那么该分区的条件表达式值就被默认为真。

有一点需要注意,虽然一个选择框内可能有多个分区,甚至有些分区还可能多层嵌套,但是 UML 约定的规则是：无论在何种情况下,对于每一个层级的选择框,最多只有一个分区最终会被选中并执行。

选择框的基本画法如图 4－35 所示。

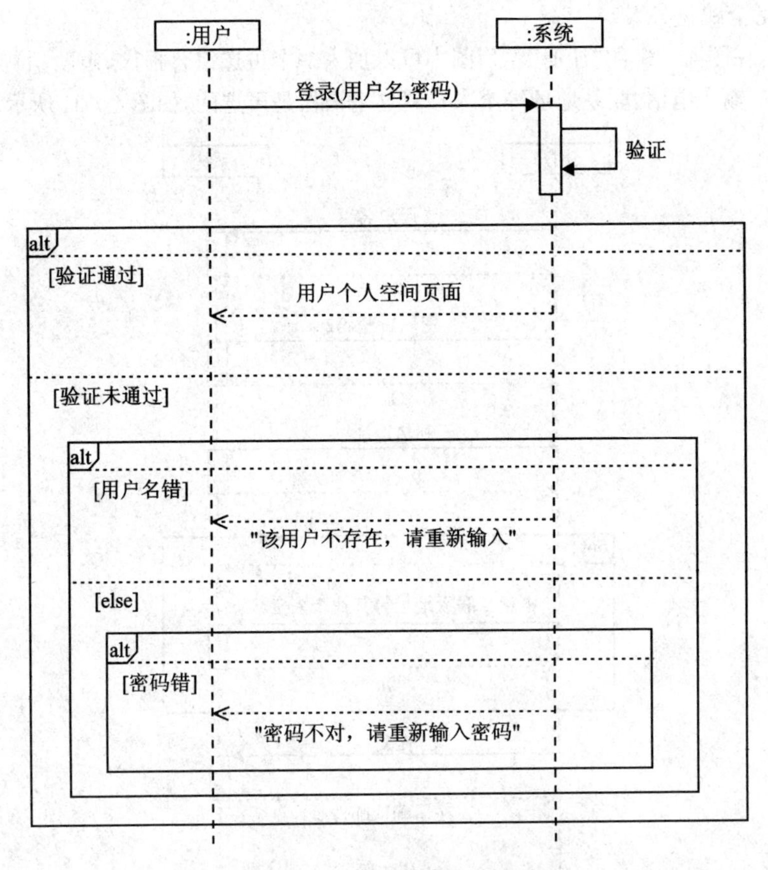

图 4－35　登录的简化序列图

从图 4－35 可以看到,序列图中如 alt 等一些组合框还可以嵌套使用,即一个大组合框内部可以包含若干小组合框,以此类推,层层嵌套。

(2) 循环框

循环组合框的标记(交互操作符)是 loop,即英文"循环"之意,所以可以简称为"循环框",它们被用来描述需多次重复执行的交互行为。

希望某个循环框执行多少次,一般可以在 loop 标记后(或下方)采用以下两种格式来说明:

(格式 1)
(最小值,最大值)[条件]

(格式 2)
循环次数[条件]

如果明确知道循环框应该执行几次,则可采用以上格式 2 直接标明循环的次数;如果不确定具体应该执行几次,则可采用以上格式 1 指定一个循环次数的范围,用最小值与最大值的区间来表示。

以上格式中方括号内的条件说明是决定循环框何时可以开始执行的逻辑条件,当且仅当该条件成真时,循环框才可以执行。若无需声明执行条件,则可省略。

例如,循环框及其条件表达式的基本画法如图 4-36 所示。

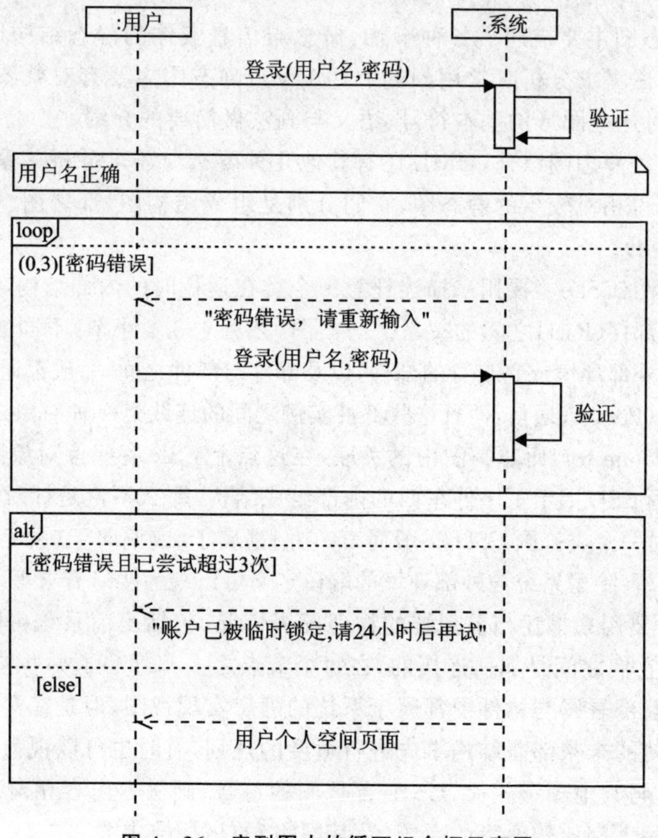

图 4-36　序列图中的循环组合框示意图

图 4－36 中间 loop 循环框的条件表达式表示在用户首次输入密码错误的情况下，该组合框及其内部的交互才能开始执行。而且，该循环框最多可执行 3 次，即在密码连续输入错误的情况下，用户最多只能尝试 3 次登录。而在用户密码输入正确的情况下，该循环框将无需执行，所以该框中循环次数的最小值为 0。

一旦用户输入密码的错误次数超过了 3 次，那么该用户的账户将被临时锁定（如该循环框下面的条件选择框所示）。

有关序列图的高级用法和技巧等更多内容，请参阅本书后面其他章节（如第 5 章）的介绍。

4.3 静态图

开展全面、深入的系统需求分析与建模，除了前面介绍的主要以画 UML 动态图（加文本说明）的方式来描述系统用例等需求以外，常常还需要画一些 UML 静态图，这主要是因为在这些图形中往往也包含着不少需求信息（如业务规则、约束等），而且用直观的图形符号来描述、表达这类静态需求信息往往比文字叙述来得更为简洁和方便。

UML 静态图主要描述了各种事物、概念与信息实体的静态结构以及它们之间的彼此关系。做需求分析时常用到的一些 UML 静态图主要有对象图、类图和包图等，本小节将对这些图形的基本符号、语义与画法做简要的介绍。

除了这 3 种静态图以外，UML 还有其他几种要么与需求分析关系不大，要么在需求分析时用得相对较少的静态图，它们分别是组成结构图、部署图、构件图和扩集图（参见图 4－2）。

组成结构图（CSD）主要用来描述任意一个类在运行时的内部结构，包括类内部的各种实例化的部件（Part）之间的关系。与类图（参见 4.3.2 小节）不同的是，CSD 图中画出的类与其外部环境或它自身的部件，以及部件与部件之间，一般都通过一个专门的构造——端口（Port）来通信，而且这些部件实例之间的连线是一种对象之间的链接（也称作连接器，Connector）而非类图中的关联，在这点上 CSD 有些像对象图（参见 4.3.1 小节）。既然画 CSD 揭示了一件东西的内部组成结构，那么不论是针对一个系统或子系统，还是针对一个类来画 CSD，一般而言，它们都属于（或偏向于）系统设计的范畴而非系统需求分析（除了系统与外部环境的端口定义可以视为接口需求等以外）。

部署图主要用来描述当前系统的物理部署情况，包括当前系统由哪些计算节点（Node）组成，它们之间是如何连接的，在每个节点之上都部署了哪些构件（如可执行程序等）。尽管部署图与构件图都属于系统的静态实现视图，但是在实际的分析工作中，对当前系统的未来部署结构事先进行适度的规划，有时也可以视为系统需求工作的一项内容。与其他图形相比，UML 部署图的符号、画法等内容相对比较简单和直观，类似于一种大家比较熟悉的系统（及其网络）的拓扑结构图。

构件图主要用来描述组成当前系统的各个软构件及其关系，例如程序的各种可执行文件、动态链接库以及数据库、文档等。构件图是系统的物理、静态实现视图的一部分，因此它们通常不属于系统需求分析的范畴，也就是说，在做需求分析时通常不应该画出系统的构件图。

与其他 UML 标准图形相比，扩集图是 UML 的一种高级用法，比较特殊，它们主要用来定义一些新的对 UML 原有基本构造元素进行扩展的版型（Stereotype，参见 4.4.2 小节）。扩集图中的这些新版型组成了建模者自定义的 UML 扩集（Profile），可应用在日常各领域的 UML 建模工作中。

由于篇幅等原因，本书就不对以上这几个剩余的 UML 静态图做专门介绍了。

4.3.1　对象图

对象图（Object Diagram）主要用于描述对象的内容以及对象之间的关系。

做需求分析时，我们分析建模常常针对的是系统与软件之外的客观世界，而这个世界也是一个充满对象或由对象组成的世界，“对象”是“物质”或“物件”的另一种说法。

在面向对象方法及其世界观中，世间的任何一件事物（通常是名词性词语）都可以被视为一个对象，例如一个人、一份订单、一张发票、一台设备等；而且，一个对象就是一个类（Class，相当于所有同类型对象的模板）的一个实例（Instance）。

在 UML 中，表达对象有对象图，表达类有类图，然而对象图往往比类图更容易理解，因为它们通常是对客观世界的一个比较直观的反映，所以这里先介绍对象图，然后再介绍类图。对于一些不熟悉面向对象思维或类图的初学者、分析师，建议先从画相对简单的对象图入手，然后在此基础上再逐步提升自己的抽象表达与概括能力。

例如，顾客小王的一张订单对象图可如图 4－37 所示。

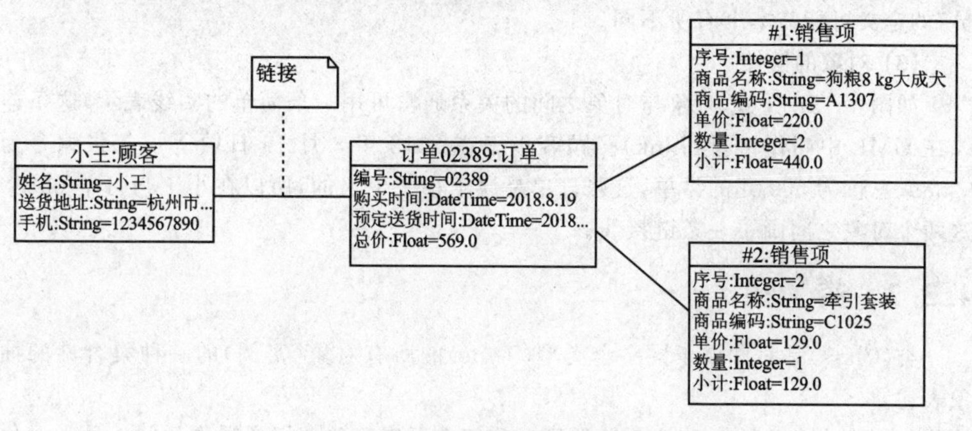

图 4－37　顾客小王的订单对象图

下面对图 4－37 所反映的对象图的一些基本元素进行说明。

(1) 栏与槽

图4-37中的每个对象都用一个矩形方框来表示，而这些方框通常都可以划分为若干厢栏(Compartment)，用于表示不同种类的内容。

图4-37中的对象均采用了两栏形式，其中顶部第一栏写的是对象的名称(标识)，如“小王”“订单02389”，对象名称与英文冒号之后的是它们的类型(此处即类名)，分别为“顾客”和“订单”。

对象标识下面的第二栏描述的是对象所拥有的实例数据，表示一个对象所拥有的各种信息(相当于数据域，Field)，例如小王拥有的基本数据域有姓名(小王)、收货地址(杭州市某某街道)和手机号等。对象的这些数据域在UML中的正式名称叫作“槽(Slot)”，上图一共只显示了小王的3个信息槽。

(2) 类型表示法

在名称栏里，可以看到“小王”与“订单02389”之后都有一个英文冒号(:)，这个符号是用来分隔对象名与它的类型名的。在对象图中，通常都需要为每个已画出的对象指明它们各自所属的类型。

小王是一位顾客，他只是网店所有顾客当中的一位，其他的顾客还有小李、小张等，在这里“顾客”就是一个比较合适的类型，无论是小王，还是小李、小张，他们都是“顾客”这个类型的一个实例，所以在图4-37左边名称栏中“小王”的冒号后面注明他的类型是“顾客”(类)。订单02389对象的情况与此类似，它的类型是“订单”(类)。

需要说明的是，本书案例中的“顾客”(即系统主用角)是指任何一位到访网站，并有意向在网店购物的用户，而一旦某位顾客在系统上成功完成了注册，那么他就成为了网店正式的“会员”(或个人会员)。所以，任何订单对象肯定是拥有会员类型的顾客才可以拥有的，当然“会员”也是某一种类型的“顾客”(参见第5章后面业务对象分析中的类图)。此处为初步分析，故未作进一步细分。其他系统或作者对“顾客、会员”的定义可能与本书有所不同。

(3) 对象的链接

如图4-37所示，对象与对象之间的关系通常可用一条简单的实线表示，这条连线在UML中叫作链接(Link)。顾客小王在2018年8月19日填下了一张编号为02389、总价为569元的订单，这张订单是属于小王个人的，所以在小王与订单02389这两个对象之间画了一条链接线。

4.3.2 类图

类(Class)是对归属于同一个类型(Type)的所有对象(实例)的一种集合性的抽象表述。

一个类本身就是一种抽象的类型。我们也可以简单地把类看作是同一种类对象的模板，一个对象就是它所属类(模板)的一个实例。类是抽象的，而对象是具体、实在的；前者充当模板，而后者是对前者经过定制、填充后形成的实例，所以同一个类的多个对象实例之间往往既非常相似又各有不同。这些就是类与对象这两个基本概念之间的简单关系。

在UML中,用类图(Class Diagram)来表达对象的组成内容以及对象之间的关系,常常比4.3.1小节所介绍的对象图的效率更高,也更加紧凑和丰富。

1. 分析类

在需求分析中常用到的类图,也常被称作“分析类图”,也就是说,这些类图中出现的都是分析类(Analysis Class)。分析类通常代表了客观世界中的一些概念或实体,属于问题域(现实空间),不是程序员在写代码时直接编写的程序类,后者也叫设计类(Design Class,该“设计”指的是程序设计),属于解决域(即电子或虚拟信息空间)。

当然,从问题域的分析类(如第5章中出现的业务类或信息实体类)到解决域的程序类,两者虽然通常不是同一个东西,但是存在着密切的联系。

不过,有一些其他文献和作者在解决域中也使用“分析类”这个术语,它们相当于系统设计类的一些初步分析结果,即位于待开发系统中的“分析类”(也是一种程序类),容易与这里提到的问题域中(非系统)的“分析类”相混淆,在阅读时请注意区分。

2. 基本画法

一个类的基本内容包括属性(Property或Attribute)与操作(Operation)。

图4-38中的一张类图描述了顾客、订单和销售项这三个类的具体内容以及它们彼此之间的关系。在UML中每个类都用一个矩形方框来表示,而每个类的方框通常都可以划分为若干厢栏,用于表示不同种类的内容,例如可分为属性栏、操作栏等。

图4-38中的类都采用了两栏,其中顶部第一栏写的是类的名称,如“顾客、订单”等,第二栏依次描述的是类的属性,表示一个类中所包含的各种信息(类似于数据域),例如顾客类中含有的基本属性有姓名、送货地址和手机等。

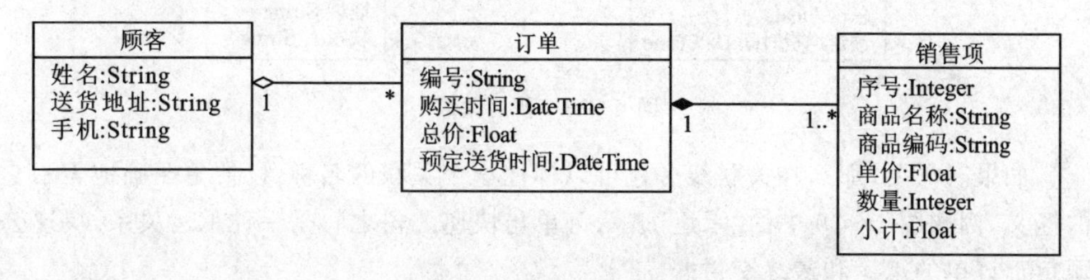

图4-38　顾客的订单类图

在属性名称后面可以进一步指明这个数据的类型,两者之间用英文冒号(:)分隔。例如,顾客类中的三个属性都是字符串(String)类型,销售项类中的商品单价是浮点数(Float)类型,而销售项的序号和商品数量则是整数(Integer)类型。

图4-38未画出这些类的操作栏。在需求分析时,诸如“订单”“销售项”这些分

析类通常代表了现实世界中的一些信息(或数据)载体,是对某些被动物件(如物理或电子订单)的抽象。它们并非软件世界中实际可运行的程序类,因此其类名、属性名称均可采用中文来书写,而且它们本身往往是没有任何操作能力(可执行动作)的,故操作栏可以省略不画。

类图除了描述每个类的内容以外,一般还要描述类与类之间的关系,这些关系通常采用不同样式的连线来描述,例如图 4-38 中"顾客"与"订单"、"订单"与"销售项"之间分别就画着两条连线。那么,这些形状各异的连线具体有哪些涵义呢?

在 UML 中类之间主要有这么几种关系:继承(Inheritance)、关联(Association)和依赖(Dependency)等。下面开始就分别来介绍用 UML 符号描述这些常见类关系的基本符号、语义和画法。

3. 关联关系

类与类之间的关联关系主要有如下 3 种:

- 普通关联;
- 聚合(Aggregation)关联;
- 组成(Composition)关联。

平时提到"关联"这个词,如果不加任何定语或说明,那么指的就是普通(一般的)关联。

普通关联的画法最简单,就是用两个类之间的一条实线来表示,如图 4-39 所示。

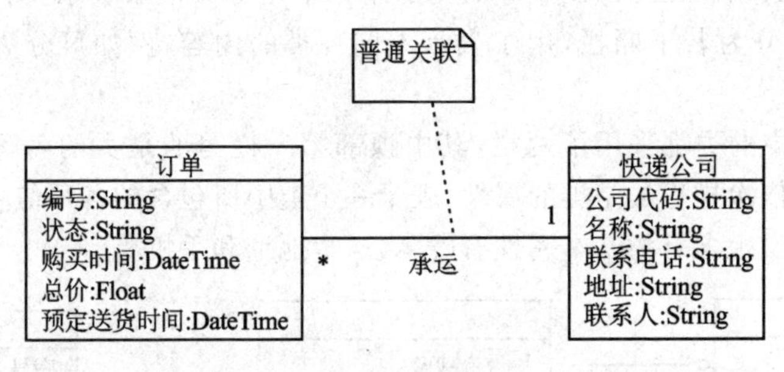

图 4-39　普通关联

如果有需要,那么在关联线旁还可以标注这个关联的名称,以便更明确地表示它的涵义,例如图 4-39 中的"承运"表示订单与快递公司之间是一种承运关系,快递公司负责订单的承运和最终交付。

这里的订单类代表了源于顾客并由网店生成的一种类合同信息,本质上是属于网店的(信息)资产,因而我们不能说快递公司拥有这些订单(快递公司真正拥有的是货运单),而且网店与快递公司之间其实只是一种委托服务的关系(网店委托快递公司来承运订单),所以图 4-39 中的"订单"与"快递公司"两者之间只能是一种普通的关联关系,而不是语义上更强的聚合或组成关联(见下文)。

(1) 关联的多重性(Multiplicity)

在一条关联线段的两个末端,通常还需要标注一些数字(如 1、0..1)和"＊"等符号,以表示两个具有关联关系的类的对象实例之间的数量对应关系。例如图 4－39,承运关联右端的数字 1 表示一般情况下,每个订单有且只能由一家快递公司来负责承运,而左端的符号"＊"则表示一家快递公司可以承运 0 到多份订单。

前面 4.2.1 小节曾经介绍过如何描绘用角与用例之间关联关系的多重性,这里类与类之间的关联多重性的语义和标记符号也是相类似的。除了用 0..1 表示 0 到 1 个对象以外,根据需要还可以采用 0..＊(0 到多)、1..＊(1 到多)或任意自定义的具体数字或范围(如 3..5、7 等)。

需要强调的是,虽然这些多重性标记画在类之间,但是它们实际表示的是两个相互关联的类之间运行实例(即对象)间的数量对应(或连接)关系。

(2) 关联的导航性

在 UML 中,有时在关联线的末端加上箭头,还可以表示类与类之间的导航性(可访问性)。

在两个相互关联的类 A 与类 B 之间,如果画出的关联箭头由类 A 指向类 B,则表示类 A 的对象在运行时可以访问到类 B 的对象。例如,从对象 A1 到对象 B3 可以建立或保持某种动态的连接。

如果在两个类之间的关联线上未画出任何箭头,则表示在运行时,两者的实例对象无法相互访问;这同时也意味着如果两个类的对象需要双向可访问,则需要在两者的关联线上画出两个相对、分别指向对方类的箭头。这是参照 UML 规范的一般约定,如果需要改变此规则(如采用"不画任何箭头代表双向可访问"),则应该在团队统一的建模规范中事先做好约定说明。

相对而言,类关联的导航箭头在分析建模、画图的前期并非很重要,可以在进入深入、细化分析阶段时再进行明确和补充。有关导航箭头具体画法的例子可参见第 5、6 章中有关的业务类(或实体类)图,此处省略。

(3) 聚合关联

聚合关联表示两个类之间有一种包含、拥有的关系。例如,每位顾客都可能拥有 0 到多张订单,所以图 4－40 用聚合关联符号(一端带空心菱形的实线)来连接顾客与订单这两个类,表示顾客类聚合了(拥有)订单类,其中顾客是聚合方(主类),订单是被聚合方(从类),而空心菱形符号应该放置在发起聚合的主类这一方(即顾客)。画的时候请注意,不要把菱形符号的位置放反了。

(4) 组成关联

组成关联表示类与类之间是一种比普通关联、聚合关联语义更强的组成关系。例如,订单除了拥有编号、购买时间、送货时间和总价等属性外,还有一项主要内容就是顾客所购买的商品项目清单,即"销售项"(英文一般叫 Line Item)清单,可以说订单主要就是由一系列销售项组成的。

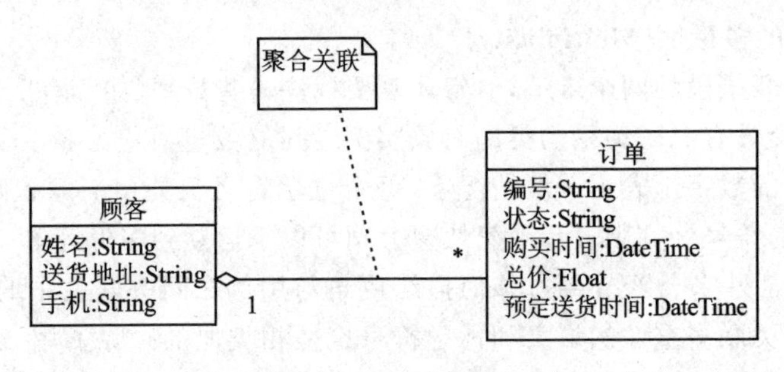

图 4－40　聚合关联

因此，在图 4－41 中用组成关联符号（一端带实心菱形的实线）来连接订单与销售项这两个类。

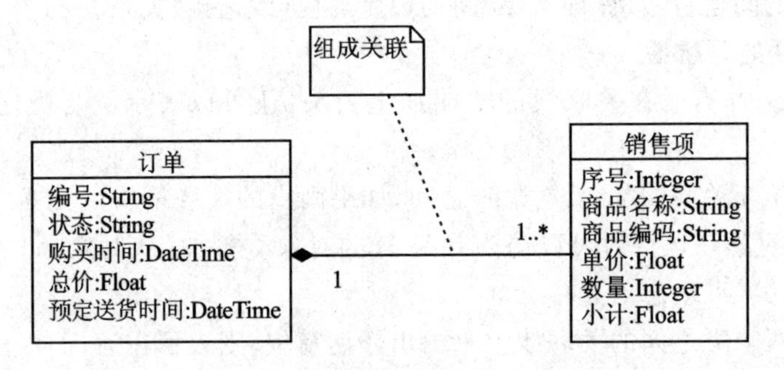

图 4－41　组成关联

组成关联其实是一种语义上更强的聚合关联。如果类 A（订单）是由类 B（销售项）组成的，那么在 A 与 B 之间画出了组成关联关系，此时说 A 聚合（包含或拥有）B 也可以，因为确实订单包含了 1 到多个销售项。然而，组成的涵义其实比普通的聚合更强，它意味着 A 离不开 B，B 也离不开 A，一旦作为组成子元素的 B 没有了，那么作为整体总结构的 A 也将不复存在，这就是组成关联的强语义。就像订单与销售项之间的关系一样，在现实世界中正常情况下，任何一个有效的销售项（对象）都不可能单独存在，它们必须完全隶属于并且存在于某张订单之中。

然而，在"顾客"与"订单"之间就不存在着这种组成关系。可以说一张订单（主要）是由销售项组成的，而不能说顾客（作为具有生命的一个人）是由订单组成的。没错，一张订单应该归属于某位顾客，但它们之间肯定不是组成的关系。

其实在现实世界中，反映聚合关联与组成关联两者之间区别性的例子是非常多的。例如，客运汽车上面运载着旅客，如果画出类图，那么汽车与旅客之间便是一种普通的聚合关系，可以反映出一辆汽车可以运载多少旅客，而汽车的轮子、发动机等零部件与汽车之间则都是一种明确的组成关系。更多的分析实例在此就不再一一列举了。

4. 继承/泛化关系

类的继承(Inheritance)也是一种在业务、需求分析中很常见的类关系。

在一对一的继承关系中,有一个父类(也叫作基类 Base Class)和一个子类(Subclass,也叫作派生类 Derived Class),子类不但继承了父类所有的非私有特征和行为(包括属性与操作),而且除了拥有自己独有的特征和行为以外,还可以对继承自父类的特征与行为做出某种适当的改变。

子类继承了父类,父类则是子类的泛化(Generalization)或一般化,而子类是父类的特殊化或特异化(Specialization)。可见继承与泛化,或者泛化与特化,这几个概念总是成对出现的,是同一个事物互相不可分离的两面。

一旦子类继承了父类,那么就说明子类也是一种父类(只不过是一种特殊的父类),它们的实例拥有基本或大体相似的特征与行为,因此以后许多用到父类(或父对象)的地方,也可以用子类(或子对象)来替换并充当父类(或父对象)来使用。

继承关系的画法如图 4－42 所示。

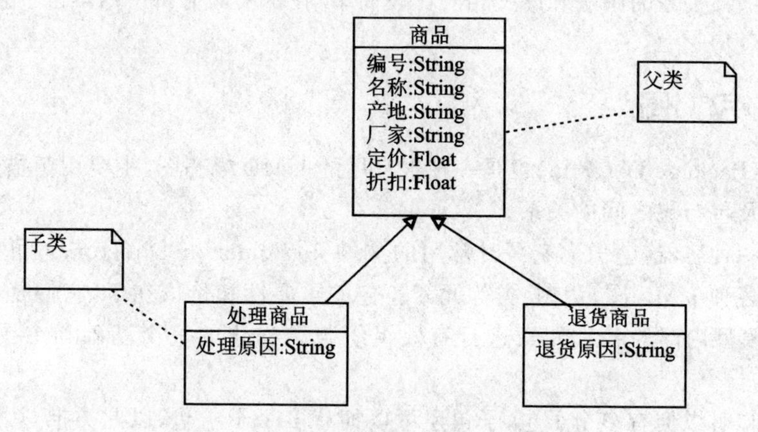

图 4－42　几种商品类之间的继承关系

图 4－42 中的父类“商品”代表了可正常销售的一般商品,它有两个子类“处理商品”和“退货商品”,它们之间的继承关系分别用一条带空心三角箭头的实线来表示(箭头指到父类)。

无论处理商品还是退货商品,它们也都是(特殊)商品,所以它们都继承了父类“商品”,并且拥有一般商品所拥有的多个属性(如编号、名称、定价等)。此外,每一件客户退回来的退货商品都需要注明具体的退货原因,以便做事后的统计与管理,所以在“退货商品”类中添加了一个名为“退货原因”、父类所没有的新属性。“处理商品”类的情况与此类似。

5. 依赖关系

除了关联与继承关系以外,依赖也是类与类之间常见的一种关系。

最简单的依赖关系通常可用一条位于两个类之间末端带开放箭头、未加任何标记的虚线来表示，以此说明一个类（客户方）使用或依赖于另一个类（提供者）所提供的某些内容，而一旦缺少了后者，前者的定义将是不完整的，而且当提供者的相关内容发生改变时，也必然会影响到客户方。

在UML中“使用”依赖的标准表示法是在虚线旁加注UML关键词《use》（参见4.4.1小节），不过在建模中常常也可以见到省略《use》的简明画法。

与语义更强的关联或继承等（相当于某种“强依赖”）关系相比，（普通）依赖是一种语义上相对更一般的（弱）关系。

除了普通依赖（“使用”）以外，UML定义的标准依赖关系还有多种（对应于不同的关键词），例如“抽象”“实现”“实例化”等。而且除了类以外，UML中的许多其他构造、元素相互之间也可以用依赖关系来描述（见图5-10、图5-20），包括用角之间、用例之间（包含与扩展本质上也可以视为一种依赖关系，所以采用的都是与依赖相同的虚线和箭头符号）、包之间等。通过在依赖虚线旁标注新的版型（参见4.4.2小节），建模者也可以灵活地自定义一些具有其他语义的依赖关系以满足建模需要。

鉴于依赖关系的画法和语义相对比较简单，在本书的分析中用得也不多，为简化起见，就不展开介绍了。

4.3.3 包　图

包图（Package Diagram）也是一种很常用的UML静态图，主要用于描述包的组成内容以及包与包之间的关系。

包是一种容器，就像大家平时常用的文件夹（Folder or Directory），可用于存放模型中的各种UML图、用例、类等元素。包的重要性和价值在于，它们是用来对一个UML模型内部的各种元素进行有效组织与结构化的一个基础和主要工具（构造）。

一个包可以拥有多个子包，子包还可以拥有多个子子包，以此类推，从而构成一种包的嵌套层次结构。可以这么理解，通常一个UML模型（如业务模型、系统需求模型等）就是一个最大的“包”。

包的符号就像文件夹的符号。描述一个包里的内容，可以把包的成员直接画在包的方框中，也可以把一些成员放在包的外部，并用一种特殊的包含线（Containment Link）来连接包与这些成员，如图4-43所示。

图4-43说明了包1中含有两个子包（包2和包3）与两个类（类A和类B）。通常（即在缺省情况下）不需要在包图中显示一个包的所有内容，而只需显示或描绘当前重点关注的一些包元素，包的其他内容在图中未显示并不代表它们实际上不存在。

包与包以及其他的UML元素之间可能存在多种关系，除了包含（拥有）外，还有依赖、引入、合并等。包之间的依赖关系画法与类依赖相同，也是用一条带开放箭头的虚线，表示一个包中的元素引用或使用了另一个包中的内容。

对于一个包所拥有的所有内部成员来说，这个包还充当了它们的名空间

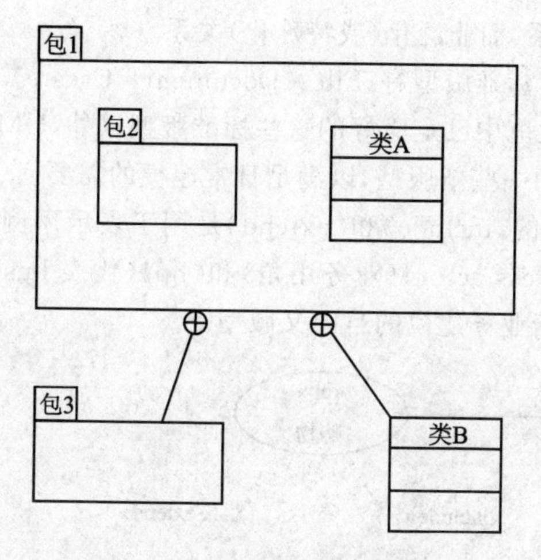

图4-43 包图的一些基本符号

(Namespace)的角色,这意味着不同包中的元素可以同名而不发生冲突。

4.4 扩展机制

UML是一套非常灵活、高度可扩展、具有广泛适用性的建模语言。除了具有一个定义清晰、比较紧凑的基本内核以外,UML规范还定义了一套标准的扩展机制,以便建模者对UML进行扩展,以适应于各种多样化的建模和应用场景。

如果觉得已画的UML图仍然不能把想表达的内容和意思完全表示出来,那么可以考虑采用以下介绍的一些标准的UML扩展技术(如版型、约束等)来强化表述和说明。

4.4.1 关键词

UML的关键词(Keywords)也叫作保留词(Reserved Words),是UML标准标记(Notation)体系的一部分。所有的UML关键词都写在一对书名符号"《》"中,如《actor》《extend》《include》等。

由于UML的版型(见下文)也采用书名号作为标记符,所以判断一段标记文字究竟是UML的关键词还是版型,不能简单地用书名号来判断。

4.4.2 版 型

版型(Stereotype)是通过对已有的UML标准元素进行扩展而获得的一种新的类型和构造元素,可用于描述或表达原有UML元素所无法表达的新的内容和语义。

确切来说,所有的版型都是对UML元类(Metaclass,即标准制定者用来定义UML标准的那些原始类)进行的扩展,一个版型与它所扩展的元类之间是一种扩展

(Extension)关联的关系，而非泛化(或特殊化)关系。

常用的一些 UML 标准版型有《File》《Document》《Create》《Destroy》等。

除了使用 UML 规范中已定义好的这些标准版型以外，UML 的用户还可以灵活地定义符合自身需要的一些新版型，以满足日常建模的需要。

例如，图 4 - 44 中的《include》和《extend》是用于表示用例之间关系的 UML 关键词而非版型。《business actor》(业务用角)和《bp》(代表 business process)这两个标记则是在本书中用于业务建模的自定义版型。

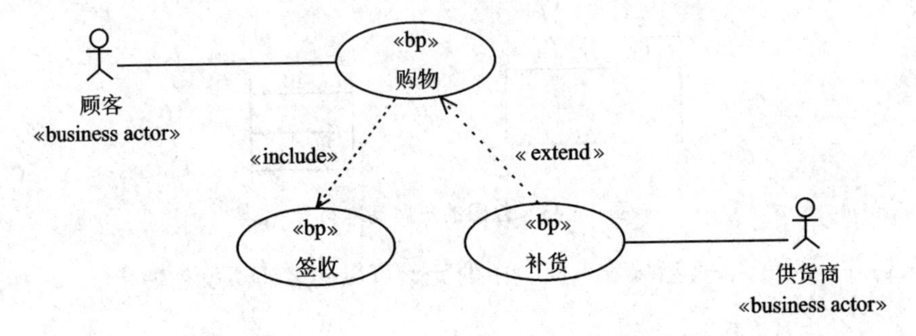

图 4 - 44　UML 的关键词与版型示意图

4.4.3　约　束

UML 的约束(Constraint)可用于对 UML 模型中的一些元素进行某种语义上的限制。约束本质上是一种断言(Assertion)，即通过文字声明，约束、限制了 UML 图中的其他某些元素，要求后者应该满足一定的条件或规定，如“取值应大于 0”“不能为空”等。

一个约束通常是一段文本描述，可以根据实际需要采用多种方式来编写，如采用自然语言、编程语言以及与 UML 配套的一种规范的约束描述语言(如 Object Constraint Lanuage，OCL)等。

UML 规范要求把约束的具体内容写在一对大括号“{ }”当中，以区别于其他普通的文字描述。

约束在 UML 图中可以有多种灵活的放置方式，如可以写在 UML 标签里，或写在一个类的某个属性后面，也可以写在一些元素之间的连线旁等。如果需要用连线来连接一个约束与某些被它所限定的 UML 元素(如其他节点、连线等)，通常都采用虚线，如图 4 - 45 所示(参考了 UML 规范)。

图 4 - 45 的类图中有 3 个类：“账户”、“个人用户”和“机构用户”。在网店系统中，一个账户要么是个人账户，要么是机构账户(如企业)，两者必择其一。于是在图中添加了一个内容为约束“{XOR}”的标签，并把它分别连接到账户与个人用户、机构用户之间的两条关联线上加以限制，这其实也是一条业务规则。XOR 表示逻辑学上的“异或”关系，即它所限定的多个元素不能同时存在，最多只能有一个存在(或为真)。

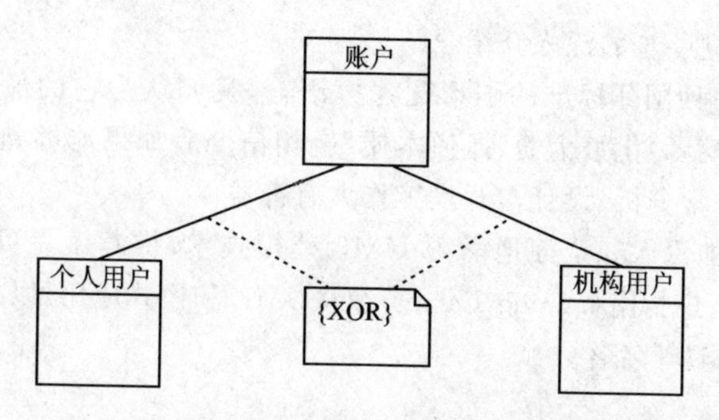

图 4－45　约束示意图(对类图中关联的约束)

因此,图 4－45 表示:对于某一个账户对象来说,它要么可连接(访问)到一个个人用户对象(说明该账户是一个个人账户),要么可连接(访问)到一个机构用户对象(说明该账户是一个机构账户)。

4.4.4　扩　集

UML 标准所定义和规范的一些基本元素和内容毕竟是有限的,通常它们主要适用于软件领域中具有一般性、通用性的分析与设计。如果要针对一些细分、特定的专业领域建模(如 JEE、.NET、实时与嵌入式、业务分析与建模等),UML 标准的图形符号很可能不够用,这时就需要用到 UML 的扩集,以提供一些新的建模符号和元素定义。

扩集(Profile)就相当于一个 UML 的扩展包,其中主要包含了一些新版型的定义,并声明了这些版型是如何通过对 UML 标准(或其他扩集)已有的元素进行扩展而得到的。

UML 规范本身提供了一个标准的扩集,其中包含了所有 UML 工具应该默认支持的标准版型。此外,各个厂家、应用机构以及 UML 建模者等,也都可以根据自身的需要,并且参照 UML 扩集的定义规范,自定义一些新的扩集与版型,以实现对 UML 的灵活扩展。

例如,利用 UML 进行业务建模(参见第 5 章),这就需要用到诸如《business actor》《businee use case》等一些通过对 UML 原有的用角、用例等元素扩展而来的新的版型与符号,因此 Rational 公司多年前就公开了一个面向业务建模的 UML 扩集,这套版型与符号至今仍被业界广泛使用。

4.5　小　结

本章介绍了 UML 的一些基础概念与知识,以及日常产品需求分析工作常用到一些 UML 动态图与静态图(如用例图、活动图、序列图和类图等)的基本符号、语义和画法。本书的后续章节将对如何使用这些图形进行业务与需求建模的具体流程步骤与相关技巧做进一步的深入介绍。

UML 作为一种国际标准的图形化建模语言，我们认为它的最大价值主要在于帮助分析师和建模者“化繁为简、抓住本质”。相信今后如果能够熟练地掌握和运用它，也会对您的日常分析、设计与开发工作大有裨益。

如果希望更加深入和全面地学习 UML 建模技术，推荐读者可以先阅读“UML 三友”的《UML 用户指南》、Craig Larman 的《UML 和模式应用》以及 Martin Fowler 的《UML Distilled》等名著。

第5章 业务分析

《尔雅·释水》："逆流而上曰溯洄，顺流而下曰溯游。"

毋庸置疑，任何一个组织所研发、推出的产品最终都应该服务于组织运营的业务目标，并通过提供建立在高质量产品（含软件）基础之上高效运转的业务流程（Business Processes）来不断地满足客户与合作伙伴的各种需要（业务需求），从而获得更好的、可持续增长的社会效益与经济效益。

客户与组织的其他干系者提出的各项业务需求，往往是产品、系统需求乃至主要软件功能的一个根本来源和最上游，因此专业的产品设计与需求分析工作常常应该首先溯流而上，从高质量的业务分析（Business Analysis）工作开始。如何才能通过更加系统、科学的方法，把产品所涉及的各种业务问题尽早、全面地搞清楚，从而更好地促进和稳定后续系统需求的分析工作，这也是产品经理、产品设计师、业务分析师、需求分析师和架构师等许多研发骨干们都应该重点关注的课题之一。

本章介绍如何以基于用例、UML 建模技术的统一用例方法来做好产品的业务分析。业务分析的主要成果为产品（或系统）的一个业务模型，它可以简单地分为"一动、一静"两个部分："动"的部分主要是指业务流程（子）模型，通常以包含各种 UML 动态图（和业务用例文本）的业务用例模型来表示，这是本章的重点；"静"的部分则主要指业务对象（子）模型，通常以 UML 类图来表示各种业务对象及其关系，本章末尾部分将对其做简要的介绍。

对于平时无需做业务分析（或对此不感兴趣）的读者，可以跳过本章，直接阅读第6章。

5.1 分析流程概述

许多基于软件的产品(或系统)最终都需要服务于组织的业务(流程),通过提供自动化的信息处理、传送和存储等能力来满足和实现组织的各项业务目标,如提升客户满意度、提高组织的运营效益等,因而这些组织在业务上的需求(或需要)才是待开发系统与软件需求的一个根本和主要来源。

只专注于产品应该向用户提供哪些功能,而不做或忽视更大视野、更高层面上的业务分析工作,不弄清楚"这些功能来自哪里?""为什么需要这些功能?"等根本性问题,是一些软件工程、产品设计欠成熟团队的常见误区。

做业务分析的一个主要目的是为后续的系统需求分析工作打好基础,理清上游,以便提取出更加可靠、准确、稳定的系统需求,从而避免或减少产品设计与需求分析工作上可能出现的各种折腾与错误。

然而,也并非所有团队在开发产品之前都需要做业务分析。例如,像通信、工业控制、家电等行业以及嵌入式、实时等领域的底层系统或设备开发,在一个待开发的产品或系统之上往往没有复杂的业务流程需要分析,一般只需把用户如何使用系统、系统与系统之间的交互情况分析清楚即可。对于这类开发,通常可以忽略本章所介绍的业务分析流程,直接启动第6章的系统需求分析流程。

概括而言,本章介绍的业务分析工作主要包含了"一动一静"两个方面:"动"的方面主要是指业务流程分析,即把一个产品在其涉及的各个业务流程中所起到的作用和价值搞清楚,以便从动态行为的描述中准确地提取出系统需求(含软件功能);"静"的方面主要是指业务对象分析,把业务流程中涉及的各种信息、数据实体及其静态关系搞清楚,既可以从中推导出一些业务规则之类的非功能需求,同时也可以驱动后续系统的数据模型与领域模型等设计。

下面先从业务分析的基本工作流程(包括主要任务、主要角色和主要工件)开始介绍。

5.1.1 主要任务

在统一用例方法中,业务分析工作最主要的一个输出成果是产品(或系统)的业务模型(Business Model,参见5.1.3小节)。对于许多类型的产品开发来说,前期建立一个比较完善、稳定的业务模型,对更好地驱动后续的系统需求分析与系统设计等工作是非常有利的。

业务模型大致可分为"动"与"静"两块子模型:"动"的部分主要是指业务流程模型,在本书中主要用UML用例图、活动图、序列图等动态图来表示;"静"的部分主要是指业务对象模型,在本书中主要用UML类图来表示。

业务分析流程的一些基本任务和步骤主要包括:

① 确定业务范围(与边界);

② 业务用角分析;

③ 提取业务流程;

④ 业务流程分析;

⑤ 业务对象分析;

⑥ 业务模型评审。

看了以上任务列表,请不要误解,以为这些任务应该是按照传统的瀑布思维和工作流程来进行的,例如:“先花3个月集中把产品的业务(和流程)都搞清楚”;或者,先花1周时间提取出全部的业务用角,然后再花2周时间提取出全部的业务用例,最后再花6周时间完成所有业务用例的分析,等等。事实上,这种瀑布(或严格顺序)的工作方式在实践中常常是不尽合理的,既效率不高、效果不好,也很难适应各种变化。

面向敏捷开发,业务分析流程与本书后面所介绍的系统需求分析流程一样,两者最好都采用迭代、演进式的过程。如果以上面的任务列表为纵轴、时间为横轴,那么这一迭代分析过程可大致显示如图5-1所示。

业务分析过程

t

	迭代1	迭代2	迭代3	…	迭代n
确定范围	√	√	√	?	?
业务用角分析	√	√	√	?	?
提取业务流程	√	√	√	√	?
业务流程分析	√	√	√	√	?
业务对象分析	√	√	√	√	?
业务模型评审	√	√	√	√	?
模型增长曲线					

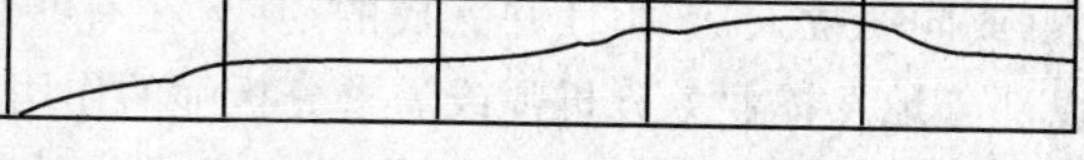

图5-1 迭代的业务分析过程示意图

图5-1中的勾号“√”表示某项任务在当前迭代中很有可能发生或被执行,问号“?”表示不确定(且不执行的可能性较大)。

从图5-1可以看到,从迭代1开始,业务分析的这些任务(包括各项分析与评审等工作)在每一个迭代中基本都会展开。例如,在迭代1中,在确定了当前分析的业务范围与边界之后,识别、提取出一批重要的业务用角(Business Actor)对其分析,然后针对这些业务用角,提取出当前组织为它们服务的业务流程(用业务用例表示),再对其中的几个重点业务流程及其相关的一些业务对象进行深入、细致地分析，最后再对当前迭代中已经相对稳定的初始业务模型进行质量评审，以便驱动后续的系统需求分析工作；到了下一轮迭代，再挑选出另一批重要的业务用角（或沿用上次迭代未完成分析的用角）以及与其相关的业务流程，继续做分析。如此循环往复，产品的业务模型也就逐步建立起来了，并随着迭代开发的进程不断递增和演进。

本章将从5.2节开始，依次分若干小节对以上这些业务分析流程的步骤或任务进行详细的介绍。

5.1.2 主要角色

本小节介绍日常负责或参与业务分析工作的一些主要角色。

业务分析这项工作涉及一个产品开发团队内、外的多种干系人（角色），工作成效的好坏很大程度上取决于这些重要干系人之间的密切沟通与有效协作程度。

在开发团队外部，经常关注或从事业务分析，具备大量专业领域知识，并能为开发团队提供高质量业务建议的人群主要包括：

- 客户方的业务专家、有关领导；
- 一线用户代表；
- 相关行业、领域的专家、顾问等。

在开发团队内部，应该重点关注或从事业务分析的人群主要包括：

- 产品经理；
- 产品设计师；
- 业务分析师与需求分析师（需求工程师）；
- 系统架构师与软件架构师；
- 项目经理等。

其中，业务分析师（Business Analyst）是业务分析工作的直接（或主要）承担者，而需求分析师则主要负责系统（或软件）需求的分析，这是两者在具体分工上的不同之处。当然，在一些敏捷小团队中，业务分析与系统需求分析（参见第6章）这两项工作常常是由一人（或同一批人）来担任并完成的，甚至在有些团队中产品经理等其他相关角色也可以部分地发挥业务分析师或需求分析师的作用。

通常，产品经理（或项目经理）应该对业务分析的最终结果（即业务模型的质量）负有领导责任。

一般而言，除架构师以外，不建议工作在解决域的普通技术人员（如程序员、测试员等）直接参加业务分析工作，但是他们可以积极地参与系统需求分析方面的工作，并重点关注系统需求模型（尤其自身所负责实现的那部分需求及其相关业务描述）的质量。当然，大致了解或系统性地学习、掌握一些业务分析方面的知识与技术，从长远来说对于他们也是有益的。

5.1.3　主要工件

如前所述，业务分析的一个主要成果就是待开发产品（或系统）的业务模型。

更确切地说，通常这个“产品的业务模型”指的是，最终通过运营当前产品来开展业务的某个（或某一类）组织（即业务主体，Business Subject，参见下文）的业务模型。该模型对这个组织如何利用当前产品开展各项业务做了一种抽象、细致的描述，其中就包括对当前产品所参与或涉及的各种业务流程（运行状况）的建模。

在组织的外部，有多种与组织业务相关的客户、合作伙伴等干系人，需要组织为其提供服务或者开展相互协作。而在组织的内部，除了拥有、运营当前产品外，还有相关的各种人员、物资和装备、信息与知识资产，以及运行于其上的各种业务流程。可见，一个组织的逻辑概念边界通常要大于当前产品的边界，而以上这些内容都是在通过业务分析和建模，构建组织或产品的业务模型时需要考虑的因素。

从组成内容看，业务模型一般可分为“动”与“静”两个部分：“动”主要是指业务流程（子）模型；“静”主要是指业务对象（子）模型。

本书中的业务模型主要以OMG的UML图为主进行描述，其他可选的建模技术方案包括传统流程图，以及同样出自OMG的业务流程建模专用规范BPMN等。

图5-2反映了业务模型的基本组成，以及它与系统需求模型（参见第6章）之间的关系。

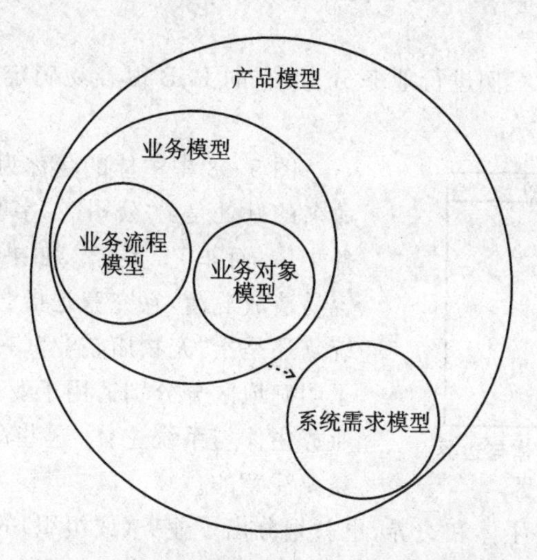

图5-2　业务模型的组成及其关系示意图

(1) 业务流程模型

业务流程模型主要描述了当前组织所提供、执行的与当前产品有关的各种业务流程。业务流程在本书中专门以业务用例的形式来提取和表示（参见5.4节）。

描述业务流程，主要可采用UML的各种动态图（如活动图、序列图、状态图等）。

如果某些业务流程比较复杂，除了直观的UML图之外，还可以采用文本用例模板（参见第6章）来强化和补充描述业务流程的各种细节。

（2）业务对象模型

业务对象模型主要描述在当前组织中，与当前产品相关的各个业务流程所用到（或涉及）的各种业务对象的组成结构及其关系，其中包括"被动"对象（如各种概念、信息或数据等实体）以及"主动"对象（如业务工员、业务装备等）。

在业务对象模型中，主要采用类图、包图等UML静态图形来进行描述（参见5.6节）。

业务对象模型也是软件开发中的领域模型（Domain Model）和数据模型（用于数据库设计）的主要来源之一。

以上简要介绍了业务分析流程的主要工作和任务、主要负责和参与人员角色以及最终产生的一些主要成果（工件）。下面将首先从确定业务边界开始，分若干小节依次来介绍业务分析的核心任务——业务流程（即业务用例）分析的具体步骤和做法。

5.2 确定业务边界

在统一用例方法中，开始业务分析的第1步是"画框为界"——通过画出UML的主体（Subject）框，首先确定当前讨论的业务边界（BoB，the Boundary of Business）。

对本书的宠物店案例进行业务分析，它的BoB很容易确定，应该就是宠物店公司本身，如图5-3所示。

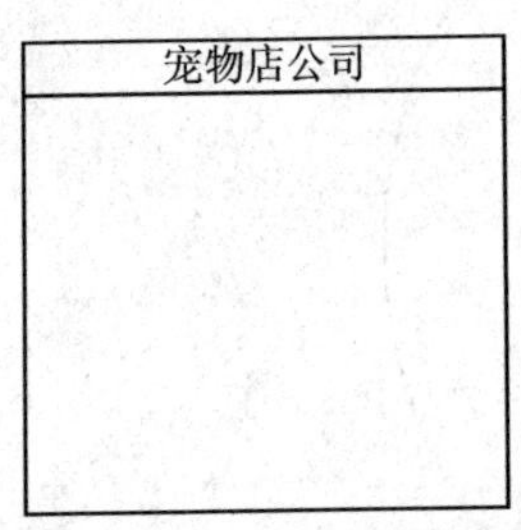

图5-3 业务主体与边界（宠物店公司）

图5-3中主体的名称为"宠物店公司"，这样命名的好处是："公司"二字明确表明这是一个业务主体，而非IT系统。如果只取名叫"宠物店"，容易造成混淆，它究竟是指"宠物店网站"（一个系统），还是指"宠物店企业"（一个商业组织）呢？为了明确地区分分别适用于业务建模和系统建模的业务主体与系统主体，这些命名上的细节是平时需要注意的。

一旦确定了业务主体和边界，也就划分出了业务（或组织）的内部与外部，为下一步找出组织外部的各种干系人和用角并最终提取出为它们服务的业务用例（流程）打好了基础。

业务边界有大有小。有时分析、设计的边界并不是那么容易确定的。如图5-4所示，以大型的电商集团公司为例，它的下属企业除了网店子公司之外，还可能有物流子公司、支付子公司等其他相关机构，究竟应该选择哪个边界（如集团公司，或者某个子公司）来做业务分析是值得仔细斟酌的。

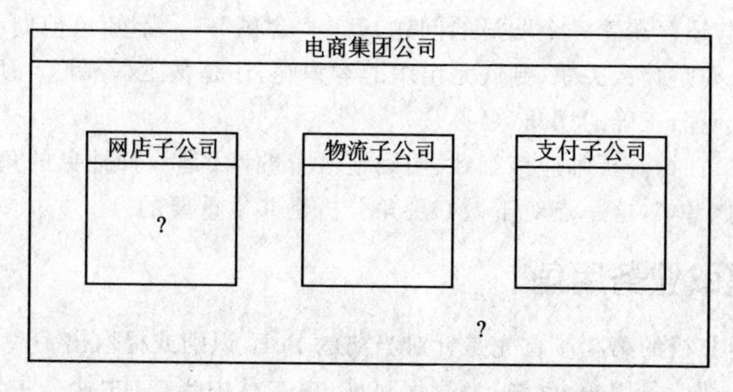

图 5-4　业务分析时的大边界与小边界

组织边界

业务边界并不是始终等同于组织边界(the Boundary of Organization),这主要是因为“业务”与“组织”是两个有着紧密联系但并非完全等价的概念。通常一个组织可提供一项或多项业务,而有时一项业务也有可能是横跨多个组织的。如果当前讨论的就是一家公司及其业务的运行状况,那么很简单,此时的业务边界与组织边界是重合的,都是指这家企业。

为简化和一致起见,本书在介绍、讨论业务分析的逻辑边界时,都统一使用“业务边界”这个术语。在多数情况下,这些业务边界就是当前所讨论产品所属组织的“组织边界”,即两者虽然叫法不同,其实是同一个边界。

通常 BoB 内只有一个(顶层)组织,如某家公司或某个机构,不过有时 BoB 内也有可能是一个广义的“虚拟组织”——如由若干互相协作但并无直接隶属关系的独立组织所组成的一个松散的组织或业务集团。

5.3　业务用角分析

在确定了当前待分析的业务主体及其边界(BoB)之后,紧接着下一步就应该开始业务用角的分析工作,主要包括提取业务用角、设置业务用角的属性以及描述多个业务用角之间的关系等内容。

一个业务用角通常代表了位于当前业务主体之外,与组织发生交互、通信的外部个人、系统或第三方组织所承担的某种角色(或身份)。

5.3.1　抽象的角色

业务用角本质上是一种抽象的角色。

例如,小王和小李都是网店(宠物店公司)的顾客,一般只把“顾客”提取为业务用角而非“小王”或“小李”,这是因为后者是具体的某个个体的名称,而“顾客”才是这些个体在与组织交互过程中所扮演的一种角色名称,而如果把“小王”或“小李”作为业务用角的名称，还存在着一个明显的问题，就是"含糊"——不知道他们的具体身份，与业务主体之间是什么关系，到底是组织的客户呢，还是员工(等等)？所以，通常"顾客"才是一个合理、正确的用角(名称)。

在提取用角时，分析师应该细致、明确地区分"什么是一种抽象的角色"与"什么是一个具体的个体"，这一点对于做好用角分析是非常重要的。

5.3.2 提取业务用角

业务用角分析的第 1 步首先是针对当前的 BoB，识别或提取出一些重要的、与主体有交互的外部业务用角。(**注**：为简化起见，在本章中当前的"业务主体"以下都简称为"当前组织"或"组织"。)

识别、提取业务用角的一些主要来源有(以下"系统"为当前组织所提供、运营的某种产品)：

- 组织的客户以及上下游的合作伙伴等；
- 系统的外部用户；
- 与系统通信的第三方系统和设备；
- 与组织开展业务密切相关的一些政府部门、监管与服务机构等第三方组织；
- 对组织开展业务可能有影响的其他干系者。

同时，尝试回答以下这些问题也将有助于从多个方面、角度来识别和提取出有效的业务用角(下面的"谁"代表了当前组织外部的人、系统或机构)：

- 谁经常访问当前组织、使用组织所提供的产品或系统？
- 谁参与了组织的某些业务流程的执行？
- 组织需要与谁直接发生交互或通信？
- 组织需要向谁提供某种资源或信息？
- 组织开展业务需要哪些外部资源或信息？由谁来提供？

此外，还可以通过参考当前组织所属行业中一些典型的业务经营模式，加上简单的逻辑分析，快速地提取出一批候选业务用角。

例如，对于网店公司这类互联网商贸企业而言，核心的经营活动无非可以概括为"进、销、存"等几个要素。

"进"指的是"进货"，从哪里采购可供销售的商品？当然需要"供货商"了。

"销"指的是"销售"，把东西卖出去，至少涉及以下这两件事：

首先，网店把商品卖给了客户，如何才能把商品最终交付到客户手上呢？如果网店自身无法提供(充足的)物流方案，那么这自然少不了第三方物流服务的提供者，如"快递公司"。

其次，通过在线销售获得的客户资金如何才能安全、快捷地到达公司的银行账户上呢？这也少不了第三方"支付机构"提供的在线支付服务。当然，一部分快递公司也可以向最终客户提供货到付款的服务，作为中间人为网店代为收款。

至于“存”，主要指的是商品或相应物资的库存与仓储。目前假定宠物店公司可自行提供货品的仓储管理方案，暂不需要外部第三方的支持。

于是，以上通过分析企业的“进、销、存”及其对应的物流、信息流和资金流等基本要素，便很快确定了除顾客以外，网店公司该有的其他几个主要的业务用角，分别是供货商、快递公司和支付机构。

在识别、提取出一些重要的业务用角之后，顺便对它们做一下简单的分类，可以把重要的业务用角大致分为主、辅两类，然后把它们画在用例图中。一般建议把候选主用角放置在主体的左边，而把候选辅用角放置在主体的右边。

例如，宠物店公司的一些主要业务用角如图5-5所示。

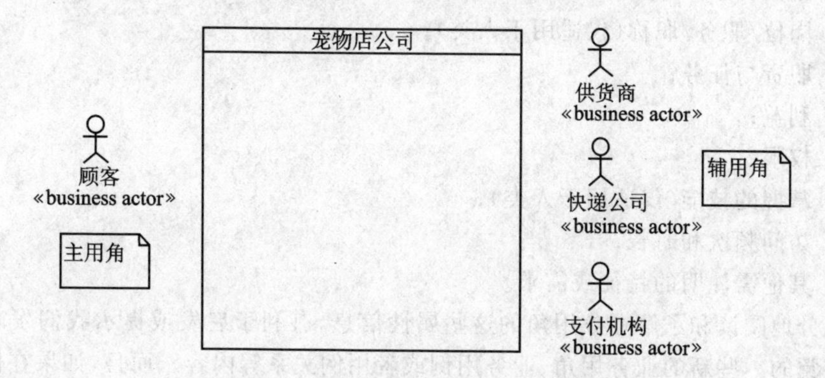

图5-5　宠物店公司的一些主要业务用角

主、辅用角

那么，具体应该如何确定和区分业务的主用角（Primary Actor）或辅用角（Seondary Actor）呢？

所谓用角的主、辅（即相对重要性），大致可以分两个层面来分析：一个层面是针对当前主体，分析某个用角是主用角还是辅用角；而另一个层面是针对当前主体所提供的单个用例，讨论其用角的主、辅（如图4-5、图4-8等）。这里探讨的是前者。

对于网店公司来说，必然要客户至上，而无论个人客户（在本书中即指“顾客”）还是企业客户（如经常批量购买），他们都是公司的主要收入来源（属于付款方或甲方），因而无疑是当前组织的主用角。而其他的业务用角，如供货商、快递公司和支付机构，他们都是一些为网店公司及其顾客提供服务的第三方机构，通常网店要向他们支付相关的服务费用（属于收款方或乙方），相对而言他们在网店的业务经营中起到了关键性的辅助、支撑作用，因而是当前组织的业务辅用角。

简而言之，当前组织所服务的甲方（一般为合同中的客户方或付费方）通常是（该组织的）主用角，而为该组织提供服务的乙方通常是（该组织的）辅用角，如果这样理解大致也没错。

5.3.3 业务用角的属性

在提取出一批业务用角之后，通常需要对这些用角的特征或属性做一些简单的描述，以供后续的分析工作参考。

一些常见的业务用角属性(字段)主要有：

- 名称；
- 别称；
- 类型(个人/系统/机构等)；
- 相关背景(如来自哪里、与其他用角的关系等)；
- 岗位/职务/职称(仅适用于人类)；
- 职责与任务；
- 利益；
- 权限；
- 掌握的技能(仅适用于人类)；
- 访问频次和时长；
- 其他需注明的特征或需求。

充分地阅读和了解业务用角的这些属性信息，有利于启发或提示我们发现平时不易察觉的一些新的业务用角、业务用例或者用例关系等内容。而且，如果在做后续的系统需求分析时，一些业务用角可以自然地转变成系统用角，那么这些已记录的用角属性是可以继续沿用(或加以补充)的，从而避免了重复工作(参见 6.3.3 小节)。

5.3.4 业务用角图

在提取出一些业务用角之后，有时还需要描述这些业务用角之间的关系。

用角图(Actor Diagram)主要用来描述当前主体之外的各种外部用角(或干系人)之间的关系。用角图中一般只画用角，而不出现任何用例，这是它们与一般用例图的一个主要区别。UML 规范中并没有对用角图进行正式或专门的介绍，可以把用角图视为 UML 的一种扩展图形(如特殊的用例图)。

一个用角代表了任何具有行为能力的人、系统或组织，所以在 UML 中它们也是一种类元(Classifier)，像普通对象(或类)那样具有各自的属性和操作。

用角与用角之间的关系主要有继承、依赖等。相关例子请参见 5.6.3 小节中的业务用角图。

5.4 提取业务流程

在通过前两步分别确定了业务边界和一些主要的业务用角之后，下一步就是画业务用例图，把当前组织(或业务主体)针对这些外部用角所提供的主要服务(或功能)识别、提取出来,这每一项服务都对应了一个业务流程,可用一个个的业务用例(Business Use Case)椭圆符号来表示(参见图5-6)。

提取业务流程(或业务用例)一些常用的办法有:

① 直接分析业务用角针对当前主体的访问或任务目标,从中提取出合适的业务流程;

② 通过直接询问客户(代表)、业务专家、分析师等相关人员,或者召开业务分析(如头脑风暴)会议,以及分析、梳理业务访谈记录等多方面渠道和手段来提取业务流程;

③ 参考其他产品的业务模型和业务用例模型等现有分析成果;

④ 参考一些业界常见的业务模式(如管理类、运营类的典型流程等)。

5.4.1 分析业务用角目标

以上介绍的第①种办法是一种相对快速、简便的提取业务用例的方法,基本做法是:

在确定一批当前业务主体的候选业务用角之后,针对其中的每个业务用角,逐一地分别列举出它们针对当前主体的各种使用(或访问)目标(通常表示为动词词组)。其中,某个业务用角的任何一个层级适中的目标都可能是一个候选业务用例(通常是海面层或以上),而这些目标的名称通常就可以作为相应业务用例的名称。

(**注**:为简化起见,本章中的当前业务主体只包含一个组织,而一般意义上的业务主体有可能包含多个彼此分离的不同组织。如未加特别说明,下文中凡是出现"组织"的地方,如果替换成具有一般意义的"业务主体",相关叙述也是适用或成立的。)

那么,具体如何来识别、获得某个业务用角针对当前组织的目标呢?参考Cockburn的建议,分析师应当站在当前业务用角的角度,提出类似这样的一个问题:

"我为什么要访问这个组织?"

(或者"这个组织为我做了些什么,才能让我真正满意?")

以银行为例,如果问"您去银行干嘛?",作为普通的个人客户,几乎每个人都可以脱口而出:无非是去办理存取款、转账,或者办卡、理财、购汇等这几件事。这些回答恰好都是个人客户针对银行的一些合适的业务目标(用例),而每一个这样的业务目标也分别都对应着由客户与银行共同执行、完成的某个业务流程。

因此,银行为业务主用角"个人客户"所提供的一些核心业务用例,可归纳为如图5-6所示。

在图5-6中,每一个提取出来的椭圆形的业务用例都代表了组织(银行)对外提供的一项服务,同时也对应于一个由组织与业务用角共同参与执行的业务流程,业务流程与业务用例两者本质上是等价的(UP)。

传统上这些代表业务流程的业务用例的UML版型都是《business use case》,为

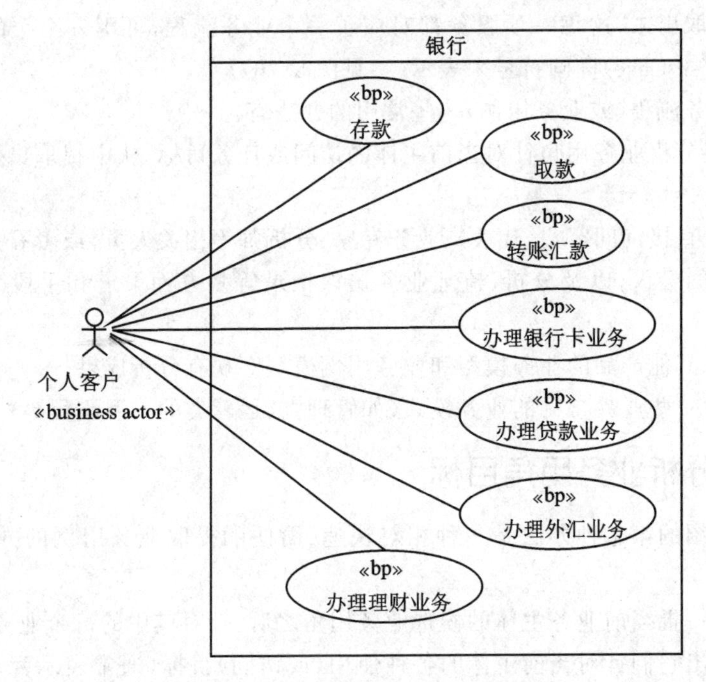

图 5-6 银行个人客户的一些核心业务用例

简化起见，在本书的用例图中均标注这些业务流程（或业务用例）的版型为《bp》。

5.4.2 重点业务用例图

再以宠物店为例。

同样可以问类似这样的一个问题：

“顾客为什么要访问宠物店（公司）呢？”

或

“宠物店（公司）为顾客做了些什么，才能让他/她真正满意？”

比较容易想到的答案首先可能是这么几个：购物、退换货、咨询或投诉等，这些客户的业务目标可以用主体为宠物店公司的一张业务用例图表示如图5-7。

图5-7与图5-6相似，它们都明确地画出了主体的业务边界，以及分处于该边界内外的一些重要业务用角与组织所提供的一些重点业务流程（用用例符号和版型《bp》表示）之间的关联，我们把这种用例图称作这些主体的“重点（或核心）业务用例图”。重点业务用例图通常也是启动业务分析、开始构建业务模型的第一张UML图。

5.4.3 与系统用例的区别与联系

本章所介绍的提取业务流程（用例）的方法、步骤与第6章中提取系统用例的方

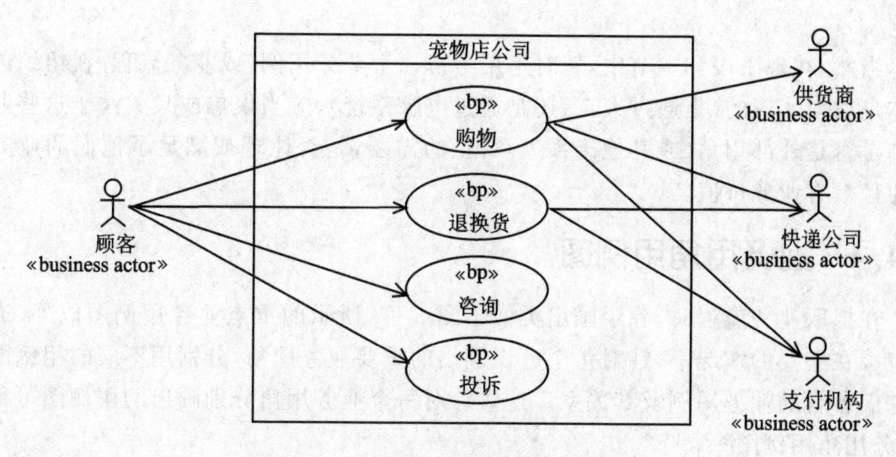

图 5－7　宠物店公司的重点业务用例图

法、步骤非常相似。

这两种分析活动的一个主要的区别是：这里研究、分析的主体是一个业务组织，而提取系统用例时针对的主体通常是一个包含各种软硬件的电脑系统，而一个组织除了拥有电脑系统以外，还拥有众多的人员、物资、设备以及运行于其上的各种业务流程。

在后续做系统需求分析时，这里我们所提取出的与组织有交互行为的一些业务用角，将很可能成为候选的系统用角。

还需要说明一些特殊情况。

组织提供的有些业务流程可能已经完全自动化了，即外部用角通过操作组织所提供的系统软件就可完成整个业务流程，而无需组织内部的人工操作和干预，这时提取出来的业务用例就可能与后续提取的系统用例内容几乎完全一致，仅有的差别可能就只剩前、后两个用例的范围属性有所不同，即前者是业务（或组织）边界，而后者是系统边界（系统通常隶属于某个运营组织，故其边界一般总是小于前者）。

例如，图 5－7 中的顾客到宠物店购物是一个概要层业务用例，对应的 BoB 是宠物店公司，分析时其中必然包含、需要执行一步"下订单"，这其实是一个用户目标层的系统用例（将在第 6 章做重点分析）。顾客"下订单"的业务流程已经电子自动化了，只需在网站系统上操作软件即可完成，同时它也可以算作一个广义的、用户目标层的业务用例（尽管它对应的 BoS 是宠物店网站系统）。而像层级更低一些的、用户"登录"之类的子功能层用例往往都只是系统用例而非业务用例，因为它们通常只包含针对系统本身的低层级功能操作，与业务流程中的实质任务没多大关系。

此外，一个组织或业务的边界是否可能出现与待开发系统的边界完全重合的情况呢？也不能完全排除这种极端情况。

所以，我们说"在某些特殊情况下，业务用例与系统用例可能几乎等价；系统的用户目标也是某种业务目标，海面（及以上）的系统用例本质上也是某种（广义的）业务用例”。

当然，在现阶段和本节中，暂时不用考虑一个业务用例（或业务流程）在组织内部具体是如何实现的（是通过人工，还是通过电脑系统），应当聚焦或只关注于这些业务用例是否是外部用角（或其他干系人）真正的需要，是否体现或满足了他们的业务目标并且具有业务价值。

5.4.4 业务用角用例图

在提取业务流程时，除了画出类似于图5－7所示的重点业务用例图以外，通常还应该在必要的情况下，针对每个已识别出的重要业务用角，分别用不同的用例图画出它们各自的业务用例及其关系。这些针对每个业务用角分别画出的用例图可称为“业务用角用例图”。

例如，“快递公司”对于宠物店公司来说是一个重要的业务用角，它的业务用例图可大致描绘为如图5－8所示。

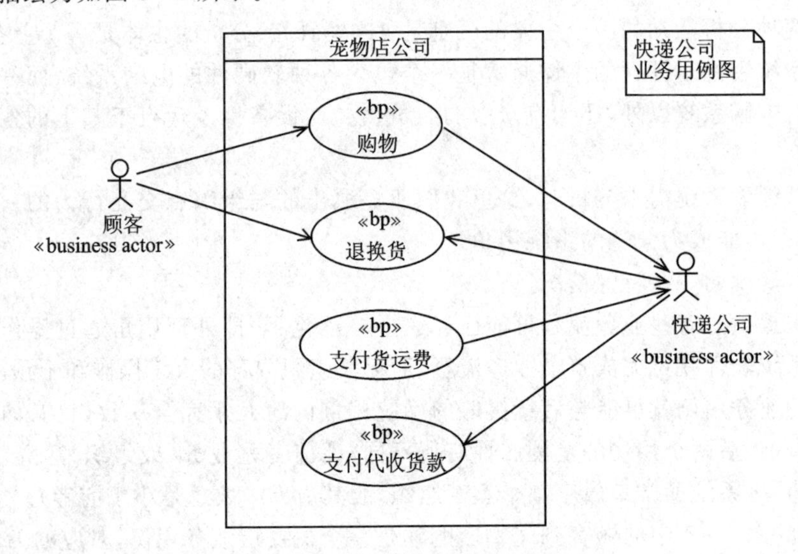

图5－8　快递公司的业务用例图(部分)

类似地，除了“顾客”和“快递公司”以外，还可以分别画出以“支付机构”“供货商”等宠物店公司的其他主要业务用角为焦点的业务用例图，以便帮助更加完整地提取出重要的业务流程。

5.4.5 特殊的业务用例

以上提取、介绍的大多是一些比较普通、典型的业务用例，即由外部的主用角发起交互，然后除了由当前组织来承担业务流程的主要执行任务以外，可能还需要一些外部第三方的业务辅用角来提供服务或支持。

然而，并非所有的业务用例都是由外部的主业务用角发起的，有一些业务用例的交互过程可能是由当前组织首先发起并需要外部用角的响应和参与。

例如，图5-9中宠物店公司的“发送促销短信”这个业务用例就是一个由主体主动发起交互的业务流程。其中，“发送促销短信”用例与用角“网店会员”之间的关联箭头指向用角，表示这两个参与者之间的交互是由当前的业务主体——宠物店公司这个组织发起的，即由公司向会员发送一条促销短信。

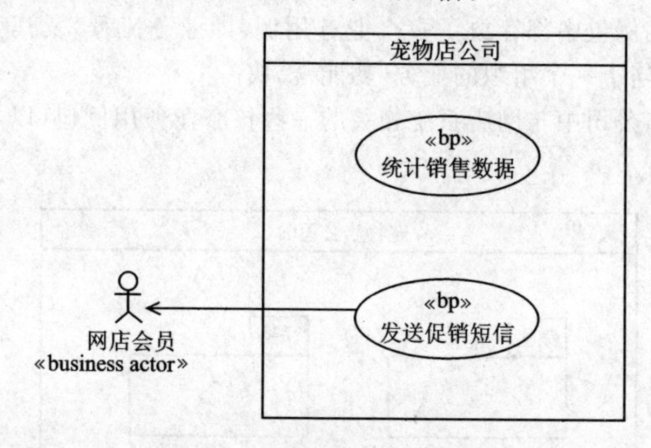

图5-9　特殊业务用例示意图

另外，在提取某个组织的业务用例时，常常还会出现一些相对特殊、隶属于组织内部的业务流程，它们与外部用角无任何交互和直接关联（或连线），因而在用例图中看上去（似乎）是一个个孤立的用例。

例如，如果用业务用例来表示宠物店公司内部与网店系统相关的统计、维护等方面的工作，那么这些相应的业务流程通常完全是由企业内部的人员来负责执行完成的，而与外部的用角之间没有任何的交互行为。图5-9中的“统计销售数据”就是这样一个完全为组织内部服务的业务用例，它通常由店长负责（或指派有关人员）来执行，大致步骤包括先确定需要统计哪些指标，然后从网店系统上调取所需的各种后台数据进行统计、分析，最后制作成报表、打印汇编成册。

虽然“统计销售数据”这个业务用例完全在公司内部执行，无需任何外部用角参与，但是它是属于公司统计面比较重要的工作，而且与网店系统所保存的业务数据直接有关，后期有可能由它进一步推导出一批系统用例（功能），因此把这个孤立的业务用例提取出来是有必要、有价值的。

值得提醒的是，其实许多组织内部与此类似的候选业务用例还有很多，包括组织内部的管理、运维、审计类的业务流程等。提取这类无外部用角参与交互的纯内部业务流程时，要注意应当只聚焦、提取出与当前待开发的产品、系统可能有关的业务流程（如“统计销售数据”）。这是因为现阶段提取这些业务流程的目的主要是便于后期更好地提取系统的功能需求，而不是单纯地做漫无目的的企业（或组织）建模，把工作精力放在那些预计与待开发系统可能完全无关的业务流程之上显然是不划算的。

对于这类特殊的、无任何用角关联的业务用例，在用例图中最好（用标签或新版型)加以特别注明,以免它们被误认为是一些错误的用例,应该被删除或与其他用例合并。

5.4.6 核心业务用例包

对于可能存在大量业务用例的业务模型,通常可以利用用例包来进行划分和组织,其中每一个用例包中都存放了多个业务用例(即业务流程)及其UML图形等元素。用例包就相当于一个组织的业务(功能)模块。

例如,宠物店公司中与网店系统相关的一些核心业务用例包(以UML包符号表示)如图5-10所示。

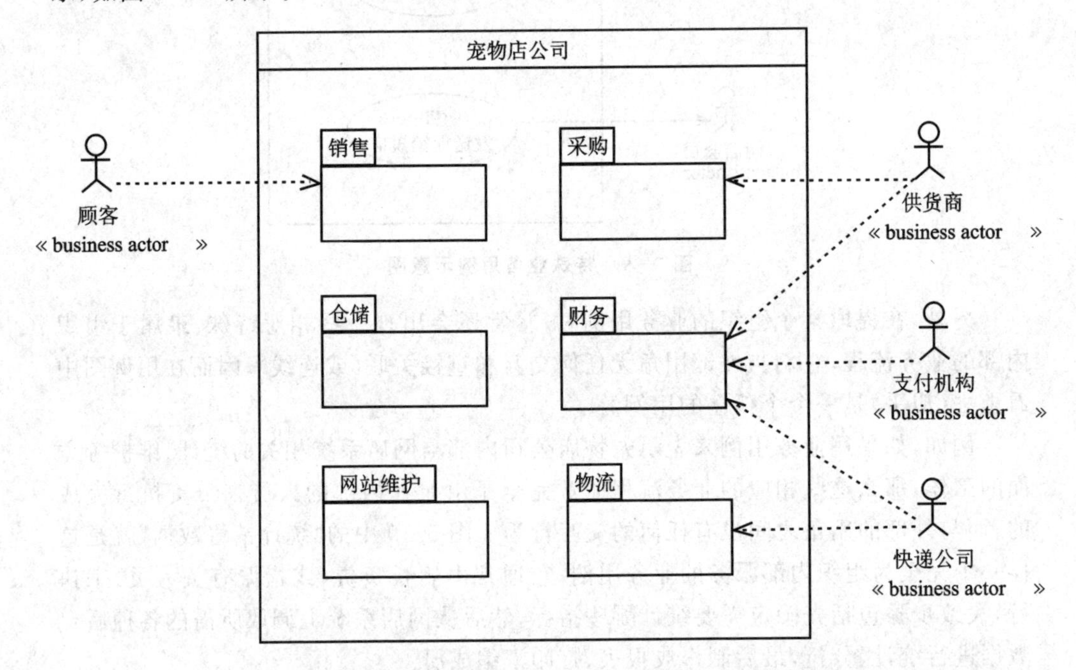

图5-10 宠物店公司的一些核心业务用例包(非标用例图)

图5-10在BoB内部显示的是多个用例包,这取代了常规的用例图画法,其中的每一个用例包都代表了企业的一个核心业务模块,如销售、仓储、采购等。

业务用角与用例包之间的依赖关系(在图5-10中用带箭头的虚线表示),表示这些用角依赖于(或用到了)这些用例包内部所包含的一些用例。

UML规范中的用例图相关介绍并没有记载像图5-10这样在主体内显示用例包的画法,所以我们称这类用例图为“非标(准)”用例图,有的UML工具支持这种画法,而有的可能不支持。这种画法的一个明显的好处是,比只画出一堆用例的常规用例图提高了一个抽象层次(用包,即用例的集合,代替了多个用例),这样更加简洁,也更有利于对较大型、复杂业务组织的分析和建模。

5.5　业务流程分析

在上一节通过以画业务用例图的方式提取出了当前组织的若干业务流程(Business Process,BP)之后,下一步就应该对其中重要的 BP 逐个进行比较详细的描述与分析。

BP 分析是业务分析工作中的一块主要或重点内容,由 BP 组成的业务流程模型代表了组织的动态行为,BP 的执行效率如何直接关系到组织的运营效率以及对外部干系人(如客户)的服务水平。分析 BP 的主要任务和目标是:

首先尽可能地把每个(需详述的)BP 当中的执行步骤、参与对象等重要内容和环节都描述清楚,然后通过全局的流程优化获得高效、清晰、各方面尽可能简化的业务流程模型,从而为后续的系统需求分析工作从业务流程模型中提取出比较稳定、准确和高质量的系统需求打好基础。

本节主要介绍如何对单个 BP 进行分析。科学、系统地描述 BP,常用的技术手段主要有图形建模与文本建模这两种方式,前者如采用 UML 或 BPMN、传统流程图等,后者如采用格式化的业务用例模板等。

本章所采取的 BP 建模策略是"以图形为主、文本为辅",有别于第 6 章中的"以文本为主、图形为辅"。通过有效地利用 UML 与用例建模技术,把图形与文本描述这两者有机地结合起来加以灵活、适当地运用,往往能取得最佳效果。

5.5.1　业务用例实现

在用例分析中,通常有黑盒(Black Box)用例与白盒(White Box)用例之分的说法。

所谓针对一个用例的黑盒描述,通常是指其主体内部的各种元素与行为不可见,而一般只能看到主体边界之外的用角与主体之间发生的交互行为。

无论是业务用例,还是系统用例,通常采用的都是黑盒描述。然而在统一过程(UP)方法中,除了黑盒的业务用例以外,还有一个白盒的业务用例实现(BUCR,Business Use Case Realization)的概念。一个代表了外部用角可见并参与的业务流程的 BUC,有时可对应于多个 BUCR(见图 5-11),它们代表了针对同一个(抽象、黑盒)业务流程的组织内部(具体、白盒)的不同实现方案。

事实上,业务分析工作经常需要采用的是白盒描述方式,即除了查看外部业务用角与业务主体的交互(对应于 BUC)之外,还要能看到当前主体(组织)内部的具体执行情况(对应于 BUCR)。BUCR 肯定是白盒,其中可见组织内部的各种业务对象(如业务工员、业务装备和信息实体等)具体是如何参与业务流程执行的。

如图 5-11 所示,BUC 与 BUCR 之间的关系为实现(Realization)关系,用从 BUCR 出发连接到 BUC 的一条末端带空心三角箭头的虚线来表示。此外,在支持

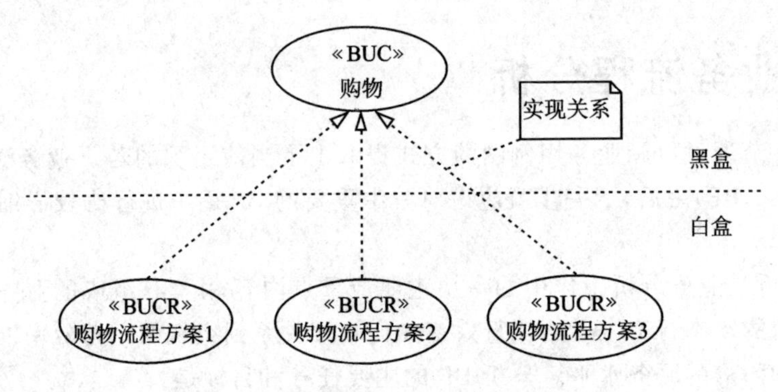

图 5-11　业务用例实现(BUCR)示意图

UP 的 UML 工具中，BUCR 符号通常画成右下角带一条斜杠的虚线椭圆，以示与 BUC 的区别。

UP 引入 BUCR 的好处是可以为复杂业务流程的分析、设计与实现提供多样性和可选择性。为简化起见，本章只考虑业务用例(如“购物”)的单一实现方案(白盒)，所以就没有在业务模型中专门提取和画出 BUCR 及其符号。

请注意，业务分析与系统需求分析之间有一个明显的区别：业务用例(及其实现)可以有黑、白之分，但是对于系统用例而言，通常是没有白盒(系统)用例这一说的。这是因为一旦有了“白盒系统用例”，那么该用例中就将出现对系统内部各种元素(如软构件、对象)之间交互行为的描述，这种“用例”就不再是针对当前系统的需求分析工件了，而是属于系统(或软件)设计的范畴。所以，“白盒系统用例”从逻辑上讲通常是不应该存在的。

5.5.2　UML 建模

下面将介绍如何运用几种常用的 UML 动态图(如业务活动图、业务序列图等)从整体全貌到局部细节，层层递进、有条不紊地描述业务流程。

需要说明的是，由于业务序列图通常描述了外部业务用角与当前组织所提供的各种装备(系统)及其内部人员，如何交互、共同协作来执行、完成一个业务流程，这往往要求分析师在画业务序列图之前对当前组织内部存在(或应该配备)哪些业务工员和装备有一个大致的了解，所以在后面介绍业务序列图之前，还专门用一个小节介绍了业务工员(与装备)图，该图属静态图。

1. 业务活动图

通过画图来描述业务流程，大家可能最先想到的就是用传统的流程图(Flowchart)，“画业务流程用流程图”——这是一件很自然的事情。

然而，其实 UML 活动图也是一种可以胜任此项任务的流程图，尽管表面上它不叫“流程图”。用 UML 的术语来说，一个业务用例(如顾客到网店“购物”)就是一个业务流程，而一个业务流程同时也是一项业务活动(Activity)，业务用例、业务流程与业务活动这三者之间存在着简单的对应(或等价)关系。因此,用 UML 活动图来描述业务流程(或用例)乃自然之选,后面所画的一些业务活动图其实也是“业务流程图”。

用活动图来描绘业务流程的基本步骤可用“由粗到精”“由整体到局部”“由主干到分支”这几个词语来概括,大致可分为以下几步:

① 初始化;

② 画主流;

③ 画支流;

④ 画异常流;

⑤ 画对象流。

一般除了以上第①、②步是必要的步骤以外,其他第③~⑤步都是根据情况可选的。

此外,当基本完成以上步骤之后,通常还有最后一步,就是对当前已画好的图形进行质量检查或评审(参见 5.7.2 小节)。如存在明显的质量问题或错误,应及时进行修改和完善。

下面就结合本书的宠物店等案例,依次介绍这些步骤的画法。

第①步:初始化

以顾客在宠物店公司开设的网店购物为例,首先用 UML 工具创建一张空白的活动图,并命名为“购物”。

接着用活动分区(Partition)符号画出当前活动(业务流程)所涉及的一些分区,分别代表外部业务用角与主体(宠物店公司)边界内的一些主要职能部门。若无需画分区,则此步可以省略。

初始的购物业务活动图如图 5-12 所示。

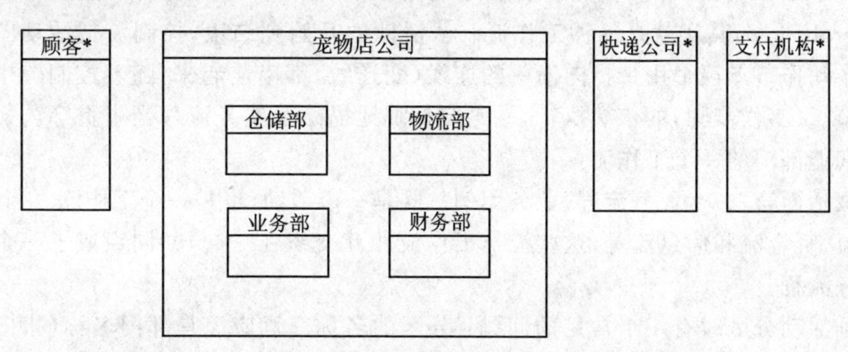

图 5-12　购物业务活动图第①步——初始化、画分区

为了提高画图效率,建议一开始尽量把可能参与当前业务流程的各种用角、组织内的部门和外部机构等画全,然后在后面的画图步骤中再往这些分区里添加它们各自负责的动作节点等符号,这么做相当于一种由大到小的职责分解与分配的过程。

当然，即使现在分区画得不完整、相关负责部门考虑不周全也没关系，后面在不断改图与添加内容、迭代演进的过程中还可以继续完善。

在图 5-12 中用分区名称后的“*”号（或用 UML 关键词《external》）表示这是一个代表外部用角的分区，如顾客、第三方的快递公司、支付机构等。

除了前面已提取出的业务用角以外，图 5-12 中这些代表着参与业务流程的公司部门的分区是如何识别、提取出来的？简单来说，主要有这几种办法：一是通过逻辑分析；二是参照企业运营与管理的基本与成熟模式；三是通过实际调研和归纳、总结。

例如，针对电商领域来说，顾客的购物流程必然会涉及这几个要素：物流、资金流、信息流和工作流等。而这些“流”的运行，除了离不开外部合作伙伴、干系人的支持与配合以外，显然通常都需要一家电商公司内部的一个（或多个）职能部门来负责或共同参与才能顺利完成。

- 物流：网店的所有商品应该由公司的仓储部来负责存放与保管，而货物的运输、如何交付顾客应该由公司自己的物流部或第三方快递公司来负责。
- 资金流：财务部应负责管理所有客户支付的购货款（即主营收入），并为客户开具发票。
- 信息流：对于购物，最关键的一件东西（信息实体）就是客户的“订单”，订单最先应该在哪里生成并保存呢？由主要负责商品销售和客户服务的公司业务部来生成并保管所有的客户订单是比较合适的。

于是，通过以上分析，可以大致确定：在购物业务活动图中至少需要画出业务部、财务部、仓储部和物流部（仅负责货运和交付）这 4 个活动分区，以共同参与购物业务流程的执行。

至于工作流，在第②步“画主流”中将可以看到，UML 活动图所描述的控制流（Control Flow）其实就是一种工作流。从活动的开始到结束，控制流把活动图中的每一个动作节点逐个用带指向箭头的连线（变迁线）都串连起来，随着控制流中这些动作节点（工作步骤）的依次执行，就比较直观地描绘了业务流程当中贯穿公司各个相关职能部门的一个工作流。

概括而言，一个业务流程（业务用例），既是一个活动，也是一个工作流。当然，还有物流、资金流和信息流等，这些流与工作流相互交织在一起，共同组成了一个完整的业务流程。

画活动分区时有一个常见的问题：分区的名称究竟应该是部门名称（指向一个组织）还是岗位名称呢？

对于外部业务用角，它们所对应的分区名称既可以是抽象的个体（如顾客），也可以是组织（如企业客户、快递公司、银行等），应根据实际情况而定。

对于当前业务主体内部的活动分区，它们的名称可以不指向单位或部门，而是直接指向一些个体岗位（如仓管员、财务、业务经理等）吗？理论上这么做不是不可以，然而在初始化活动图时就这么做，通常是不好的。

为什么？主要有以下几个原因：

首先，如果一个业务流程涉及的各个部门的岗位比较多，那么一旦把这些岗位都作为单独分区画出来的话，有可能导致结果图变得很复杂，符号线条太多，降低了可读性。

其次，过早地细化，从一开始就把业务流程的某一步(或活动的某一个动作)固定到某个个体岗位上，得到的结果往往未必是最优化的流程。这里涉及业务流程设计与优化的一个基本原理：要因流程定岗，而尽量不要因人(或因岗)设事(或流程)。

这个原理的大意是：比较合理的流程优化步骤是，先规划全局，获得最简单、步骤最少、效率最高的流程，然后再把流程中的每个步骤、工作分配到具体的部门和岗位上，而不是反过来做——既然现在有这些人和岗位，那么把目前所有相关岗位所从事的工作串联起来就是一个合理的业务流程方案了。

而且，通常企业或机构内的部门比这些部门内的具体岗位总体上更加稳定。

所以，基于自顶向下的策略，在建模的前期保持一定的粗略度，避免过早细化和固化，能给业务流程的分析、设计与优化带来更大的灵活性和更好的效果。

第②步：画主流

“画主流”是指从活动图的开始状态到结束状态，首先把当前活动(业务流程)的一个主流程(也叫基本流，包括不含有任何分支的基本动作和步骤)勾勒出来。

例如，顾客在网店购物(采用先付款方式)的主流程如图 5－13 所示。

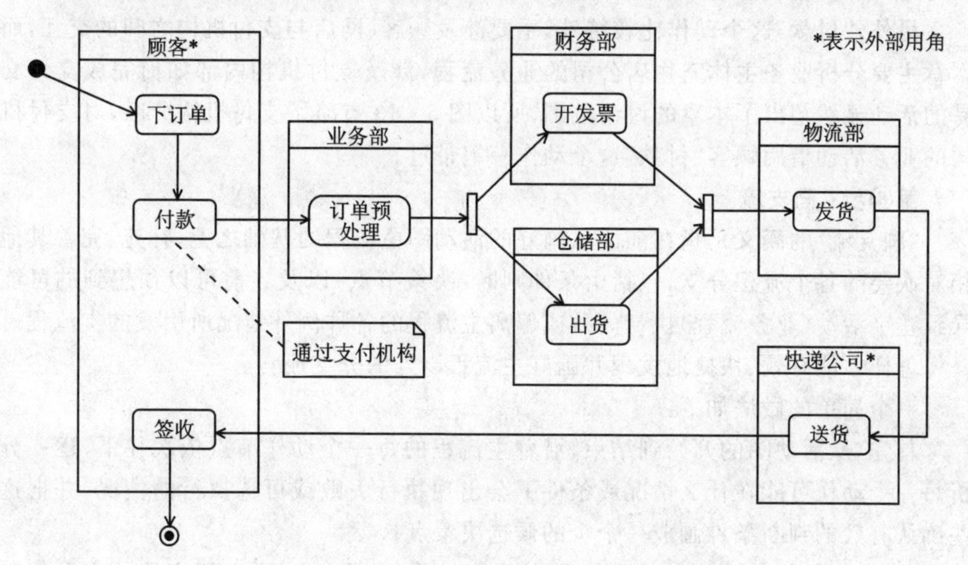

图 5－13　购物业务活动图第②步——画主流

图 5－13 只是画出了一个最简单的主流程，可以看到其中(几乎)是没有任何条件分支的，但可以有并发，如“开发票”与“出货”这两个动作之间的并发执行。

在实际工作中，如何确定业务流程中的这些步骤和顺序？一方面要靠调研与经验，保证分析师对业务本身的熟悉程度；另一方面，也要靠逻辑分析与推理，以保证分析结果的正确性。

下面谈一谈分区所属动作的确切涵义。

这里需要注意一个容易产生误解的地方。把一个动作放在某个分区中，并不代表这个动作完全是由该分区（所代表的责任人）来完成，与其他分区就毫无联系了。

一个动作归属某个分区，只是说明该动作步骤主要是由该分区中的责任人来负责的，他们是主要的动作执行者或发起者，但（常常）不一定是唯一的执行者，因为在该动作的执行过程中，可能同时还需要其他分区的参与者（或执行者）的参与、配合与支持。

例如，如图 5－13 所示，“下订单”是归属于顾客分区的一个动作，这表示下订单这个动作主要是由顾客来负责完成的，顾客既是下订单这个动作的发起者，也是主要的承担者（主用角）一方，但这并不代表下订单这个动作完全是由他一个人独立来完成的，显然完成下订单还需要网店公司提供的网站系统的配合，需要顾客与网站系统相互协作、执行一系列的交互才能真正完成。

类似的情况还有“付款”“签收”等。如图 5－13 所示，“签收”动作也归属于顾客分区，它的全称大致是“顾客签收货物”，但这并不代表签收这个动作是顾客一个人能够独立完成的，显然完成签收需要快递员的配合，签收动作实际上是顾客与快递员之间通过交互协作共同完成的（参见 5.5.2 小节“3. 业务序列图”）。

另外，“付款”这个动作比较特殊，主要涉及顾客、网店与支付机构之间的交互，而本章主要分析业务主体宠物店公司的业务流程，涉及支付机构内部如何完成支付交易的活动显然超出了本章的讨论范围，所以图 5－13 省略了支付机构分区，对支付机构的业务活动借用顾客“付款”这个动作一笔带过。

第③步：画支流

“画支流”的涵义是指在前面已画好的活动图主流程的基础之上，补充、完善其他相对次要的各个流程分支，包括由条件判断（决策节点）以及当前可以预想到的可能导致整个活动（业务流程）执行失败或偏离主流程的各种例外情况所引发的支流程。

怎样才能有效、快捷地发现并画好主流程以外的分支流？

一个简单的做法如下：

首先，从活动图的开始到结束，沿着主流程的每一个动作节点依次往下，逐一分析每一个动作可能在什么情况或条件下会出现执行失败或可选执行的情况，并把这些确认有效的判断条件画成一个个的候选决策点；

然后，根据每个决策点不同的分支条件（如 yes 或 no），画出相应的一些动作节点进行处理；

最后，再用变迁线条把这些决策点与处理分支情况的所有动作节点都连接起来，形成主流之外的支流。

根据以上步骤，分析前面第②步已画好的主流程，可以发现至少有以下几种分支情况可能需要处理：

① 顾客网上付款失败；

② 顾客选择不开发票；

③ 仓储部在办理商品出货手续时，突然出现缺货的情况；

④ 顾客订购的商品由网店自主送货（即不通过第三方快递公司）；

⑤ 顾客在签收货物后评价本次服务（非必需动作）。

把这些已确定的分支情况用 UML 决策点符号来表示，并注明相应的条件判断或可能变化后，如图 5－14 所示。

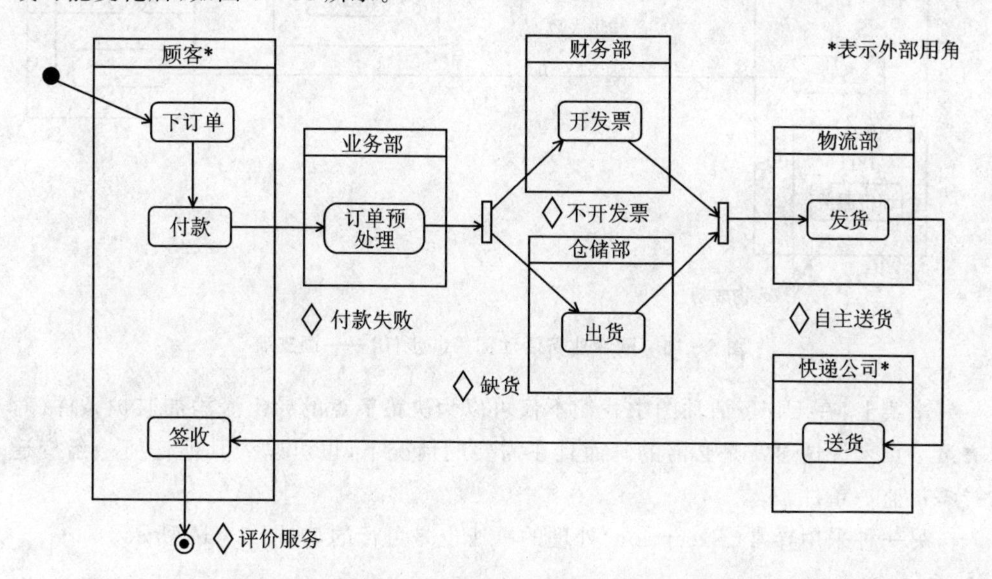

图 5－14　购物业务活动图第③步(a)——标记分支点

最后，补充了支流的顾客购物业务活动图如图 5－15 所示。为简化起见，本章中的活动图只画出了快递公司送货，而省略了宠物店公司通过自己的物流部送货的分支流。

需要说明的是，假若顾客付款超时（如未能在下订单后的 24 小时以内支付全部货款），也属于付款失败，并最终导致订单失效、被撤销（见图 5－15），购物流程失败。

另外，仓储部在出货时一旦发现顾客订购的商品缺货，该怎么画？有人可能会画成如图 5－16 所示的样子。

图 5－16 这种画法采用了常规的条件判断（决策）节点来判断出货时是否缺货，当然也是可行的。不过这种画法的缺点是不够简洁，比前图多出了 1 条连线、1 个决策节点和相关文字。

所以，最简单明了的画法就是如图 5－15 所示，用一条带（监护）条件声明（如“[缺货]”）的变迁线从“出货”节点出发连接到“补货”节点即可，这表明补货动作只有在缺货的情况下才会被执行，而且一旦办理出货时发生缺货的情况，就会执行补货动作。

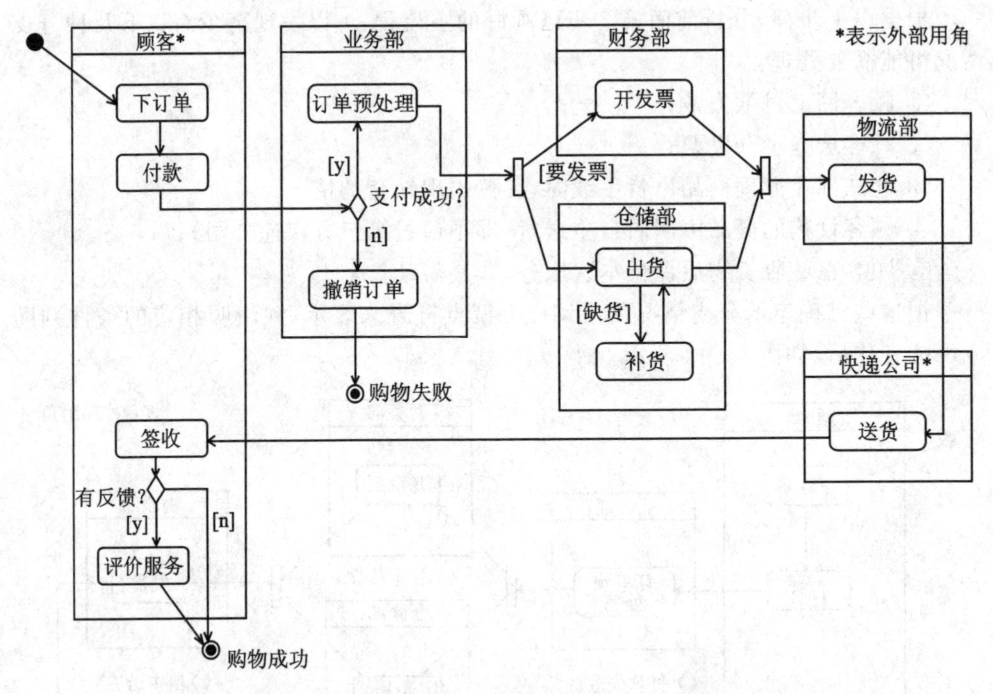

图 5-15　购物业务活动图第③步(b)——画支流

事实上，在 UML 活动图中我们不仅可以为决策节点的导出流添加监护条件（对决策节点来说这通常是必需的），而且在需要的情况下，也可以为其他任何一条变迁线添加监护条件。

另一种采用异常(Exception)处理的画法也是可行的，如图 5-17 所示。

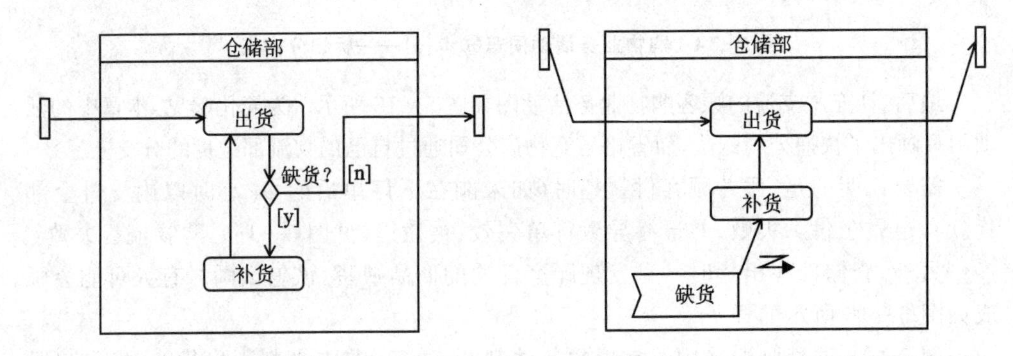

图 5-16　缺货处理的另一种画法(决策点)　　**图 5-17　缺货事件的异常处理**

图 5-17 中左下角有一面标有“缺货”字样的小旗符号，它代表了在仓储部执行出货等动作时，若发生了一个异步事件“缺货”，即发现顾客订单中欲购买的某些商品缺货，则自动先执行补货动作，然后再继续完成整张订单的出货。不过，该画法不如图 5-15 中所示的条件变迁画法更简洁。更多有关异常流的画法请接着看下文介绍。

在实际的购物流程中，一旦在出货过程中出现缺货，有时也可能会出现导致客户最终取消订单、终止购物的结果，例如未在规定时间内完成补货，甚至厂家意外已断货、无法继续供货等异常情况，此时画出来的活动图会更加复杂一些。本节对此做了简化、省略处理。

第④步：画异常流

“画异常流”指的是在前几步已画出了主流、支流的基础上，添加活动图对事件、信号或其他异常、特殊情况的处理流程。与前几步的主要区别是，画主流、支流基本上画的都是确定、同步的控制流，而画异常流主要画的是异步、突发的控制流。

例如，如果在订单处理过程中，顾客突然提出取消订单，该如何处理？显然，这是一个突发的异步事件，因为我们事先无法知道顾客会在整个购物业务流程执行到具体哪一步的时候突然提出取消订单（理论上在以上活动图中于“下订单”之后的任何一步动作节点似乎都有可能发生），所以无法或很难用普通的控制流来表示这种突发、异步情况。

为前面已画好的购物业务活动图画出异常流，结果如图 5－18 所示。

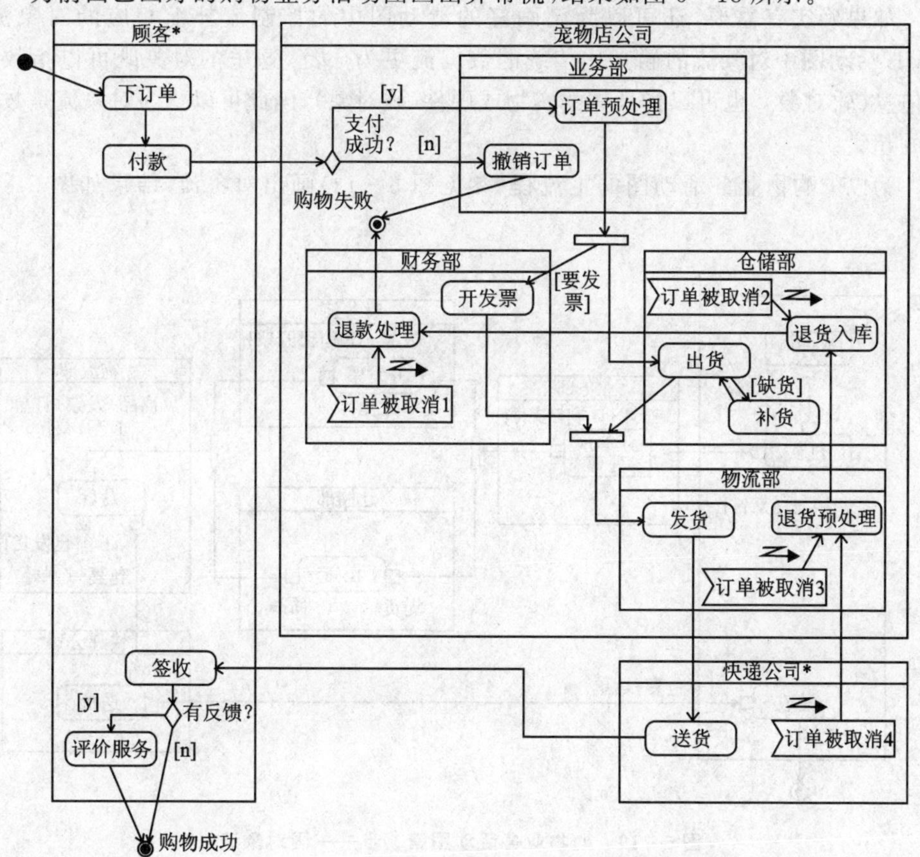

图 5－18　购物业务活动图第④步——画异常流

图5-18画的异常流主要是针对“订单被取消”这个异常事件的处理。

鉴于本节描述的购物流程都是基于顾客先付款方式，所以当顾客在签收货物之前，一旦于配送、交付的中途提出取消订单，那么对于撤销订单的善后处理流程而言，除了要把可能已派发出去的货物及时收回并退货入库以外，最终还需要退款给顾客。

在整个购物流程运转的过程中，在何时、何地（执行到哪一个部门、哪一个步骤时）突然发生“订单被取消”这一异常事件，将会导致随后发生的善后处理流程与步骤有所不同。因此在图5-18中，我们在几个都可能接收到这一事件的场所（包括网店公司的财务部、仓储部和物流部以及第三方快递公司等），分别都画出了一个用于接收“订单被取消”事件的节点（左开口小旗符号），并用异常处理线（带闪电符号的加粗实线）连接到各自相应的处理动作节点。

需要说明的是，在购物流程中因订单突然取消而导致的中途退货，与顾客在已经签名确认收货后再发起的退货流程，两者有所不同，尽管它们的执行路径有可能出现重合，但本质上是两个相关但彼此独立的业务流程（即两个用例）。

第⑤步：画对象流

如果确实有需要，还可以为已画好的活动图中的控制流补上相应的对象流。UML活动图中对象流的涵义比传统的数据流更为广泛，这里的对象既可以指数据或信息（软对象），也可以指具体的实物或硬件（硬对象），因此可以认为对象流是数据流的超集。

为以上购物业务活动图的主流程（参见图5-13）画出对象流，结果如图5-19所示。

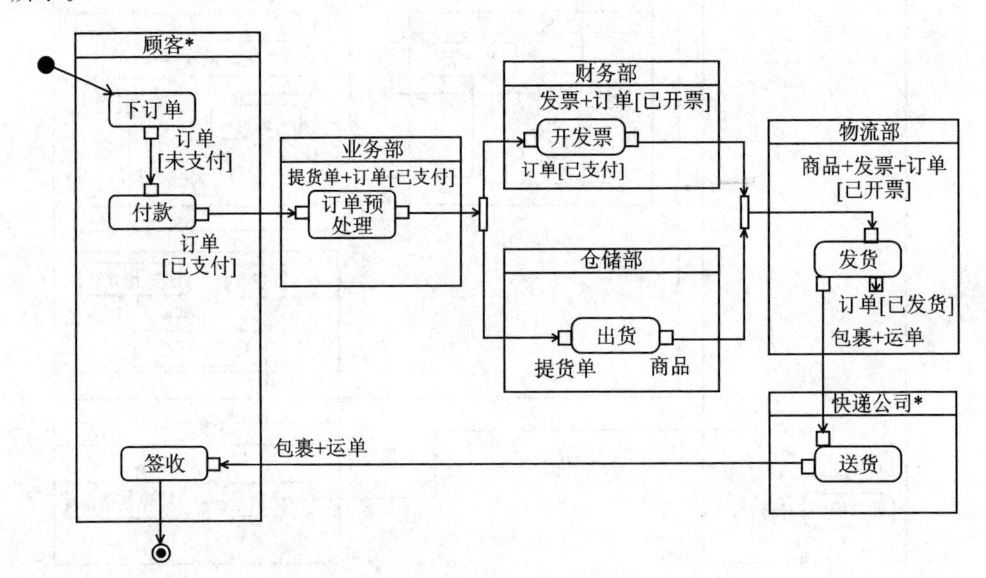

图5-19 购物业务活动图第⑤步——画对象流

画对象流时应注意抓住重点，只重点描绘当前业务流程中的一些重点或关键对象随控制流的流动情况(如图5-19中的商品、发票、订单等),同时明确地标出这些对象流经不同节点时所处的不同状态,例如图5-19中的“订单[已支付]”“订单[已发货]”等(此处方括号内表示对象的状态,非监护条件)。

不要面面俱到、喧宾夺主,因为画了过多数量的对象流而破坏了整张图的可读性,毕竟通常控制流才是活动图的重点之所在。

如果确有必要在一张活动图里描述较多数量的对象流,可尝试采用一些变通的办法以减少图形的复杂度,例如在不会产生语义误解的前提下,可以让几个对象流共享(走)同一个输入(或输出)槽以减少连线,并根据需要在旁边附上文字说明。

至此,从初始化开始,到画主流、画支流,再到画异常流和对象流,一张(或几张)流程相对完善、清晰的业务活动图就基本完成了,可以用来驱动和指导后续的业务与系统分析等工作。

2. 业务工员与装备图

前面通过画业务活动图,对一个业务流程的基本步骤和内容有了比较准确的把握。下一步,需要深入到业务流程的内部,从白盒(对外部透明、可见)的视角来分析,一个业务流程除了有外部的业务用角参与并服务于这些外部用角以外,在组织(业务主体)的内部具体应该由哪些不同种类或岗位的业务工作人员(Business Worker,本书简称为“业务工员”)使用哪些业务装备(在UP的业务建模扩集中称作Business System,即“业务系统”,为避免混淆,在本书中称作“业务装备”)来负责执行和完成相关的任务。

我们可以借用UML的用例图来画业务工员(与装备)图,把可能参与一个或多个业务流程的业务工员画出来,并适当地标示出它们之间的关系。

宠物店公司内部与顾客购物流程相关的一些业务工员与装备如图5-20所示。

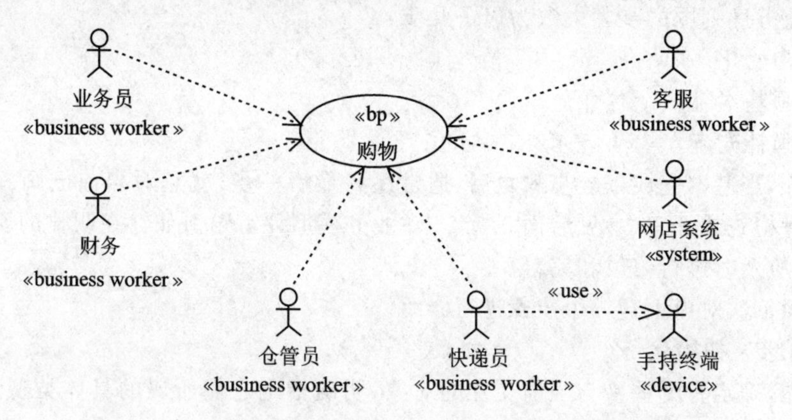

图5-20 参与购物业务流程的主要业务工员和装备(非标)

图5-20用依赖线(带开放箭头的虚线)连接几个业务工员(版型皆为《business worker》)与上部的业务流程“购物”,表示这些工员参与了该业务流程的执行,图中

还画出了购物流程中用到的两个业务装备，分别为网店系统（即宠物店网站系统，简化版型为《system》）与快递员配送时使用的手持终端（版型为《device》）。此处的快递员为宠物店公司物流部的快递员，故也是业务工员。

建议在此时画出业务工员（与装备）图，其实还有一个目的：为画业务序列图（见下文）做好准备。

为了描述业务流程中的交互行为，在画业务序列图中的生命线时，除了通常要画出组织外部的业务用角以外，常常还需要引用到包括业务工员、业务装备在内的一些组织内部的业务对象，而且需要为序列图中的每一条生命线所代表的业务对象明确指定它们所属的类型，如“顾客”“客服”“快递员”等。如果在业务工员（与装备）图中，已经提取好了一些业务工员或装备（类），那么在画业务序列图时，直接把所需要的业务工员或装备类拖入图中即可，相当方便（主流 UML 工具一般都会为所拖入的类型自动生成生命线）。

3. 业务序列图

作为一种常用的 UML 动态图、交互图，业务序列图可以比较直观地描述在一个业务流程当中，多个业务对象（参与者）之间具体是如何进行协作、交互的。序列图的“序列”（Sequence）主要指的是各个对象之间发送的消息的序列，这些消息序列在序列图中沿着时间（或生命）线被自上而下地排列。可以说与活动图描述的主要是动作流（控制流）不同，序列图描述的主要是消息流。

在业务序列图中，业务对象之间发送的消息是广义的，可以有多种类型，例如由一方发出的对另一方执行某个动作（或任务）的请求消息（如“请签名”“保存签名”等），以及参与者之间交换的各种信息与其他对象等，甚至可以包括实物（如快递单、货物等）。

画业务序列图的步骤大致为以下几步：

① 初始化；

② 画基本流；

③ 画补充流。

此外，当基本完成以上步骤之后，通常还有最后一步，就是对当前已画好的图形进行质量检查或评审（参见后面 5.7.2 节“业务模型评审”）。如存在明显的质量问题或错误，应及时进行修改和完善。

下面依次对以上这 3 个步骤进行介绍。

第①步：初始化

首先，确定有哪些参与当前交互的对象，明确指定它们所属的具体类型，并且把它们的生命线（时间线）画好。

对照前面已画好的购物业务活动图，可以画出其中顾客签收的业务序列图，初始结果如图 5-21 所示。

在图 5-21 中，首先画出了两条生命线，分别代表顾客与快递员这两个在签收时

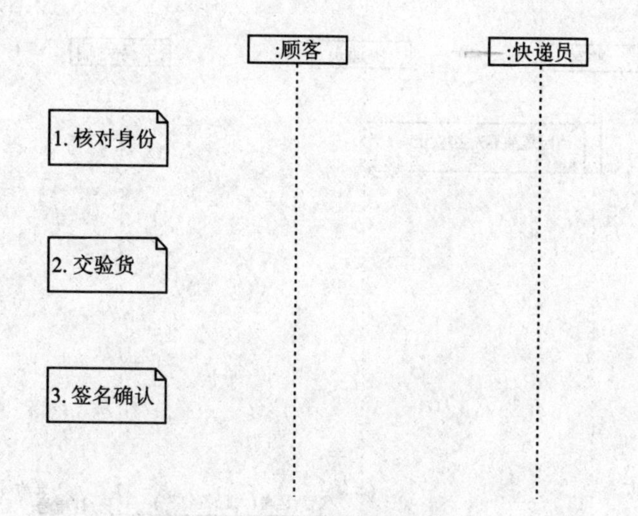

图 5-21　顾客签收业务序列图第①步(a)——初始化

进行直接交互的对象。

生命线头的方框中的标记采用的是 UML 标准写法，其中冒号后的文字表示了对象的类型，此处分别是顾客（业务用角类）与宠物店公司自己的快递员（物流部的业务工员类）；冒号前的内容为空，表示这两个对象都是匿名的，目前暂无需标识它们的具体名称。

需说明的是，本节画序列图之所以选择宠物店公司自己的快递员，是因为一般没有必要对位于当前组织业务边界之外的第三方公司快递员如何工作进行正式的分析（如确需建模作参考，可放置在外部模型中）。

此外，为了提高画图效率、减少画图过程中的反复修改次数，建议最好在着手画具体的交互细节之前就能打好腹稿，预想整个交互流程大致有哪些主要的步骤和环节，做到心里有数。如图 5-21 所示，可用 UML 标签（或自由文本段）在生命线的一旁（通常为左侧）加上注释，相当于列出了交互的大纲。

图 5-21 列出了签收流程所涉及的交互，大致可分为以下 3 步：

① 核对客户身份；

② 交验货，完成货物的验收和交接；

③ 签名确认，让客户在快递回执单（属运单的一部分）上签字确认，表明交付完毕。

至此，业务序列图的初始化任务并未全部完成，还有最后的关键一步：画上第一个和最后一个消息，以标志整个交互过程的开始与结束。结果如图 5-22 所示。

可以看到，除了顾客与快递员之外，图 5-22 又多出了两条生命线：手持终端与网店系统（即“宠物店网站系统”的别名），为什么需要这两个新对象？这一结果正是因“标记交互始末”这个子任务的启发所致。

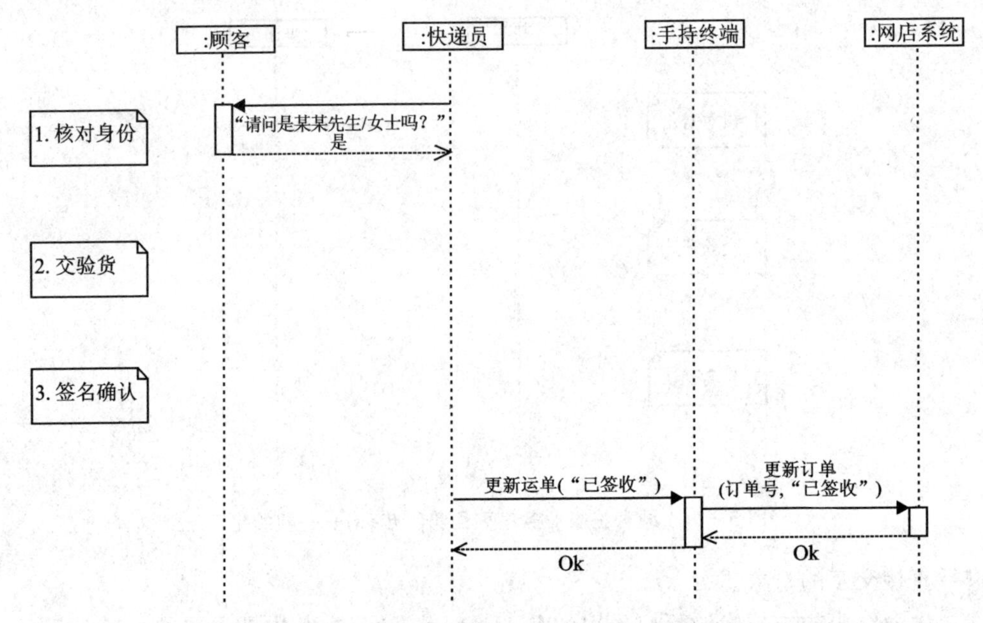

图5-22　顾客签收业务序列图第①步(b)——初始化，标记始末

签收交互开始的第一条消息比较容易确认，通常都是从快递员见到顾客后，询问对方的姓名、确认收货人的有效身份开始。

那么，签收工作什么时候算正式、成功结束呢？快递员跟顾客说再见然后离开，就算结束了？不是的，对于整个签收流程来说，这不是交互成功的最后一步。

的确，快递员离开顾客，他们两人之间的交互可以说是结束了。然而，整个签收工作并没有真正地完成，快递员还需要更改运单的状态，表示这张运单已经成功交付了(配送任务已完成)。因此，我们在图5-22中加上了手持终端与网店系统这两个新的交互参与者，让快递员在最后一步通过手持终端来更新当前运单的状态，并把相关信息发送到宠物店公司的网店系统，以最终完成客户订单状态的更新。

正是由于有了快递员这个最后一步的动作，顾客一般在收到货之后不久就可以登录网站看到自己的订单已经完成签收了(由本人签收或他人代签)。

第②步：画基本流

"画基本流"的涵义是指，从交互的开始到成功结束，逐一画出参与对象之间发送消息、交换物件的一个最简单、清晰的基本流程，其中不包含任何的条件选择或交互的中断、失败等特殊情况。

参照电商顾客签收货物一般比较规范的流程，画出顾客与快递员之间的交互基本流，如图5-23所示。

图5-23中顾客与快递员两条生命线之间的消息流动主要反映了两者之间的对话(消息)，像"请出示身份证"等，在图中借用带双引号的消息名称来直接表示具体对话内容。

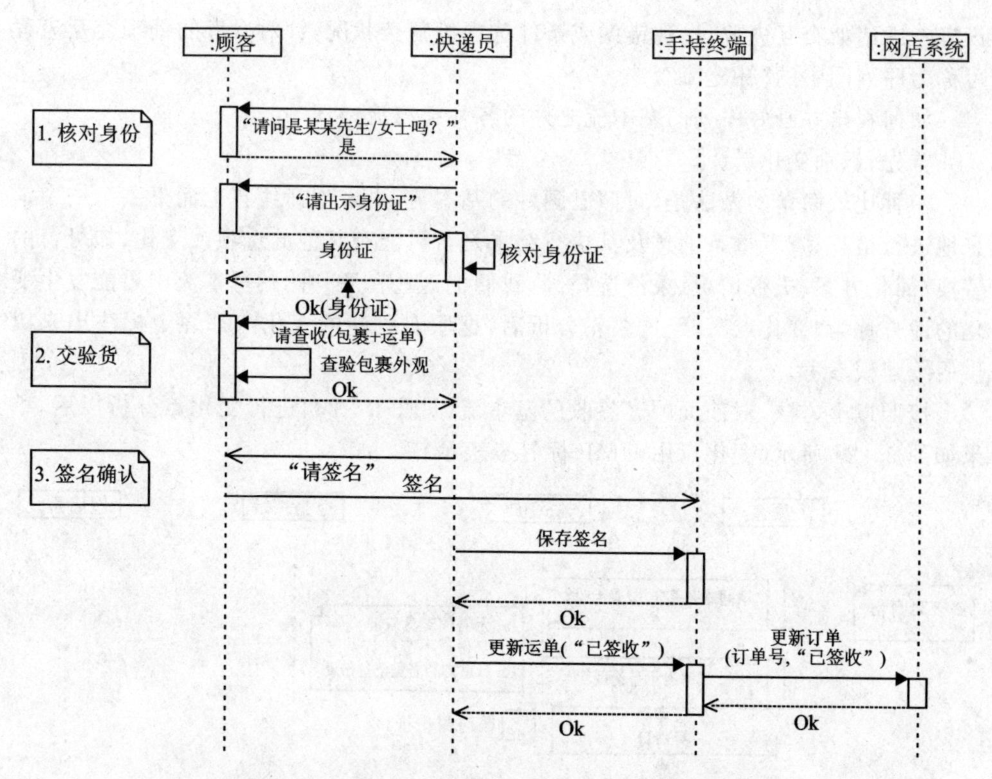

图 5-23　顾客签收业务序列图第②步——画基本流

图 5-23 中还有两个用同步箭头画的自反消息——快递员的"核对身份证"与顾客的"查验包裹外观"。表面上看对象自己给自己发送的消息似乎意义不大,然而实际上这两个自反消息代表了对象在交互过程中所执行的动作,如果它们是必不可少的关键内容,也有必要画出来。

消息参数

在图 5-23 中的消息线上,还可以看到有些消息名称的后面带了用一对英文小括号标记的参数,这代表了收发消息的两者之间交换的信息或物件,例如像"身份证""包裹"这些是实物,而"Ok"只是一个表示成功、顺利、没问题的常用简单信息。

如果发送一条消息时有多个参数(信息或对象)需要传递,则可以用英文的"+"号(或","号)来连接,例如图 5-23 中快递员发送"请查收(包裹+运单)"消息给顾客,表示他在对顾客说"请查收"的同时,也把包裹和运单一起递给了顾客。

由于图 5-23 中画的是基本流,因此可以看到图中所有步骤都是成功的,返回消息也都是"Ok",没有其他任何失败消息或例外情况。

第③步:画补充流

在上一步画好业务序列图的基本流之后,接着就需要考虑补充除基本流之外各种其他的交互情形,毕竟基本流只反映了一种最简单的交互目标达成的成功情况,而没有考虑诸如交互失败、出现错误或条件选择等复杂状况，针对后者的处理交互流程可称为序列图中的“补充流”。

如何找出并画好序列图基本流之外的各种补充流？

首先，识别变化点。

一种比较简单的做法是，对照已画好的基本流，沿着生命线自上而下一个一个消息地进行检查，查看每条消息及其执行结果是否可能有其他的选项或变化，如可行的替换/简化方案、失败情况、条件选择等，我们把这些在序列图的基本流中可能发生变化的地方称为“变化点”。经过一轮分析后，把所有可能的变化点都逐个标注出来以供后续建模参考。

按照以上方法，对前面顾客签收的基本流(见图5-23)进行变化点分析以后，结果如图5-24所示(变化点用UML标签来表示)。

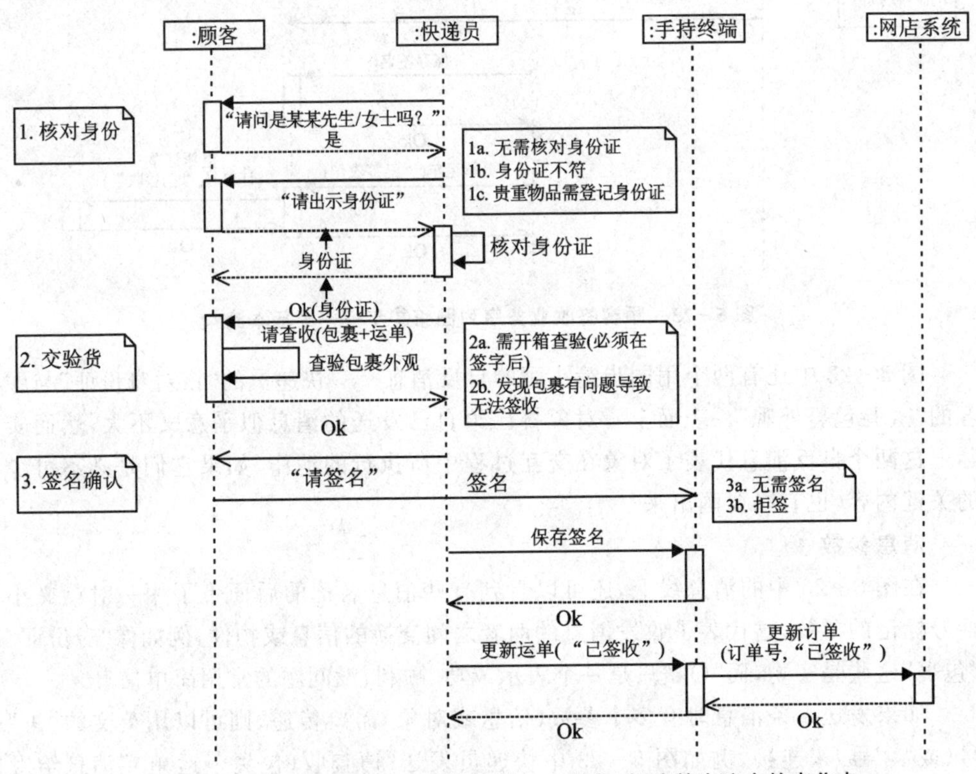

图5-24　顾客签收业务序列图第③步——准备：标注基本流中的变化点

把基本流中的一些主要变化点识别、标注出来以后，下一步就需要对这些变化点逐个地进行分析和处理，画出相应的序列图。下面先来看一种简易的签收流程。

在日常生活中实际的签收流程可能比图5-24所示更为简单，例如如果是小物件(不是贵重物品)、熟客等情况，通常无需核对或登记身份证，无需开箱验收，也无需顾客本人在回执单上签字，而通常是由快递员代为签收。

如果把签收的简易流程画出来，结果如图 5－25 所示。

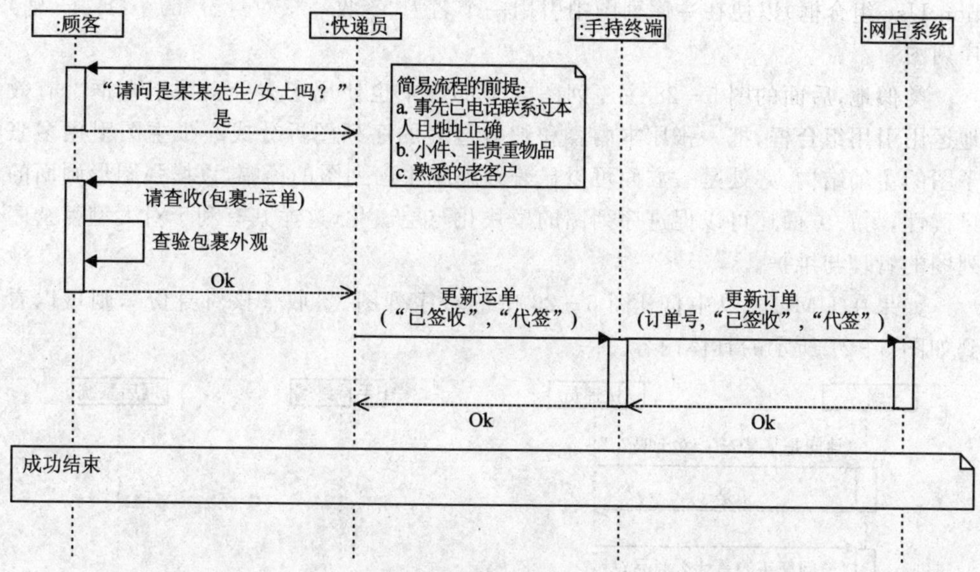

图 5－25　顾客签收业务序列图第③步(a)——简易流程

图 5－25 解决了图 5－24 中的以下两个变化点：

- “1a. 无需核对身份证”；
- “3a. 无需签名”。

能否把分开画的业务序列图的基本流和多个补充流尽可能地合并、都画到一张图里呢？也可以，不过其中可能要用到多种组合框。由于合并画法的结果图篇幅较大，以下特意把它切分成上、下两个部分，分别加以说明。

结果主序列图的上部分内容如图 5－26 所示。

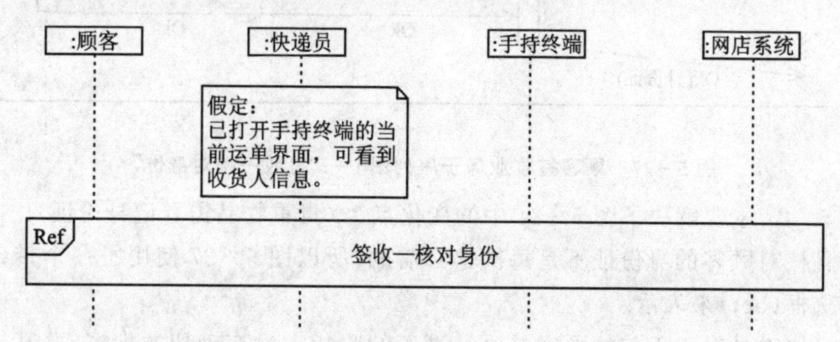

图 5－26　顾客签收业务序列图第③步(b)——合并画法的上部

图 5－26 只非常简单地描述了顾客签收流程中的“1. 核对身份”，其他步骤请参见图 5－28(合并画法的下部)。

首先，图 5－26 用一个“假定”标签标记了整张序列图的前态与开始。

接着，使用了一个引用组合框（操作符为 Ref，UML 中的正式名称叫作 Interaction Use 组合框）以便在主序列图中引用一个名为“签收—核对身份”的小（或子、辅）序列图。

类似地，后面的图 5-28 主序列图的下部分中也使用了多个引用组合框。有效地运用引用组合框，把一张原本内容和细节过多的序列图拆分成一张主图引用多张子图的主辅结构，好处是一方面可以显著地缩减主序列图的篇幅，以增强图形画面的可读性，另一方面还可以促进序列图的模块化与层次化，这尤其有利于对大型复杂序列图的管理与维护。

如果在 UML 工具中打开图 5-26 中的子序列图“签收—核对身份”，则可以看到如图 5-27 所示的具体内容。

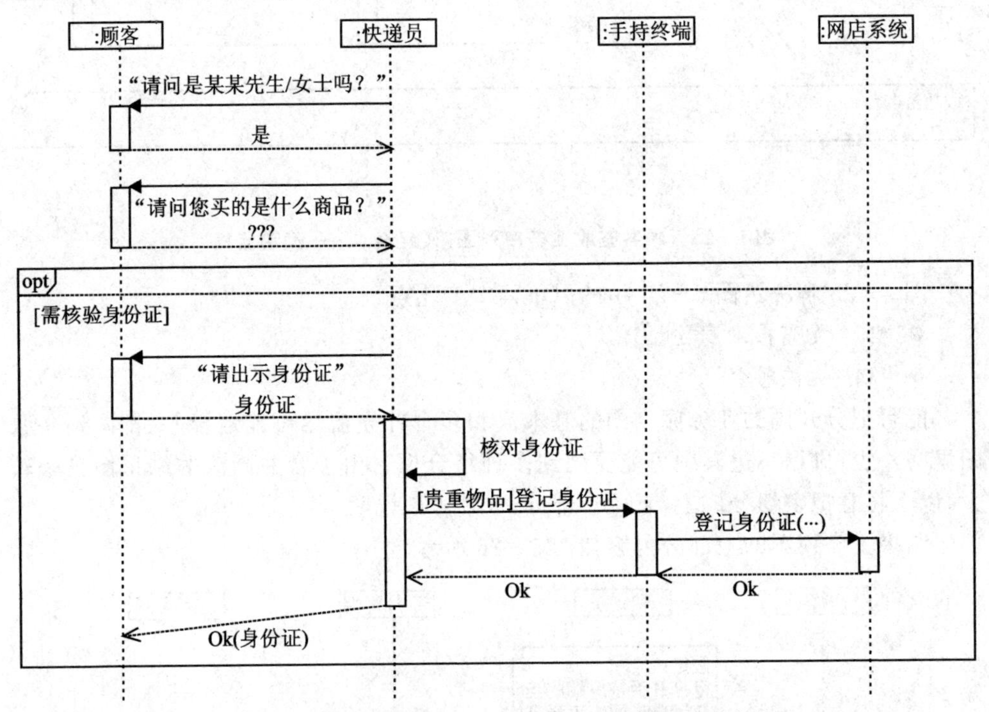

图 5-27　顾客签收业务子序列图——“签收—核对身份”

图 5-27 主要解决了图 5-24 中的变化点 1c（贵重物品需登记身份证）。

而且核对顾客的身份证不是每次都必需的，所以图 5-27 使用了一个带条件声明的可选框（opt）来表示。

如果快递员对于面前的顾客是否是真正的收货人没有确切的把握，尤其当了解到包裹内可能是贵重物品时，可以要求顾客出示身份证并进行登记，以防贵重物品被冒领或误领。登记身份证的操作一般是用手持终端进行拍照（或扫描），并把身份证图片等信息传送到后台。

可以看到，在快递员发送到手持终端的消息“登记身份证”前特意加了一个条件标记“[贵重物品]”，表示只有当估计包裹内可能是贵重物品时才需要登记顾客的身份证。

还有一种小概率情况。如果在核对身份时，万一快递员发现顾客递交的身份证有问题，或者他不是真正的收货人，怎么办？首先应该询问真正的收货人在何处，并找到他，若未果，则应当即取消交货，带着包裹走人，随后可能还需要通过手持终端向公司报告终止交付的原因。囿于篇幅限制，对此类特殊情况就不展开讨论了，为简化起见，图5-27只画出了顾客身份有效的成功情况。

下面再来看主序列图的下半部分内容，如图5-28所示。

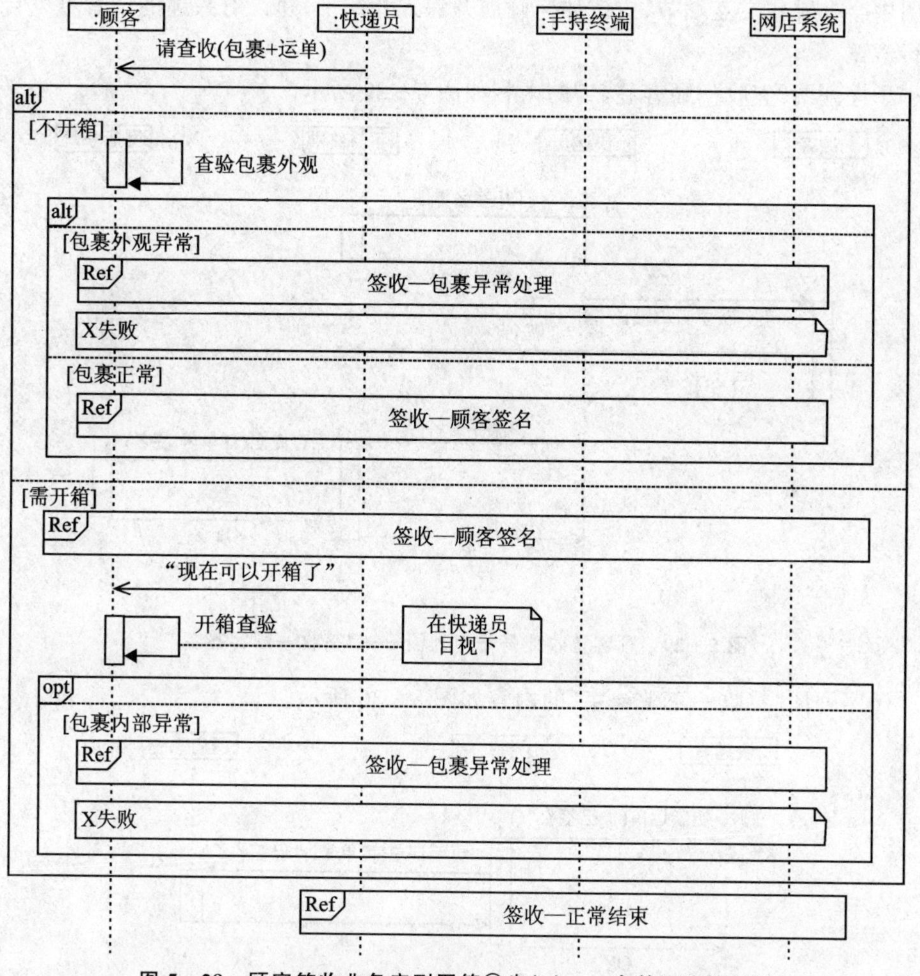

图5-28 顾客签收业务序列图第③步(b)——合并画法的下部

可以看到，图5-28嵌套使用了多种组合框(alt、opt、ref等)。从顾客签收的主流程上看，主要可分为“不开箱查验”(只检查包裹外观是否无损)与“开箱查验”两种情况，所以在最外层首先用了一个条件选择(alt)框来表示。

对于顾客提出的要开箱查验的情况，从网店公司尽量减少自身风险的角度，必须要求顾客先签字然后才能开箱，这一流程与仅让顾客查验包裹外观后就签字的普通流程有所不同。

关于异常情况，无论包裹外包装损坏，还是开箱查验后发现商品异常，若异常状况达到一定程度，则顾客很有可能拒绝签收包裹，从而导致整个签收流程失败。为此，在图5-28中引用了两个名为“签收—包裹异常处理”的子序列图以表示对这些包裹异常、顾客拒收情况的处理，并在其后分别画上了两个自定义的带“X”号的失败标签，以表示整张序列图交互流程的失败与异常终止。囿于篇幅限制，再加上顾客在签收时因发现包裹异常而拒收通常是小概率事件，本书就不对包裹异常处理的子序列图中会有哪些交互细节、应该如何画展开深入介绍了，建议有兴趣的读者可以自己进行尝试。

子序列图“签收—顾客签名”的内容如图5-29所示。

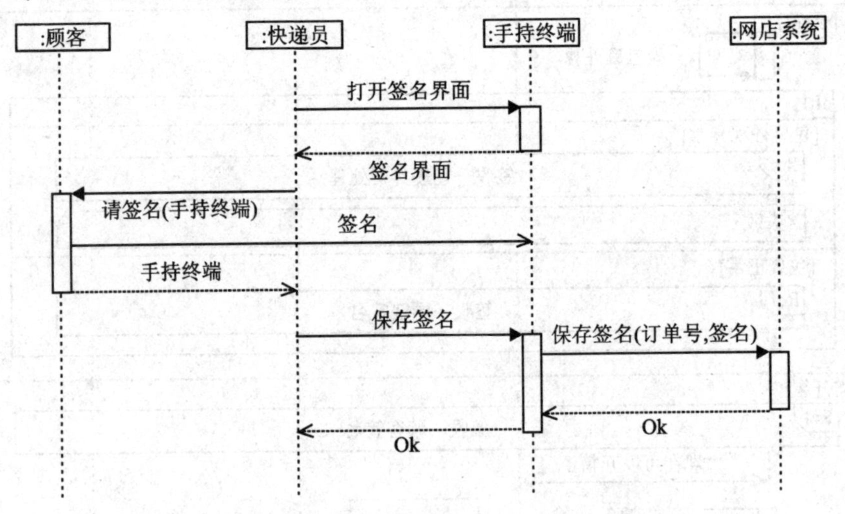

图5-29　顾客签收业务子序列图——“签收—顾客签名”

子序列图“签收—正常结束”的内容如图5-30所示。

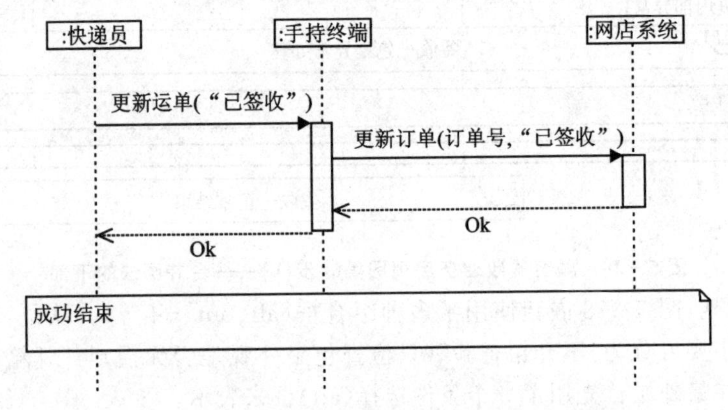

图5-30　顾客签收业务子序列图——“签收—正常结束”

至此，分别用图 5 - 25、图 5 - 26 和图 5 - 28 等若干补充序列图有层次地、分别解决了图 5 - 24 中所标注的多个变化点，使得对顾客签收流程中可能发生的各种交互行为的描述变得更加清晰和完善了。

以上本章分两节介绍了用活动图、序列图描述业务流程及其交互细节的基本方法。对于业务流程中的复杂交互行为，经常还可以把活动图和序列图有机地结合起来加以运用。例如，用活动图来描述从开始到结束整体的任务与控制流，而用序列图来描述活动图中某些任务（动作）节点的具体交互细节，只要打开活动图中的某些动作节点就可以查看到它们所对应的、反映这些动作内部交互细节的序列图。

主要用活动图描绘大流程，而用序列图描绘小流程，这是统一用例方法所推荐的活动图与序列图配合使用的一种方式。这样，既有可查看到完整流程的总体视图，又有可深入细观的局部描述，而且链接起来的每一张单图都不会过于复杂，可以说是一种层次分明、高低（或主次）搭配的“最佳组合”方案。

5.6　业务对象分析

业务分析除了重点把产品所涉及的动态业务流程分析清楚之外，还有一个重要任务就是做静态的业务对象分析，把这些业务流程中所用到或涉及的各种业务对象及其关系描述清楚。

业务对象分析的结果主要是业务对象（子）模型，它与业务流程（子）模型一样，也是产品业务模型的一部分。

业务对象模型中的“对象”主要是指参与业务流程执行的各种主动对象与被动对象。这些对象不仅仅是组织内部的对象，广义的业务对象还包括了那些虽然处于当前业务主体外部，但需要被“投影”到待开发系统中的主动或被动对象，最简单的例子如“用户”“会员”等。

主动业务对象包括各种具有主动行为能力的外部业务用角以及组织内部的业务工员、业务装备等，在 5.3 节和 5.5.2 小节“2. 业务工员与装备图”已分别做了初步的介绍。

被动业务对象主要是指一般本身无行为能力，主要服务于主动业务对象并被其操纵、处理、维护的各种代表信息或数据的实体，如购物业务流程中用到的“订单”“运单”等各种单据、表单和报表。本节主要介绍如何用 UML 类图对业务对象模型中的各种被动对象（即信息实体）及其关系进行建模。

对业务对象的组成及其关系的描述常常隐含着不少需要待开发系统满足的非功能需求（NFR），如各种业务规则、约束等。这些 NFR 也将对系统需求分析阶段（参见第 6 章）中系统用例模型所代表的功能需求（FR）产生影响。

概括而言，通过业务对象分析建立业务对象模型的主要价值体现在，该模型可用于驱动和指导产品开发过程中的需求分析、软件应用（或业务逻辑）层的领域模型设计以及数据库设计中的数据建模等活动，如图5-31所示。

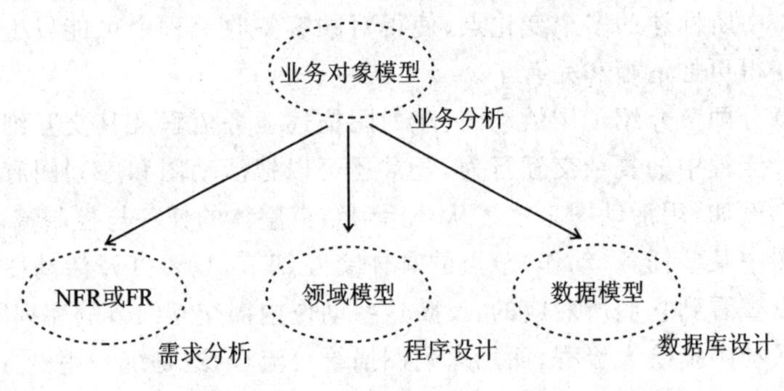

图5-31　业务对象模型的主要价值示意图

5.6.1　领域分析与建模

与业务对象分析紧密相关的另一个概念是领域分析与建模。

什么是领域(Domain)？一般就是指与某一个具体专业(或业务)相关的知识区域，如电商、电子政务、办公自动化、电子支付、物流、财务等。通常一个行业(Sector)就是一个(大)领域或多领域的集合，而一个大领域常常还可以划分为多个小(或子)领域。此外，还有管理领域、技术领域、应用领域以及水平领域、垂直领域等多种领域类型与划分方法。

对某一个领域相关知识非常熟悉的人，通常称为领域专家或专题事务专家(Subject Matter Expert，SME)、业务专家等。通过多年的工作经验积累和研究，他们掌握了大量全面和深入的领域知识，是做好产品业务分析的重要干系人。

通过针对某个特定领域的分析或建模，就可以得到一个领域模型(Domain Model)，其中包含了许多概念及其关系，以及相应的规则。领域模型也常被称作概念模型、领域对象模型或分析对象模型等。领域模型通常反映的是问题域的概念，应该尽量采用当前领域中客户、用户等干系人所熟悉或易于理解的业务词汇、术语来进行描述。

其实业务对象分析与领域分析这两种活动是高度重合的，本小节介绍的内容大体上也可以叫作“领域分析”。两者的区别是细微的，差别主要在于业务对象模型在概念上更宽泛一些，领域模型往往只针对某个特定领域具有通用性(或广泛适用性)，而本书所谓的业务对象模型中除了通用的领域模型以外，可能还包含一些非通用(即专用)的内容，因而领域模型可以说是业务对象模型的一个子集。

自20世纪80年代兴起的面向对象方法传统上有一大好处是，对业务领域的理解、建模结果，往往可以很容易拷贝、迁移到程序设计的空间(如应用逻辑层、业务逻辑层或领域逻辑层)，前者是问题域的对象，而后者是软件中的程序对象，位于不同空间的这两种模型具有很大的相似性与关联性。

在日常工作中具体指的是哪一个“领域模型”,应注意区分。有必要分清问题域(空间)和解决域(空间),以及业务模型与程序模型中的两种不同的领域类,以“订单”为例,如图5-32所示。

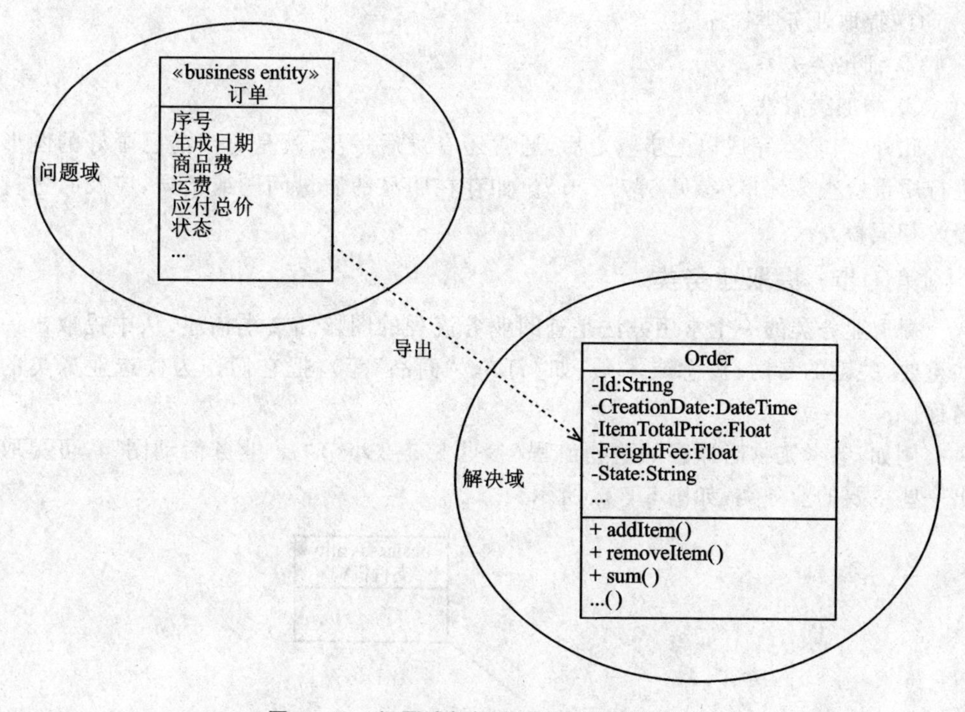

图5-32 问题域与解决域的订单类示意图

传统的领域分析主要侧重于静态分析,常见的做法是用UML类图来描述领域中的各种概念及其关系。针对一个“领域”分析、建模,只描述其中对象的静态结构和关系,似乎有所欠缺,也许传统的“领域模型”更适合叫作“领域对象模型”或“领域静态模型”。统一用例方法认为,更加全面和完善的“领域模型”也应该可以包括对各种对象动态行为的描述,例如用UML活动图来描述一些在某个业务领域内通用的业务流程。

5.6.2 基本步骤

按照面向对象的说法,一个业务对象必然是其所属业务类的一个实例(Instance)。然而“业务类”还有许多其他类似的名称或叫法,如“业务实体”“信息实体”“(业务)概念类”“领域类”“实体类”等。为简化起见,以下把这些业务模型中代表被动信息实体的业务对象都统称为“业务类”。

业务对象(子)模型主要由包、业务类以及业务类图、包图等元素组成。本小节主要介绍业务类图的画法。本书前面4.3.1小节曾经介绍过对象图的画法。其实有时用对象图来描述业务对象及其关系也是可以的,优点是比较直观、容易理解,缺点是不如类图紧凑、简洁和概括力强。因此，画对象图更适合作为业务对象分析时的一种局部性的补充或辅助手段。

画业务类图的基本步骤可归纳如下：

① 提取业务类；

② 细化类关系；

③ 添加类属性。

此外，当基本完成以上步骤之后，通常还有最后一步，就是对当前已画好的图形进行质量检查或评审（参见5.7.2节）。如存在明显的质量问题或错误，应及时进行修改和完善。

第①步：提取业务类

提取业务类的一个常用办法是查阅业务流程的图形和文本描述，从中提取出一些重要、关键的名词、概念或术语（如"订单""商品"等），把它们作为候选业务类的名称。

例如，参考宠物店顾客的购物流程（参见5.5.2小节"1. 业务活动图"），可提取出一些主要的业务类，如图5-33所示。

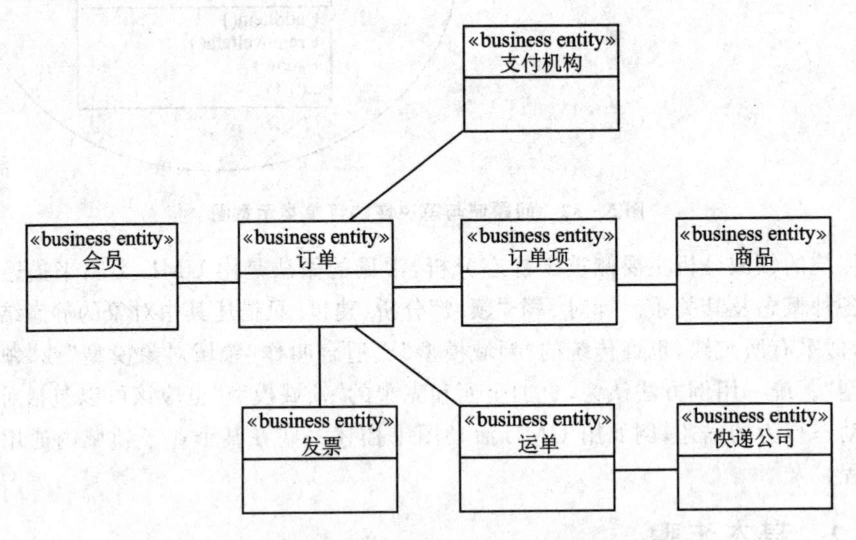

图5-33 画业务类图第①步——提取业务类

参考UP的画法，业务类的版型通常标注为《business entity》（如图5-33）。

业务类之间通常是关联关系（见图5-33中的实线），代表了这些类的对象实例之间具有潜在的可访问性（箭头暂未画出）。例如：每一张订单都明确归属于一个会员，也就是说，必须要能知道某一张有效的订单是属于哪个会员的，所以这两个业务类之间必然存在着关联关系，彼此可以访问到对方的信息；而每一张订单如何才能完成交付呢？通常要通过快递来运输，所以至少要有一张（货）运单与该订单相联系，"订单"与"运单"这两个业务类之间也应该是关联关系，两者可以相互访问。其他业务类的情况类似。

图 5－33 中的"会员""支付机构""快递公司"等几个类比较特殊，其实它们是来自于组织外部的业务用角，可看作是外部用角到组织边界内的一种映射结果。在这里也把它们表示成业务类，主要用来存放与这些用角相关的信息，将来这些概念类也可能反映在系统的软件和数据库当中，成为相应的程序类或数据表的来源。

第②步：细化类关系

业务类之间的关系主要是各种关联、继承与依赖等关系（为简化起见，本节省略了对后两种关系的分析）。

针对每一条重要的关联，可以标注关联的名称，添加可访问性（箭头）、多重性标识等。

例如，为图 5－33 完成类关系的细化描绘之后，如图 5－34 所示。

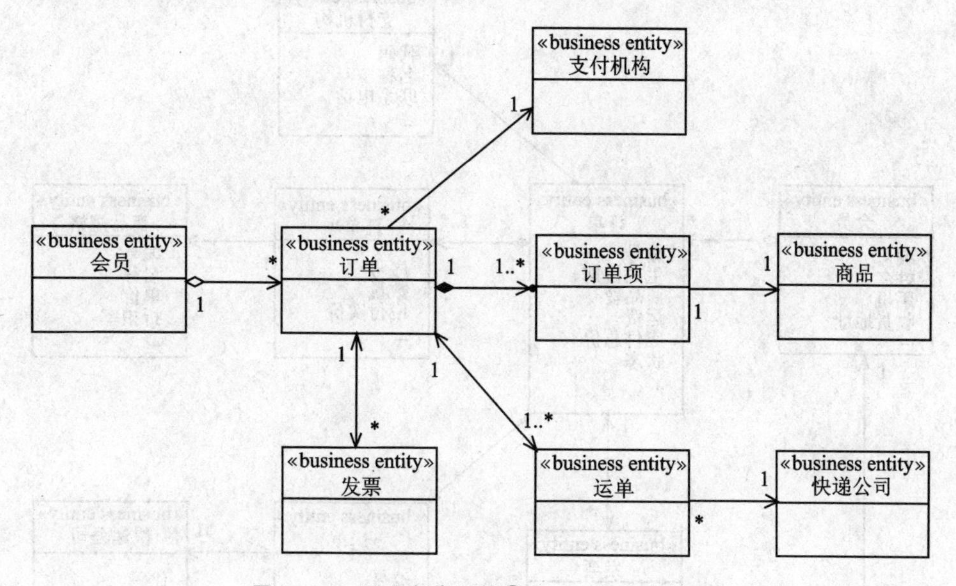

图 5－34　画业务类图第②步——细化类关系

通过明确画出业务类之间的关联多重性，往往可反映出影响系统开发的一些业务规则（非功能需求）。例如：

- "订单"与"订单项"关联线右端的"1.. *"表示任何一张有效的订单至少应该有 1 个订单项，即订单中的已购商品内容不能为空。
- "订单项"与"商品"关联线左下角的"1"表示在一张订单中，同一种商品只能对应于唯一的 1 个订单项，即订单中同一种商品的订单项不能重复罗列，应该合并显示。该约束与超市等场所的 POS 机所开具的销售小票有所区别，在那些小票中同一种商品所对应的销售项可以重复罗列，这主要与营业员检扫商品条码的次序通常是任意的有关。
- "订单"与"运单"关联线右下角的"1.. *"表示"1 到多"，即一张订单可开 1 至多张(如多联)运单。

- “订单”与“发票”关联线右下角的“*”表示一张订单可不开发票(如客户未要求),也可开多张发票(如根据开票总额与单张发票金额的限制,可分别开具多张发票)。

为简化起见,上图只考虑了在线支付订单的情况,所以在“订单”与“支付机构”之间建立了关联。

第③步:添加类属性

画业务类图第③步的主要任务是为已经提取出来的各个业务类添加属性。属性可以看作是一个类用来存放各种不同信息的字段。

为图5-34中的业务类添加属性后,如图5-35所示。

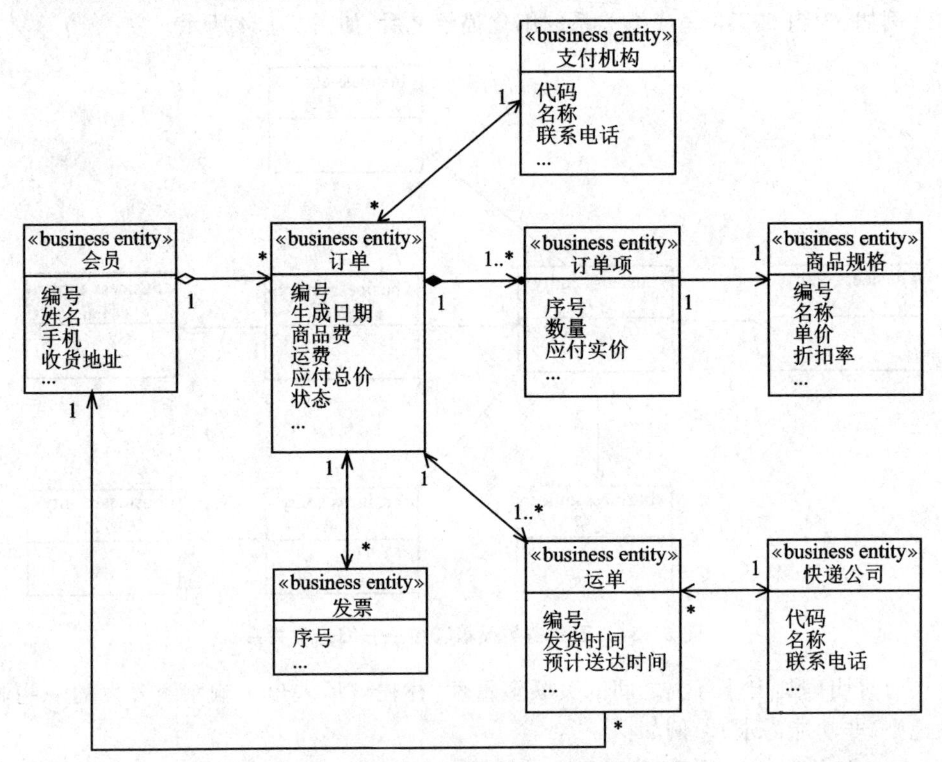

图5-35 画业务类图第③步——添加类属性

图5-35参考了顾客的购物流程。这一步应该尽量把完成一次购物流程所需要的各个主要的业务类及其属性都找出来。必要时,还可以对前两步已画好的结果(如类关系等)进行适当调整。

运单上必然有收货人的姓名、电话和收货地址等关键信息,这些信息从何而来呢?一种办法是沿着“运单”与“订单”以及“订单”与“会员”之间的关联路径找到“会员”类,便可以获得会员的这些属性,然而此办法要通过中间者“订单”类,不够直接,所以在“运单”与“会员”类之间新拉了一条关联线,以便加速信息获取与访问。

图5-35中的"会员"类只列举了几项最简单的属性,未来可以拆分为"个人会员"与"团体会员"等细分类型。

另外,在图5-35中我们还把位于"订单项"右边与其关联的类名由"商品"改为了"商品规格"(即 Product Specification)。这么做的原因是:

在现实中,实际的"商品"对象(如具有不同商品序列号的一袋袋的狗粮)与这些商品的规格说明(如针对同一品牌、型号狗粮的产品说明,包括品种编号、名称、单价等)是本质上完全不同的两类对象,后者("商品规格"对象)是对前者("商品"对象)的一种抽象描述。

所以,订单中的每一条订单(销售)项最好分别指向当前商品对象所属商品类别或型号的抽象规格说明,而不是直接与每一个具体的实际商品相关联。提取出"商品规格"这个信息实体类也意味着,将来在系统中需要存储的是某类商品的规格说明,而非一个个具体的商品实物(后者或是存放在企业的仓库中,或是被最终卖给了客户)。

作为细致到位的业务对象分析,在名词和概念上明确区分、避免混淆"商品"与"商品规格"这两个类是有必要的,而"商品(或产品)"其实也是日常做领域分析时经常会遇到的一个分析模式。

5.6.3 主动对象建模

以上我们以被动业务对象(信息实体)为主介绍了画业务类图的基本步骤。其实除了被动对象以外,业务类图还可以用来描绘主动业务对象的内容和关系。

例如,对于宠物店等电商公司的业务主用角"顾客"来说,通常可能存在多种不同的顾客类型(如个人会员、团体会员等)。

首先,这些不同顾客类型之间的关系可用业务用例模型中的业务用角图来简单地表示,如图5-36所示。

图5-36用与类继承(参见4.3.2节的第4部分)相同的符号(带空心三角箭头的实线)来表示几个业务用角之间的继承(泛化)关系。与类相似,用角之间的继承符号,同样表示派生用角(如"会员")继承了父用角(如"顾客")的所有(非私有)属性和行为。因此,在用例图中子用角也可以访问、执行父用角可访问的所有用例,从而省去了为子用角画一些多余关联线条的麻烦(参见图6-18)。

在图5-36中,我们还用加了版型为《same》(也可用《alias》)的依赖关系(虚线箭头)来表示"客户"与"顾客"本质上是同一种业务用角,即"客户"相当于"顾客"的别名。

不过,在一些UML工具中,用角图除了可以描绘用角之间的继承、依赖等关系以外,无法描述用角内部的具体属性。

采用业务对象模型中的业务类图是描绘业务用角等主动对象的内容及其关系的另一种可行办法。

如图5-37所示,与业务用角图不同的是,除了描绘不同顾客类型的继承关系之外,我们还可以在业务类图中方便地描述这些业务用角的内部属性。

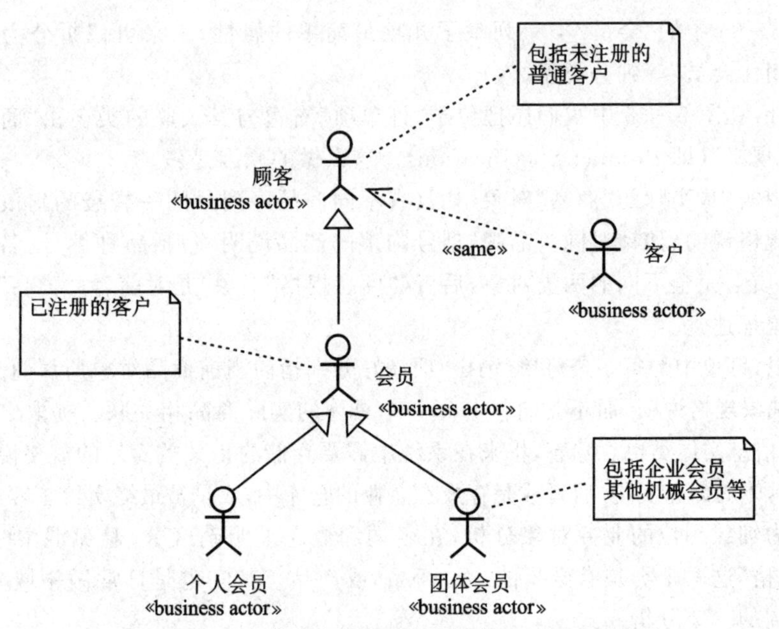

图 5-36　几个基本客户类型之间的关系(业务用角图)

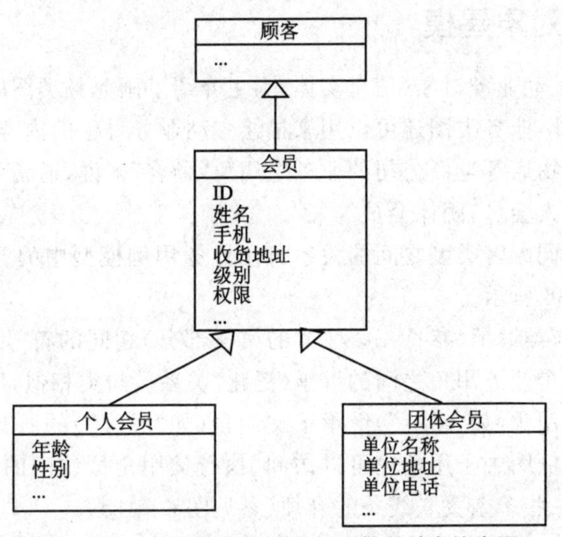

图 5-37　一些顾客相关业务用角所对应的类图

5.7　业务模型分析

在统一用例方法中，一个业务模型通常可划分两个子模型：业务用例模型(即业务流程模型)与业务对象模型。

5.7.1　模型的结构与组织

以宠物店公司为例，用 UML 描述的业务模型主要可分业务用角、业务用例与业务对象这 3 个包，如图 5 - 38 所示。

- 宠物店模型
  - <Package Import> UML Primitive Types
  - 业务模型
    - Main
    - 业务用例
    - 业务对象
    - 业务用角
  - 系统用例模型
- «ModelLibrary» EcorePrimitiveTypes
- «EPackage, ModelLibrary» PrimitiveTypes

图 5 - 38　业务模型的组成结构示意图

图 5 - 38 宠物店的业务模型包含了“业务用例”和“业务用角”这两个包，前者代表了业务模型中“动”的部分(即用业务用例表示的业务流程模型)。由于业务用角主要是组织外部的干系人或第三方系统，所以用一个单独的包来表示。

“业务对象”包代表了业务模型中“静”的部分，用来存放组织内部各个业务流程所用到的各种信息实体或概念，并用类图来描述它们之间的关系。业务用角是组织外部的主动业务对象，所以一般不放在此业务对象包中(除非是那些与它们一一对应的“投影”类)。

图 5 - 38 中的“系统用例模型”代表了宠物店网店系统的功能需求，将在第 6 章中进行介绍。

1. 业务用角包

打开业务模型中的业务用角包，它的基本结构如图 5 - 39 所示。

对于宠物店公司，我们采用了“客户”“合作伙伴”和“其他干系人”这 3 个子包来分别存放它的外部业务用角或干系人。每个子包中都包含了若干业务用角、业务用角用例图(或业务用角图)等元素。

其中，每个业务用角之前都标注了版型为《business actor》，以区别于系统用角(参见第 6 章)。

业务用角包中的业务用角图可用来描述用角的属性，以及多个业务用角之间的关系。

如果一个业务用角参与的业务用例较多，那么可以用一张(或多张)用例图来列举它所参与的所有(或重点)业务用例。

2. 业务用例包

下面再来看业务用例包的结构，其示意图如图 5－40 所示。

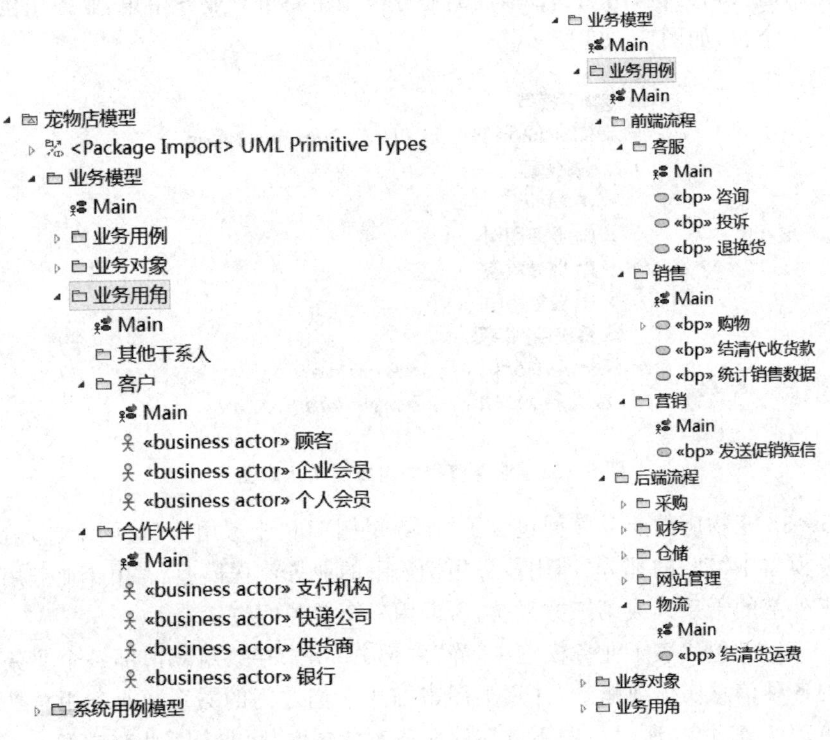

图 5－39　业务用角包的结构示意图

图 5－40　业务用例包的结构示意图

图 5－40 中的业务用例均标注版型为《bp》，代表了一个业务流程。

由于用例包中的用例数量较多，可以通过再分包来进行更好的组织。

我们把宠物店的业务用例包分为“前端流程”和“后端流程”两部分。

前端业务流程包主要面向组织的客户，又可细分为“销售”“营销”和“客服”等子包。

后端流程主要包含与前端客户不直接相关，属于组织内部以及需要第三方机构、合作伙伴等配合、参与的业务流程。

至于用来描述一个业务用例(或业务流程)的各种 UML 动态图，可放置如图 5－41 所示。

一个业务用例就代表了一个业务流程，显然把描述该业务用例的这些 UML 动态图都直接放置在该用例的节点之下，通常是一个最简明的方式，便于及时查找。于是，在图 5－41 中把购物的业务活动图(参见 5.5.2 小节“1. 业务活动图”)放置在了“业务用例/前端流程/销售/购物”之下。

由于顾客“签收”是“购物”的一个(被包含的)子用例，因此可以把业务用例“签收”及其业务序列图(参见 5.5.2 小节“3. 业务序列图”)也都放置在“购物”用例之下。

3. 业务对象包

图 5-38 中的业务对象子模型(包)代表了业务模型中“静”的部分,它的一般结构如图 5-42 所示。

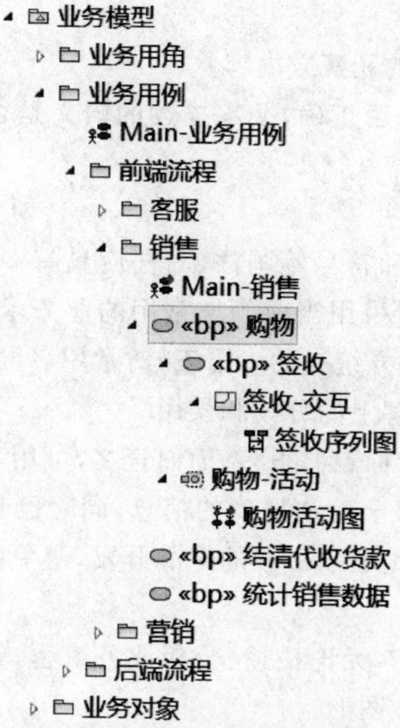

业务模型
- 业务用角
- 业务用例
  - Main-业务用例
  - 前端流程
    - 客服
    - 销售
      - Main-销售
      - «bp» 购物
        - «bp» 签收
          - 签收-交互
            - 签收序列图
        - 购物-活动
          - 购物活动图
      - «bp» 结清代收货款
      - «bp» 统计销售数据
    - 营销
  - 后端流程
- 业务对象

图 5-41　业务用例动态图的放置方式示意图(购物与签收)

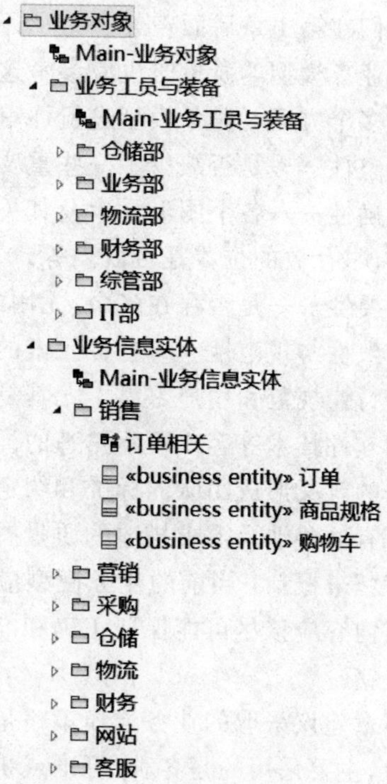

业务对象
- Main-业务对象
- 业务工员与装备
  - Main-业务工员与装备
  - 仓储部
  - 业务部
  - 物流部
  - 财务部
  - 综管部
  - IT部
- 业务信息实体
  - Main-业务信息实体
  - 销售
    - 订单相关
    - «business entity» 订单
    - «business entity» 商品规格
    - «business entity» 购物车
  - 营销
  - 采购
  - 仓储
  - 物流
  - 财务
  - 网站
  - 客服

图 5-42　业务对象包的结构示意图

其中,业务对象主要可细分为主动业务对象与被动业务对象两大类。

宠物店公司内部的主动对象,在图 5-42 中用“业务工员与装备”包来表示。业务工员代表了人类执行者,而业务装备则主要是指各种具有电脑运算能力的非人类系统或设备(即常说的硬件)。此包通常是按照组织的部门结构来划分的,每个职能部门可用一个包来表示,每个包都包含了若干业务工员或业务装备。

被动对象是被主动对象所创建、操纵或使用的各类代表业务信息、概念或数据的实体,在图 5-42 中用“业务信息实体”包来进行存放,它们是软件应用开发中的领域类以及数据库设计中表的主要来源。

“业务信息实体”包一般可根据组织的不同职能部门或业务领域来进行划分,如图 5-42 中的“销售、采购、物流”等子包,可用于存放大量涉及不同主题、领域的业务类。

5.7.2 业务模型评审

在敏捷迭代的开发过程中，经常需要定期或不定期地组织与产品的业务分析工作相关的一些重要干系人，对当前的业务模型及时进行评审。

评审业务模型，主要是评审业务模型的两个子模型——业务流程模型和业务对象模型的质量，而评审的这些模型的载体形式主要为各种业务描述图形和文本(文档)等。

我们在第 1 章后面曾经介绍了评估需求质量的一些常用基本属性，建议在检查和评估业务模型的质量时也应参考这些基本属性。例如，可以从完整性、正确性、一致性等多个方面对业务模型进行评审：

完整性——是否缺少了一些重要的、需说明的元素或内容。

正确性——各个图形元素及其关系的画法是否正确，文本描述的语义是否存在逻辑错误，存放的位置是否恰当等。

必要性——是否存在多余、无用的元素或内容。

一致性与规范性——各种元素的命名、标签和符号等画法、写法应具有一致性，且符合行业规范和用户习惯。尤其是命名应尽量采用当前领域常用的业务术语，避免采用软件技术等客户所不熟悉的词汇。最好建立统一的术语表，对常用名词、概念或术语的定义形成团队的标准和约定，以减少理解上的分歧和误用。

所有这些涉及需求描述的质量属性或定性指标看似很多，简而言之，可用一个词“精准度”来概括：当前的业务模型应该提供足够全面和精确的信息，同时已提供的信息或内容应该尽可能保证正确和准确，以高效地驱动后续的产品开发，避免各类误导或差错。

本章建议采取的业务建模策略是“图主文辅”，无论描述、分析业务流程，还是业务对象，主要采用的是各种(标准或扩展的)UML 图形。

评审 UML 图形的质量，最好根据事先拟好的质量检查表来有序地进行。表 5-1 列举了针对本章所介绍的业务模型中几种主要图形的一张简单的质量检查表。

表 5-1　业务图形质量检查表

图形种类	检查项
基本要求	● 整张图形中各元素的布局、摆放是否规整、合理，且清晰、易读； ● 各种符号、线条的画法是否正确，且具有一致性； ● 是否存在不必要的线条交叉
业务用例图	● BoB 的名称和定义是否正确； ● 是否画出(识别)了所有重点的业务用例与业务用角； ● 业务用例的名称、简述等基本属性是否正确； ● 业务用角与业务用例之间的关联画得是否正确； ● 业务用例的层级是否正确(无粒度过大或过小的用例)

续表 5-1

图形种类	检查项
业务用角图	● 是否识别了所有重要的业务用角； ● 业务用角的名称是否恰当； ● 业务用角之间的关系是否正确
业务活动图	● 整个活动的流程是否正确(不存在逻辑错误)； ● 整个活动的流程是否是最优化的(无冗余步骤节点或连线等其他符号)； ● 决策节点的画法是否正确(标注了正确的监护条件等)； ● 对象流的画法是否合理、适当
业务工员与装备图	● 是否识别了所有重要的业务工员与业务装备； ● 业务工员以及业务装备之间的关系画得是否正确
业务序列图	● 参与交互的对象是否完整(不多也不少)； ● 交互流程从开始到结束是否正确(不存在逻辑错误)； ● 交互流程是否是最优化的(无冗余消息)； ● 消息的类型是否正确； ● 消息的名称与参数是否正确
业务类图	● 是否画出了所有重要的业务类； ● 是否画出了这些业务类的重要属性； ● 是否遗漏了业务类之间的一些重要关系； ● 业务类之间的各种关系符号(如箭头、多重性等)的画法是否正确； ● 业务类之间的关系、访问路径是否做到了最优化

表 5-1 所提供的检查项并不完整，可以在此基础上，根据团队在评审时的实际需要进行添加、完善。有关业务模型评审的更多资源和信息请参考 umlgreatchina.org 网站上的介绍。

5.8 小　结

本章介绍了采用基于 UML 和用例建模的统一用例方法进行业务分析的基本流程、步骤和技术。

业务分析的主要任务是获得由业务流程与业务对象两个子模型所组成的、动静结合的业务模型，其中又以业务流程分析为重点，在这两个子模型的分析过程中主要用到了用例图、活动图、序列图和类图等图形。做业务分析时，一般建议先画 UML 图，尤其在已有大量业务描述文字材料的情况下，可以起到帮助分析师快速地“化繁为简、抓住本质”的作用。

对于一些复杂的业务流程，除了采用 UML 动态图来直观地描绘以外，采用用例文本模板来编写业务用例也是一种有效的技术手段，往往可以对业务流程中不太适合用图形表达的各种细节加以说明。囿于篇幅限制，本章没有展示业务用例文本，建议有兴趣的读者在掌握了文本用例的编写方法（参见第 6 章）之后，可以自行尝试参照本章的业务活动图把相应的业务用例文本写出来。

在对一个产品（系统）所参与的业务流程有了比较准确、细致的了解之后，第 6 章就将进入系统需求分析环节，同样采用 UML 和用例技术来敏捷地分析符合业务流程需要的系统需求。

第6章 系统需求分析

电脑程序源于需求程序、自然程序。

介绍如何采用基于用例与UML建模的统一用例方法来描述、分析产品（或系统）的功能需求（FR）是本书乃至本章的重点。

FR作为最主要的系统需求之一，通常可表现为用户与系统、系统与（第三方）系统之间动态的交互行为，而这些（尤其复杂交互的）动态行为常常可以（或最好）采用格式化的用例脚本（或相应的UML图形）等手段来进行规范、贴切的详细描述。不仅系统的每一个功能几乎都可与某一个用例相对应（或者被某一个用例所包含），而且系统所有用例的集合——用例模型也是系统需求分析的一个重要成果。

当然，FR或用例模型并不是系统需求的全部。在本章末尾，还简要介绍了系统的非功能需求（NFR）分析与静态的领域模型分析（相当于系统数据分析的序曲）。

阅读本章内容之前，建议读者至少要阅读本书前面的第3章和第4章，或者已对用例、UML相关的基础知识和概念有了基本的了解。如果开发的产品可能需要做业务（流程）分析，那么建议读者最好先阅读第5章，以保证阅读与理解的连贯性。

6.1 分析流程概述

在通过第5章的业务分析，对一个产品（或系统、软件）所参与的相关业务情况（包括业务目标、业务流程、业务信息实体和概念等）有了比较充分、清晰的了解之后，在本章就可以进入系统需求分析流程，开始对产品应该具有哪些具体的功能（或需求）以满足组织的业务和用户需要进行分析与设计了。

当然，并非所有类型的开发都需要事先做业务分析。在诸如企业管理、电商、电子政务等行业中，横跨在一个产品或系统之上涉及人类活动的业务流程常常纷繁复杂，所以做好业务分析、先把当前业务的运行状况（尤其业务流程）搞清楚，通常是这类开发成功的一个关键、决定性因素。

然而，像通信、工业控制、家电等行业的底层系统或设备开发，在一个待开发的系统之上往往没有复杂的业务流程需要深入分析，一般只需把用户与系统、系统与系统之间的交互分析清楚即可（当然这些任务本身的难度也不低，系统功能的交互设计也可能很复杂）。对于这类“纯系统开发”的情况，通常可以直接跳过本书第5章所介绍的业务分析流程，直接启动本章的系统需求分析流程。

下面分3个小节来分别介绍系统需求分析流程的主要任务、参与角色和输出工件。

6.1.1 主要任务

在统一用例方法（UUCM）中，系统需求分析最主要的一个输出结果是系统需求模型（System Requirements Model，SRM，参见6.1.3小节“1. SRM”）。应该如何从头开始，敏捷而有条不紊地为待开发的产品建立一个基于用例与UML表示的SRM呢？

运用需求分析技术构建一个相对完善的SRM，主要涉及以下几个任务：

① 确定系统范围（与边界）；

② 用角分析；

③ 提取用例（或特性）；

④ 用例分析；

⑤ 用例模型分析；

⑥ NFR分析；

⑦ 领域模型分析（可选）；

⑧ 特性分析（可选）。

看了以上任务列表，请不要误解，以为这些任务是按照传统的瀑布思维和流程来进行的。例如：首先花1周时间提取出全部的用角；然后再花2周时间提取出全部的用例；最后再花6周时间完成所有用例的分析。事实上，这种瀑布（或严格顺序）的工作方式在实践中常常是不合理的，其效率不高、效果不好，而且也很难适应开发过程中常常出现的各种变化。

面向敏捷开发，UUCM所建议的系统需求分析流程与本书前面所介绍的业务分析流程一样，两者通常都应该是迭代、演进式的过程。如果以上面的各项任务列表为纵轴、时间为横轴，那么这一迭代的需求过程如图6-1所示。

图6-1中的勾号表示与某项任务相关的活动在当前迭代中很有可能发生或者被执行。

本章的后续章节将依次对以上这几个主要的需求分析工作步骤或任务进行详细的介绍。

系统需求分析过程

t

	迭代1	迭代2	迭代3	…	迭代n
确定范围	√	√	√	√	√
用角分析	√	√	√	√	√
提取用例	√	√	√	√	√
用例分析	√	√	√	√	√
用例模型分析	√	√	√	√	√
NFR分析	√	√	√	√	√
领域模型分析	√	√	√	√	√
需求增长曲线	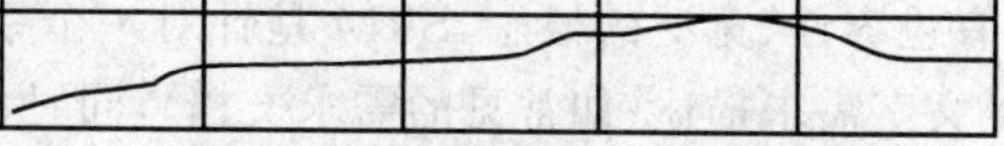				

图 6-1　迭代的系统需求分析过程示意图

6.1.2　主要角色

系统需求与开发团队中的每一个人(或多或少)几乎都有关,需求的质量直接关系到开发的成败,因而为了确保需求的质量,需求工作应该全员参与、一人(如产品经理或项目经理)负总责。

参与系统需求分析工作的主要人员岗位有以下几种:

- 产品经理;
- 项目经理;
- 业务分析师;
- 需求分析师;
- 架构师;
- 程序员;
- 测试经理与测试员。

一般而言,系统需求方面的工作主要应该由牵头领导问题域(Problem Domain)工作的产品经理(或项目经理)以及他们所带领的需求分析师小组来负责完成,主要包括编写需求文档、建立产品或系统的需求模型以及确认、验证需求等任务。这里的分析师团队也包括业务分析师或其他需求工程师。在 Scrum 方法中,负责领导并参与需求工作的是产品负责人(Product Owner)。

牵头领导解决域(Solution Domain)工作的架构师(如系统架构师、软件架构师等)作为团队中的主要技术负责人,主要是负责系统需求的各项实现工作,包括设计、编程、测试等。架构师应积极参与需求评审,并对一些复杂、有难点的需求的实现技术可行性提出意见。在一些小团队中，尤其人手不够的情况下，有时架构师也可以跨域来负责和领导需求工作。

敏捷程序员最好参与自己所负责实现的需求分析与用例编写及其测试工作。

系统测试员的情况有点特殊。鉴于用例与测例（Test Cases）的密切相关性，熟悉系统需求和用例对系统测试员开展自身的测试工作往往大有裨益，所以UUCM建议：最好让测试员来参与或直接编写用例和需求文档（即Testers Write Requirements），这也是一个值得推荐的敏捷实践。

6.1.3 主要工件

在统一用例方法中，系统需求分析流程输出的一个最主要成果为系统需求模型（SRM）。

作为一个具有包容性、宽泛的概念，SRM是针对一个系统的全部需求描述的统称，其中既包含了文字需求描述（如常见的需求文档），同时也包含了图形化的需求描述，如由OMG的UML、SysML等图形建模语言所描绘的需求模型等。

1. SRM

SRM的基本组成及其与产品模型中其他模型的关系如图6-2所示。

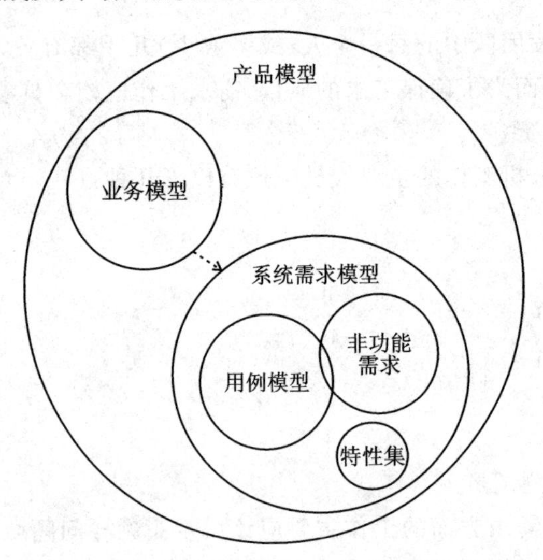

图6-2　系统需求模型的组成及其关系示意图

图6-2描绘了产品模型中与需求相关的两个最主要的子模型：业务模型与系统需求模型。

产品的业务模型主要描述了一个待开发产品所参与的各种业务流程的运行状况，该模型是提取系统需求的一个重要上游来源。在第5章中已经介绍了采用用例和UML建立业务模型的基本方法和技术。

本章主要介绍系统需求模型，以及如何分析并建立该模型的流程。SRM要服务于产品的业务模型，并驱动后续的系统设计、开发与测试，因此它在整个产品的开发过程中占据着核心的、承上启下的位置。

统一用例方法采用的主要是基于用例的产品设计方法。理论上任何一个产品、系统或软件的功能都可以用一个单独的用例来表示，因此所有的系统用例汇集在一起再加上系统的非功能需求（NFR）就构成了一个完整的SRM。

如何分析并建立SRM是本章介绍的重点。从组成内容上看，图6-2画出了SRM包括的几个主要部分：用例模型与非功能需求（NFR）集（参见6.7节），以及相对独立的特性集（含以特性形式描述的FR与NFR）。

通常SRM的用例模型（广义的模型）中既包含了描绘用例、用角及其关系的各种UML图形，也包含了基于特定文本模板的各种用例脚本。而NFR与特性集则主要以文字说明为主。

Scrum＋XP方法主要采用用户故事卡片来描述系统需求（包括FR和NFR）。除了NFR以外，统一用例方法则主要采用用例（或特性）而非用户故事来描述系统需求，这是与Scrum＋XP相比一个明显的主要区别（用例与用户故事的比较请参见第7章）。

2. 用例模型

作为系统需求模型的子模型，用例模型可以说基本上代表了一个系统的所有功能需求。用例模型的主要内容包括“文本＋图形”两个部分，即与用例有关的UML模型（如用例图与其他描述用例的动态图）以及一些重要用例的格式文本描述（也称作“用例脚本”）。

在系统需求分析的过程中，无论描述简单需求，还是复杂需求，用例与UML几乎都能胜任（除NFR以外）。如有需要（如涉及软硬件联合开发的系统），还可以让同为OMG标准的SysML（系统建模语言）来助力。

在统一用例方法中，描述系统功能的手段和形式也是多种多样的。对于一般简单的功能，除了用用例图中的用例符号（椭圆）加名称，或用例简述来描述以外，还可以用传统的特性陈述来表示（见下面的“3. 特性集”）。

对于复杂的系统功能与交互，建议采用基于文本模板的用例脚本（也叫交互脚本）来描述，如有必要，还可以配上多种更加直观的UML动态图（如活动图、序列图、状态图等）来进行图形化地辅助描述，以加强对复杂用例的理解。

用例脚本比较完整、详细地描述了用户如何与系统进行交互，有哪些具体的操作意图与目标，以及有哪些具体的动作（或对话）步骤，可起到一种类似于剧本（或脚本）在影视剧、戏剧编排中所起到的至关重要的核心作用，可谓“写用例就像在写剧本（编剧）”。

同时，高质量的用例脚本也是在需求分析之后，驱动产品的交互设计、架构设计、编码实现与系统测试等一系列中、下游开发活动的一个最佳起点与核心输入工件。

可以说“交互设计始于用例分析”，用例模型同时也是（广义的）产品交互模型的一个重要组成部分。当然，用例脚本与UML图形所描绘的交互流程相对是比较抽象的，如果没有经过一定的学习和训练，一般的交互设计师阅读、理解起来可能会有些困难。为了增强用例模型的可理解性，在把一些复杂的用例脚本交给设计师和前端开发者进行设计与实现之前，建议最好为它们配上相应的更加直观、形象的UI原型（或线框图、Storyboard、页面截图）等辅件。

3. 特性集

特性（Features）是一种比较传统、简单易用的需求描述方法，它们既可以描述FR（对应于功能特性），也可以描述NFR（对应于非功能特性）。

特性描述常常比用例描述更简单，而且特性与用户故事、用例简述三者之间存在着许多相似性（也可以说基本等价），都可以用来简述系统需求。所以，对于一些相对简单的系统开发，特性集可以作为一种用例模型之外简易的替代或补充方案。

尽管与特性相似，用例模型中的用例图、用例简述等构造也可以非常方便地被用来描述简单的系统需求，但是系统越复杂越能体现出UML和用例技术的价值，所以本书介绍的用例模型主要是以应对大、中型系统的复杂需求分析为目标的，这是统一用例方法对用例模型与特性集两者在用途上做出的一种简明分工。

既然除了用例模型以外，一些简单的需求也可以在特性集中进行描述，有了用例模型加特性集就可以描述任意简单或复杂的系统功能，因此基于统一用例方法的开发就无需再像Scrum＋XP那样采用用户故事了。

有关用例与用户故事之间的区别和联系的介绍，请参阅第7章。

4. 常用的需求文档

由系统需求分析工作所产生或需要实际交付的主要工件通常为以下这几项：

- 愿景（Vision）文档；
- （系统）用例模型；
- 特性集（清单）；
- 补充需求说明。

系统的全局性NFR主要在补充需求说明（或规约）这个工件中进行描述。

如果有些开发团队需要提交一份正式的书面需求文档，例如系统（或软件）需求规约（System or Software Requirements Specification，SRS）或PRD（产品需求文档，参见2.2.1小节），那么可以把以上各项工件的重点和主要内容有选择地提取出来合并到一份SRS或PRD之中。

愿景文档相当于对整个系统需求模型的概述，在某种程度上也可以视为一份简要的产品需求大纲，以及对更加详细、完整的SRS或PRD等需求文档的提炼和缩写。与后者相比，愿景文档的篇幅通常较小，更易于阅读，而且提供了其他需求文档一般所没有的业务（或商务）方面的重要信息，所以其在产品或工程项目开发中也非常重要。

愿景文档需要回答的一个核心问题是究竟为什么要开发这个产品,预期该产品(或系统)将能带来哪些具体、可以度量的业务和经济上的好处。

综合参考几位知名需求专家所提供的愿景模板,一份愿景文档的主要内容可大致归纳如例 6 - 1 所示。

例 6 - 1　愿景文档的主要内容

概述
业务需求
用户与干系人分析
产品(或系统)概述
重点功能需求(采用特性或用例描述)
重点非功能需求
限制与排除
附录(词汇表等)

愿景文档的一个重要内容是描述业务需求(Business Requirements)。参照 Wiegeis 定义,业务需求的主要内容如下(注:本书 1.2.1 节的业务需求定义更为宽泛,包括第 5 章所介绍的业务模型其实也属于业务需求范畴,如有必要可在愿景文档之外选用一个独立的文档进行描述):

- 业务背景;
- 业务机会;
- 业务目标;
- 成功指标;
- 愿景陈述;
- 业务风险;
- 业务假定和依赖。

以上简要介绍了系统需求分析流程的主要工作和任务、主要参与角色以及最终产生的一些主要成果工件。下面将首先从确定系统边界开始,分若干小节依次来介绍系统需求分析的核心任务——用例分析的具体步骤和做法。

6.2　确定系统边界

作为系统需求分析工作的起点,首先应该确定当前所要开发的系统的范围(Scope),这项工作也叫作 Scoping(或 Scope Defining,定义或界定范围)。

明确系统范围的第一步是画出系统的逻辑边界 BoS(the Boundary of System)。通常在 UML 用例图中先画一个简单的方框(见图 6 - 3),代表了一个系统及其逻辑边界。BoS 在视觉上分隔了当前系统的内部与外部,可谓“画框为界”。

除此以外,定义系统范围的工作通常还有多项内容,例如明确系统开发应该做哪些功能、不做哪些功能(这叫作“功能范围”),以及需要做哪些组件、不做哪些组件(这叫作“设计范围”)等,而且广义的界定范围还至少包含了6.3.2小节等内容。所以,基本完成界定系统的范围这项工作,尤其对于大中型系统而言,需要一个逐步迭代、演进的分析与设计过程,可以说这一任务的进展将伴随着系统需求分析的大半部分过程(至少是前、中期),几乎很难在一两天之内就完成。

一个待开发的系统应该做什么、不做什么,这可是一个影响到整个产品或项目开发的工期、成本、效益乃至成败的关键问题。因此,系统范围的定义无疑是产品或系统《愿景文档》的一项重要内容,应该引起整个开发团队的高度重视。

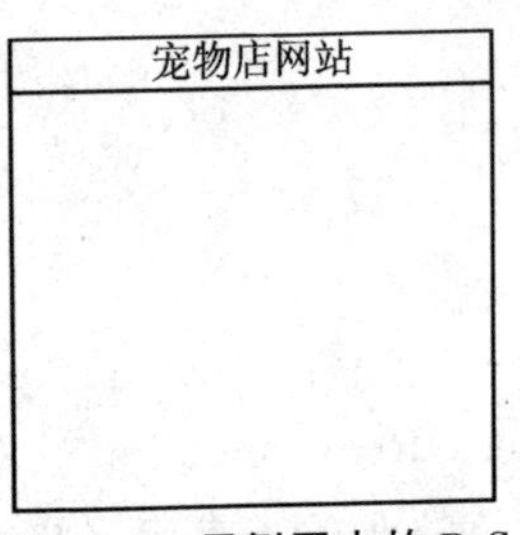

图6-3　用例图中的BoS（宠物店网站系统）

在图6-3代表系统方框的标题栏中应注明系统的名称,如“宠物店网站”。在意思明确的前提下,该名称中有时也可不添加“系统”两个字。

在“宠物店网站”系统内现在的空白处将会填写哪些内容呢?在后面6.4节中将会看到,在这一空白处为“宠物店网站”画上它能够为用户提供的一些基本功能与服务(用多个用例的椭圆形符号来表示)。

为什么图6-3中的系统名称不能叫“宠物店”,而是要写明“宠物店网站”呢?这主要是为了避免产生混淆。因为如果只写“宠物店”,那么到底它指的是“宠物店公司”,还是指“宠物店网站系统”呢?前者代表了企业,是一个业务边界(BoB),用在业务分析中;而后者是一个BoS,用在系统需求分析中,可以说两者在概念上根本不同,而只写“宠物店”很容易产生混淆。

6.2.1　术语澄清

Cockburn方法把当前讨论、分析的范围称为SuD(the System under Discussion,当前讨论的系统,或当前设计的系统,the System under Design)。SuD中的“系统”是广义的,不但可以指向电脑系统,也可以指向业务组织(相当于一个业务系统)。

UML规范把图6-3中这个当前设计、讨论的范围(及其符号)叫作Subject(主体,或主题)。SuD与Subject这两个术语基本是等价的。

若未做特别说明,本书的“系统”是狭义的,通常是指任何一个由各种软硬件设备组成、具有电子运算能力的系统,简称为“电脑系统”。

6.2.2　BoS与BoB的联系与区别

进行系统需求分析时所采用的BoS通常要小于组织或业务边界(BoB,参见5.2节)。这是因为BoB里面除了有软硬件系统以外,通常还有许多人员(如管理者、开发者)以及其他各种物资、装备等内容。

例如,系统“宠物店网站”隶属于“宠物店公司”,是这家企业(组织)的一项重要业务资产。而除了网站系统以外,在宠物店公司内部还有许多的人和物(以及跨越其上的业务流程)，包括客服、店长、公司物流部的快递员等一些潜在的系统用户，如图 6－4 所示。

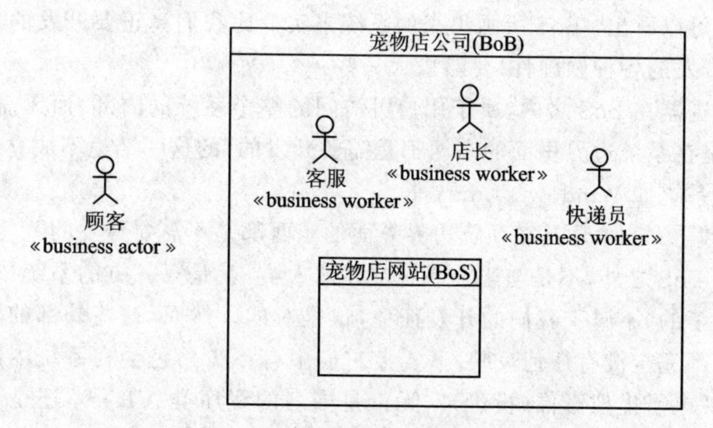

图 6－4　业务边界与系统边界的区别示意图

所以，两者之间一个最大的区别在于，BoB 内部通常是有人的，如图 6－4 中的业务工员(Business Worker，参见 5.5.2 小节“2. 业务工员与装备图”)等人类活动，而 BoS 内部是无人的，只有软硬件等组件。

以上认识还有一个推论(“极端情况”)，即什么时候当一个组织的业务完全电算化了，导致 BoB 内部也无任何需要分析的人类活动，那么(理论上)就有可能出现 BoB 与 BoS 这两个一大一小的边界重合的现象，此时的“组织”就相当于一个全自动化的无人复合系统(如只剩机器人了)。

6.2.3　一个常见的误解

关于系统边界(BoS)，常有以下两个说法：

- 凡是在系统边界外面的东西都是不需要开发的；
- 凡是在系统边界里面的东西都是需要开发的。

这些说法有一定道理，但都不太准确。

先分析第二句。

以宠物店网站系统为例，请问：用户使用的客户端浏览器是在网站系统的 BoS 之内，还是之外呢？

如果浏览器在 BoS 之外，那么它必然将成为一个用角(参见 6.3 节)。既然它是一个在系统外部与当前网站系统交互的组件，那么是否有必要去分析浏览器与系统之间的通信交互呢？显然这既不需要，也不应该，因为如果那样做，就已经是系统设计而不再是需求分析了(对本案例而言)。

所以，正确答案是：浏览器在宠物店网站的 BoS 之内。

虽然浏览器是由第三方开发好的现成软件，但浏览器仍在 BoS 之内，只不过它不是需要我们开发的内容，而是一个现成的组件，而且在其上可能还要运行我们编写的 JavaScript 程序，这些前端程序也在 BoS 之内(属系统内部组件)。

从这里可以看出，BoS 所画出来的系统事实上比我们真正要开发的那个系统范围(包括需开发的各种软硬件)要略微大一些。

既然浏览器在 BoS 之内，属于用户可访问的整个系统的内部，而无需再开发，这就说明“凡是在系统边界里面的东西都是需要开发的”的这一结论不成立。类似的情况还有操作系统如 Windows、Linux 等。

再来看第一句：“凡是在系统边界外面的东西都是不需要开发的”。

确实在 BoS 之外，不是与当前系统交互的人类，就是第三方的系统或设备，都是已经开发好了的，不属于我们的开发任务，这是对的。然而，这些外部的用角也并非在系统的内部完全没有任何反映，事实上它们中有不少角色会在系统内部有一些与其相对应的“电子虚拟影像(投影)”，无论是同名的程序类(Class)，还是相应的数据库表等，如用户、快递公司、支付机构等。

所以，综合以上分析，简单、盲目地把“一件东西是否处在 BoS 之内或之外”用来作为判断它是否需要我们去开发的一个绝对准则，这是不对的。BoS 的主要作用不在于此。

那么，“画框为界”，确定系统范围并画出 BoS 的真正价值何在?

其实，BoS 的真正(或最大)价值就在于帮助我们找到所有外部的用角，然后再从这些外部用角的需求当中，提取出真正符合用户需要的系统功能(用用例来描述)。

既然用角是位于系统外部的角色，如果事先没有定义好系统的边界，分不清“内与外”，那么又何来“系统的外部”呢？因此，“由外而内”，先通过确定 BoS，以便确定外部的用角，然后再提取出系统应该为这些用角提供的用例(功能)，这简明的“三步曲”是一个非常自然、符合逻辑的分析过程。

6.3 用角分析

在 6.2 节确定了系统边界(BoS)之后，接着第二步就可以找出在 BoS 之外有哪些当前系统需要与之发生交互的外部用角(Actor)。

第 3 章已介绍，在 UML 与用例建模中，这种位于系统外部与系统发生交互的某种角色(或类型)称作“用角”。系统用角的实际充当者既有可能是人类，也有可能是非人类的其他软硬件或第三方系统、设备等。

只有当确定了当前系统有哪些需要服务或与其进行交互的外部对象(用角)之后，才能确定这些外部角色(如顾客)针对当前系统都有哪些特定的目标和需求(如“支付订单”)。然后，在 6.4 节中我们将用用例来表示可实现、满足这些用角目标的系统功能(如“支付订单”)。

在分析用角时，首先需要注意的一点是，我们提取出来的用角名称通常不是一个个用户个体的名称（如“小王、小李、小张”），而是这些个体在与系统交互过程中所代表的一种用户角色（User Role）或用户类型（User Type），如“顾客”“系统管理员”“客服”等。

例如，用 UML 用例图表示宠物店网站系统所涉及的一些主要的用角，如图 6－5 所示。

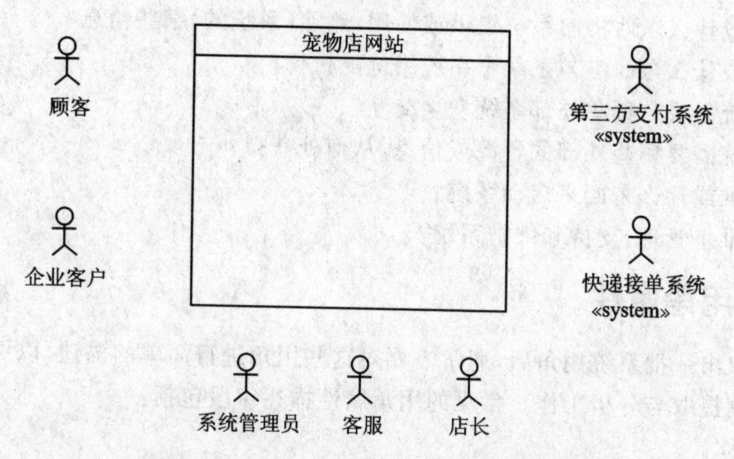

图 6－5　宠物店网站系统的一些主要用角

6.3.1　主辅用角

系统用角通常可细分为主用角（Primary Actor）、辅用角（Secondary or Supporting Actor）等几种类型。在用例的这个层面上，一个用角的主或辅定位不是固定的，有时系统外部的同一个用角，既可以在一个用例的执行过程中充当主用角，又可以在另一个用例的执行过程中充当辅用角。

通常人类用角充当主用角的居多，如图 6－5 中的顾客、系统管理员、客服和店长等。第三方的系统用角充当辅用角的居多，如图 6－5 中的第三方支付系统、快递接单系统（即图 4－5 中“快递公司电商业务系统”的一个子系统）等。

为了便于识别主辅用角、避免图形凌乱，一般建议把主用角放置在系统边界框的左边（或靠近中间的上下沿），把辅用角放置在系统边界框的右边。当然这种画法不是强制性的，只要团队达成一致约定就好。

6.3.2　提取用角

分析、提取系统用角的主要来源有：

- 业务用角（Business Actor）；
- 业务工员（Business Worker）；
- 业务装备；

- 系统用户；
- 对系统可能有影响的其他干系者；
- 与系统通信的第三方系统、设备等。

尝试回答以下这些具体的问题将有助于读者从多个方面、角度来思考和识别出有效的系统用角(或干系者)：

- 谁将使用当前系统?
- 谁或什么东西将向系统提供或使用、删除(系统的)某些信息?
- 谁或什么东西参与了某个系统用例的执行?
- 系统需要与哪些外部系统发生交互?
- 系统需要哪些外部的资源或信息,从何处获得?
- 由谁或什么东西来启动系统?
- 由谁来管理、支持和维护系统?

6.3.3 用角属性

在提取出一批系统用角后,通常需要对这些用角进行简单的描述,以更好地支持后续的用例提取与分析工作。常见的用角属性描述字段包括：

- 名称；
- 别称；
- 类型(个人/系统等)；
- 相关背景；
- 岗位/职务(适用于人类)；
- 职责与任务；
- 利益；
- 权限；
- 技能(适用于人类)；
- 特殊/补充需求(无法直接用用例、特性等描述的需求)；
- 其他特征；
- 与其他用角的关系。

6.3.4 用角图

在提取出一些系统用角之后,有时还需要描述、澄清这些用角相互之间的关系。

用角图(Actor Diagram)主要用来描述当前主体之外的各种用角(或干系人)之间的关系。用角图中一般只画用角,而不出现任何用例,可描述的用角关系主要有继承、依赖(如可用不同版型分别表示的“别名”“汇报”“领导”)等。

一个用角代表了任何具有行为能力的人(或其他系统)在与当前系统交互的过程中所扮演的某个角色,所以在UML中它们也是一种类元(Classifier,代表任何一种可以被分类的东西或概念)，可以像普通对象那样具有自己的属性和操作(即可执行的动作)。

在 5.6.3 小节中曾经展示了业务用角图的基本画法，系统用角图与之相似，一处明显区别是前者描绘的是业务用角之间的关系，故图中的所有用角都带有版型《business actor》。

同样，如果利用当前 UML 工具无法在用角图中描述每个用角的具体内容，那么可以利用领域模型中的类图来进行描述(参见 6.7.3 小节)，相当于系统外部的主动对象到系统内部的“投影”。

6.4　提取用例

在通过前面两节确定了当前待开发系统的边界，并提取出了一批位于系统边界之外重要的候选用角之后，紧接着下一步就可以开始提取系统应当为这些用角们提供的用例了。这一步的英文名称为 Use Case Elicitation，也可叫作“获取、识别(Identifying、Capturing)”用例等，相当于在传统软件工程方法中识别、获取系统的主要功能需求。

提取用例主要有以下几种办法：

① 不看业务模型，直接分析用角针对当前系统的目标和任务，以得出它们所需要的系统功能或服务(用例)。

② 参考业务模型(含业务用例图、业务活动图、业务类图等)，根据用角、工员、装备等各类执行者在业务流程中的具体行为、各种需要系统处理的业务事件，以及对各种业务信息实体所采取的操作(如 CRUD 等)，获得比较准确的系统用例。

③ 通过直接询问用户(代表)、产品专家、分析师等相关人员，或者召开需求收集(头脑风暴)会议，以及分析、梳理需求访谈记录等渠道或手段来提取系统用例。

④ 从系统日常使用的基本功能以及管理、调测和运维等角度来分析所需的用例(如登录、注册、查询和打印日志等)。

⑤ 参考其他产品、系统或应用的 PRD、SRS、用例模型或功能清单等需求工件中的现成结果。

⑥ 参考一些业界常见的需求(用例)模式。

下面介绍以上列表中几个比较常用的用例提取办法和技巧(直接分析用角目标与从业务模型中提取)。

6.4.1　直接分析用角目标

提取用例的第①种办法是基本上不看系统的业务模型，而直接通过分析用角针对系统的使用目标来获取用例。这种办法主要适合于无需做业务分析，或者缺少可用业务模型的开发场景(如银行的 ATM，一些通信、工控系统和设备的底层研发等)。与其他方法相比,这么做的优点是上手比较快,简单、直接;缺点是提取用例的结果往往不够准确,可能还需要多次调整或细化。具体做法是:在确定一批候选主用角后,针对其中的每个主用角,逐一地分别列举出它们针对当前系统的各种使用(或访问)目标。其中,某个用角的任何一个层级适中的目标都可能是一个候选用例(通常是用户目标层或概要层用例),而这些目标的名称通常就可作为相应用例的名称。

那么,具体如何来获得某个用角(如用户第三方系统)针对当前系统的目标呢?参考 Cockburn 的建议,此时分析师应当站在当前用角的角度,提出类似这样的一个问题:

“我为什么要访问(或使用)这个系统?”

(或者“系统为我做了些什么,才能让我真正满意?”)

如果在提取用例时,现场没有用户代表,那么分析师应当换位思考,以角色扮演当前用角身份的方式来做出回答。

当然,如果与当前用角相对应的真实用户代表本人就在现场,那么分析师直接去问他们即可,不必越俎代庖。实践表明,如果用户(代表)一旦掌握了提取用例的方法,就可以自主地参与分析、提取一部分用例而不必分析师代劳,事后大家再一起做筛选、整理,往往能够事半功倍,提高团队整体的需求分析工作效率。

回答以上问题通常可能有多个答案,经过筛选,往往能够从一些比较合适的答案中提取出候选用例。例如,通过直接分析用角目标的方法来获得用例,银行 ATM 机就是一个非常经典、大家都熟悉的案例。

无需事先分析任何的业务模型、业务流程,对于以上问题,一般人都能够轻松地回答出“取款”“存款”“查询余额”“转账”“改密码”等这几个答案,而这些用户目标恰好就是服务于 ATM 用户的几个核心用例,如图 6-6 所示;而且几乎没有人会回答“插卡”“输密码”“退卡”等一些属于非核心功能的小用例(子功能),因为仅仅完成这些动作并不能让用户真正感到满意,说明这些小功能并不是真正的用户目标。

这种现象正体现了用例分析方法的一个强大之处——“以用户为中心,从中间切入,迅速抓住用户价值”。这里的“中间”指的就是用例层级中的海面级,即用户目标层的用例。

再以宠物店网站为例。

首先,对于主用角顾客来说,回答上面的问题,无疑在网店上购物(购买宠物或其他商品)就是一个最主要的目标;其次,顾客购买了之后如果不满意,还可以退货、换货,甚至进行投诉,这些看来都是合理的用户目标。因此,按照这个办法马上就可以提取出“购物”“退货”“换货”等几个用例,如图 6-7 所示。

此外,顾客来到网站,不一定每次都要购物、退换货等,只是在网店里到处闲逛(随便看看)可以吗?当然可以,这也是一个合理的用户目标,所以图 6-7 中也画了

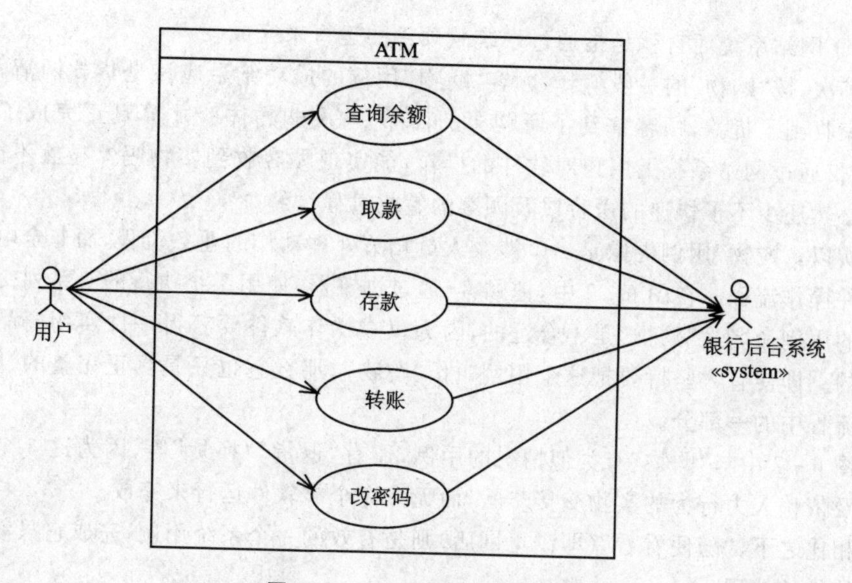

图 6-6　ATM 系统的核心用例

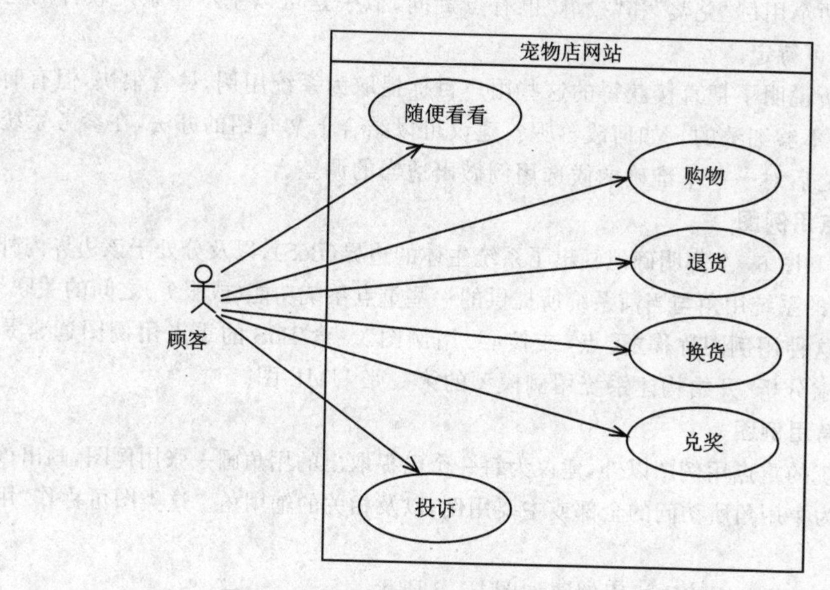

图 6-7　顾客针对宠物店网站系统的一些初始目标

一个名为“随便看看”的用例。

然而，图 6-7 中画的这些用例（用角目标）其实是有些问题的。例如，“购物”这个系统用例与第 5 章业务用例图中同名的业务用例“购物”有何区别呢？两者是不是重复了？

首先，在本章中提取、分析的全部都是系统用例，而非业务用例。这意味着图 6-7 中的每一个用例的成功执行及其用户目标的实现，都应该能够在当前系统内全部完成，对于网站系统而言就是指通过系统软硬件的运行来完成。

其次，按“购物”的一般解释，顾客“购物”用例的成功结果应该是货款两清，也就是商家收到了货款，顾客拿到了所购买的商品，一次购物体验才算真正完成了。可是，仅仅通过网站系统上用户对软件的操作，能实现顾客收到实物吗？显然不能，这中间必然还少不了快递的送货以及顾客的签收过程。

所以，“购物”用例更像是一个涉及人员相关处理动作的业务流程，而非全电子化的软件操作流程。在图 6－7 中，把顾客（通过浏览器）使用系统执行的一系列交互和操作的用例命名为“购物”是不合适的，因为仅靠操作软件要获得一件实物商品是不可能的。即便有人坚持要把这个用例叫作“购物”，那么它也只是真正完整的“购物”业务流程中的一部分。

图 6－7 中与“购物”有类似情况的用例，还有“退货”“换货”等，因为这 3 个用例都涉及依赖人力行为的实物交接步骤，而无法完全靠软件运行来完成。

相比之下，“随便看看”（即浏览网店）则是有效的一个系统用例，完成它只涉及用户对软件的使用。

而另外两个用例“兑奖”和“投诉”也有点疑问，似乎是可以基本靠系统软件的运行来完成的，可待定。

以上分析说明了把直接获得的这些用户目标提取为系统用例，尽管很快，但有时是不太准确、不够细致的。如何改善呢？建议可以结合下文介绍的办法，在参考系统的业务模型之后对一些不准确的候选用例做出适当的调整。

(1) 重点用例图

图 6－6 和图 6－7 都明确地画出了系统主体的边界（BoS），以及分处于该边界内外的，一些主要的系统用角与当前系统所提供的一些重点系统功能（或服务）之间的关联。

我们把这种用例图称作“重点（或核心）用例图”。含 BoS 的重点用例图通常是启动系统需求分析、开始构建系统用例模型的第一张 UML 图。

(2) 用角用例图

除了系统的重点用例图以外，建议为每一个已提取出的用角画一张用例图，画出该用角可能作为主用角所访问的全部或主要用例，以及相关的辅用角。这类图可称作“用角用例图”。

例如，宠物店店长的初始用例图如图 6－8 所示。

对于那些没有一个辅用角的用角用例图，缺省时也可以不画 BoS，毕竟系统边界在重点用例图中已经明确了。

6.4.2 从业务模型中提取用例

提取用例的第②种办法是参考当前用角（或业务工员）等角色在业务流程当中的行为描述。由于这种办法参考了系统的业务模型（包括比较准确、可靠的业务流程与业务对象描述），因此往往可以比其他提取办法获得更为准确的用例。

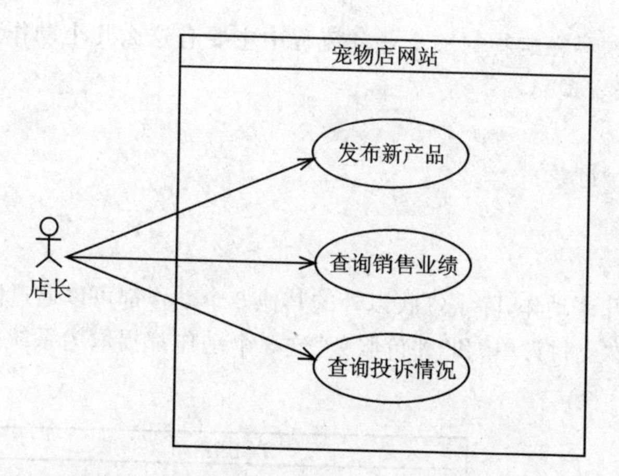

图 6-8　宠物店店长的一些(初始)基本用例

(1) 从业务流程中提取

在第 5 章中,我们采用业务活动图来描绘业务流程的具体执行状况,分析这些活动图中有哪些任务及其动作步骤(节点)可用系统或软件来实现(自动化),这些步骤很可能就是一些合适的候选用例。

例如,参考前面已画好的顾客"购物"的业务活动图(5.5.2 小节"1. 业务活动图"),从中识别哪些动作可以用软件来实现,如图 6-9 中顾客分区中的标签所示。

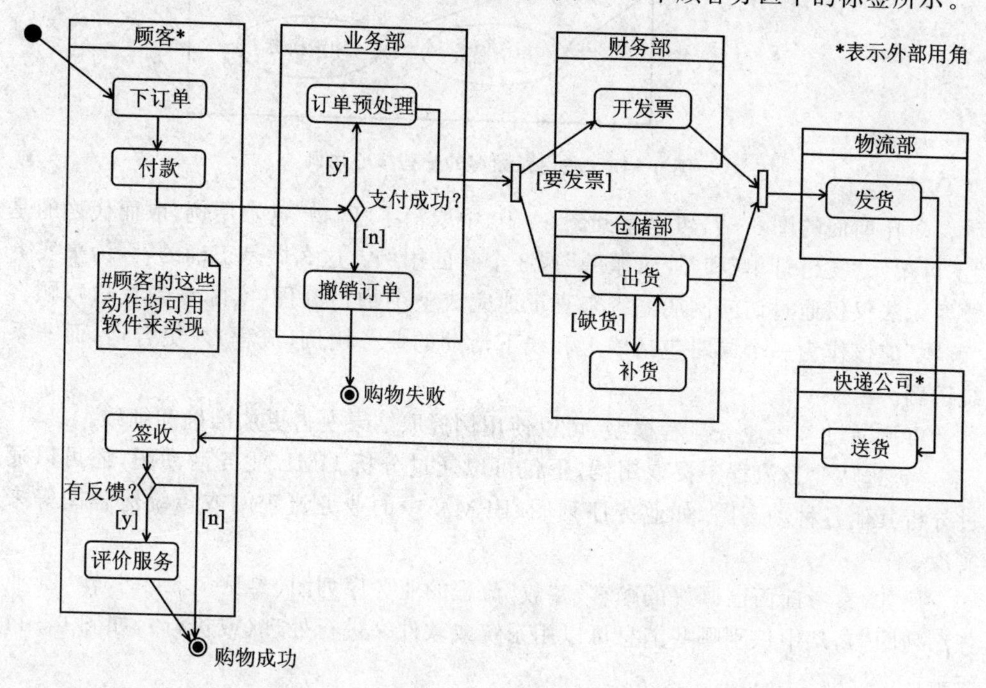

图 6-9　从业务活动图中提取用例示意图

图6－9中，顾客在购物的整个业务流程中主要有这么几个动作可以实现自动化（即由系统软件来实现）：

- 下订单；
- 付款（支付订单）；
- 签收；
- 评价服务。

分析以上这几个动作，除了签收以外的其他3个动作都可以通过网站系统来完成，所以把“下订单”、“支付订单”和“评价服务”这3个动作都提取为系统用例，如图6－10所示。

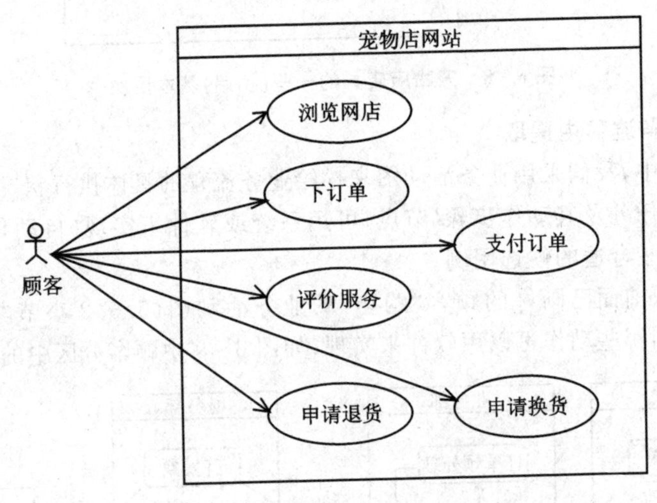

图6－10　主用角顾客的一些核心用例

对比前面的图6－7，可以看到图6－10中取消了“购物”这个用例，取而代之的是“下订单”、“支付订单”和“评价服务”这3个新的用例。这么做是正确的，因为事实上顾客无法仅仅通过访问网店系统来真正地完成整个购物流程（实际拿到货物），顾客“购物”应该作为一个同时包括线上和线下活动的业务用例（流程）才更合适，而非系统用例。

可见通过参考业务流程模型，可以使用例提取结果变得更加准确和细致。

当然，从业务流程中提取用例，不仅可以通过分析UML业务活动图，还可以通过分析其他各种动态图，如业务序列图、BPMN中的业务流程图或传统流程图等来实现。

例如，参考前面已画好的顾客“签收”流程的业务序列图（参见5.5.2小节“3. 业务序列图”），从中识别哪些消息可以用系统或软件来进行处理（或执行），如图6－11所示。

注： 图6－11中快递员为宠物店公司内物流部的快递员，是一种业务工员。

图6－11中的标签显示，顾客签名、快递员保存顾客的签名与更新运单状态，这

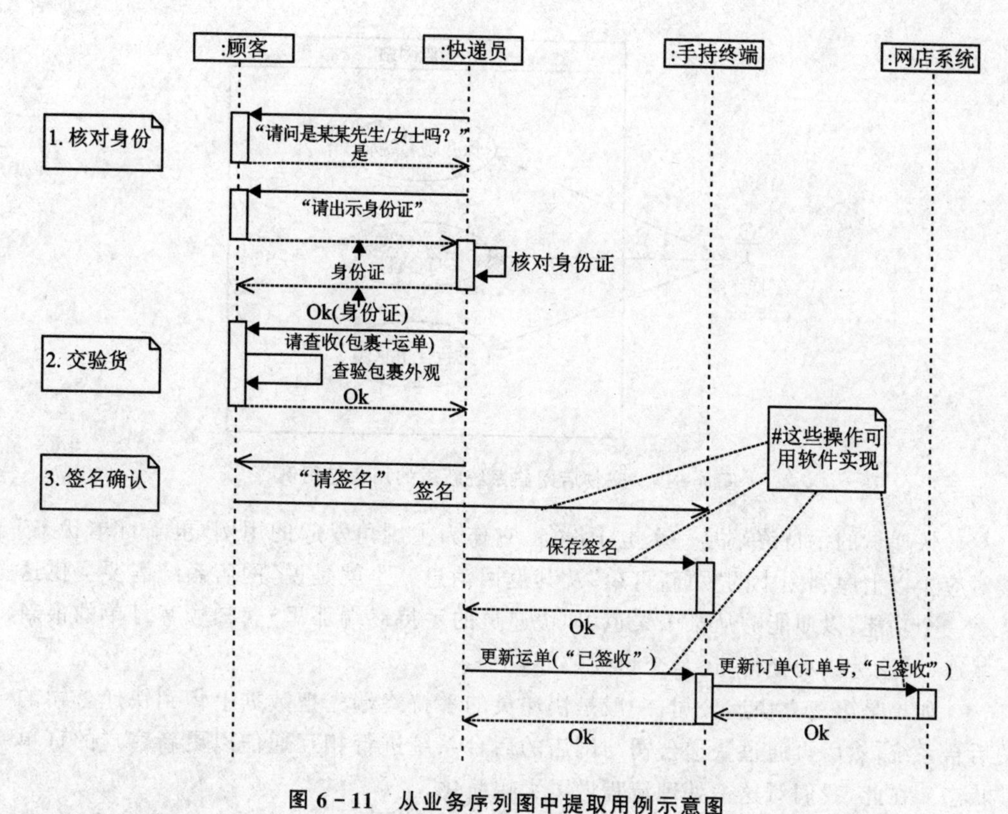

图 6-11　从业务序列图中提取用例示意图

几个消息的交互可以用手持终端来实现，可用如图 6-12 所示的用例图表示。

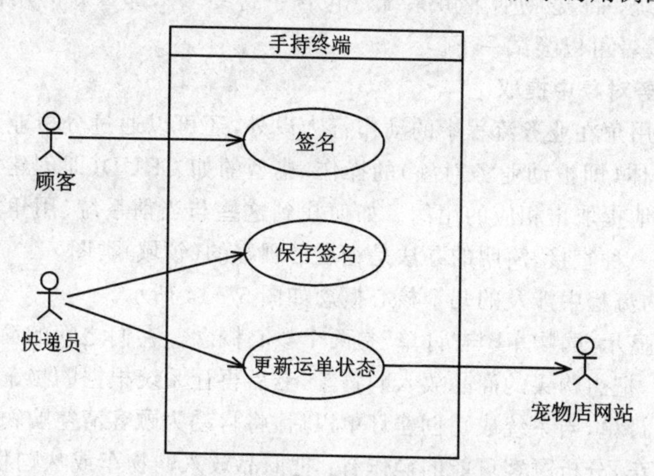

图 6-12　快递员手持终端用例图

再来看宠物店网站系统(即业务序列图中的别名"网店系统")。通过对以上业务序列图的分析，不仅发现了该系统的一个新用角——手持终端，而且可以把手持终端到网店系统的"更新订单"消息及其交互提取为一个新的系统用例，如图 6-13 所示。

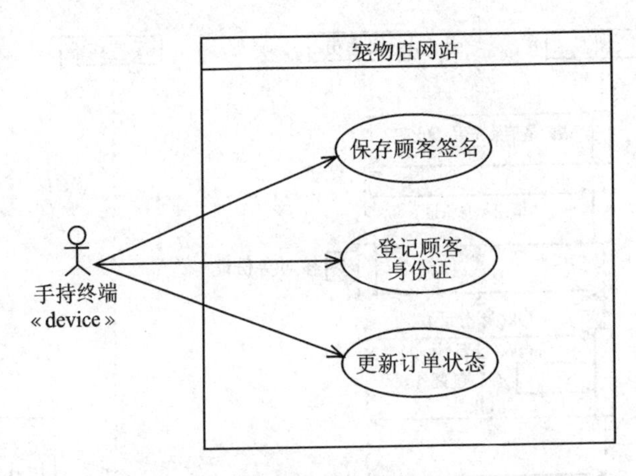

图 6-13　宠物店网站系统新添的用角与用例

快递员的手持终端是一个电子设备，它作为主用角发起的用例“更新订单状态”对应于以上序列图中的“更新订单”及其返回消息。也就是说，网店系统需要提供这么一个功能，以便能够从某个渠道（如快递员的手持终端那里）获知顾客订单的最新状态（无论是成功交付，还是交付失败等）。

如果是第三方快递公司，一般是快递员的手持终端先把数据上传到快递公司的后台系统，然后再通过快递公司与网店的后台系统进行相互通信以更新客户的订单状态。在此，我们对这一处理流程做了大幅简化。

另外，如果改变当前的系统主体，把网站系统和手持终端都归入一个面向客户、边界更大的系统，如“宠物店业务系统”（包含手持终端），那么新的用例图应该怎么画，感兴趣的读者可以尝试一下。

(2) 从业务对象中提取

除了分析用角在业务流程中的动作行为以外，还可以通过分析业务流程中用到的各种信息实体（即被动业务对象）的操作，典型的如 CRUD（即创建、查询、更新与删除）等，快速地提取出相应的用例。如何找到这些与当前系统、用角相关的业务对象或实体呢？一种直接、简明的办法是查看已画好的（领域）类图。

例如，购物流程中涉及的几个核心概念如图 6-14 所示。

图 6-14 显示“购物车”与“订单”是两个核心概念。它们之间的简单联系是：顾客先挑选商品，把想购买的商品放入购物车，然后再让系统根据购物车内的物品来生成正式的购货订单，当系统成功创建订单以后，将自动为顾客清空购物车。

对于购物车，分析顾客可能的操作有：把商品放入购物车或从购物车中取出，清点购物车中商品的数量和价格等，于是可以提取出相应的候选用例名称，如“添加到购物车”“删除商品”“查看购物车”“修改商品数量”“清空购物车”等。

至于针对订单的操作，以上已经提取出的“下订单”用例的结果是系统为用户创建了一份正式的新订单，这相当于“创建”操作，那么针对用户订单，是否还有相应的

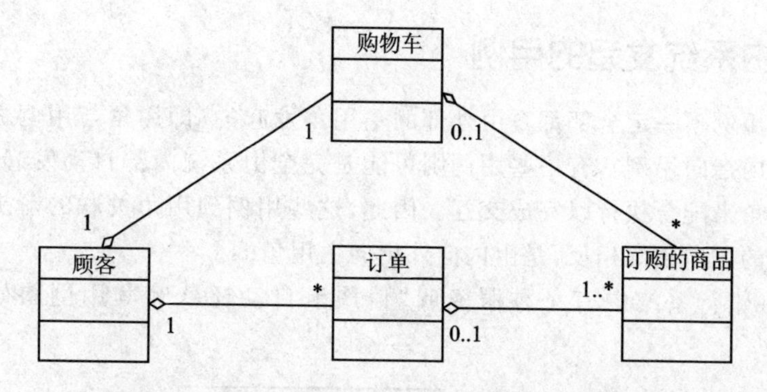

图 6 - 14　购物流程中的几个核心概念(初始类图)

查询、删除和更新等操作呢？

现在一般比较简单的网店设计是，用户一旦确认提交订单以后是不能再次修改订单的。如果用户对当前订单的内容不满意，则在未支付订单货款之前可以直接取消订单，然后再重新下一份新订单；如果订单已支付再想取消，则只好走退款退货流程。

所以，目前暂不考虑更新订单的操作，与查询和删除订单的操作相对应的用例如图 6 - 15 所示。

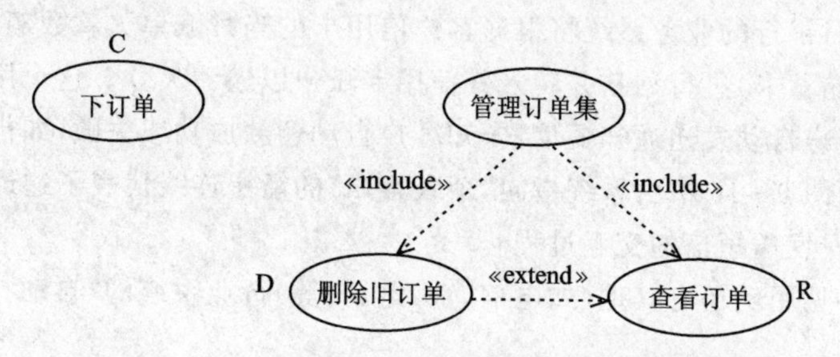

图 6 - 15　与业务对象“订单”操作相关的一些用例

在图 6 - 15 中用用例旁的字母“C、D、R”分别表示针对订单的创建、删除和查询操作。其中，“删除”只能针对用户的订单集中达到一定时间期限的旧订单进行操作，而“查看订单”可以查看任意的新旧订单。将来如果根据需要添加了针对大批量订单的搜索功能(如面向企业客户)，那么这也是属于某种查询(R)操作。

此外，图 6 - 15 暂时用包含关系来表示“管理订单集”这个(相当于一个目标容器的)用例与反映其具体操作的两个用例“删除旧订单”与“查看订单”之间的联系。然而按照 UML 规范对于用例包含关系的定义(通常代表必然执行)，如此表示并不准确和恰当，后文 6.5.4 小节“3. 改进用例关系”将对此类现象做更加深入的分析和探讨。

6.4.3 由系统发起的用例

系统的用例不一定全部都是由外部的主用角发起的(即用角与用例之间的关联箭头由外向内指向用例),有一些用例则可能是完全由系统内部自动发起的,然后需要外部的用角来配合执行以完成交互。因此,这些用例到用角关联的箭头方向与其他常见关联的方向正好相反,是由内向外指向主用角的。

例如,在银行系统中有一种服务叫"信用卡自动还款",其用例图如图 6-16 所示。

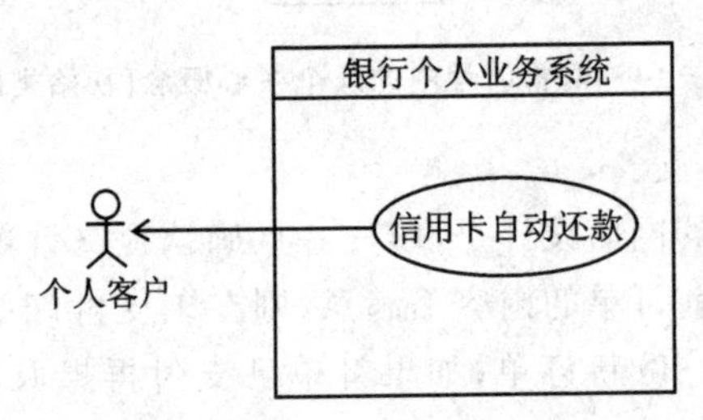

图 6-16　由系统发起的用例示意图(信用卡自动还款)

图 6-16 中"信用卡自动还款"用例的大意是,一到每月还款期的某个特定日子,无需人工干预,银行的业务系统将根据客户信用卡的当月账单欠款数额,自动从客户的借记卡(或储蓄卡)进行划款并转入其信用卡账户以还清欠款。这个用例的最后一步通常是向客户自动发送通知短信,告知客户自动还款成功或失败(如借记卡余额不足)的消息,而图 6-16 中由系统指向"个人客户"的箭头连线代表了这最后一步由系统发起、向客户发送短信的交互过程。

类似的常见用例还有其他(如电信、水、电、气等)行业系统的"自动扣款""自动划账"等功能。

为了尽可能完整地提取出所有重要的系统功能需求,提取用例以及分析用角目标时,应注意不要遗漏、忽视了这些由系统自主发起的用例。

6.4.4 组织用例包

系统的第 1 张(重点)用例图不一定每次都是画围绕 BoS 的重点用角们所需要的一堆系统核心用例,有时也可以用画出一些核心的用例包来表示(如前章图 5-10)。前者适合中小系统分析,后者更适合大中型系统分析。如果预估当前系统的(重点)用例数量可能会比较多,这时就可以采用模块化的需求(或用例)包画法,以简化用例图表示。

除重点用例图外,用角用例图等其他用例图也可以采用类似画法。例如,主用角"顾客"与"个人会员"的一些主要用例包如图 6-17 所示。有些 UML 工具可能不支持在专门的主体(及其边界)符号中直接画出或拖入包符号,因此可以采用如图 6-

17 的包图画法。图中的大方框可采用普通的线框符号来画(代表系统主体与 BoS)，而主体名称可用普通文字框来标注(图中已省略)。图中的依赖线(带开放箭头的虚线)表示某个用角使用到了相关用例包中的一些用例。

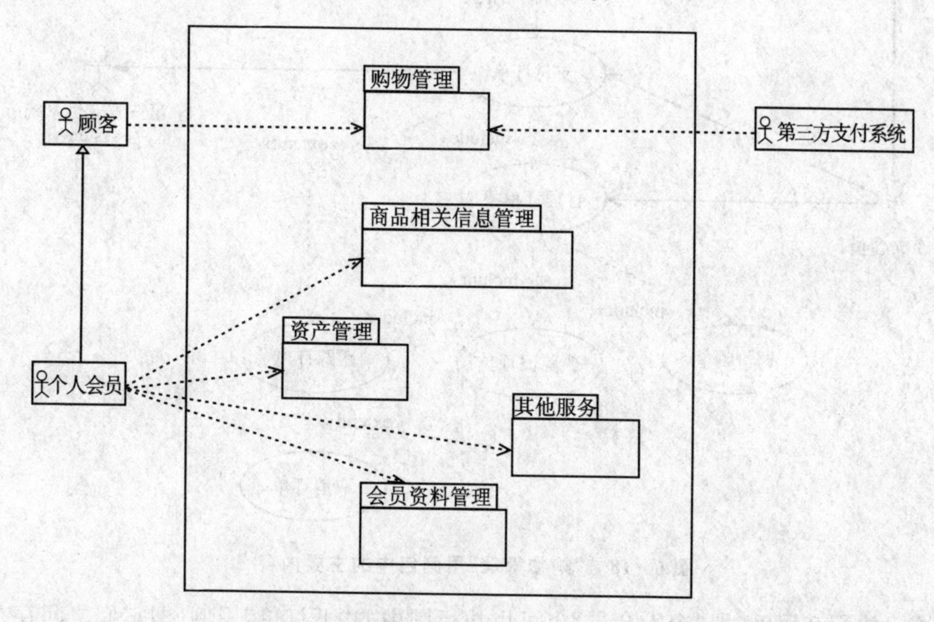

图 6-17　顾客(个人会员)的主要用例包(包图)

如果打开图 6-17 中的“购物管理”用例包,则可以看到如图 6-18 所示的该包主用例图。

类似地,图 6-17 中的其他用例包也可采用类似的结构,即每一个用例包里面都设有一张主用例图(通常缺省名称或前缀建议为 Main),相当于一个目录,描绘了当前包中的一些主要用例及其关系。例如:

- “会员资料管理”包中包含了“管理个人资料”“管理全部收货人”等用例。
- “商品相关信息管理”包中包含了“评论商品”“管理收藏夹”等用例。
- “其他服务”包中包含了与安全设置、发票管理、退换货、投诉建议以及签到、抽奖等方面相关的用例。
- “资产管理”包中包含了与会员个人资产(如积分、优惠券、代币等)管理有关的用例。

用例模型中服务于其他用角各自的用例包与此类似,不再一一列举(参见 6.6 节“用例模型分析”)。

图 6-18 中的“ * trigger”是自定义符号(也可改用版型《trigger》),表示“下订单”用例的成功完成将触发“支付订单”用例的执行(在订单需在线支付的情况下)。

图 6-18 中“个人会员”与“顾客”之间的继承(泛化)符号,表示派生(子)用角继承了父用角的所有(非私有)属性(包括各种关系)和行为,因此前者可访问、执行后者

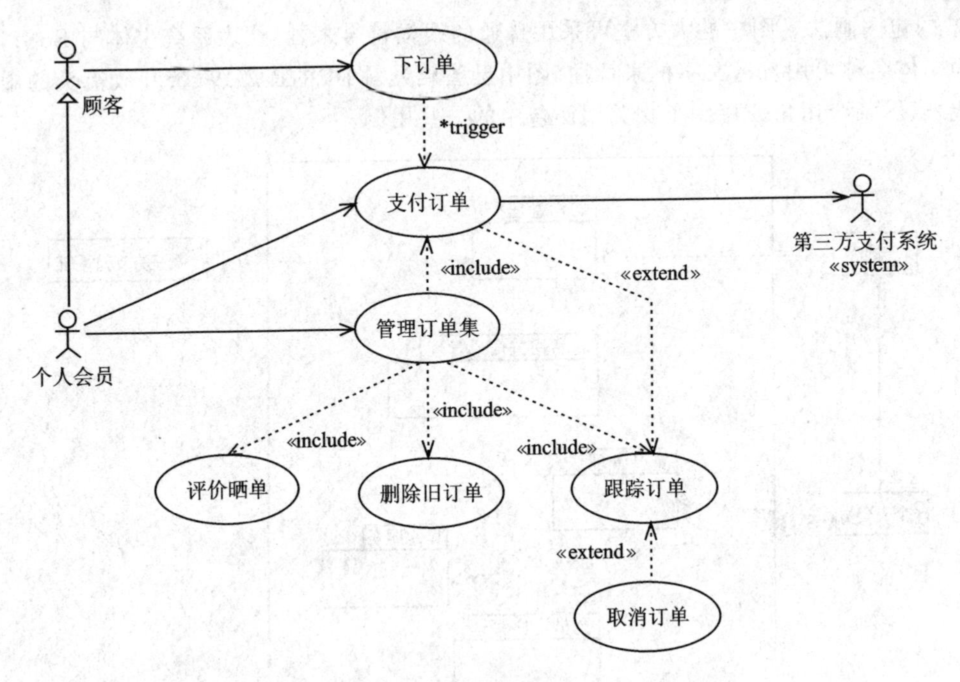

图 6-18 “购物管理”用例包中的主要内容

可访问的所有用例，即“个人会员”也可以执行图中的“下订单”用例（即它们之间存在着隐含、无需画出的关联关系），而反之则不行，即一般的顾客无法执行“支付订单”“管理订单集”等用例。前面图 6-17 中的继承关系涵义与此类似，即“个人会员”也同样可以访问（依赖）“购物管理”包中的某些用例。业务用角之间的继承画法请参见图 5-36。

此外，为简化起见，图 6-18 省略了管理订单集时可能会用到的“查看订单”等其他用例。而与前面图 6-15 的解释相同，图 6-18 中“管理订单集”是一个比较特殊的目标容器类用例，与其他几个附属用例（如“评价晒单”“删除旧订单”等）之间的包含关系画法只是暂时的，其实它们之间更为准确的关系应该是扩展与细化关系，6.5.4 小节的“3. 用例关系改进”将对此做详细分析。

提取公共用例

在日常开展用例分析工作时，有时会遇到类似如下的问题：

像“登录”“退出登录”“注册”这样的用例在模型中该如何处理（才更好）？

以上这类用例确实属于系统的一些基本、常用功能。然而在分析、描绘“登录”用例的关系时，常常会出现如下一种情况：

由于许多系统功能（用例）都需要用户在成功登录之后才能使用，那么按照常规 UML 用例图的画法，就可能会出现大量其他用例到“登录”用例的连线，这样画确实没错，但是画这么多线和以后维护起来都比较麻烦。

例如，对于 ATM 系统的用户插卡登录（UML、Cockburn），经常可以看到类似于如图 6－19 所示的画法。

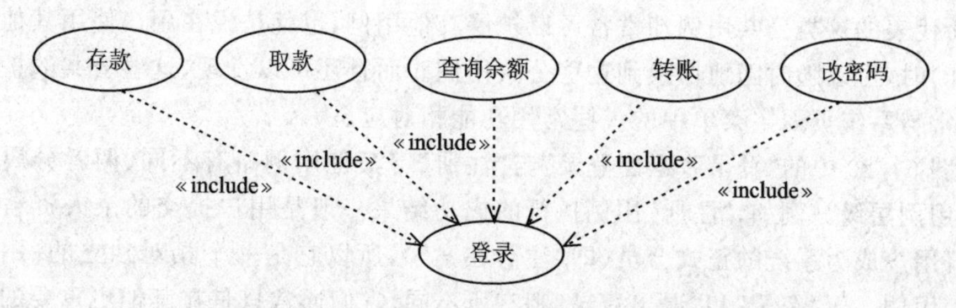

图 6－19　登录用例的一种常见画法（ATM）

图 6－19 中"存款"等 5 个用户目标层的用例通常都是从用户插卡尝试登录那一刻开始算起的，因此毫无疑问，它们都包含了"登录"这个子功能用例。与"登录"类似，在这 5 个 ATM 的核心事务型用例成功结束时，它们很可能都还要包含另一个子功能用例"退卡"（相当于退出登录），这就要增加另外 5 条由这些用例到"退卡"用例的连线。

显然，这里的"登录"和"退卡"是两个公共的小用例。一旦系统中涉及这样的用例数目很多，通过以上一对一逐一添加连线的画法来表达大量功能都需要包含某些公共用例显然是很烦琐的，而且似乎也并无多大价值。

对此，一个简易的处理办法是：

把"登录"等公共的用例（或小用例）放入一个独立的公共用例包，然后用文字列表来注明其他哪些用例的执行需要事先登录即可，而不必逐一画出大量其他用例连接到"登录"用例的连线，对其他公共用例也可照办。

例如，经分析，宠物店网站的公共用例包中目前主要包含了如图 6－20 所示的这些公共用例，它们经常扩展了其他用例或被其他用例所包含。

图 6－20　一些常见的公共用例

在图 6－20 中除了"登录"和"退出登录"以外，可以看到还列举了其他一些网店常见的公共用例，如“浏览网店”“搜索商品”“查看系统帮助”等。与前者有所不同的是，“登录”或“退出登录”在使用时通常是被其他用例所包含，而“浏览网店”“搜索商品”所代表的这类公共用例却常常可以扩展其他用例，也就是说在用户使用其他用例(功能)时，可以随时随地切换到这些公共用例。而且还可以发现，这些公共的扩展用例常常与系统页面主菜单中的一些常用功能相对应。

图6-20中的“登录”“退出登录”与“注册”等其他用例略有不同，两者分属于不同的用例层级。例如，“注册”用例执行的成功结果一般是用户提交的个人资料通过审核，用户成为系统的正式会员(即“注册在案”)，所以它是一个相对独立的(用户目标层)用例。而“登录”和“退出登录”则有所不同，它们通常只是在其他更重要的功能使用的过程中必经的一步，而非用户的主要目标，因而它们都是海面之下的小用例(在图6-20中用“-”号表示)，见用例名称后，粒度比“注册”等其他用例稍小。

此外，为了减少或避免画出与“登录”用例的连线，还有一个办法是通过使用“(个人)会员”这样的主用角来连接相关用例并明确表明已成功登录是这些用例的前提条件(前态)。例如前面的图6-17和图6-18所示，“个人会员”代表了已成功注册的顾客，只要大家事先约定并注明：系统为“个人会员”所提供的某些用例(即与这个主用角直接关联的用例)必须在用户完成登录之后才能执行，这样同样也可以在很大程度上省去通过逐个画与“登录”用例的连线来说明某个用例需要登录的麻烦。

6.4.5 提取用例不同于传统功能分解

值得注意的是，6.4节所介绍的提取用例的方法不同于传统的功能分解。

与用例相似，系统功能也有大、中、小之分。传统的功能分解做法一般是由大到小，对系统的功能进行层层分解，往往可以分解到一些很细小的功能为止。分解得到的所有系统功能通常可以用一棵需求(或功能)树来组织，其中罗列了各种大、中、小的功能。

而用例方法则有所不同。

一开始提取用例时，一般直接从分析用户(用角)的目标或者相关业务流程(活动)图入手，通过这种方法获得的用例(即功能)粒度通常是适中、较大的，一般至少是用户目标层(海面)或以上，尽量避免提取出粒度过小的子功能层用例(海面以下)。

有了一批海面(或中高层)的用例之后，再逐个对这些用例进行具体分析，用UML图形或文本描述它们的交互流具体是如何执行的，于是那些相对细小的系统功能就会逐渐被发现或浮现出来，并被包含在用例的这些交互流步骤当中。除非确有必要，用例分析时(尤其前期)一般不建议把这些小功能(或小用例)单独地提取出来作为需要管理和维护的独立功能单元。

前面分析过，任何一个系统功能都有着与其相对应的用例，不管是大用例还是小用例。既然用例与功能相对应，是功能的一种描述形式，那么难道提取用例或用例分解，就不是功能分解了吗？

没错，提取用例（或用例分析）也是某种形式的功能分解，但不同于传统意义上的功能分解。提取用例也是从中、高层开始的，例如获得用例包、概要用例这些相当于高层、初步的功能分解，而提取出用户目标层用例则相当于获得了中等粒度的功能。用例的这种分解方式与从大到小、从高到低进行功能分解的传统做法相类似。

然而，两者的区别主要在于如何对待海面以下的小用例（即子功能或鱼虾层、蛤蜊层）与小功能之上。

传统功能分解的结果往往是得到一大堆细小的功能列表或清单，虽然对它们进行了大致的分包、归类，但是这些细小功能通常都是各自独立描述的，就像一片片孤立的树叶个体，很难看出彼此之间的逻辑关系，尤其缺少或看不清这些众多小功能所组成的整体运行流程（Process）视图（如枝条或主干），这是一大缺陷。

用例方法则正好弥补了传统方法的这个缺陷：每一个主要用例都包含了若干小功能，而且用一个完整的流程（交互流）把它们串联起来，为这些细小的功能提供了一个易于理解的（流程）上下文（参见 6.5.3 小节“7. 脚本汇总”后面列举的“下订单”用例脚本所包含的多个小功能）。这么做使得整个用例模型没有太多需要独立管理的小功能，因为大部分小功能（或小用例）都已经汇聚在其他粒度更大的用例之中了，用例模型的这个显著特点或优点是传统功能分解做法所欠缺的。

小结一下：

用例分析与传统的功能分解等方法相比，更像是一种功能的聚合（Jacobson），把许多彼此相关、离散的小功能汇聚、拼装成一个让产品的用户、开发者都更容易理解、粒度适中的大功能。这样做的好处是，让需求分析工作以及系统需求模型从一开始就始终保持聚焦于用户的主要目标和价值，从而不易迷失方向，只见树叶不见树林。

好的需求方法必然是既能轻松地见到树叶，又能轻松地见到森林，这点用例方法做到了，而且似乎比其他方法做得更好。

6.4.6　特性列表

提取系统功能，除了以上介绍的画用例图以外，还有一种可选的比较传统、简易的做法——编写特性列表（或功能清单）。

例如，参照前面提取用例的结果，宠物店网站系统的一些基本特性（功能）可列举如例 6-2 所示。

例 6-2　宠物店网站的(部分)特性列表

基础特性

- 登录
- 退出登录
- 注册
- 搜索商品
- 联系客服

- 下载 APP

……

顾客相关

- 下订单
- 支付订单
- 评价晒单
- 取消订单集
- 管理订单集
  - 查看订单
  - 删除订单

  ……

- 申请退货

……

店长相关

- 发布新产品
- 查询销售业绩
- 查询投诉情况

……

手持终端相关：

- 更新(派送)订单状态

……

与用例包的结构类似，通常也可以采用树形层次结构来组织复杂的特性集。

在列举了各项主要特性的名称之后，通常还可以为这些特性添加一两句简单的说明(特性简述)。

此外，基于UML的灵活扩展机制(参见4.4小节)，事实上同样可以用UML模型来表示(画出)各种特性。

如图6-21所示，为了用UML表示系统特性，我们创造并采用了一个新的版型《feature》，而代表特性的符号仍沿用了用例的经典椭圆符号。图6-21中的依赖关系(虚线)表示顾客使用这些特性。

以上这些可行的处理办法也是为什么说“系统的用例模型可以代表系统的全部功能(含功能特性)”的其中一个原因。可以发现，用例与功能特性之间存在着事实上的对应关系。

系统功能特性的提取、编写可以说相当自由、简单，具有启动快、书写便利等优点。主要缺点是提取、分析特性的办法一般缺乏系统性和规范性，而且往往容易从“由内而外”的系统开发视角，列举出一些(或大量)琐碎的小功能，从而使需求分析脱离了用户的目标(它们未必是用户真正想要的功能)。

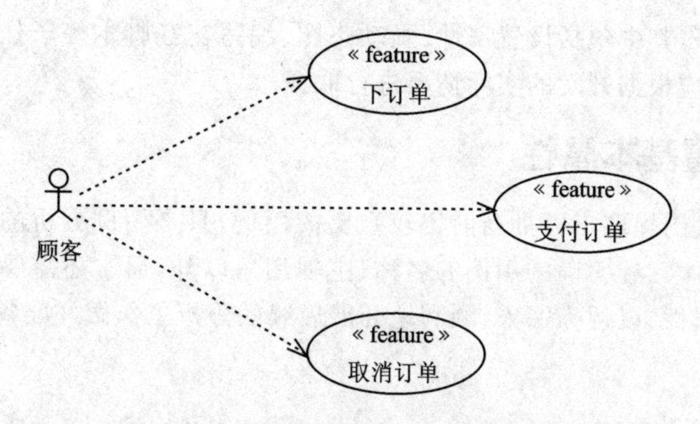

图 6－21　用 UML 表示系统特性示意图

相比之下，用例的提取与分析办法则按部就班、有章可循，力求反映外部用角的目标，“由外而内、由大到小”，而且可以实现对功能或特性更好的组织与管理，以尽量避免出现提取出一大堆小功能而迷失了用户目标的现象。

在 6.5.3 小节“7. 脚本汇总”的后面还列举了“下订单”用例所包含的多个系统小特性（或用户故事），可作为参考。

因此，统一用例方法建议的分析策略是“以用例为主、特性为辅”，特性更适合一些简单的系统需求分析，而系统化的、更加全面、细致和深入的需求分析主要还是靠用例。在实践中两者可以互相搭配、结合使用，做到优势互补、相得益彰。

例如，对于一些已提取出的简单特性（没必要进行用例分析的功能），可以直接把它们添加到迭代工作集当中，迅速启动敏捷开发。而对于一些比较复杂的特性，最好的办法是先把它们转换成与其对应（或等价）的用例，然后再做进一步的用例分析。当然，另一种办法是几乎完全以用例的提取、分析和用例模型为主，只在确实必要时再把某些简单的用例转换成与其对应的特性来使用。这些做法都是可行的。

不管采用以上哪种形式来描述或使用特性，本节再次反映了系统功能、特性与用例这三者之间的基本对应关系。鉴于系统的功能特性与大、小用例之间存在着比较明确的对应与可转换关系，为了简化起见，本章后续的系统功能分析就以用例分析为主，而不再单独介绍特性了。

6.5　用例分析

前面通过画用例图，提取出一些数量的新用例之后，应当把它们都添加到驱动整个产品开发的产品工作集（Product Workset）之中。此外，通常还需要对产品工作集中的所有用例进行优先级排序，然后从一批当前优先级较高的用例当中，挑选出几个合适的准备在本次迭代中进行分析、设计与实现，并把它们添加到本次迭代的工作集（Iteration Workset）之中以驱动后续开发。

本节所介绍的“用例分析”是狭义的，仅指对当前迭代工作集中的单个用例进行比较详细的分析，其中包括设置属性、画动态图、编写交互脚本等子任务。这些任务大多是可选的，应根据开发的实际情况进行取舍。

6.5.1 设置基本属性

通过画用例图提取出一批当前比较重要的用例，只是用例分析的一个开始。紧接着下一步，除了已经明确的用例的名称、主辅用角以外，通常还需要设置好这些用例的一些基本属性，以便为深入、顺利地开展后续的分析工作做好准备：

- 名称；
- 简述；
- 层级（＋、!、－ 等）；
- 范围；
- 优先级（高、中、低等）；
- 主用角；
- 辅用角。

其中，系统用例的范围一般就是指当前待开发的系统，如“宠物店网站系统”。如果有必要，还可以在范围字段或用例图、用例的简述等处对当前系统具体应该包括、不应该包括哪些内容做出补充说明。

用例的层级主要是指概要目标层（＋）、用户目标层（!）与子功能层（－）这3层，在本书中分别简称为大用例、用例与小用例（参见3.8节）。

一般应该重点分析的是大用例与普通用例。如果发现有一些小用例，应检查它们独立存在的价值和必要性，如某些小用例确实没必要被单独提取出来，那么可以尝试把它们合并到上一级粒度更大一些的用例当中，以减少整个用例模型当中需管理、维护的用例总数。

除非对于某些特别简单、只看用例名称大家也都能明白其内容的用例，可以不用写简述，对于其他大多数用例，一般建议尽量把用例的简述都写上，以提高用例模型的可读性和可理解性。

填写主用角、辅用角这两个属性字段，可直接参考6.4节在用例图中已画好的结果。

建议尽早设置好用例的优先级，并适时地进行动态调整，这样就可以始终把工作重心保持在优先级较高的用例上面，以提高开发效率。

例如，“下订单”用例的一些基本属性可简单设置如例6－3所示。

例6－3 “下订单”用例的一些基本属性

用例名称：下订单
范围：宠物店网站系统（以下简称为“网店”或“系统”）
层级：!
优先级：高

简述：

顾客在网店以下订单的方式订购宠物等商品。订单中应含商品的种类和数量等信息，可采用快递送货上门或自主提货等交货方式，以及在线支付或货到付款等支付方式。

主用角：顾客

辅用角：无

在敏捷开发中，用例简述可起到与用户故事相类似的作用，两者几乎是等价的（参见第 7 章）。所以，在完成用例的基本属性设置之后，对于一些简单、明了的用例，仅凭它们的简述就可以像用户故事那样驱动后续开发了。

对于一些比较复杂、一时难以理解的用例，则需要采取一些更高级的技术手段来有效地加以应对，如通过画 UML 图、写交互脚本等进行分析与建模。有关这些技术的具体做法下面用两个小节分别来进行介绍。

6.5.2　画动态图

敏捷的用例分析常用的两种基本描述方式是画 UML 动态图与编写交互脚本（也叫用例脚本）。正所谓“图文并举”，一个画图，一个写文本，在实践中这两种建模手段常常相辅相成，既可以独立使用，也可以交替并用，从而共同促进在用例简述的基础之上，更加清晰、全面和细致地描述系统用例的执行与交互流程。

1. 建模策略

除用例图以外，其他的 UML 动态图（如活动图、序列图等）与用例交互脚本并非在任何情况下都是需要的，这两种建模技术的实践运用存在着多种可行的组合情况或策略，应根据不同的开发规模、复杂度或开发类型等因素来进行权衡取舍。分析如下：

(1) 策略 1

首先，最简单的一种情况是既不用画 UML 图，也不用写脚本，只用一些简单的功能或特性描述、用例简述（或用户故事），再配上一些界面原型，就可以满足开发的需要。

(2) 策略 2

其次，对于稍微复杂一点的系统用例或功能需求，可以要么只画 UML 图，要么只写用例脚本，而无需同时采用这两者来进行描述。

描述一个需求，有的人偏爱画图，有的人则偏爱写脚本，其实只要描述的结果能够足够简单、清楚，而且团队里的其他成员、沟通对象也都能接受，那么这两种方式可任选其一，不必强求某一种。

(3) 策略 3

第三，对于一些已经提取出来做了详述的重点用例，如果它们涉及的步骤或内容细节很多，难以阅读和理解，常常有必要画出它们所对应的 UML 动态图。

既有比较完整的交互脚本，又画了 UML 图加以补充和可视化，这主要是针对一些比较复杂、重要的用例(或系统功能)所采取的办法。

(4) 策略4

另外,画图也不一定都要用工具软件来画,最简单、直接的一种做法就是在分析师或开发人员的大脑中运用自己的思维画图(即 Modeling by Thinking),这可以说是一种最为轻量级的建模方式。

当然,如果希望与他人分享、交流自己的分析与设计成果,那么最好还是以某种更加直观、书面、持久的形式把大脑中的思考结果记录下来,例如在白板上画图或写字,事后再拍照,或者用软件工具把这些思考模型保存下来。

以上这几种用例建模策略在实际的敏捷开发中都是可行的,有各自不同的适用环境与优缺点。

在系统需求分析阶段,统一用例方法建议的总体策略主要倾向于以上的策略2和策略3,可以概括为(尤其针对复杂的大中型系统):

"以文本为主、图形为辅(文主图辅)"

具体来说就是:大量系统功能需求的细节以基于用例模板的文字记录为主,而UML图形则主要用来辅助阅读、理解用例文本,发挥其"化繁为简、抓住本质"的作用。

除用例图外,用例建模中最常用到描述动态行为的一些UML动态图主要有活动图、序列图等。有关这些图形的基本概念、画法与技巧请参阅本书前面第4章中的介绍,相关内容这里就不重复了。

基于策略3,下面本节将以顾客在宠物店网站上下订单为例,先介绍如何利用活动图、序列图来轻便、简要和直观地描述用例的交互流,然后再详细地介绍如何写好"下订单"等用例的交互脚本。

2. 活动图

在5.5.2小节"1. 业务活动图"中,曾经介绍过用业务活动图来描述业务流程的基本画图步骤,这里同样可以用活动图来描述一个系统用例(如用户如何使用某个系统功能)的流程,两者的步骤几乎是一样的。

用活动图来描绘一个系统用例的基本步骤同样可用"由粗到精""由整体到局部""由主干到分支"这几个词语来概括,大致有以下几步:

① 初始化;

② 画主流;

③ 画支流;

④ 画异常流;

⑤ 画对象流。

以上除了第①、②步是画活动图必要的步骤以外,其他第③～⑤步都是根据分析、建模时的不同情况可选的。

由于在描述系统用例时，在本章采取的策略是“文主图辅”，大量的用例细节（如异常处理等特殊情况）主要是通过用例脚本中的相应字段来描述，而一般不用再画 UML 图来重复说明，因此为了简化起见，以上第④步“画异常流”和第⑤步“画对象流”的介绍在此就省略了，对相关内容感兴趣的读者请参阅第 5 章。

此外，当基本完成以上步骤之后，通常还有最后一步，就是对当前已画好的图形进行质量检查或评审（参见 5.2.7 小节“业务模型评审”中的图形质量检查表）。如存在明显的质量问题或错误，应及时进行修改和完善。

下面依次对画系统用例活动图的前 3 个步骤作简单介绍。

第①步：初始化

作为画系统用例活动图的第①步，“初始化”应该先画出活动图的开始与结束节点。

根据实际需要，可用分区符号画出所有参与当前用例交互的用角与系统（包括第三方系统）。

如果只有一两个用角或参与者（含当前系统在内）参与当前用例的执行，而且预估整个流程比较简单，通常也可以事先不画分区，等待以后确实需要了再补画。

第②步：画主流

所谓第②步“画主流”，就是指对于一个比较复杂的功能或系统用例，最好先用活动图把它的基本步骤（基本流）描述清楚，弄清从用例的开始到结束最少一共需要执行哪几步，才能最终让用例成功执行结束并实现用角的目标，把这个最简基本流画出来就形成了一个用例交互流的主干（流）。

然后，在此基础之上再考虑画出用例其他额外的执行分支和对特殊情况的处理流程，即第③步“画支流”。

以“下订单”用例为例，可以先用活动图画出下订单的基本流，如图 6 - 22 所示。

类似图 6 - 22 中所显示的用例执行流程和步骤一般是怎么来的呢？

可以通过多种分析、调研方式或办法来获得。例如：参考业界的用例模式与同行经验，询问或观察用户使用同类系统的流程与 UI 交互原型，参考已有的业务流程，以及逻辑分析等。

例如，对于企业管理与信息系统开发，在旧的业务流程中往往存在着一些原来主要由人工操作来完成的工序和步骤，现在需要开发新系统来实现业务的自动（电算）化处理，那么就可以对照着原有的业务流程（活动）图等描述，把原来的人工步骤和任务转换成新的业务活动图中可由系统来执行的步骤，并在此基础上再做进一步的流程优化，以减少不必要的中间环节和步骤。

而对于电商网店这类系统应用，由于业内已经有大量的成熟模式和经验，同时也有许多同类系统及其直观的 UI 界面可供参考，所以分析、归纳这类系统用例的执行与交互流程，比分析一个需要大量创新的系统相对要容易很多。

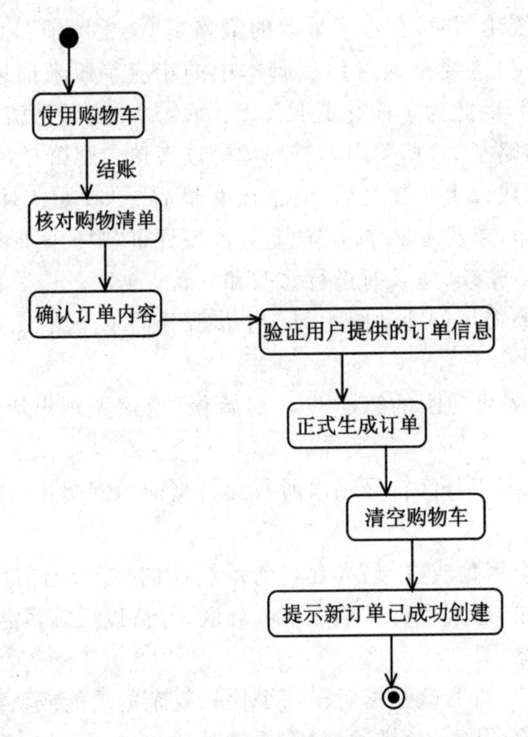

图 6-22 “下订单”用例基本流的活动图

第③步：画支流

画好了用例的基本流，下一步就可以考虑在用例的执行过程中还有哪些特殊、例外或异常等情况需要系统进行处理，这就需要画出用例的扩展流（支流），而这一步常常是系统需求分析时的一个难点。

通常很难一次性就能把一个比较复杂的用例所有的扩展情况、支流都考虑清楚，所以画活动图的支流也应该是一个循序渐进、不断反馈完善的过程。

一开始，可以先把一些容易想到、比较简单的支流画出来，如图 6-23 中从“验证成功?”决策点引出的条件分支，以及当用户需要修改购物车时，分别从节点“核对购物清单”与“确认订单内容”出发连到“使用购物车”的两条返回路径。

其他暂时来不及画出的支流或扩展情况，可以非常简便地在图 6-23 中用 UML 标签来加以注释，如图中的 4 个标签，分别针对图中的 4 个动作节点标示了它们可能出现的各种特殊或需要注明的情况，从而为后面编写用例脚本提供了指引。

除了用标签注释以外，还可以采用类似于前面画业务活动图时画出多个 UML 决策节点的办法（参见图 5-14）来标记一些潜在的需要处理的支流。

3. 序列图

除了活动图以外，在做系统用例分析以及交互设计时，另一种最常用的图是序列图。

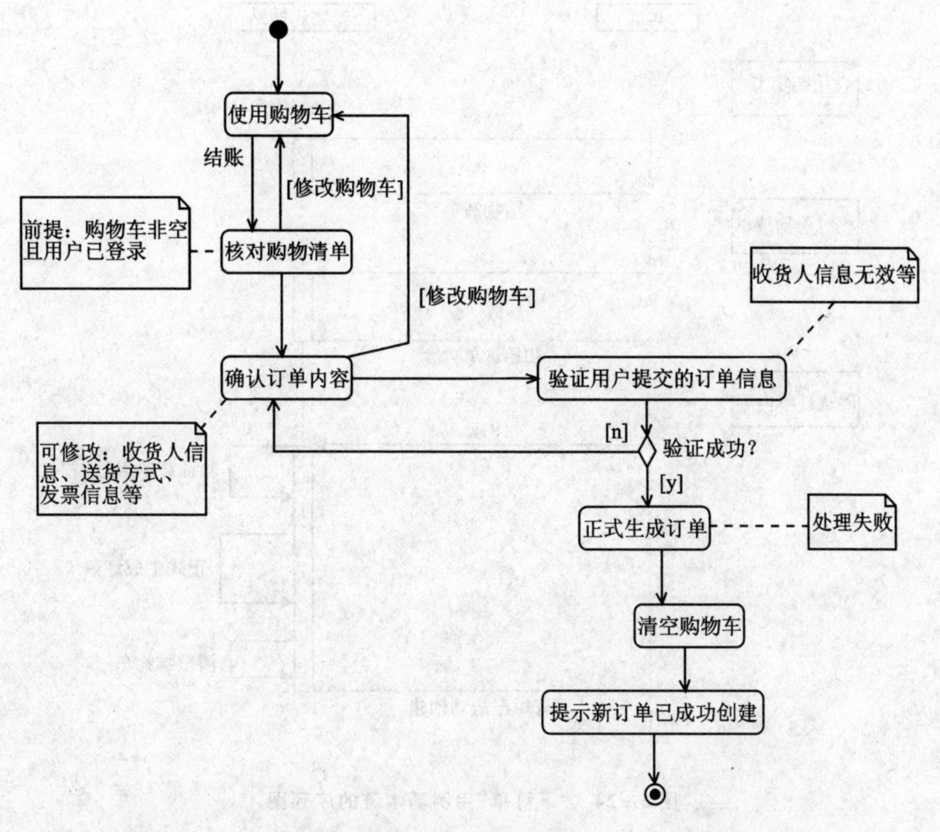

图 6-23 补充了一部分支流和扩展标签后的“下订单”用例活动图

与主要反映动作执行流程(控制流)的活动图相比，序列图更适合辅助交互设计，在用户与系统等多个用例参与者的生命线上，沿着时间线可以清晰地看到它们彼此之间交换的信息(发送的消息)以及各自做出的响应(如执行的动作)。

画序列图的步骤较简单，大致可分为以下三步：

① 初始化；

② 画基本流；

③ 画补充流。

此外，当基本完成以上步骤之后，通常还有最后一步，就是对当前已画好的图形进行质量检查或评审(参见 5.7.2 小节中的图形质量检查表)。如存在明显的质量问题或错误，应及时进行修改和完善。

为简化起见，这里仅以画系统用例序列图的基本流为例。有关序列图的初始化、画补充流等步骤和内容请参阅 5.5.2 小节“3. 业务序列图”中的相关介绍。

例如，“下订单”用例基本流的序列图如图 6-24 所示。

请注意观察前文的活动图(见图 6-22)与以上序列图之间的联系与区别。

可以说，这两种图所描绘的“下订单”基本流内容是一一对应、大致等价的。前面

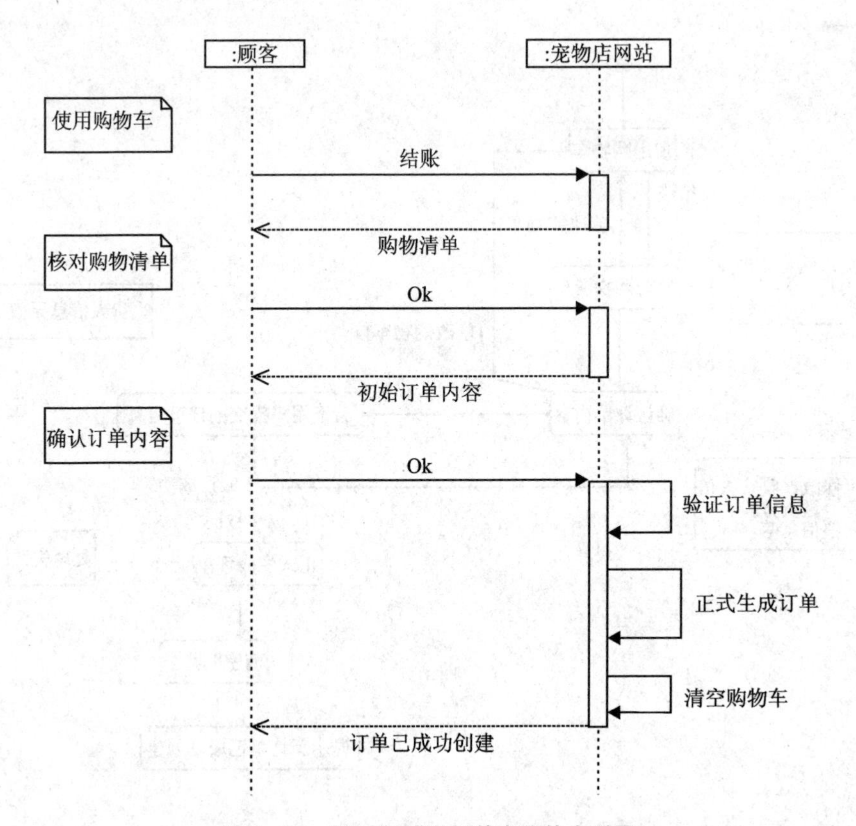

图6-24 “下订单”用例基本流的序列图

活动图中所描绘的几个动作步骤，在以上序列图中也都有所反映(通过左侧的标签注释顾客动作和系统的自反消息)，如“使用购物车”“正式生成订单”等。

区别主要在于序列图可以在消息线上直观地反映出主用角与系统之间相互发送的消息及其大致内容(一种交互行为)，如“购物清单”“初始订单内容”等，而这点活动图较难办到。

活动图最擅长表达的是用角、系统各自分别(或一起)做了哪些动作，而对于发送消息这种事件，一个是消息发送方，另一个是消息接收方，发送与接收消息的动作是横跨两个执行者的，序列图仅用一根位于两者之间的消息线条就表达清楚了，而用活动图表达起来相对就有些麻烦、重复或啰嗦(如可以尝试用事件发送和接收两个节点来表示，参见4.2.2小节“4. 事件与信号”)，不如序列图画法来得直接和方便。

这说明对于同一件事情，同一个交互流程，活动图与序列图都可以进行描述，只不过它们各自描述的视角、侧重点有所不同。

那么，在用例建模时，这两种图该如何取舍呢？

序列图在空间布局上有一个特点，它的所有消息和动作基本上都是沿着时间线自上而下来画的，所以一旦所要描绘的交互比较复杂，消息很多，再加上各种组合框的运用，常常会把一张序列图拉得很长，如长度超过了一页A4纸或一个显示屏，从而增加了阅读和修改的难度。

相比之下，活动图中的节点和连线一般都形成网状布局，可以自由移动，图中哪里还有空白空间，就可以把一些节点或连线挪到那个位置而保持整张图的意思不变，这样通过不断灵活地调整这些符号的位置，就可以比较有效地避免一张活动图显得过长或宽。基于以上原因，活动图往往适合于从总体上描绘一些比较复杂的流程（而非交互细节）。

另外，建议一般用活动图来描述一个流程（如用例执行）的全局或整体情况，而用序列图来描述这个流程中某些局部的交互细节，这可能是这两种图在结合使用上一种更好的搭配方案。

另外，序列图作为一种主要和常用的 UML 交互图（Interaction Diagram），在描绘与梳理用户与系统之间的复杂交互行为方面是非常有效和直观的，尤其推荐交互设计师也学会使用和阅读序列图。

鉴于本章采取“文主图辅”策略，用例分析建模将以脚本编写为主，有关活动图、序列图的更多绘图技巧与质量评审等相关内容请参阅第 4 章“UML 基础”与第 5 章“业务分析”。

6.5.3　编写交互脚本

用例的交互流就像一段需求程序，如图 6－25 所示，是一个用例的主要组成部分

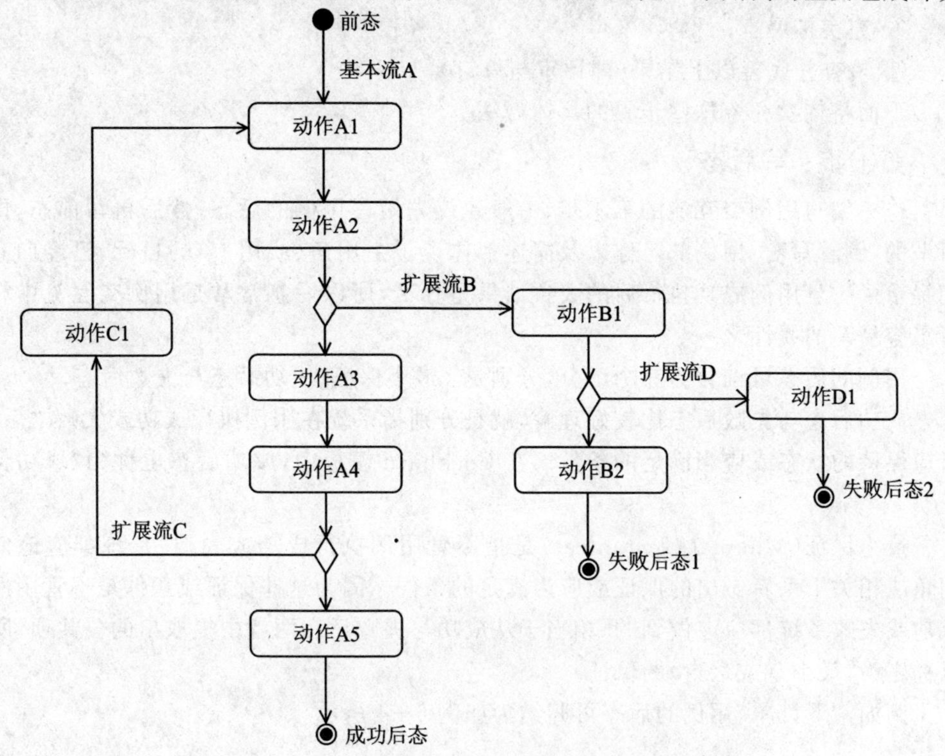

图 6－25　用例的交互流示意图（用活动图表示）

(主干),可分为基本流(Basic Flow)与扩展流(Extension Flows 或 Extensions)两大块。日常的单个用例分析或设计,主要做的就是用例交互流的分析与设计。

在上一小节已经介绍了用 UML 图(如活动图、序列图)来描绘用例交互流的方法。

然而,UML 图只是多种描述用例交互流的手段之一。对于一些比较重要而复杂、难以理解的用例,如果仅仅靠用例简述或者画 UML 图仍不能理清它们的细节,这时就可以考虑编写基于规范的用例模板格式的交互脚本来描述交互流。

用例的交互脚本(可简称为"用例脚本")基于一定的文本格式(模板),以一系列动作步骤脚本的形式,描述了一个用例的用角与系统之间共同协作、执行的交互流。

在编写一个用例的脚本之前,除了用例名称以外,应该事先已经设置、填写好了它的一些基本属性,如范围、层级、主辅用角、优先级和简述等(参见 6.5.1 小节)。

编写用例交互脚本的步骤建议如下,大致可分为 7 步:

① 写后态;

② 写前态和触发事件;

③ 编写最简基本流;

④ 列举扩展项;

⑤ 填写扩展点;

⑥ 充实扩展流;

⑦ 检查并完善以上结果(即评审与修订)。

下面将依次介绍这些步骤的具体做法。

第①步:写后态

作为编写用例交互流的第①步,一般建议先填写用例的后态,然后再写前态,即所谓的"倒着写"。用例的名称以及简述都体现了主用角(或用户)的目标,已经向我们提示了一旦用例成功执行后的大致结果是什么,所以后态常常是用例交互流中相对最容易写的属性之一。

用例的后态可细分为三个部分,分别是:最小保证、成功后态与失败后态。

成功后态与失败后态比较好理解,就是分别指系统在用例执行成功或失败之后,所应保持的状态或应当满足的条件。在 Cockburn 模板中,成功后态也称为"成功保证"。

最小保证(Minimal Guarantees)是指不管用例执行成功或失败,系统都应该向用角或相关干系者做出的保证或应当满足的条件。因为这些保证或条件是不管用例成功或失败系统都应该做到的,相当于从成功与失败后态两者中提取出的公共项,所以称之为"最小"(或最少)的保证。

例如,"下订单"用例的后态可归纳为如例 6-4 所示。

例 6－4　“下订单”用例的后态

后态｛

最小保证：

～

成功后态：

● 保持用户状态为“已登录”。

● 创建并保存了用户订单，订单状态为“待支付”（在线支付方式）或“未支付、待揽货”（货到付款方式）。

● 若用户选择了在线支付货款的方式且未能在订单成功创建后的 24 小时之内完成全额支付，则该订单将被撤销（状态为“超时未支付、已撤销”）。

● 清空了用户的购物车，以便再次购物。

失败后态：

● 记录了具体的失败或故障原因，以便做事后统计和分析。

｝

（1）成功后态

成功后态相对而言比较容易写，可以把它们看作是对用例名称与简述的进一步细化；也就是说，当用例执行成功、主用角的目标得以实现后，系统应该做出哪些保证、满足哪些条件，其中包含了对系统内部的某些信息或数据状态改变的描述。

对于“下订单”用例来说，显然，它的成功后态首先应该包括系统创建了一份正式的顾客订单，同时可以对这份订单的状态等内容做简单的描述；其次用户必须在登录后才能成功地下订单，所以当下订单完成后，系统应该保持用户的登录状态不变；最后在本次订单完成创建后，系统还应该清空购物车，以便用户进行下一次购物。

上例的成功后态中有一条内容比较特殊，它指明若顾客在下（需在线支付的）订单之后未在指定时间内完成支付，则该订单将被撤销。该说明反映了在下订单完成之后仍然与订单状态紧密相关的一个约束条件（或业务规则），而并非“下订单”用例的失败后态，这是因为通过成功执行本用例，顾客下订单的任务目标确实已经阶段性完成了，至于下一步“支付订单”则是另一个逻辑上相对独立的任务和用例（何时开始、如何支付由顾客决定）。如此处理，同时也意味着自动检测顾客的有效订单是否过期（包括发送预警通知），可能需要系统另外提供一个用例（或功能）来执行。由此可以看出，几个用例之间是如何通过后态信息相互联系的。

（2）最小保证

最小保证常见的一些内容包括系统日志、提示信息等，也就是说，不管一个用例执行成功或失败，系统都应该记录下某些必要的日志信息，或者向用角做出某些必要的提示。如果暂时没有合适的内容需填写，可以如上例作省略处理（用符号“～”表示）。

(3) 失败后态

刚开始写交互流，失败后态一般不如成功后态容易写，可以在编写用例扩展流(参见本小节"第④步：列举扩展项")的过程中，尤其是当明确了用例执行可能有哪几种具体的失败情况之后，再来补充完善。

Cockburn的用例模板中只有最小保证和成功保证，没有失败保证这一项。既然用例已经执行失败了，那么一般也就不再需要系统对主用角做出什么保证，这样的设置有一定道理。

然而，尽管系统无需做出失败保证，但是用例执行失败的后态还是存在的，而且往往不只有一个。对于一个比较复杂的用例，把它的各种失败后态在此专门列举出来有一些好处，如可以增强可读性而无需读者再到复杂的扩展流描述中去查找。

对于一些全局或被多个用例所共享的后态内容(如经常出现在最小保证和失败后态中的)，最好借用用例编辑工具来自动添加(或引用)相关文字，以避免多次手工重复书写的麻烦。

第②步：写前态与触发事件

以上初步写好了后态，接下来可以再接着写用例交互流的另外两个属性：前态与触发事件。

(1) 前　态

前态(Preconditions，也可直译为"前置条件")是指在一个用例开始执行前，系统所处的状态或应当保持、满足的一些条件。

例如，"下订单"用例的前态可描述如例6-5所示。

例6-5　"下订单"用例的前态

前态：

　　用户已进入网店，可访问到购物车。

一个用例的前态是如何写出来的呢？

通常除了依赖分析师自身的经验以外，主要还是靠逻辑分析和推理。

例如，"下订单"这个用例应该从哪里开始呢？它开始执行之前(系统可检测到)的状态是什么样的？

以上前态的前半句"用户已进入网店"，这个好理解，不必解释。可是为什么后半句要求用户必须"可访问到购物车"呢？

这里有必要解释一下购物车与下订单之间的关系。

一个用户为什么要使用购物车呢？在正常情况下，用户把任何一件东西放入购物车，显然说明他对这件物品具有购买意向，所以用户使用购物车的主要目的是打算买这些东西(准备去结账、下订单)。所以，"下订单"用例其实就是从用户开始"使用购物车"的那一刻开始的，两者之间的密切关系可用用例图表示如图6-26所示。

在第3和第4章中已介绍过用例的层级与关系，图6-26中的"下订单"是一个用户目标层的用例,而“使用购物车”是一个子功能层的用例。在“下订单”的过程中,必然少不了“使用购物车”这一步,而“使用购物车”的目的是“下订单”,所以上下两级的这两个用例之间除了图 6-26 中画出的包含(Include)关系以外,同时还是一种“为什么与怎么做(Why/How)”的隐含逻辑关系。

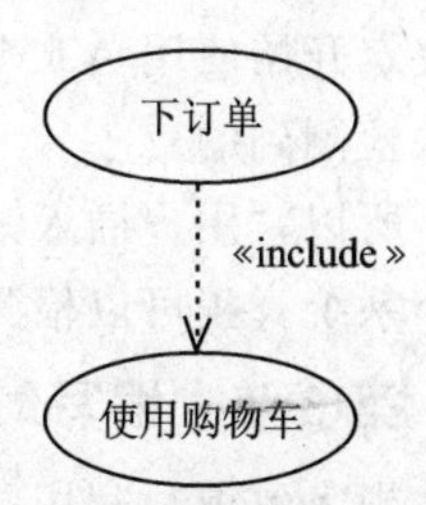

图 6-26　“使用购物车”是“下订单”中的必由一步

如果网页上连一个可访问的购物车都没有,用户看不到,那么又何谈开始下订单呢? 因此,经过以上分析,就不难理解为什么这里的前态和下面的触发事件中都谈及了购物车。

另外请注意,在这里我们并未明确规定用户在启动下单操作前的初始状态(是未登录或已登录),这就意味着不管用户是否已登录,甚至连用户还没有正式注册,都是可以开始执行“下订单”这个用例的,只要他们可以访问到购物车。

(2) 触发事件

触发事件(Triggers)是指任何系统实际可以检测到的、导致用例从前态开始执行的一个或多个事件。

例如,“下订单”用例的触发事件可描述如例 6-6 所示。

例 6-6　“下订单”用例的触发事件

```
触发事件:
用户打开购物车(页面)。
```

以上列举了一个有效的触发事件,若系统检测到该事件发生,将导致当前用例从基本流的第 1 步(见下文)开始执行。

通常用例的触发事件都是一些独立于基本流之外(即早于基本流开始)的事件,但有些时候,一个触发事件有可能就是基本流的第 1 步。一个经典的例子如 Cockburn 提到的传统 ATM(自动柜员机),可用本书的用例模板简单表示如下:

```
用例名称:使用 ATM
……
触发事件:
BF1
基本流:
1. 用户把银行卡插入 ATM(该卡中含有用户的银行卡号、加密密码等信息)。
2. 系统验证用户的身份。
……
```

为了避免重复书写,在以上用例片段中用关键词 BF1(代表 Basic Flow 1)来表示某个触发事件就是基本流的第 1 步。

还有比“用户插入银行卡”更早而且系统可以检测到的触发事件吗?(**注:** 这里仅指传统 ATM,暂不考虑带触摸屏操作或有视频图像处理功能的新式 ATM)。“用户决定开始使用ATM?”显然不行，像这种用户的主观意向，作为ATM系统肯定是无法检测到的。

所以，“用户插入银行卡”，这既是用户开始使用ATM的第1个动作，同时也是一个系统真正可以检测到的事件，它触发或启动了该用例的执行。

第③步：编写最简基本流

当大致填写完用例的头和尾（后态、前态与触发事件）之后，接着就可以开始来编写用例的主干部分——基本流了。

一个用例的基本流是指使得该用例成功执行、主用角（和相关干系者）的目标都得以实现，且从头到尾动作步骤最少（或最优化）的一个基本流程。

参照太极建模口诀，对写基本流的基本建议也是“由粗到细，逐步求精”。对于比较复杂的用例，编写出结构清晰、语义完整、逻辑正确，既简单又优化的基本流往往很难一次就做到，这是一个需要不断完善和提炼的编写、设计与思考过程。

(1) 基本流大纲

为较复杂的用例开始写基本流，一般建议先编写基本流的大纲（Outline）。通过书写一些简单的动作步骤（或执行块，参见3.9.6小节“1. 块”）的名称来勾勒出用例执行基本流程的一个大致轮廓。

例如，“下订单”用例基本流的大纲可描述如例6-7所示。

例6-7　“下订单”用例基本流的大纲

```
基本流：
1. 使用购物车 // 查看、修改数量、删除等
2. 核对购物清单
3. 确认订单内容
4.（系统）验证用户提交的订单信息
5.（系统）正式生成新订单
6.（系统）清空购物车
7.（系统）提示新订单已成功创建
END
```

以上大纲中的步骤编号不是必需的。

另外，由于是简略的大纲，因此不必太在意每个动作步骤的格式与完整性，例如，以上缺省主语的步骤代表主用角的动作；为了加以区分，我们为其他属于系统本身的动作加上了主语。

与6.5.2小节中已画好的活动图或序列图对照一下，可以发现该大纲与这些UML图其实是等价的，所描述的内容基本一致。

先写（或画）出基本流大纲的一个主要目的是让我们先从一个流程的大体框架、轮廓上确认执行的基本顺序是正确的，没有逻辑上的严重问题或错误，这就相当于为用例的交互流搭建了一个“骨架”。然后，再在这个比较稳定的骨架（大纲）的基础之

上，再逐步充实、完善其中的每一个步骤（或执行块），就相当于“往骨架上添肉”。

以上用到的这些动态图形或大纲也不一定每一次都要实际地写出来（或画出来），有时可以只用大脑思考、建模。在编写一些相对复杂的用例交互流之前先构思、打好腹稿，是一位需求分析师或工程师的好习惯。

(2) “下订单”的基本流

在拟好了基本流的大纲，做到胸有成竹之后，下一步就可以根据大纲中每个步骤的提示，通过不断地细化、补充，逐步把一个比较完整、合理的用例基本流写出来。

例如，顾客“下订单”用例的基本流可描述如例6-8所示。

例6-8　“下订单”用例的基本流

```
基本流：
1. DO
    CALL(使用购物车) // 查看、删除商品或修改数量等
  UNTIL 用户选择结账

2. 核对购物清单 {
    1. 系统检查购物车，清点其中的有效商品，统计出用户实际拟购的总件数。
    2. 如果用户尚未登录，CALL(登录)。
    3. ASSUME(购物车非空 AND 用户已登录)。
    4. 系统读取用户的会员优惠信息，并据此计算出用户拟购全部商品的原价、折扣与实际
       应付总价。
    5. 根据以上信息，系统创建并显示一份完整的用户购物清单让用户确认，其中包含：
       商品的名称、编号、购买数量、单价、小计等，以及应付总价、折扣、总件数等汇总信息。
    6. 用户认可当前的购物清单，选择继续(生成订单)。
  }

3. 确认订单内容 {
    1. 生成并显示初始订单：
       系统根据用户已确认的购物清单与会员信息，生成并显示一张初始化订单页面，其
       中包含了用户订购的所有有效商品、应付价格，以及缺省的用户收货信息(含收货
       人、联系电话、收货地址等)、支付方式(在线支付或货到付款，缺省为在线支付)、送
       货方式(含承运人、预计送达时间、运费等)和开票信息等内容。
    2. 核对订单内容：
       用户核对系统已显示的收货信息、购物清单，选择合适的支付方式，并确认送货方式
       与开票信息无误。
    3. 用户认可当前订单设置的全部内容，提交该订单信息。
  }

4. 验证用户提交的订单信息：
   系统验证用户提交的订单信息的正确性与有效性。
```

```
5. 正式生成新订单 {
    1. 系统在当前用户的名下创建一份正式的新订单(状态为"已创建")，分配全局唯一的
       订单号(OID)，记录成功创建订单的时间、用户名和 IP 地址等必要信息，保存该订单
       以供后续查询和处理。
    2. 若用户选择的订单支付方式为"在线支付"，则系统修改订单状态为"待支付"。
}

6. 系统清空用户的购物车。
7. 系统提示用户新订单已创建成功。若用户选择了在线支付方式，则同时提醒用户应在规
定时间内(?)完成付款，否则该订单将自动失效。
END
```

有关基本流及其动作步骤的写法和技巧建议，请参阅第3章，一些相关内容和基础知识这里就不再重复了。以下对用例基本流写作的一些重点(或额外需要关注的)话题做补充说明。

(3) UCL 样式

可以注意到，与传统用例写法有所不同的是，在以上基本流文本中采用了多种具有 UCL 样式特点的写法，例如块层结构、关键词、DO 循环语句、CALL 函式、断言(ASSUME 或 ASSERT)、注释等(参见第3章的相关介绍)。

与传统写法相比，适当地运用这些 UCL 书写技巧，可以更加有效地提高复杂用例文本的结构化、清晰度与可理解性。

(4) 灵活的"用户"

上例中的"用户(User)"即代表"下订单"的主用角"顾客(Customer)"。如果当前用例除了仅有的一个人类主用角以外没有其他的用角，那么可以采用这种简易写法，即在用例的交互流描述中直接用"用户"来指代当前主用角(即 PA)，而无需写出主用角的实际名称。

这样写的一个好处是带来了文本维护上的便利性与灵活性。例如，当需要修改主用角的实际名称时，只需要修改用例的主用角属性字段一次即可，而无需再到用例交互流的内容中进行多次修改或替换。

然而，如果用例有多个主用角，那么就不能采用这种写法。毕竟"用户"是一个最为笼统的称呼，可以代表任何直接使用系统的人类用角，在存在多个不同主用角的情况下，这么做很可能会造成含糊、指代不明的错误。

(5) 注意行文的逻辑性、准确性和一致性

编写用例文本时，分析师的写作水平、文字运用和逻辑思考、对软件的理解等能力，常常会直接影响到用例作为规范的系统需求说明的质量。

其中尤其需要重视的一个关注点是在遣词造句时，应尽量保证用例中一些重要名词、概念或术语表达的准确性与一致性。

例如，顾客的"订单"其实是在以上基本流的第5步才由系统正式生成的(通常是

用后台程序里的一个软件对象如 Order 来表示），为了强调，我们特意把它叫作“新订单”，如下所示：

5. 正式生成新订单｛
　　系统在当前用户的名下创建一份正式的新订单（状态为”已创建”），分配全局唯一的订单号（OID），记录成功创建订单的时间、用户名和 IP 地址等必要信息，保存该订单以供后续查询和处理。
｝

在整个用例的执行过程中，真正的订单，一位顾客其实只有以上这一份。

然而，在此之前的用例描述中还有多个涉及订单的地方，如系统生成一份初始的订单（内容）先让用户确认，待用户确认后再向系统提交该订单（内容）等。如果这些地方不加区分地一概都叫作“订单”，则效果将是这样的：

3. 确认订单｛
　1. 生成并显示订单：
　　系统根据用户已确认的购物清单与会员信息，生成并显示一张订单页面……
　2. 核对订单：
　　……
　3. 用户认可当前订单设置的全部内容，提交该订单。
｝

4. 验证用户提交的订单：
　系统验证用户提交的订单的正确性与有效性。

这样写就很可能造成阅读和理解上的混淆，让读者一时搞不清哪一份才是真正的“订单”，甚至误以为真正的订单在第 3 步就已经由系统正式生成了。同时还可能产生这样的疑惑：还没看到系统创建一份正式订单的步骤，怎么在第 3 步就开始“确认订单”了呢？其实，以上第 3 步显示的那只是一份订单的草稿（或初始订单），用户对其还可以进行修改，它并不是真正的、系统最终正式生成的订单。

所以，为了避免可能产生的各种误解、歧义甚至逻辑错误，在以上基本流的第 3、4 步中分别采用了“订单内容”“初始订单”“订单信息”等经特意修饰过的词汇，以在形式和语义上与系统后面产生的正式（新）“订单”做出明显区分，如下所示：

3. 确认订单内容｛
　1. 生成并显示初始订单：
　　系统根据用户已确认的购物清单与会员信息，生成并显示一张初始化订单页面……
　2. 核对订单内容：
　　……
　3. 用户认可当前订单设置的全部内容，提交该订单信息。
｝

> 4. 验证用户提交的订单信息：
>
> 系统验证用户提交的订单信息的正确性与有效性。

哪一种写法的效果更好、涵义更准确，前后一对比就很明显了。

(6) 适当的数据说明

在写交互流动作步骤时，常常需要对其中涉及的一些重要数据或信息加以适当、细化的说明。

例如，例6－8中3.1步是这样写的：

> …
>
> 1. 生成并显示初始订单：
>
> 系统根据用户已确认的购物清单与会员信息，生成并显示一张初始化订单页面，其中包含了用户订购的所有有效商品、应付价格，以及缺省的用户收货信息（含收货人、联系电话、收货地址等）、支付方式（在线支付或货到付款，缺省为在线支付）、收货方式（含承运人、预计送达时间、运费等）和开票信息等内容。
>
> …

以上步骤描述了初始订单所包含的一些主要信息，并在括号中注明了相应的数据项。

暂时这样写是合理的。在基本流的步骤里对"初始订单"具体包含了哪些内容进行了简要的描述，这非常有利于后续的用例、数据分析和交互设计。例如，交互设计师看到了这些初始订单所包含的大致内容，就可以有针对性地开始页面设计，而这些数据信息也为后续的软件领域与数据建模提供了很好的提示。

随着用例分析与建模的进展，以后还可以改进、简化以上写法。例如：

> 1. 生成并显示初始订单：
>
> 系统根据用户已确认的购物清单与会员信息，生成并显示一张初始化订单页面，其中包含了用户订购的所有有效商品、应付价格，以及缺省的用户收货人信息、支付方式、送货方式和开票信息等内容。

如果有多个用例或需求说明都引用到了这里的"收货人信息""支付方式""收货方式"等信息，那么最好（利用工具）以超链接的方式标注这些关键信息，同时把原来括号中的细化数据项移走，在其他一个集中的地方（如数据词典、领域模型等处）专门来说明这些信息的组成与数据字段。这样做既可以避免重复书写、信息冗余，又可以保证用例步骤在具有足够的有效信息量与阅读的便捷性之间保持适度平衡。

不过，对于这些关键信息的内容如果写得过于简单，反而不好，例如一般不建议这样写：

> 1. 生成并显示初始订单：
>
> 系统根据用户的购物清单与会员信息，生成并显示一张初始化订单页面。

以上写法只提到"初始化订单页面"，而对于初始订单里面应该包含哪些具体内容则完全不清楚，这对于开展细致、深入的需求分析和交互设计可以说没什么帮助。

(7) 适当控制步骤数量

在写基本流时，要注意控制其中动作步骤的数量。Cockburn 建议的经验数字是，一般用例的基本流步骤数目最好控制在 3～9 步之间。

的确，无论基本流还是扩展流(参见 6.5.3 小节"第⑥步：充实扩展流")，每一块用例交互流中的步骤数量如果太多或太少一般都不太好：如果步骤数量太多，会降低可读性并增加修改、维护的难度，同时也可能意味着当前用例的粒度过大，需要适当分解；如果步骤数量太少，则有可能说明这个用例的粒度太小需要与其他用例合并。

不过，也应该根据不同团队的实际需要来设定合理的步骤数量控制区间。由于统一用例方法在交互流中引入了基于 UCL 执行块的嵌套层级结构，每个块中也可能有多个动作步骤，因此这样编写出来的交互流的步骤总数往往要多于 Cockburn 等样式(或扁平结构)的用例。

所以，建议可以适当放宽 Cockburn 所建议的步骤数目区间的上限，一旦发现所写的用例基本流(或扩展流以及任意执行块)的(顶层)步骤数目超过了 15 步或者少于 3 步，那么就应当检查一下，看看当前用例是否哪里写的有问题，存在不符合用例编写质量要求的现象。

当然，这些数值都只是基于经验的启发性建议，如果当前用例的写法不存在任何不合适或不合理的地方，则可以继续保留现状。

(8) 如何保证用例脚本编写的正确性与质量

编写反映一些复杂需求和交互的用例脚本，保证其内容既(相对)完整、清晰，又几乎没有任何逻辑错误，做到这些往往很难一次性、在一天之内完成。编写稳定、高质量的用例脚本是一个迭代、演进的敏捷开发的过程，其中离不开多种技术手段、方法的结合运用。

那么，如何做才能有效地保证用例脚本的正确性呢？

首先，包括用例脚本在内的各种需求说明(或模型)毕竟只是一些书面、抽象的文字或图形，并不是实际运行的软件，阅读、修改、检查、评审的次数再多，也难免挂万漏一。所以对于系统需求质量(包括正确性)的终极检验手段，必然还是要依赖于针对系统(或其原型)的实际使用与测试。

然而，以上这个客观结论成立，并不意味着在实际使用和测试系统之前，我们投入的需求分析、建模与评审等工作就毫无益处了。

在实践中，通过一些富有经验的中高级分析师的思考和判断，包括阅读抽象的 UML 图形或用例脚本等技术手段，及时发现需求文档或模型中存在的一些问题，常常可以预先避免许多需求方面的逻辑错误和质量缺陷流入并污染到产品开发的下游过程。在软件工程中这叫作"保证设计(或开发)前的质量(Quality before Design or Development)"，这么做往往可以减少或避免因在产品开发下游才延迟发现和更正需求错误所导致的大量成本或开销。

在分析和编写用例脚本的过程中，如果觉得复杂的用例文本一时难以阅读和理解，那么建议最好配上一些常用的UML图(如活动图、序列图)等来辅助分析，“文本与图形相结合”(或“图文并举”)其实是敏捷开发和建模的一个好实践。

例如，在编写以上“下订单”用例的基本流时，可以参考6.5.2小节中已事先画好的用例活动图和序列图。通过这些UML动态图与用例脚本的相互参照、比对，对用例脚本编写结果的正确性往往就可以有更大的把握。

当然，在分析用例时，如果UML图加用例脚本，这些抽象的模型还不够，还可以配上UI原型、线框图、故事板(Storyboard)等更加直观、形象的描述和沟通手段，以协助发现和澄清用例需求描述中的问题。

此外，对于优先级较高、较为复杂的系统需求，一般建议团队通过举办需求(或用例)分析工场(Workshop)之类的会议，来高效、准确地分析和编写用例。

复杂用例的基本流、扩展流中通常不仅仅含有系统用户能直观看到的内容(如系统输出)，还可能含有普通用户一般所不熟悉或看不到的内容，如系统为了实现主用角目标、满足其他干系者的利益所做的一些明显必要的内部操作或动作。

所以，需求分析除了有用户代表、产品经理等需求方的人员参加外，最好也请代表开发或实现方的交互设计、技术架构、测试等方面有经验的技术人员一同参加，这样往往能获得更好的效果。

总之，对于复杂的用例需求分析，组织高效的需求分析会，让逻辑思维强、经验丰富的分析师参与评审，或者利用画UML图辅助分析等，这些都是提高和保证用例编写质量与正确性的有效实践，建议在日常的敏捷开发中灵活地加以运用。

第④步：列举扩展项

在基本流的编写基本稳定之后，接下来应该考虑除了基本流以外，当前用例还有哪些其他成功与失败的执行情况和路径，即所谓的扩展流。

通常基本流只是一种最简单(步骤最少)的用例成功执行的情况，然而一个用例的成功执行往往不止有一种情况、一条路径，而是可能还有多个执行的选项或分支流程。如果它们确实存在，那么这些额外的成功执行流程(或路径)通常也应该以用例扩展流的形式来描述。有些专家也把这些除基本流之外可成功执行的支流称作“可选流”或“备选流(Alternative Flows or Paths)”。

用例交互流中的扩展流部分可以说是整个用例当中最具有价值、同时也是编写难度最大的内容(之一)，其重要性有时甚至超过了基本流。这是因为一个系统功能(或用例)的成功执行路径相对比较简单，具体怎么做，有哪几步，这些大多数人都能想到，陈述时一般也不容易出错；而对于一个复杂用例的各种特殊、例外或异常的执行情况，则往往不容易想到、想全，这非常考验分析师的逻辑思考能力与分析设计经验。

(1) 标识扩展项

在详细编写每个具体的扩展流内容(如例 6 - 10)之前,建议先把当前能够预想到的各种扩展(包括成功与失败执行的)情况都列举出来,暂且只用扩展流标识(见下文)来表示这些扩展流,以为后续填充预留位置。

鉴于此处提取出来的并不是(或不像)完整的扩展流,一般仅有标识而缺少具体的处理步骤等内容(有待后续填充),所以把这些提取出来的不完整扩展流称作"扩展项(Extension Item)"以作区分。

当然,今后每一个完整的扩展流有时也可以简称为一个"扩展项",这是一个相对而言更一般的称呼(相当于"扩展流"的别名)。因此,列举扩展项,也就相当于提取扩展流。

一个扩展项(或扩展流)标识一般包含了扩展流的名称、扩展位置与扩展条件等字段,而扩展流名称通常可以省略(即表示一个匿名扩展流)。例如:

*[用户响应超时 AND 用户已登录]

以上就是一个匿名的扩展项标识,其中:"*"是扩展位置,代表交互流(基本流或扩展流)中除当前扩展流以外的任意位置(如需限定扩展位置只包括基本流而不含任何扩展流,可使用连续两个星号即"* *"来表示);后面方括号中的内容为扩展条件。

如果要给以上扩展项命名(如"超时"),那么需要在扩展流名称与后面的扩展位置之间添加一个英文冒号以进行区隔。例如:

超时:*[用户响应超时 AND 用户已登录]

提取用例扩展流(或扩展项)的一个基本办法是对照着基本流(如例 6 - 8),顺着其中的每一个动作步骤逐个往下分析:针对当前步骤,判断可能有哪些导致它执行失败的情况,或者有哪些其他可行的成功执行替代方案,把这些识别出来的各种情况通过合并、整理后列举为若干合适的扩展项,然后再继续分析下一个步骤,直至基本流结束。

交互流中每一个步骤的执行都可能有多种成功或失败的情况,一般基本流只写出了当前步骤的一种最简单的成功情况,除此以外,当前步骤还可能至少有一种失败(或出现异常)的情况。

提取扩展项时,应逐个考虑导致每一个步骤成功或失败执行的情况需要满足哪些(扩展)条件才会发生,以及系统是否能够明确地感知到这些条件或情况的发生。如果系统无法感知或检测到这些条件,那么这就不是有效的扩展项。

(2) 成功扩展项

成功扩展项是指除了基本流以外,那些依然可以使用例成功执行、主用角目标得以实现的扩展情况。

例如,在前面"下订单"用例(例 6 - 8)的基本流中有一步"确认订单内容/核对订单内容”：

```
3. 确认订单内容 {
    ……
    2. 核对订单内容：
        用户核对系统已显示的收货人信息、购物清单，选择合适的支付方式，并确认送货方
        式与开票等信息无误。
    ……
}
```

这里有几项订单内容顾客其实是可以酌情修改的，例如收货人信息（包括姓名、收货地址、联系电话等）、送货方式（包括承运人、送达时间等）以及开票信息（包括是否开票、发票类型和介质、抬头等），甚至如果顾客对当前的物品清单不满意，还可以返回去重新调整购物车的内容。即使用户做了所有这些修改动作，整个“下订单”用例仍然可以成功。

所以，可以把以上这些可变情况（变化点）添加为如下的成功扩展项（其中的方括号表示扩展条件）：

```
扩展流：
……
确认订单内容/核对订单内容 {
    [用户选择修改收货人信息]
    [用户选择更换收货人]
    [用户选择修改送货方式]
    [用户选择修改发票信息]
    [用户选择修改购物车]
}
……
```

以上片段中的“确认订单内容/核对订单内容”为基本流中的扩展位置，由于在该位置上可能出现多种例外情况，所以采用了UCL块符号来组织这些与多个扩展条件相对应的扩展项，而不必再重复书写多个相同的扩展位置。这是扩展项标识的一种高级写法。

这里把“修改收货人信息”列为扩展项只是暂时的，在6.5.4小节中我们将把它提取为一个独立的扩展用例，因为它还扩展了其他用例（如“管理全部收货人”等），相当于一个公共的小功能。这也反映了扩展项（流）与扩展用例之间存在着某种相似性或如下联系：

首先，无论扩展项（流）还是扩展用例，都需要为其指定扩展位置与扩展条件（参见后文“第⑤步：填写扩展点”）；其次，如果某个扩展项只扩展了当前用例，那么应该把它留在当前用例中作为一个私有的扩展流，而如果它还可以扩展其他用例，那么就应该把它提取出来作为一个共享的扩展用例。

另外，以上扩展项中的扩展条件"[用户选择更换收货人]"是指用户可以更换当前订单的收货人，例如可以重新从系统显示的收货人集当中挑选、指定或创建另一个收货人为当前收货人(暂不考虑针对多位收货人的添加、删除等情况)，此操作与"修改收货人信息"(仅修改和保存订单当前收货人的各项信息)对应于两个相对独立、不同的功能，故在此分列为两个扩展项，并在命名上预先作了区分。

(3) 失败扩展项

失败扩展项是指那些将导致用例的某些步骤执行失败(或使用例出现局部异常但仍可恢复执行)，以及导致整个用例流程失败退出、主用角目标无法实现的特殊情况。

例如，在前面"下订单"用例的基本流中有一步"验证用户提交的订单信息"：

```
4. 验证用户提交的订单信息：
   系统验证用户提交的订单信息的正确性与有效性。
```

可能存在哪些情况使得系统对用户提交的订单信息验证无法通过，从而导致以上步骤执行失败呢？经分析可以发现，导致用户提交的订单信息出错可能至少存在以下几种情况：

```
扩展流：
…
验证用户提交的订单信息 {
    [收货人信息无效] // 如缺收货人的联系电话等
    [送货方式无效] // 如预定送货日期超出合理范围、指定承运人暂时无法提供服务等
    [发票信息无效] // 如发票的类型、抬头无效等
    …
}
…
```

如果系统验证用户提交的订单信息未通过，虽然此步骤执行失败了，但是系统可以让用户返回去重新修正订单内容然后再次提交，整个用例的执行并不会因此而失败终止，所以这是一种局部失败的扩展项。

下面再举一个导致全局失败扩展项的例子。在"下订单"用例的基本流中有以下两步：

```
2. 核对购物清单 {
    …
    2. 如果用户尚未登录，CALL(登录)。
    3. ASSUME(购物车非空 AND 用户已登录)
    …
}
```

这里要求用户在核对购物清单之前，先完成登录才能查看，同时系统还将自动检查用户的购物车是否为空。可是如果用户登录失败，或者购物车为空呢？显然，这里有一个将会导致"下订单"用例全局失败的扩展项：

```
扩展流：
…
核对购物清单/ASSUME[购物车为空 OR 用户未登录]
…
```

当系统执行到以上基本流的断言"核对购物清单"块中的 ASSUME 步骤时，若经检查，无论用户的购物车为空，还是用户登录失败，只要出现这两种情况之一必然都将导致"下订单"这个用例执行失败，该用例将终止执行并异常退出(Abort)。

(4) 扩展项清单

综合以上分析，目前可以确定"下订单"用例至少有以下几个扩展项，把它们一并列举在用例模板的"扩展流"属性之下，如例 6-9 所示。

例 6-9 "下订单"用例的一些主要扩展项

```
扩展流：
//全局扩展项
//
*[用户响应超时 AND 用户已登录]

//成功扩展项
//
确认订单内容/核对订单内容{
    [用户选择修改收货人信息]
    [用户选择更换收货人]
    [用户选择修改送货方式]
    [用户选择修改发票信息]
    [用户选择修改购物车]
}

END[采用货到付款方式]

//失败扩展项
//
核对购物清单/ASSUME[购物车为空 OR 用户未登录]

验证用户提交的订单信息{
    [收货人信息无效]// 如缺收货人的联系电话等
    [送货方式无效]// 如预定送货日期超出合理范围、指定承运人暂时无法提供服务等
    [发票信息无效]// 如发票的类型、抬头无效等
```

```
}

正式生成新订单 {
    [系统处理订单失败]
}
```

可以看到在以上扩展流属性中，把所有的扩展项划分为3部分来依次罗列：全局扩展项、成功扩展项与失败扩展项。

全局扩展项对应着扩展位置为交互流中任意位置（即全局）的扩展项，它们的扩展位置均写为“*”号，表示交互流中的任何一步（除当前扩展流外）。

除此以外，成功或失败扩展项都是指向基本流中局部的某一个或若干个步骤。而且成功扩展项对应于其他流派用例模板中的“可选流”，失败扩展项则对应于其他模板中的“异常流”。与其他流派的样式相比，统一用例方法采取了更为紧凑的写法，把这些不同类型的支流（可选流或异常流等）都写在同一个用例的扩展流属性之下。

如果发现以上所列举的扩展项还不够完整或存在着某些缺陷，不必担心，随着迭代开发的进展后续还可以逐步添加或进行完善。

第⑤步：填写扩展点

在列举了当前用例的一些主要扩展项之后，通常还可以接着找一找当前用例中可能存在着哪些潜在的扩展点。

一个用例的扩展点（Extension Point）是指其交互流（基本流或扩展流）中的某个有名（Named）位置，当用例执行到该位置时，一旦满足了某些特定的（扩展）条件，将会导致该基用例（Base Use Case）之外的某个“扩展用例”（Extending Use Case）的执行，而原来的基用例（或“被扩展用例”，Extended Use Case）的执行将被中断。当扩展用例执行完成之后，基用例将从该扩展点所标识的被中断处恢复执行。

通常一个用例可能具有0个或多个扩展点，以供外部的扩展用例对它进行扩展。

请注意，尽管只有一字之差，扩展点与前文的扩展项是两个有些相似却本质上不同的概念：扩展项代表了一个扩展流（包括其标识、内容和步骤），只在当前用例的内部使用；而扩展点只是一个简单的位置标识（其中不含扩展条件），是没有具体内容的，而且完全只供外部的扩展用例在扩展基用例时来引用。此外，基用例脚本中的扩展项的扩展条件用中括号“[ ]”表示，而用例图中隶属于扩展用例的扩展关系说明中的扩展条件则用大括号“{ }”来表示，这是两者在表示法上的另一处差别。

例如，“下订单”用例目前可提供的扩展点如下所示：

```
扩展点：
//全局扩展点
*

//特定扩展点
```

```
用户任务：1-3
```

以上“＊”号代表全局扩展位置，表示交互流中的任意一个非特定位置。特定扩展点“用户任务”的具体扩展位置为基本流的第①～③步（执行块），代表主要由用户（顾客）负责执行的一些任务步骤。在这个预留的扩展点上（即当执行到基本流的第①～③步之间的任一步时），用户可选择执行在基本的下订单任务之外的多个辅助功能（将用扩展用例表示），如“收藏商品”“查看帮助”等。

第⑥步：充实扩展流

在通过以上第④步列举了针对基本流的一些主要扩展项之后，建议选择在开发过程中某些合适的时机点，把这些扩展项所对应的扩展流补充完整，为其添加相应的处理动作步骤，以用来指导后续的设计、开发和测试等工作。

例如，在例6-9所列举的扩展项基础之上，“下订单”用例的扩展流可进一步补充如例6-10所示。

例6-10 “下订单”用例的一些扩展流

```
扩展流：
//全局扩展项
//
*[用户响应超时 AND 用户已登录]{
    //超时时长?
    系统清除购物车，自动撤销用户的登录状态和其他会话信息。
    ABORT
}

……

//成功扩展项
//
确认订单内容/核对订单内容{
    [用户选择修改收货人信息]……
    [用户选择更换收货人]……
    [用户选择修改送货方式]……
    [用户选择修改发票信息]……
    [用户选择修改购物车]{ GOTO(/BEGIN)}
}

END[采用货到付款方式]{
    系统设置用户订单的状态为“未付款、待揽货”，然后将该订单送入后台排队以启动订单
    的交付流程。
}
```

```
……

//失败扩展项
//
核对购物清单/ASSUME[购物车为空 OR 用户未登录]{
    系统提示用户购物车为空或未登录,无法继续结账。
    ABORT
}

验证用户提交的订单信息{
    [收货人信息无效]{
        //如收货人的姓名、联系电话或地址为空等
        系统提示用户具体出错的内容,并请用户重新输入。
        GOTO(/确认订单内容)
    }

    [送货方式无效]// 如预定送货日期超出合理范围、指定承运人暂时无法提供服务等
    [发票信息无效]// 如发票的类型、抬头无效等
    ……
}

正式生成新订单/1{
    [系统创建订单失败]{
        1. 系统确认用户购物车内容的有效性。
        2. 系统显示创建订单失败的原因,并让用户选择处理办法(重新尝试或放弃)。
        3. 用户选择重新尝试。
        4. GOTO(/核对购物清单)
    } EXTENSIONS{
        3[用户放弃]{
            1.系统清空购物车。
            2.系统显示本次购物失败。
            ABORT
        }
        ……
    }
    ……
}

……
```

(1) 扩展位置 END

在例 6-10 中,可以看到有一个比较特殊的扩展流是这么写的:

```
END[采用货到付款方式]{
    系统设置用户订单的状态为“未付款、待揽货”，然后将该订单送入后台排队以启动订单
    的交付流程。
}
```

这里用UCL关键词END表示该扩展项的扩展位置为在基本流的最后一个步骤之后、基本流结束之前，扩展条件为当用户选择了订单的支付方式为货到付款。当且仅当满足该条件时，在此位置（即原基本流的最后）插入一个只有一步的扩展流。

像以上这种简单的扩展流，在其执行块的所有步骤之后没有任何结束或跳转语句（即缺省情况），即表示当该执行块成功执行结束以后，用例将重新返回到原来的基本流位置（的下一个步骤）继续往下执行（相当于RESUME，参见表3-3），对于此例则意味着原基本流乃至整个用例的成功结束。

另外，这里解释一下有必要添加这个扩展流的原因。

“下订单”用例目前可同时支持两种订单支付方式：一种是在线支付（即缺省支付方式，已在前面例6-8中的基本流中有所体现）；另一种则是货到付款。

对于在线支付方式，在用户的订单成功创建之后，还需等待用户在约定时间之内完成网上付款，这份订单才能正式生效。所以，按照“下订单”的基本流成功执行结束之后，用户订单的状态只是“待支付”；需要等到用户执行完了后续的“（在线）支付订单”这个用例，并且当订单的状态变更为“已支付、待揽货”后，系统才能正式启动订单的交付流程。

然而，对于货到付款方式，情况则有所不同：一旦用户的订单成功创建，通常系统即可以马上启动该订单的揽货、发货等后续交付流程。所以，在这里需要添加这样一个不同于基本流、反映货到付款相应处理步骤的扩展流，即让系统在成功创建订单后修改订单状态为“未支付、待揽货”并把它送入后台商品的交付处理流程进行排队。

(2) 扩展流的扩展流

在一个用例中，不仅基本流可能发生扩展情况，其实任何一个针对基本流的扩展流内部的动作步骤本身也都可能发生各种例外的执行情况（包括成功替代或失败退出等），这就是所谓“扩展的扩展”现象，即出现针对某个扩展流的扩展流，并可依次递进，从而形成一种用例扩展流层层扩展嵌套的复杂结构。

这就有点像有时出现在面向对象编程语言中的“异常中的异常”。其实概括而言，这也是一种在各种类型、层级的流程中比较普遍存在的现象，包括业务流程、用户使用系统功能的流程（用例）、电脑程序的执行流程，等等。

例如，在以上扩展流“正式生成新订单/1[系统处理订单失败]”中，我们利用了一种特殊构造——UCL关键词EXTENSIONS后面的扩展（执行）块来描述针对该扩展流的一个子扩展流，如例6-11所示。

例6-11　扩展流的扩展流示例

```
正式生成新订单/1{
    [系统创建订单失败]{
```

```
        1.系统确认用户购物车内容的有效性。
        2.系统显示创建订单失败的原因,并让用户选择处理办法(重新尝试或放弃)。
        3. 用户选择重新尝试。
        4. GOTO(/核对购物清单)
    } EXTENSIONS {
        3[用户放弃] {
            1.系统清空购物车。
            2.系统显示本次购物失败。
            ABORT
        }
        ……
    }
    ……
}
```

首先,系统创建用户的正式订单是否会失败呢?尽管发生这种情况的可能性(概率)非常小,但无论是理论上还是实践上都不能完全排除发生这类故障的可能性。所以,添加“系统创建订单失败”这个扩展流是合理的。

其次,一旦创建订单失败,系统需要做一些及时的恢复工作,然后提示用户让其选择,是重试呢,还是放弃?如果用户选择重新尝试,那么用例就将返回到前面基本流的步骤“核对购物清单”(见例 6-8),让用户重新开始核对操作。如果此时(即上面扩展流中的第 3 步)用户选择放弃,那么将执行 EXTENSIONS 扩展块中相应的子扩展流。

以上就是一个简单的“扩展流中的扩展流”的例子。采用统一用例方法的这种“类程序”的 UCL 书写格式和办法,不仅结构清晰、有条理,而且还支持层层嵌套,适应于描述更加复杂的需求状况。

(3) 全局扩展流

在例 6-10 的扩展流中还有一个比较特殊的全局扩展流,如下所示:

```
*[用户响应超时 AND 用户已登录] {
    //超时时长?
    系统清除购物车,自动撤销用户的登录状态和其他会话信息。
    ABORT
}
```

全局扩展流与普通扩展流的不同之处主要在于前者的扩展位置通常简写为“*”号,这表示它们的扩展情况有可能发生在当前用例交互流中的任意一个非特定位置(严格意义上的),或者由于涉及的扩展位置可能过多,导致逐个标注每一个可能被扩展步骤的位置很麻烦,所以略写(非严格意义上的)。

需要说明的是,以上全局扩展流描述的是用户未做出及时响应而出现超时的情况，所以它的"全局"涵义实际上并不包括交互流中的所有步骤（如例6-8），而只是针对交互流中那些主要由用户负责执行的动作步骤才有效（相当于非严格、准全局）。

第⑦步：脚本汇总（检查与完善）

至此，通过前面的几步工作，一个用例的文本编写任务就初步完成了，所获得的基本正确、稳定的用例交互脚本可用于驱动后续的系统设计、实现以及测例（Test Case）编写等工作。

例如，汇总顾客"下订单"用例的文本描述，如例6-12所示。

例6-12　"下订单"用例的文本汇总

用例名称：下订单
范围：宠物店网站系统（以下简称为"网店"或系统）
层级：!
优先级：高
简述：

顾客在网店以下订单的方式订购宠物等商品。订单中含商品的种类和数量，可采用快递送货上门或自主提货等交货方式，以及在线支付或货到付款等支付方式。

主用角：顾客
辅用角：无
其他干系者：……

后态{

最小保证：
~

成功后态：

- 保持用户状态为"已登录"。
- 创建并保存了用户订单，订单状态为"待支付"（在线支付方式）或"未支付、待揽货"（货到付款方式）。
- 若用户选择了在线支付货款的方式且未能在订单成功创建后的规定时间内（REF业务规则/1）完成全额支付，则该订单将被撤销（状态为"超时未支付、已撤销"）。
- 清空了用户的购物车，以便再次购物。

失败后态：

- 记录了具体的失败或故障原因，以便做事后统计和分析。

}

前态：

用户已进入网店，可访问到购物车。

触发事件：

用户打开购物车。

基本流：

```
1. DO
     CALL(使用购物车) // 查看、删除商品或修改数量等
UNTIL 用户选择结账
```

2. 核对购物清单 {

　1. 系统检查购物车，清点其中的有效商品，统计出用户实际拟购的总件数。

　2. 如果用户尚未登录，CALL(登录)。

　3. ASSUME(购物车非空 AND 用户已登录)

　4. 系统读取用户的会员优惠信息，并据此计算出用户拟购全部商品的原价、折扣与实际应付总价。

　5. 根据以上信息，系统创建并显示一份完整的用户购物清单让用户确认，其中包含了商品的名称、编号、购买数量、单价、小计等，以及应付总价、折扣、总件数等汇总信息。

　6. 用户认可当前的购物清单，选择继续(生成订单)。

}

3. 确认订单内容 {

　1. 生成并显示初始订单：

　　系统根据用户已确认的购物清单与会员信息，生成并显示一张初始化订单页面，其中包含了用户订购的所有有效商品、应付价格，以及缺省的用户收货信息(含收货人、联系电话、收货地址等)、支付方式(在线支付或货到付款，缺省为在线支付)、送货方式(含承运人、预计送达时间、运费等)和开票信息等内容。

　2. 核对订单内容：

　　用户核对系统已显示的收货信息、购物清单，选择合适的支付方式，并确认送货方式与开票等信息无误。

　3. 用户认可当前已设置的全部订单内容，提交该订单信息。

}

4. 验证用户提交的订单信息：

　系统验证用户提交的订单信息的正确性与有效性。

5. 正式生成新订单 {

　1. 系统在当前用户的名下创建一份正式的新订单(状态为"已创建")，分配全局唯一的订单号(OID)，记录成功创建订单的时间、用户名和 IP 地址等必要信息，保存该订单以供后续查询和处理。

　2. 若用户选择的订单支付方式为"在线支付"，则系统修改订单状态为"待支付"。

}

6. 系统清空用户的购物车。

7. 系统提示用户新订单已创建成功。若用户选择了在线支付方式，则同时提醒用户应在规定时间内(REF 业务规则/1)完成付款，否则该订单将自动失效。

```
END

扩展流：
//全局扩展项
//
*[用户响应超时 AND 用户已登录]{
    //超时时长？
    系统清除购物车，自动撤销用户的登录和其他会话信息。
    ABORT
}

……

//成功扩展项
//
确认订单内容/核对订单内容{
    [用户选择修改收货人信息]……
    [用户选择更换收货人]……
    [用户选择修改送货方式]……
    [用户选择修改发票信息]……
    [用户选择修改购物车]{ GOTO(/BEGIN) }
}

END[采用货到付款方式]{
    系统设置用户订单的状态为"未付款、待揽货"，然后将该订单送入后台排队以启动订单
    的交付流程。
}

……

//失败扩展项
//
核对购物清单/ASSUME[购物车为空 OR 用户未登录]{
    系统提示用户购物车为空或未登录，无法继续结账。
    ABORT
}

验证用户提交的订单信息{
    [收货人信息无效]{
        //如收货人的姓名、联系电话或地址为空等
        系统提示用户具体出错的内容，并请用户重新输入。
        GOTO(/确认订单内容)
```

```
    }

    [送货方式无效] // 如预定送货日期超出合理范围、指定承运人暂时无法提供服务等
    [发票信息无效] // 如发票的类型、抬头无效等
    ……
}

正式生成新订单/1 {
    [系统创建订单失败] {
        1. 系统确认用户购物车内容的有效性。
        2. 系统显示创建订单失败的原因,并让用户选择处理办法(重新尝试或放弃)。
        3. 用户选择重新尝试。
        4. GOTO(/核对购物清单)
    } EXTENSIONS {
        3[用户放弃] {
            1. 系统清空购物车。
            2. 系统显示本次购物失败。
            ABORT
        }
        ……
    }
    ……
}
```

扩展点:
//全局扩展点
*

//特定扩展点
用户任务:1 - 3

数据说明:

订单 - 含订单号、订单生成日期;客户名称与会员 ID;已购商品名称、编号、数量与价格;收货人姓名、联系电话、送货地址等(参见 3.1、5.1 步)。

业务规则:

1. 对于在线支付的订单,用户应于订单创建成功后的 24 小时之内完成全额付款,否则订单将自动失效。

……

在例 6 - 12 的最后,还添加了两个额外的模板属性: 数据说明和业务规则。建议把原来各自分别在交互脚本中的不同位置进行描述的相应内容统一提取、转移到这两个字段之中,从而使整个用例脚本的结构更加清晰,并且避免了相关内容的重复

书写。

(1) 用文本，还是用图形

阅读了以上“下订单”用例的文本描述，估计读者现在能够理解为什么我们主张描述用例所代表的系统功能需求（尤其复杂的），最好以文本为主、UML等图形为辅。

目前的“下订单”用例文本仅包含了一些基本的内容和步骤，驱动第一个迭代（如2周）的开发应该够了。然而，这些并不是这个用例完整的最终分析结果，随着迭代开发的进行、分析的深入以及在此过程中不断获得反馈，“下订单”用例的文本描述经补充、完善最终篇幅可能变得很长。

即便如此，“下订单”也只能算一个中等复杂的用例，好多更加复杂的系统功能或用例的描述常常比它更长。不过，即使内容再多、篇幅再长，用简洁、易读、规范的格式文本把这些复杂的需求集中记录下来经常也是合理、应该的，因为这反映了这些系统需求及其所处的问题域本身所具有的复杂性，以科学、系统、规范的技术手段记载这些复杂的系统需求具有客观性与必要性。

如果像某些极端的敏捷做法，让复杂的需求细节只停留在人们的大脑里或口头上，则一些重要信息往往很容易被遗忘或误解，给产品开发过程带来一些不必要的损失或麻烦，一味鼓励不写需求文档其实是不好、偏激的差实践。

另一方面，如果企图不用用例文本，而全部采用UML来描述所有这些需求内容和细节，并且提供与以上用例脚本几乎相同的信息量，那么要画好所有这些UML图形（如活动图或序列图等）其实也并非一件易事，而且可能要比直接写用例脚本花费更长的时间，画出来的图也可能会比较复杂、效果并不好（感兴趣的读者可以亲自尝试一下）。

其实，无论文本或图形描述，它们都各有自己的优缺点。文字作为人类日常习惯使用的自然语言，在描述需求的细节上常常比抽象的图形符号具有一些优势，如叙述方便、自由、紧凑（占用空间相对较少）等。而UML等图形也有自身的优点，往往比大量、繁琐的文字描述更加简单、形象和直观，便于帮助读者跳出复杂、难以理解的细节，迅速抓住事物的本质和重点。

所以，概括而言，画UML图主要是为了化繁为简、突出重点、抓住本质，而写用例文本主要是为了比较完整地记录图形一般不易（或不适合）表达的复杂细节。在敏捷开发中最好把这两者有机地结合起来加以运用，一方面可以加速阅读理解（趋简），另一方面则可以实现完整存档（趋繁），两者有效搭配才可能获得最佳效果。

(2) 用例与功能需求、用户故事之间的对应关系

如果仔细查看以上脚本，可以发现“下订单”用例中其实包含了多个功能需求（特性）或用户故事，例如：

- 使用购物车——删除商品、修改商品数量等；
- 生成并显示初始订单；

- 修改收货人信息——收货人姓名、联系电话、地址等；
- 选择订单付款方式——在线支付或货到付款；
- 选择送货方式——选择承运人、送货时间等；
- 设置开票信息；
- 创建正式订单。

至此，"下订单"用例脚本的编写任务就基本告一段落。除了整理、汇总用例的各部分信息，把它们归纳到一处（如用例模板中）以外，分析和编写用例脚本最后一步的工作还包括对分析的结果——用例文本（或图形）的质量进行评审和完善，具体内容请阅读6.5.5节。

6.5.4 补充包含与扩展用例

在用例分析与编写用例脚本的过程中，经常会发现一个较复杂的基用例可能拥有多个相关的附加用例，例如包含了几个小用例，或者被其他小用例所扩展。本小节就来介绍这些包含或扩展用例的基本写法。

1. 扩展用例脚本

在以上"下订单"用例脚本的扩展流中，发现把"修改收货人信息"提取为一个单独的扩展用例更为合适，因为它同时也扩展了另一个用例"管理全部收货人"，如图6-27所示。

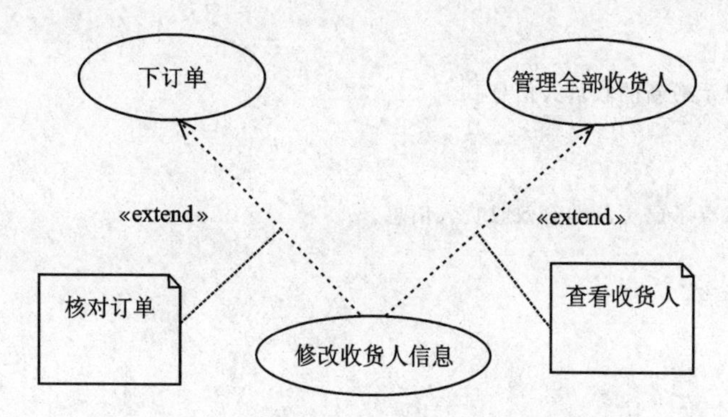

图6-27　扩展用例"修改收货人信息"示意图

在图6-27用两个标签分别表示了"修改收货人信息"扩展两个基用例所用到的两个扩展点，其中采用了简化的扩展点书写方式，即只注明了扩展点名称而省略了"扩展位置{扩展条件}"。

另外，由于我们把基用例"下订单"（参见例6-12）中原来的扩展流"修改收货人信息"提取成了一个独立的扩展用例，因此需要把相应内容从该基用例的扩展流中移除，并在其扩展点属性下新添如下一个（特定）扩展点，以注明其名称与扩展位置：

扩展点：

……
核对订单：确认订单内容/核对订单内容
……

以上文字表明扩展点“核对订单”的具体位置为“下订单”的基本流中执行块“确认订单内容”中名为“核对订单内容”的这一步。对另一个基用例“管理全部收货人”的脚本可作类似处理。

“修改收货人信息”的脚本可大致描述如例6-13所示。

例6-13　扩展用例“修改收货人信息”的初始脚本

用例名称：修改收货人信息
范围：宠物店网站(系统)
层级：子功能(-)
优先级：中
简述：
个人会员对系统显示的某个收货人信息(及其属性)进行修改,包括可指定当前收货人为缺省收货人(用于订单自动填写)。

主用角：个人会员
辅用角：无

后态{
　最小保证：
　系统显示最新的收货人信息。

　成功后态：
　系统保存了已更新的有效收货人信息。

　失败后态：
　……
}

前态：
- 用户已登录。
- 系统已显示了用户的一个或多个收货人,可供其修改。

触发事件：
　用户选择修改某个收货人的信息。

基本流：
1. 系统显示当前收货人信息与相关属性(如是否为缺省收货人等),供用户查看。
2. 用户根据需要修改当前收货人的姓名、收货地址(含邮编)、联系电话(手机)等资料与相关属性,然后提交。

3. 系统验证用户提交的收货人信息的有效性(姓名、收货地址、手机均不能为空)。

4. 系统在用户的当前会员资料中保存该收货人信息。

5. 系统提示收货人信息修改成功,并显示最新的当前收货人信息。

END

扩展流:

3[收货人信息验证失败]{

……

}

……

可以看到,以上脚本的属性、内容与基用例"下订单"有一些不同之处。

例如,这里的主用角为"个人会员"而非"顾客",这意味着执行"修改收货人信息"这个用例必须是一位已经完成注册的网店正式会员,而不能是普通的匿名用户。

另外,该用例的前态指明用户必须"已登录"而且可以看到当前有哪些收货人,这些也是"修改收货人信息"执行的必要前提条件。

2. 被包含用例脚本

在前面"下订单"用例脚本(参见 6.5.3 小节"第⑦步:脚本汇总")的基本流当中,出现了对"使用购物车"这个小用例的调用(通过 CALL 函式),这两个用例之间是包含关系。

"使用购物车"的脚本可大致描述如例 6-14 所示。

例 6-14　被包含用例"使用购物车"的初始脚本

用例名称:使用购物车

范围:宠物店网站(系统)

层级:子功能(-)

优先级:高

简述:

顾客使用购物车查看、管理其中的商品,可进行删除商品、修改商品数量等操作。无论用户是否已登录,均可使用该功能。

主用角:顾客

辅用角:无

后态{

最小保证:

- 购物车内容始终可见(可能为空)。
- 确保购物车内容显示的完整性和正确性(如所有商品数量应大于 0,应付总价应大于

```
        或等于 0 等)。显示了促销商品信息。

    成功后态：
    系统显示了购物车的最新内容(含应付总价、商品数量等)。

    失败后态：
    ……

}

前态：
    用户可访问到购物车(的链接)。

触发事件：
    用户选择打开购物车。

基本流：
1. 系统计算购物车中所有商品项的应付小计与应付总价、总件数。
2. 系统显示当前购物车中的所有内容与相关促销消息,包括各项商品信息(名称、单价、数量、折扣、小计等),以及所有已订购商品的总件数和总价(含原价与实际应付)。
END

扩展流：

2[用户选择删除某项商品]{
    1. 系统提示用户是否要从购物车中删除该商品。
    2. 用户选择"是"。
    3. 系统从购物车中删除该商品。
    4. GOTO /
} EXTENSIONS {
    2[用户选择"否"]{
        GOTO /
    }
}

2[用户选择修改某项商品的数量]{ // 增加或减少
    系统更新该商品的订购数量;当该商品数量小于 1 时,把该商品从购物车中删除。
    GOTO /
}

……
```

以上显示的“使用购物车”脚本有点特殊，它的基本流只有非常简单的2步(系统计算并显示购物车内容）。同时，把用户“删除商品”“修改商品数量”等操作作为该用例的扩展流来处理，使得整个交互流的编写结构更加清晰、易读。

“使用购物车”与前面的“修改收货人信息”这两个用例相对是比较简单的。在日常的敏捷开发中，许多类似这样的小用例，一开始可能用它们的简述来驱动开发即可，只在确实需要时（如发现它们变得复杂，或需要编写测试时）再把它们的脚本完整地写出来。展示这两个小用例脚本的目的，主要是说明被包含与扩展用例脚本的基本写法（包括属性、基本流和扩展流等）。

3. 用例关系改进

在用例建模的日常实践中，有时会出现这样一种现象：人们对某两个用例之间到底应该是包含关系、还是扩展关系会有不同的看法，一时难以达成一致。

例如，“管理订单集”是网店购物的一个常见功能，用户在管理多张订单时可执行多种操作，如查看某张订单、删除某张订单等。在前面小节所画的用例图中，我们用 UML 的包含关系表示了“管理订单集”与“查看订单”“删除旧订单”等相关用例之间的关系。

然而，此处采用包含关系并非很恰当。主要原因是：

用例之间的包含关系实际代表了基用例与被包含用例之间的一种动态调用关系，被包含用例通常代表了一种被基用例所调用、执行的必然路径（无需特定的触发、执行条件）。

而用户在实际管理订单集时，根据一般流程，并非每次都必然会执行针对某张订单的“删除”动作，“删除旧订单”更像是一种带条件执行的对基用例“管理订单集”的扩展用例。因而从流程执行以及 UML 规范定义的角度看，其实我们应该采用扩展来描述它们之间的关系，结果比包含关系更为贴切和准确，如图 6 - 28 所示。

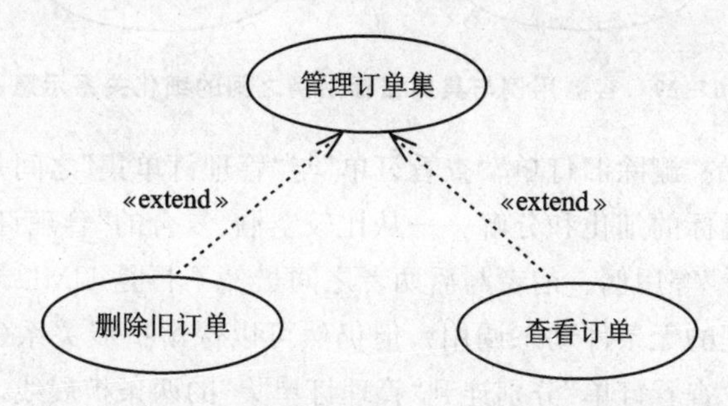

图 6 - 28　用扩展关系连接“管理订单集”的相关用例

那么，图 6 - 28 是否就是最佳画法呢？未必，请继续看下面分析。“管理订单集”这个功能的流程本身更像是一种简单的执行框架，通常只是以分页列表的形式显示用户当前所有的订单（包括历史订单和新订单），供用户浏览和选择。除此以外，具体的订单“管理”还有哪些内容呢？

显然，“查看订单”“删除旧订单”“评价晒单”等都应该是属于用户在管理订单集时可选择执行的一些合理的操作和主要内容。

但是，只采用扩展关系（表示有条件执行，而且扩展用例对于基用例的成功执行通常并不重要）来描述，又无法体现出“管理订单集”与这几个反映具体“管理”操作的功能或用例之间紧密（接近于目标分解或含有）的关系。可能许多（不熟悉UML的）读者在看到图中的扩展关系后，会感到奇怪：“查看”或“删除”订单不都是“管理订单集”的基本内容吗？为什么不是“包含”，而且箭头的方向还是反的（从小目标指向大目标）？

以上我们分析了在“管理订单集”“删除旧订单”“查看订单”等用例之间，不太适合采用一般的包含关系（表示被包含用例每次必然都会执行的动态调用关系），而如果只采用扩展关系，虽然更符合UML规范的关系定义，却又不能准确、完全地表达出这几个用例之间具有某种紧密的、整体与部分的目标分解关系。那么，如何才能更好地表示呢？

为了解决这种矛盾，建议引入一种新型的用例关系——目标细化关系（用版型为《refine》的依赖线表示），并且把“管理订单集”这类含有多个可选执行子目标的用例视为一种比较特殊的容器（或框架）型用例（用版型《container》来表示），如图6-29所示。

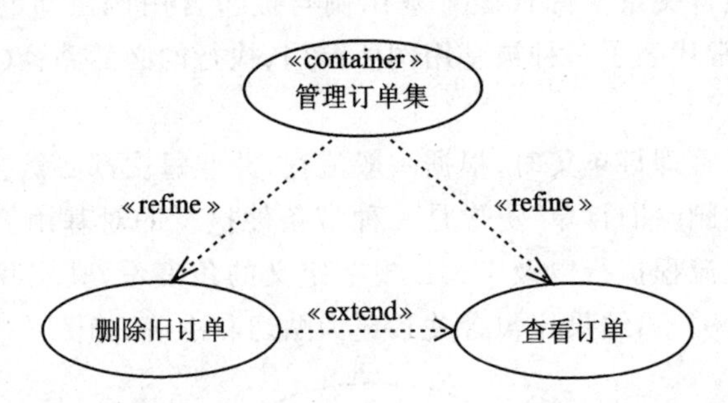

图6-29　容器用例与具体目标用例之间的细化关系示意图

图6-29所示的“删除旧订单”“查看订单”与“管理订单集”之间是一种目标细化关系，主要用于用例目标的细化和分解——从比较空洞、复合的“管理订单集”细化为更具体的“删除”和“查看”等用例。前者与后两者之间虽然不再是UML规范所定义的包含关系（表示对子流程的无条件动态调用），但仍然可以保留扩展关系（为了简化，图中已省略“删除旧订单”“查看订单”分别连到“管理订单集”的两条扩展线，未画出）。

作为对比，从图6-29还可以看到，“查看订单”与“删除旧订单”这两个用例之间，肯定不是执行流程的包含关系或目标细化关系，而只能是一种带条件的扩展执行关系：用户在查看某张（旧）订单时，可以有选择地删除该订单。在此也可以看出“管理订单集”的特殊性，它与这两个常规用例在内容或语义上确实是有区别的。

结合用例的目标层级理论，可以发现以上这3个用例其实都是属于用户目标层的，而且“管理订单集”与“删除旧订单”之间并不是严格意义上的Why/How关系。

我们不能说“为什么要删除旧订单？是为了管理订单”，事实上这两个用例的目标之间并不构成因果关系，而更像是抽象的目标集（容器）与具体的小目标之间的一种细化（或精化、分解）关系，即“删除旧订单”或“查看订单”是同级的目标集“管理订单集”中的两个具体小目标。

与“管理订单集”类似的目标容器类用例还有“使用 ATM”“执行某某事务”等（包括许多 CRUD 集合类用例），遇到类似的情况也可以照此引入细化关系进行处理。

导致出现以上问题和现象的原因，主要还是由于目前用例技术尚缺乏全面、统一的国际标准，加上 UML 标准规范虽然对用例相关内容做出了一些基本定义和约定，但对用例关系等方面的定义、说明还不够精准和全面，在理解和实际的应用上容易造成一定程度的误解和分歧。

不过从务实的角度看，其实两个用例之间到底应该采用哪种关系，不如提取出这些用例并且把它们的内容（交互流）本身描述清楚，对于产品的需求分析更为重要，也更有价值。没有必要在“某个用例关系到底应该是包含还是扩展”这类问题上纠结、浪费过多的时间，与其争论不休，还不如暂时搁置，以免影响开发的推进。

6.5.5　用例评审

在敏捷、迭代的开发过程当中，如果觉得某一个用例分析得差不多了，暂时无需再做任何修改，那么就可以进入该用例分析的最后一步：用例评审（Review）与修订。单个用例的评审主要包含两个方面：用例的 UML 图形评审与用例的交互脚本评审。

表 6－1 所列是用于检查单个用例的质量检查表，针对用例脚本的一些重要属性（或方面）分别列出了主要的检查项（以问题形式表示），供读者参考。

表 6－1　用例文本质量检查表

用例属性	检查项
用例名称	● 是否是一个动词词组； ● 是否简单、明了、易理解
范围	● 系统边界是否定义准确； ● 该范围是否囊括了所有待开发的子系统（或特定组件）
层级	● 是否明确定义了用例的层级； ● 当前用例的层级是否过低（或过高）
优先级	● 是否为当前用例设定了合适的优先级
简述	● 是否编写了用例的简述； ● 内容描述是否简单、明了； ● 是否遗漏了一些需要说明的重要内容

续表 6-1

用例属性	检查项
用角与干系者	● 用角的名称是否合适； ● 是否遗漏了某些主、辅用角； ● 除用角外，是否还列举了其他对当前用例具有潜在影响、需要注明的干系者； ● 是否遗漏了对当前用例可能形成影响的某些用角（或干系者）的责权利说明
后态	● 各种后态的定义是否正确，不存在逻辑错误； ● 是否遗漏了一些重要的系统后置状态或条件（如最小保证）； ● 所列举的失败后态是否与扩展流中的相应结果保持一致
前态	● 前态的定义是否正确，不存在逻辑错误； ● 当前用例的执行是否真的需要这个前置状态或条件
触发事件	● 是否所列举的触发事件都可以真正地被系统检测到
基本流	● 基本流的书写是否存在语法错误； ● 是否步骤数量过多； ● 是否存在执行逻辑或语义上的错误； ● 执行流程能否进一步简化或优化
扩展流	● 扩展流的书写是否存在语法错误； ● 是否存在不稳定的扩展位置标识（如依赖步骤编号）； ● 是否所列举的各种扩展条件均可以被系统真正地检测到； ● 是否存在执行逻辑或语义上的错误； ● 是否比较全面地列举了系统需优先处理、实现的各种重要扩展流
扩展点	● 是否遗漏了某些扩展点； ● 扩展点名称是否唯一，扩展位置是否正确
文本的可视化*	● 是否为比较复杂、不易理解的用例脚本画出了合适的动态图； ● 是否为关系较为复杂（或需要特别说明）的用例画出了用例图； ● 是否为比较复杂的用例脚本提供了有助于说明和理解的 UI 原型（如线框图等）

有关描绘用例的 UML 动态图（如用例图、活动图、序列图）的质量检查表请参阅表 5-1，有关整个用例模型的评审建议参阅 6.8“系统需求模型评审”。

6.6 用例模型分析

不同于 6.5 节介绍的是针对单个用例的一些基本分析方法与技术，本节则简要介绍面向整个系统用例模型的一些基本分析工作或任务。

系统需求模型(SRM,含文档)是整个产品模型的一部分,它与产品(或系统)的业务模型合在一起,是整个产品与系统开发的重要源头与起点之一。

系统需求可分为两大类：功能需求与非功能需求。而每一个功能需求都至少可以对应于一个系统用例(无论其大小),因此,一个系统的所有功能需求也可以用系统的用例模型来描述(或代表),并构成 SRM 的一个重要组成部分。以下的“用例模型”是系统用例模型的简称。

6.6.1　模型的组织

一个系统的用例模型从整体上看往往比较简单,通常由两大部分组成：一部分是所有用角的集合,另一部分是所有用例的集合。然而,一旦一个系统的用例数量很多,如有几十、几百个,怎么办?

在 UML 模型中,通常用包(Package)这个有点类似于文件夹的逻辑构造来容纳、组织多个用例或用角等元素。

以宠物店网站系统为例,它的用例模型的基本组成结构如图 6－30 所示。

图 6－30 中的用角集合(也称为“用角包”)有多种可行的划分法。一种比较简单的办法是按照公司内外来分,例如“顾客”“第三方支付系统”等是公司外的用角,而“店长”“客服”等是公司内的用角。对于公司外部的大量用角,可以再按照不同的第三方组织机构或系统的类型来进一步细分;对于公司内部的用角,则可以按照部门等类型来细分。

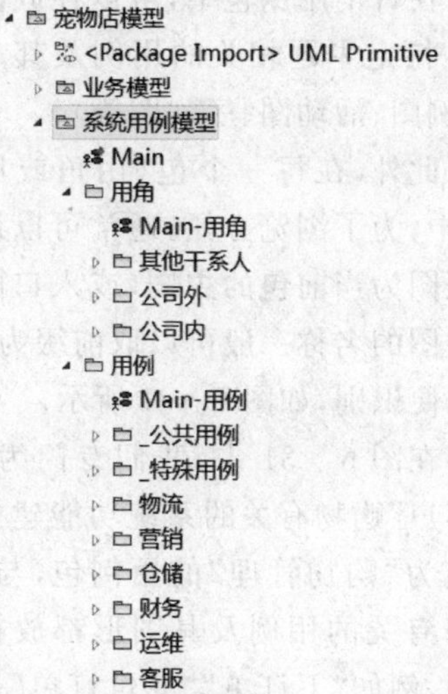

宠物店模型
- <Package Import> UML Primitive
- 业务模型
- 系统用例模型
  - Main
  - 用角
    - Main-用角
    - 其他干系人
    - 公司外
    - 公司内
  - 用例
    - Main-用例
    - _公共用例
    - _特殊用例
    - 物流
    - 营销
    - 仓储
    - 财务
    - 运维
    - 客服
    - 个人客户
    - 团体客户

图 6－30　宠物店系统用例模型的组织结构

用例模型中的所有用例集合(也称为“用例包”)的划分也有多种办法。Cockburn 列举了一些常见的用例分组或分包(在他的书中称为“分簇”,Clustering)的依据：

- 按用角来分;
- 按主题域(subject area)来分;
- 按概要(目标层的)用例来分;
- 按开发团队与发布来分。

统一用例方法推荐最好根据系统所涉及的不同的主题域、功能域(或区块)来组织大量的用例。

例如,宠物店网站系统除了要提供基本的商品在线展示与销售功能以外,还可能要为网店公司运营所需的多种业务类型提供服务,因此在图 6－30 中预先创建了诸如营销、客服、运维等多个用例包来存放各种不同的用例。这种按系统所提供功能的主题或功能域来组织、划分用例的办法常常是通用的，许多其他类型企业的业务系统也常常会用到类似于图 6－30 所示的用例包结构。

以上列举的其他几种用例包的划分法缺点较明显，尤其对于较大的用例模型来说并不太合适，一般不推荐。

例如，在需求模型中，最好不要直接建立用例与开发团队或发布之间的绑定，并按照不同的开发团队或发布版本号来组织用例、需求包，因为这么做明显属于项目管理与计划的范畴，而且某个开发团队负责做哪些用例，或者一个产品发布中包含了哪些用例，这些情况也是动态的，常常会发生改变。

用例（或其他需求）与负责实现它们的开发团队、产品发布版本之间的联系，通常应当采用合适的项目管理工具软件或其他手段来进行管理与维护，而不是在用例或需求模型中，直接把多个用例包仅仅以开发团队或产品发布的名称来命名。这种绑定不太稳定，难以适应变化，而且对增加对于业务与系统的理解没什么帮助。

在每个用例包中，可以存放多个与某个特定主题相关的用例及其动态图（用例图、活动图、序列图等）。

此外，在每一个包（用角或用例包等）中，为了浏览方便，通常可以设置某一张图为当前包的主图（或入口图），这些主图的名称一般可以取前缀为“Main－”以便识别，如图 6－31 所示。

在图 6－31 中，我们专门为与“个人客户”购物有关的系统功能建立了一个名为“购物管理”的用例包，与购物、订单有关的用例及其图形都放在该包之中，例如“下订单”“支付订单”等。其中，名称标记为“Main-购物管理”的用例图为该包的主图。

至于如何在用例模型中添加用例脚本，对于多数未支持基于模板的用例编辑功能的 UML 工具来说，传统的办法是直接在每个用例元素的属性（如“说明”字段）中（或利用用例图中的自由文本块来）书写相关用例的简述与详

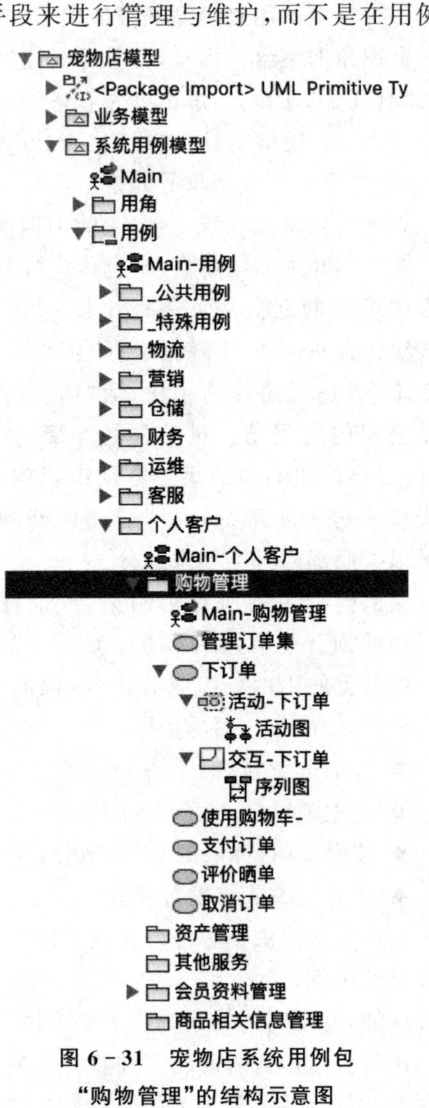

图 6－31　宠物店系统用例包“购物管理”的结构示意图

细脚本。另一种常见的处理方式是，为一些用例添加相关的超链接，以供快速访问存在于UML工具外部的用例脚本文档（如Word文件等）。当然，如果有的UML工具直接提供了集成的用例模板与编辑功能，那么直接使用输入即可。

6.6.2　何时算完成

一个用例模型何时才算完成呢？

关于什么是用例所代表的系统需求在真正意义上的"完成"，其实有着多种涵义，不同的项目、不同的团队对此可能也有着不同的理解。然而在同一个开发团队内部，大家有必要对此达成共识。

"完成"的第一种涵义是把用例基本上"写完了（或画完了）"。

这种情形常常出现在每一次的迭代开发中。对于在用例模型中那些被挑选出来用于驱动本次迭代开发的用例的描述，无论其图形或是文本，如果刚好符合、满足了本次迭代开发的需要，不再需要修改或额外添加新的内容（如相关的非功能需求），那么当前的用例模型对于本次迭代而言，就可以说暂时完成了，有关需求分析活动也可以告一段落，大家可以马上依据这个相对稳定的用例模型来进行系统的设计、开发和测试。

参考Cockburn的建议，通常可以从以下这几个方面来检查、判断一个用例模型的（相对）完整性或稳定性：

- 是否找到了所有的主用角，并列举出了它们所有的用户目标（用用例来表示）；
- 除了记录所有的用户目标层用例以外，是否还提取出了所有必要的概要或子功能层用例；
- 对于其中的单个用例而言，是否列举出了它的所有的前态、触发事件与可能导致该用例执行成功或失败的扩展项，用例的内容描述是否足够清晰、合理，并具有足够的精准度；
- 系统的用户、客户与关键干系人，以及整个开发团队都对当前的用例模型表示满意，暂时无需再添加新的内容，而且当前的用例需求是基本可实现、可测试的。

不过，以上所说的"完成"情况其实都是一种"基本"完成的状态，而并非"彻底"完成。

用例模型"完成"的第二种涵义是"测完了"或"验完了"，通常是指当前迭代，尤其本次发布需要实现、部署的所有用例，全部都"完成、通过了质量检验"，可以正式对外发布。对于产品或系统的一次正式发布来说，这才是真正意义上的"彻底"完成。

值得注意的是，虽然这里探讨的是用例模型的"完成"，但类似概念同样也可以延用到整个系统需求模型（SRM）之上。在一个产品的全生命期内（可能跨越数年之久，甚至更长），用例或需求模型的所有的每次"完成"其实都只是暂时、相对的，除了最后一次（从此以后产品再也不更新了）。

6.7 NFR 分析

用例模型(含脚本等文档)所代表的功能需求(FR)虽说是最主要的系统需求，但并非需求的全部，另一部分重要的系统需求就是非功能需求(NFR)。在产品、系统或软件的敏捷开发过程当中，尽管FR和NFR在不同的开发阶段各自的重要性会发生变化，但总体上应该对FR与NFR给予几乎同等的重视。

6.7.1 主要内容

非功能需求的种类有很多，一些主要的NFR类型如表6-2所列(根据软件需求专家Karl Wiegers的总结改编而成)。

表6-2 一些主要的非功能需求类型

英文名称	中文名称	说　明
		外部质量属性
Availability	可用性	描述系统在时间、地点等要素上可不间断、连续提供服务的程度
Installability	可安装性	描述正确有效地安装、卸载或重装系统的方便程度
Integrity	完整性	描述系统在防止数据不准确或丢失等方面的能力
Interoperability	互操作性	描述系统与其他系统进行互连、交换数据的容易程度
Performance	性能	描述系统对用户输入或其他事件响应的快慢程度和可预测性
Reliability	可靠性	描述系统在不发生运行失效、错误的情况下可持续正常运行的时间长短
Robustness	健壮性	描述系统对各种非正常运行条件或状况的响应、处置能力
Safety	安保性	描述系统防止人员意外受伤或其他损害的能力
Security	安全性	描述系统防止对其应用与数据非法访问、破坏或窃取的能力
Usability	易用性	描述用户学习、记忆和使用系统时的简易、便捷程度
		内部质量属性
Efficiency	效率	描述系统使用计算资源的效率
Modifiability	可修改性	描述对系统进行维护、变更、增强以及重构等方面的容易程度
Portability	可移植性	描述系统经适当修改后可运行于其他平台或环境的容易程度
Reusability	可重用性	描述系统的组件可被重用于其他系统或环境的程度
Scalability	可伸缩性	描述系统支持更多(或更少)的用户、事务、流量等方面的能力
Verifiability	可验证性	描述开发员与测试员等验证系统被正确实现的方便程度
		其他NFR

续表 6-2

英文名称	中文名称	说　明
Constraints	约束	对开发者在设计和构建产品时的可选项施加的某种限制(条件),可分为设计约束、实现约束等
External Interface Requirements	外部接口需求	对系统与用户之间,或与其他系统(含软、硬件)之间的连接或访问接口(界面)的要求和描述

根据 Wiegers 的定义,表 6-2 中的"外部"非功能属性主要是指在软件运行时可以观测到的一些系统特征,它们对于用户体验、用户对系统质量的印象往往有着直接或显著的影响。"内部"非功能属性主要是指那些一般在软件运行时无法直接观测到的系统特征,而通常是被系统的开发者、维护者等内部技术人员在针对系统的设计、代码进行修改、使用、测试或维护时才能觉察、体验到,不过它们可能会对外部用户对系统质量的观感同样产生间接的影响。

以上这种 NFR 的"内、外"分类法是比较合理的。而且,在处理和实现非功能需求时,系统的外部属性通常比其内部属性的重要性与优先级相对而言要高一些。

值得注意的是,表 6-2 还显示,除了系统的质量属性以外,另外两种重要的 NFR 是约束和外部接口需求(其中包括 UI 需求)。

参照表 6-2,如果要描述与某个用例相关的 NFR,则只需在其文本模板中添加相应的属性字段即可。

例如,在前面"下订单"用例脚本(例 6-12)中可以添加如下非功能需求字段:

性能:应支持同时(并发)创建 20 万份订单(标准规格),且用户端最大响应时间不超过 3 s(自用户提交算起,客户端采用标准配置)。

6.7.2 补充需求规约

系统的 NFR 与用例模型之间是什么关系呢?

基于二分法,一个系统的所有 NFR 可分为两类:全局 NFR 与局部 NFR。全局 NFR 是对整个系统的某个非功能方面提出的要求,它们的声明是对整个系统全局有效的;而局部 NFR 是仅针对系统中局部的一个或某些功能提出的额外、附加的非功能要求,仅对系统的这些功能(或用例)局部有效。

因此,像 UP 这样的开发过程模型就建议完整的系统需求工件集可分为用例模型与补充需求规约(说明)两大部分,用例模型(含 UML 图与脚本)描述、代表了系统的所有 FR,补充规约可以用来存放全局性的 NFR 等其他需求,而局部的 NFR 则可以放置在用例模型内与这些 NFR 相对应的用例属性(字段)当中。

系统的补充需求规约除了包含作为 NFR 主要内容的各种质量属性描述与约束、外部接口需求等内容以外,通常还可以放置以下内容(相当于广义的 NFR)作为完整系统需求的一部分:

- 数据需求；
- 国际化与本地化需求；
- 文档需求；
- 采购的组件需求；
- 许可证需求；
- 法律、版权、专利和商标等注意事项；
- 适用的标准与规范等要求。

具体的补充规约模板可参考 Leffingwell 书中的《补充说明模板》。

6.7.3 数据需求与领域分析

作为软件需求的一个重要组成部分，数据需求反映了一个系统需要高效、可靠地存储、处理哪些信息或数据，以及这些信息、数据之间的具体关系如何，这些需求将直接驱动系统的数据库和软件应用层等设计。

系统数据从何而来?

数据在用户与系统、系统与系统之间流动，数据往往来自或伴随着系统功能的输入与输出，并服务于这些系统功能。与反映系统动态行为的功能需求有所不同，系统的数据需求往往描述的是静态的结构信息，所以可以把数据需求也归入为一类非功能需求。

分析数据需求的一个主要办法是进行数据(关系)建模，主要可分为概念(或逻辑)建模与物理建模两大类。

其中，数据概念建模的传统做法是首先画 ER(Entity Relationship，实体关系)图。而自面向对象方法兴起以及 UML 标准问世以来，业界逐渐出现了基于 UML 的数据建模方法(如 Rumbaugh、Ambler 等)。在基于 UML 的面向对象数据建模方法中，更加泛化、通用的对象概念基本取代了数据实体，类图基本取代了传统的 ER 图，而一个类就相当于一个抽象的"实体"，实体"关系"及其符号则被类之间的关系和符号所取代了。

领域分析是面向对象软件分析、设计与建模时常用的一个术语，它的主要成果是领域模型(Domain Model)。可以说，领域分析也是数据建模的一个重要起点，其效果相当于传统的数据概念建模。其主要任务是画出系统需处理的、代表当前业务领域中一些重点信息的实体类，也可称作"概念类"或"实体类"(Entity Class)，由这些实体类及其关系构成了系统需处理和实现的一个领域模型。

在第 5 章 5.6 节中曾经介绍过用业务类图来做业务对象分析(相当于针对问题域的领域分析)的基本方法。为了针对分属问题域与解决域的这两类领域分析与结果模型做出明确区分，一般把前者称为"业务领域分析"或"业务对象分析"，并可采用"业务类""业务概念类"或"信息实体类""业务实体类"等术语，而本节的领域分析则指的是面向解决域(即系统表示)的"领域分析"，仅采用"实体类"或"概念类"等术语，去掉了前缀“业务”，以代表它们存在于系统或软件空间中的业务领域相关对象。

系统的领域模型主要由描绘各种实体类及其关系的类图组成，画好了领域模型就可以有效地驱动和辅助生成软件架构应用（或业务、领域）逻辑层中的程序类，以及数据库中表、关系等方面的设计。

那么，做领域分析时，应该如何来识别、提取出实体类呢？推荐以下两个办法：

办法 1——如果在做业务分析时已经建立了业务对象模型，那么绝大部分的实体类及其关系就可以参照、模仿现成的业务类图来提取。这种办法通常适用于比较复杂的大中型系统开发，需要预先做业务分析。

办法 2——如果事先未做业务对象分析，那么可以根据已编写好的详细系统用例脚本，通过从中分析、提取出一些合适的概念、术语等名词来逐步建立领域模型。

与业务建模时的命名做法有所不同，本节所指的领域模型是属于（系统）解决域的，所以其中的类名、属性名、类型名等几乎所有标识都应该尽量采用英文来书写，从而可与未来系统中产生的程序代码、数据库中的相应元素建立直接、紧密的联系，以便更好地支持后续的工具自动、双向生成等工作。

例如，参考第 5 章的业务对象模型，与“订单”相关的实体类图可简单描述如图 6－32 所示。

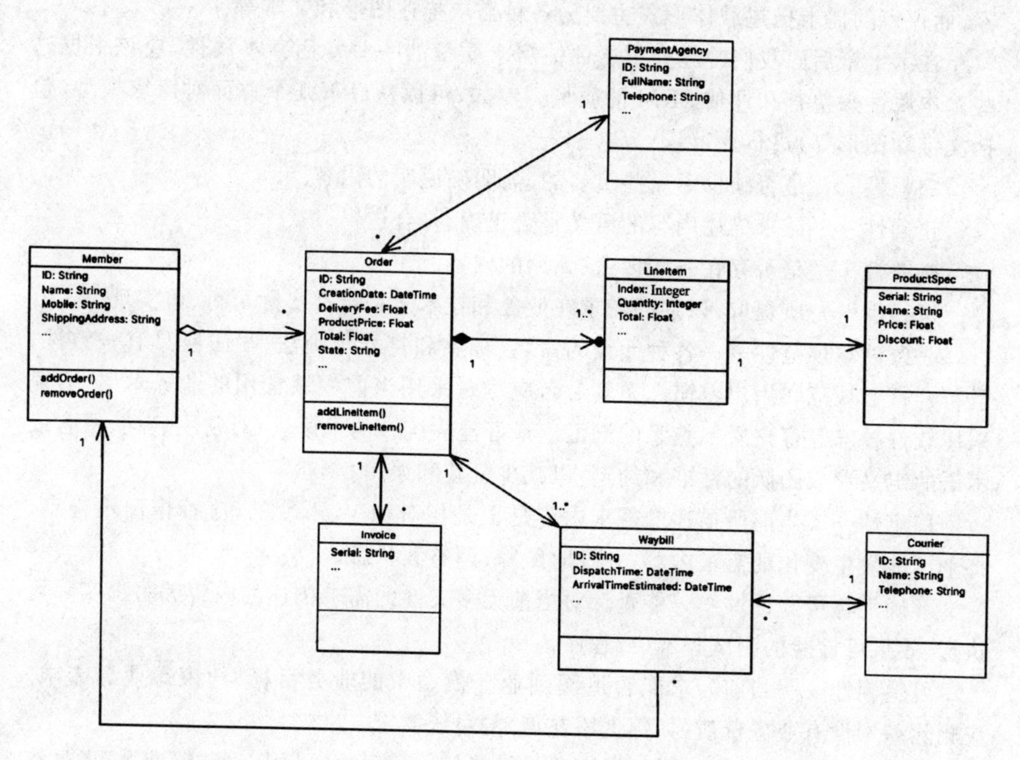

图 6－32　领域模型中与订单有关的实体类图（示意图）

图 6－32 描述的内容并不完整，有待在后续的迭代开发中继续完善。

可以看到，图 6－32 中的实体类都有上下两栏，分别为属性栏和操作栏，而且在 Order 类的操作栏中还添加了两个分别用于添加和删除订单项的操作。由于领域模型中的实体类同时也代表了程序空间中的一些可执行对象，因此不同于一般的静态数据，它们往往可具有自身的操作，这也是这里的实体类图与业务对象模型中描绘被动业务对象的业务类图的一个明显不同之处。

由于本书的重点是介绍以动态行为建模为主的用例分析，加上篇幅限制，此处就不对基于 UML 的面向对象数据建模展开讨论了。有兴趣的读者可以参考 UML 与敏捷数据建模专家 Scott Ambler 以及 IBM、Oracle 等公司网站上的相关介绍。

6.8 系统需求模型评审

在敏捷迭代的开发过程中，经常需要定期（或不定期）地组织关键的产品或系统的需求干系人，对当前的系统需求模型（SRM）质量及时进行评审。

评审一般可分为非正式评审与正式评审。

评审系统需求质量，主要涉及 SRM 中的用例模型、非功能需求集、特性集等内容，而评审的需求描述载体形式主要为各种需求描述图形和文本等。

在第 1 章后面我们曾经介绍了评估需求质量的一些常用基本属性，应该根据这些基本属性来检查和评估 SRM 的质量。例如，可以从以下几个方面对需求模型（包括文字和图形等）进行评审：

完整性——是否缺少了一些重要的、需明确说明的内容。

正确性——需求描述内容的语义是否正确、符合逻辑。

必要性——是否存在一些多余、无用的内容。

可行性——所提取、识别的需求在业务和技术上是否都实际可行、可实现。

一致性与规范性——各种元素的命名、标签和符号等画法、写法应具有一致性，且符合行业规范和用户习惯。尤其命名应尽量采用当前领域常用的业务术语，避免采用软件技术等客户所不熟悉的词汇。最好建立统一的术语表，对常用名词、概念或术语的定义形成团队的标准和约定，以减少分歧和误用。

稳定性——当前所描述的需求内容是否是相对稳定、不变的，应标记出不稳定、将来可能发生变化的需求内容，并及时跟踪、调整其状态。

准确性与可验证性——能否针对当前无多义性的需求描述的内容编写出实际可执行、效果可检验的测试脚本（或程序）。

可追溯性——当前需求能否追溯到业务模型中的业务目标、约束等业务需求。应删除基本没有业务价值（如锦上添花型）的系统需求。

所有这些需求描述的质量属性（或定性指标），简言之，可用一个“精准度”来大致概括，即当前的需求模型所提供的信息是否达到了足够的精度和准度。这意味着一个高质量的 SRM 应该为开发团队提供足够全面和精确的信息，不遗漏任何重要的关键内容，同时已提供的需求信息或内容也应尽可能保证正确和准确，以高效地驱动后续的产品开发、测试等活动，最大限度避免各类误导或差错。

用例脚本以及用例相关的动态图是用例模型乃至 SRM 的评审重点。针对单个用例的质量检查表请参见 6.5.5 小节。

对于模型中的用例包、用角包等组织结构，可参考下列检查项进行评估：

- 当前包的名称是否合适、准确；
- 是否缺少了一些重要的包；
- 是否存在一些冗余的包；
- 整个模型与包结构是否易于查看或访问；
- 当前包的内容是否太多或太少，是否同时满足高内聚与低耦合的要求。

此外，本章采取的需求建模策略是“文主图辅”，因此描述、分析复杂系统的功能需求，主要是以编写用例脚本为主，辅以 UML 图进行可视化。为了减少篇幅，再加上 UML 动态图既可以描述业务用例，也可以描述系统用例，两者的基本画法与技巧本质上是类似的，因此评审这些图形的质量可以参考第 5 章评审业务流程模型时用到的检查表 5-1（如业务用例图、业务用角图、业务活动图、业务序列图等检查项），这里就不再重复了。

以上所列举的检查项并不完整，可以根据团队在评审时的实际需要进行补充、完善。有关系统需求（模型）评审的更多资源和信息请参考 umlgreatchina.org 网站上的介绍。

6.9　小　结

本章是本书的重点，主要介绍了基于用例与 UML 建模的系统需求分析方法，包括基本的分析流程、步骤和一些技巧。

在敏捷开发的过程中，对于简单的系统需求分析，通常只画一些 UML 图（如用例图、活动图、序列图等），再加上一些必要的特性陈述或用例简述就足够应对了。

然而，对于大中型、复杂的系统而言，其需求往往存在着大量复杂、难以理解和分析、易于遗忘的细节，仅仅只靠三言两语、简单的需求描述形式很可能是不够的。因此，本章建议采用“以文本为主、图形为辅”的建模策略，在 UML 等图形可视化的辅助下，重点是把用例的交互脚本写好。有了高质量（精准）的用例脚本，就可以非常有效地驱动后续的交互设计、架构设计与系统测试等各项开发活动。

至此，统一用例方法的主要内容就基本介绍完了。第 7 章是本书的最后一章，我们将对用例故事与 Scrum＋XP 中常用的用户故事这两种敏捷需求技术的优缺点进行比较深入的剖析。

第7章

两个故事

《诗经·小雅·鹤鸣》:“他山之石,可以攻玉。”

作为本书的最后一章,本章主要介绍了传统敏捷方法(如Scrum+XP)所采用的用户故事技术,并对两个故事——用户故事与用例故事之间的异同做了剖析。

用户故事真的比用例故事更好吗?通过对两者的细致分析与比较,我们得出的结论是:

① 与用户故事一样,用例故事同样也适用于敏捷开发;

② 两个故事之间存在着偏等价性,即用例故事几乎可以取代用户故事,反之则不行。

7.1 用户故事简介

由极限编程(XP)方法的创始人Kent Beck所发明的用户故事(User Story),可以说是过去十多年来敏捷运动中知名度最高、应用最广泛的一项敏捷需求技术。它几乎是Scrum+XP开发过程中的一项标准实践,可用于辅助制定各种开发计划,以及促进各方为了澄清和细化需求而展开的对话等方面。

然而,业界对用户故事多年来也一直存在着不少误解。例如,认为用户故事的优点就是用例的缺点,敏捷开发只能用用户故事而不能用用例等,而且出于一些原因,坊间也不太愿意谈论用户故事的缺点。

为此,本章将对用户故事的优缺点进行比较深入的剖析,并详细地比较用户故事与用例之间的异同点,以此说明两者事实上具有一定的相似性或等价性,用例其实是比用户故事更成熟、更强大的需求技术。

下面让我们先从“什么是用户故事”开始吧。

Scrum与用户故事专家Mike Cohn对用户故事的定义是：

"极限编程首创了以用户故事的形式来表达需求的实践，它们从用户的视角，以一种简短的形式描述了对软件的用户（或客户）有价值的功能。"

简而言之，用户故事代表（描述）了对用户有价值的一个产品（或系统、软件）功能。

在Scrum＋XP开发过程中，典型的做法是把一个用户故事（通常只有简单的一两句话）以手写的方式记录在一张纸质小卡片（如索引卡、标签卡等）之上。

例如，以下是一个典型的用户故事（取自Cohn的著作《用户故事与敏捷方法》）：

故事卡 1.1
用户可以在网站上发布简历。

其实，该用户故事对应于用例方法中主用角"用户"的用例"发布简历"。

用户故事（卡片）一般主要用于描述系统的功能需求，但有时用户故事这种形式也可以描述非功能需求。例如，Cohn在他的书中就给出了几个例子：

故事卡 18.11
老顾客必须能够在90秒内找到书和下订单。
（约束）

故事卡 18.27
系统必须能够支持50个并发用户。
（约束）

以上两个故事描述了对系统的易用性、性能等方面的非功能需求，如"90秒内、50个"等。

关于到底什么是用户故事，还有一种更为全面和重要的定义。XP知名专家、创始团队成员之一的Ron Jeffries建议用户故事应该由"卡片、对话与确认"这三个部分组成，即著名的3C（Card，Conversation，Confirmation）定义：

（1）卡　片

该部分是指写在故事卡片上的文字说明，通常比较简单，只有一两句描述。

故事卡片主要用于开发过程中的发布计划和迭代计划，以及作为一种提示物来启动和促进（以下第2部分的）对话。用来做计划和作为提示物，可以说是用户故事的两个基本用途。

故事卡片是用户故事的一种最直观、明显的物理表现形式，然而它们却不是最重要的；就像一种临时的占位器（Placeholder），卡片只代表了客户需求，而不是（真正地）记录需求。

（2）对　话

该部分是指用户与开发者通过拿着故事卡片，相互之间开展对话与沟通，以获得和澄清用户故事的具体细节的过程。

(3) 确　认

该部分主要是指编写(和执行)针对用户故事的各种测试(主要是验收测试)，这些测试中记载的大量细节可用来确认一个故事是否真正地完成了。

这说明除了前面两部分的卡片、口头沟通与对话之外，用户故事所代表的需求的更多细节，应当以大量的测试(包括测例声明等)方式来进行书面的表达和记载。Cohn建议在故事卡片的背面记录测试要点(或验收测例的简述)。然而一张故事卡片的容量小，可记录的测试信息非常有限，对于一些复杂的故事测试，不如采用测试文档更为有效。

关于以上3C的三个组成要素之间的联系，Cohn总结到，这是对用户故事的最佳诠释：卡片包含了对故事的简短文字描述，然而需求细节要在"对话"中获得，并通过"确认"部分得以记录。

可见，从获得和记录需求的细节(主要内容)看，用户故事的"对话"与"确认"这两部分远比只含简单说明的故事卡片本身更重要，如此设计的一个效果就是基本避免了编写或制作详细的需求文档(或模型)，因为所有需求的复杂细节似乎都可以间接地通过频繁对话和测试反映出来。

可是这样做，真的都好么？

7.2　两个故事比较

既然我们知道，特性、用例等技术也同样可以表示系统的功能，那么用户故事与这些技术之间有什么明显的区别呢？

下面就在介绍用户故事的优缺点之前，先来分析一下用例与用户故事这两个故事之间的异同点。

Mike Cohn认为用户故事与用例的区别主要有如下4点：

- 粒度不同；
- 完全性不同；
- 生命期不同；
- 用途不同。

以下将分4个小节分别对这些不同点进行分析，然后再介绍两个故事之间的共同点(与等价性)。本节所引用的Cohn的各种观点和论述主要译自他的文章*Advantages of User Stories for Requirements*。

7.2.1　生命期

关于用户故事与用例故事在生命期上的不同点，Cohn是这么说的：

"用例与用户故事一个重要的不同点是两者的生命期。

用例经常是一种永久(或长期性)的工件，只要产品的开发或维护没有终止，它们就会持续存在。

而用户故事有所不同，它们的生命期一般不会超出其所产生作用(或当它们被分配到软件上)的某个迭代。存档故事卡片有时确实也可行，不过许多团队的做法是用完就直接把它们撕掉了。”

赞同 Cohn 的以上看法，用例的生命期通常要远大于用户故事。

他强调用例通常是一种“永久性”的工件，其生命期几乎与一个产品的开发与维护期一样长。而一个用户故事的生命期，却通常不超过一个迭代，一旦功能实现且通过测试了，用完就可以扔掉，Cohn 还说“对话比卡片更重要”，这说明用户故事卡片所起到的作用一般仅具有临时性和提示性。

那么，为了让开发机构、甲方或乙方团队能够长期地保留产品开发中的重要知识资产——需求工件，用例与用户故事(传统的、非电子版)这两种记录需求的不同形式，一个持久、一个临时，哪个更为重要、更有价值呢?

不言而喻。

7.2.2　完全性

关于用户故事与用例故事在完全性(Completeness)上的不同，Cohn 是这么说的：

“用户故事与用例在完全程度上也有所不同。

专家 James Grenning 认为：一个用户故事卡片上的文字，加上它的验收测试，基本上就等同于一个用例。这意味着，一个用户故事(卡片)对应于一个用例的基本流，而它的验收测试则对应于该用例的扩展流。”

(**注**：有关用例的基本流和扩展流等概念，请参阅本书第 3 章)

大体上同意以上的说法。

这说明用户故事(卡片)本身不是一种比较完整的需求描述，尤其对于一个比较复杂的系统功能或需求而言，它缺少对很多重要需求细节的书面记载。

这也是为什么 XP 专家 Ron Jeffries 提出一个用户故事至少需要 3C(卡片、对话与确认)相结合才是完整的，而 3C 中的第 3 个 C(即确认)主要就是指 Grenning 所说的验收测试，其中包含了许多针对功能使用中可能发生的各种扩展和异常等情况的测例(Test Cases)。

那么，一个用户故事卡片加上它的验收测试就真的与一个用例完全等价了吗?

事实上，情况没那么简单，只能说两者大体上对应，而不是完全等价(参见后面 7.2.6 小节“偏等价性”)。

例如，用户故事与用例的基本流之间还是有着明显的区别的，关键是用户故事一般只描述了用户想得到的一个目标，而缺少像用例基本流那样，对如何达到这个目标的基本动作步骤(交互流)的清晰、完整的书面描述。

说“用户故事的验收测试对应于用例的扩展流”，有一定道理。然而，用例的扩展流是需求描述，而用户故事的验收测试则是一些测例描述或声明。虽然两者之间确有联系，因为每一个扩展流都代表着一种需测试的特殊情况，与一个或多个验收测例相对应，但是需求归需求，测试归测试，两者之间还是有着根本的区别。当然，除扩展流外，验收测试也应该包括针对用例基本流的测例。

而且，通过一个功能的测例或测试脚本来反推、了解需求的细节，常常是比较困难的，还不如直接阅读用例的交互流文本来得更直接和方便。

那么，用户故事是如何来细化、澄清一个复杂功能的需求细节的呢？主要靠3C中的第2个C(对话)与第3个C(确认)，即靠现场用户代表与开发者不断地对话沟通，并编写测例和测试程序来最终搞清楚一个系统功能或需求的复杂细节。

所以，单纯作为需求描述的工件，用户故事(卡片)肯定是达不到用例描述可以达到的那种需求完整(或完全)性的。除了用例名称、简述以外，通常用例的文本描述(如大纲、详述等)，甚至UML动态图也都比一张极其简单的用户故事卡片的内容要更加丰富和全面。

显然，对于能够更快地澄清复杂需求的细节，高效地驱动后续的设计、编码与测试，信息量更多、更丰富的书面用例故事的优势是用户故事所无法比及的。

7.2.3 粒　度

关于用户故事与用例在粒度大小上的区别，Mike Cohn在《用户故事与敏捷方法》中是这么说的：

> 用户故事与用例一个最明显的区别就是粒度不同(**注：**原文用的是Scope，主要是指一个需求的内容在完成开发用时或工作量多少的“范围”，不同于本书中用例的属性“系统范围”所指的当前系统所涉及的具体内容有多少的那个“范围”，为了避免混淆，故此处译成与其涵义更接近的“粒度”)。
>
> 两者无论大小如何，均可以提供业务价值，但是用户故事的粒度通常要更小一些，因为我们对它们的尺寸有具体的限制(例如“所有故事都不应该预计含有超过10天的开发工作量”)，这样就可以把它们用于排程，而一个用例的粒度几乎总是要大于用户故事。

Cohn的这些分析既对又不全对。

首先，他对用户故事粒度的介绍基本上是对的。确实是这样，为了用于迭代计划与任务排程，一个用户故事的粒度大小通常应该控制在可于一次迭代之内完成。因此，Scrum＋XP推荐在一个迭代内用大小合适的用户故事来驱动开发。

这里需要补充的是，用户故事不全都是小粒度的，后来又发展出了“史诗(Epic)”级别的大粒度用户故事，这种故事的粒度与普通用例或大用例相似，通常可以跨越多个迭代。

其次，Cohn关于用例粒度也只说对了一半。确实，用例为了要能完整、准确地反映真实的用户目标和需求，粒度通常比普通的用户故事要大一些，实现一个用例(大粒度需求)往往需要花费一两个或多个迭代的时间。

然而，用例的粒度总是比用户故事大吗？不是的。读过Cockburn著作的Cohn

可能忘了，正如用户故事可分为史诗故事与普通的用户故事，用例的粒度大小也是分层的，既有开发完成时间通常超过一个迭代的大用例(概要目标层)、普通用例(用户目标层)，也有粒度更小的小用例(子功能层)，而这些小粒度的用例也可以像用户故事那样在一个迭代内完成。

例如，Cohn 在他的《用户故事与敏捷方法》第 18 章“一些用户故事”中一共列举了约 27 个用户故事，下面我们就从中挑选几个比较典型的故事加以说明。

故事卡 18.1
用户可以用作者、书名或 ISBN 搜索书籍。

以上用户故事刚好对应于一个用例“搜索书籍”(用户目标层)：

用例：搜索书籍
简述：用户可以用作者、书名或 ISBN 搜索书籍。

用例的粒度总是比用户故事大吗？不一定。以上这个用户故事与用例的粒度就是完全一致(相同)的。

再来举一个小粒度用例和与其相对应的用户故事的例子。

故事卡 18.4
在完成订单前，用户可以从她的购物车中删除书籍。

以上故事对应于一个小用例(从购物车中)“删除书籍”(子功能或鱼虾层)：

用例：删除书籍
简述：在完成订单前，用户可以从购物车中删除书籍。

“删除书籍”这个小用例其实只是上级用例“使用购物车”当中的一个动作步骤(参见例 6-14)。在使用购物车时，用户不但可以删除书籍，还可以执行修改(增加或减少)购买书籍的数量等操作，而这些不同的操作同样可以对应于(或提取为)一个独立的用户故事。

可见，并不是所有用例的粒度都比用户故事大，许多小用例的粒度也和用户故事差不多，基本上也都能在一个迭代之内完成开发。只不过在做用例分析时，一个个的小用例通常都隐含在其上一级用例的内容(交互流)描述当中，而且一般我们不提倡在开发过程中过早地提取出小用例，以免出现“只见树叶不见森林”的现象。

以上实例说明，一个用例通常可以分解为(或对应于)多个用户故事，而几个相关的小用户故事合起来就可以是一个用例(或史诗大故事)。

用户故事与用例粒度分层的大致对应关系如表 7-1 所列。

表7-1 用户故事与用例粒度层级的对应关系

用户故事类型	用例层级
史诗故事	大用例(概要目标层) 用例(用户目标层)
(一般的)用户故事	用例(用户目标层) 小用例(子功能层)

此外，用例故事的分解其实有多种灵活的方式，不仅可以分解为用户故事，还可以拆分成多个特性、用例片段(块)、被包含或扩展用例等。

7.2.4 用 途

关于用户故事与用例在使用目的(或用途)上的不同，Cohn是这么说的：

用例与用户故事的另一个不同点是，两者具有不同的写作目的。

用例的书写采取了一种让客户和开发者都易于接受的格式，以便他们阅读并对用例的内容达成一致。编写用例的目的是记载客户与开发团队之间达成的一份协议。

而用户故事，它的编写目的是促进发布与迭代计划的制定，以及作为占位器(Placeholder)来引导各方为进一步细化用户需求而展开讨论。

Cohn关于用户故事编写目的和用途的说法没错，它们主要是用于发布计划和迭代计划，以及作为一种启发和引导细化用户需求的各方对话、讨论的占位器。正是因为主要作为一种占位器或信息提示卡来用，用户故事在卡片上的书写内容自然就可以很简略，通常只有简单的一两句话。

然而，这里Cohn对用例目的或用途的理解是片面的。他认为编写用例好像就是"为了记载客户与开发团队之间所达成的一份协议"，这其实只是用例编写的多个目的或用途之一。看了他的结论，有人可能会产生误解，以为作为项目计划和需求讨论占位器是用户故事的特长，而这两项用途用例技术都无法提供，这是一种偏见。

不要忘了，用例技术也有多种应用场景和多种表现形态。

确实，对于某些有正式、详尽需求文档要求的开发项目，用例采用了一种客户与开发者都能接受、便于阅读的文本格式，其详细描述的需求内容(主要是功能交互)可以说反映了客户与开发团队之间达成的一种需求协议(或契约)，因而一般不能随意变更、修改。这种形态的用例(以文本详述为主)通常主要适合于比较传统的文档驱动型的工程开发类项目，如需要客户与开发商正式签约，在开发过程中需要正式签署、确认需求文档，变更需求则需要走正规的审批流程等场景。

然而，除了详尽的用例文本描述这一种形态以外，用例表示本身还有多种简易的中间形态，如用例名称、用例简述、UML用例图中的相关符号、用例大纲等，这些形式的用例照样可用于不那么强调契约式、正规的需求文档，而与用户故事的适用场景相类似，走简易、频繁反馈型流程的敏捷开发。

以上分析可用表7-2来概括。

表7-2　能起到与用户故事类似作用的多种用例形态

用户故事的用途	可起到相同作用的用例形态
驱动发布计划和迭代计划	各层大小的用例名称或其简述 （概要目标层、用户目标层、子功能层）
讨论需求细节的占位器（提示卡）	用例名称 用例简述 用例大纲 用例图 活动图、交互图等UML动态图

表7-2说明UML用例图、用例的名称、用例简述等也都可以起到与用户故事相类似的讨论需求细节的占位器、提示物等作用。

如果要做发布计划或迭代计划，那么通常小用例（即子功能层的用例）与用户故事的粒度大小差不多（即预计开发完成时间不超过一个迭代），同样也可以起到类似于后者的作用。这主要是因为用例与用户故事在所描述需求的内容实质上存在着一定程度的等价性（参见7.2.6节）。

需要补充和强调的是，关于促进讨论需求细节的作用，事实上含有更多有价值书面信息的用例（包括UML图与脚本）往往可以比用户故事做得更好。

此外，Cohn还提到了在用例编写中经常出现的几个问题或误区，他可能认为这些是用例方法的缺点：

首先，用例编写经常要耗费大量纸张，而且在缺少其他合适的地方用来存放用户界面（UI）需求的情况下，结果是它们往往出现在了用例描述当中；

其次，用例的编写者经常过早地聚焦于软件的实现，而非业务目标。

然而，以上现象是用例方法或技术本身的缺陷吗？

不是。

在产品功能需求描述当中混入（大量）UI需求或软件实现等内容，这两个问题其实是在用例技术的实践当中，过去常见的应用缺陷或错误，是由于一些应用者使用不当、对用例技术理解有误造成的，而并不是用例方法本身的缺点，出自用例专家的正确用例编写方法与技巧一般都不建议这么做（Cockburn）。

同样，我们也不能把应用者对用户故事的误解和误用，当作用户故事方法本身的问题。

7.2.5　与用例简述比较

用例简述（Use Case Brief）是一个用例的重要组成部分（属性），它简明扼要地介绍了一个用例的基本内容——为实现或满足主用角(如用户)的目标做了哪些事。

由于用例简述通常只有简单的一两句话,在形式上与用户故事很像,因此敏捷开发圈一直有不少人认为一个用户故事就相当于一段用例简述,两者似乎基本等价。

那么是否真的如此呢?

Cohn持不同看法,他认为用户故事与用例简述之间的区别主要有以下三点:

(1) 区别一

首先,由于一段用例简述的粒度(**注:**原文用的是Scope,请参见前面7.2.3小节的翻译注释)与该用例本身相同,所以用例简述的粒度通常要大于用户故事,也就是说,一个用例简述的内容常常涵盖了一个以上的用户故事。

Cohn这里说的还是粒度(一个用例或用户故事所包含内容的大小)上的区别。

鉴于用例简述就是针对当前用例的一些简短说明,所以一个用例简述的粒度等同于它的用例的粒度,两者是一致的。既然这样,那么在7.2.3小节中已经比较分析过了,粒度的大小其实并不是用例与用户故事之间的真正差别。

确实,普通(用户目标层以上的)用例的粒度经常要比一般的用户故事大,通常包含或可分解为多个更小的模块(如用户故事、小用例等)。然而另一方面,一个小用例(子功能层用例)的用例简述的粒度其实与一般的用户故事差不多,而且一个用户故事常常就可对应于一个小用例。

所以,在粒度的大小与分层上,用例与用户故事两者其实差别并不大,既有像用例那样大粒度的用户故事(如史诗故事),也有像用户故事那样小粒度的用例(如子功能层用例)。

(2) 区别二

其次,用例简述的生命期通常与一个产品的生命期相同,而用户故事的生命期要短得多,通常可以用完即扔。

以上说法基本上是准确的。

用例简述与它所描述的用例一样,其生命期通常都跨越一个产品的整个生命期,而用户故事卡片的作用通常是临时性的,用完后就可以扔掉。

这项区别说明了用例以及用例简述所提倡的文档记录功能其实是个优点,不应随便丢弃重要的需求描述信息。

(3) 区别三

最后,用例编写通常是一种分析活动的结果,而编写用户故事主要是用作提醒或启发分析对话的一种标签(或便条)。

Cohn说的没错,用例(及其简述)通常是需求分析活动的结果,而编写用户故事的一个主要目的是用作启动进一步需求分析对话的提示物。

可是,提醒或启发用户与开发者之间开展澄清需求的对话,只能用用户故事吗?

难道就不能用写在卡片上的用例简述来提醒吗？或者，也不能用 UML 用例图来启动后续各方间的分析对话与活动吗？

其实，用例简述或用例图也都可以起到与用户故事卡片相类似的作用。

最后，归纳一下用户故事与用例简述的真正区别：

实际上，除了以上区别二（生命期不同）以外，用例简述与用户故事之间真正的差别并不大，也可以说几乎等价。

7.2.6　偏等价性

以上我们比较了用户故事与用例故事的不同点，下面再来说说两者的共同点。

尽管有些专家出于某些原因始终不肯承认，但其实用户故事与用例故事之间存在着事实上的（偏）等价关系。

所谓“偏等价”，有两层基本的涵义：一，既然是偏等价，就说明不是全等价，如果两者（全）等价，那么这两种故事中的任一项技术就完全失去了其价值，可以被另一项技术所取代而无需继续存在；二，“偏”是指在需求工作中，用例故事基本上可以取代用户故事，而反之不行，即用户故事无法或很难取代用例故事。

下面是用户故事的另一种常见书写格式（根据敏捷联盟的介绍，此格式也被称为“角色—特性—原因”或 Connextra 模板，发源于一家英国公司 Connextra。而本书其他地方出现的用户故事写法源自 XP 创始团队，相比之下书写比较自由，更接近于一般的特性描述）：

As a *role*, I want *goal/desire* so that *benefits*.

这句标准格式的用户故事很容易转换成如图 7－1 所示的用例图。

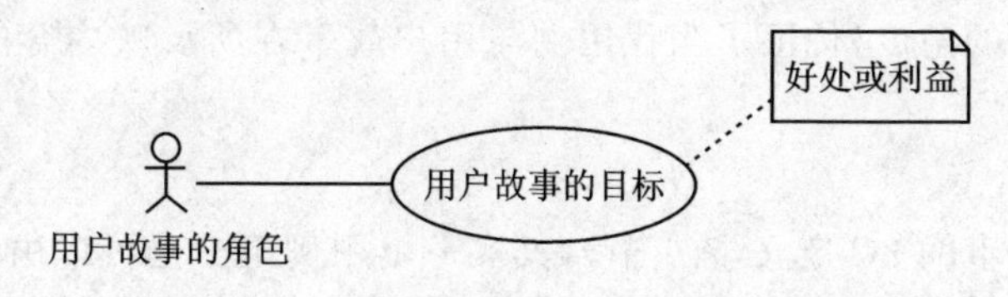

图 7－1　用用例图来表示一个用户故事

从以上用户故事的格式内容与所对应的用例图来看，显然用户故事与用例故事这两者之间存在着如下简单的一一对应关系：

一个用户故事的角色（Role）就相当于一个用例的用角（Actor），而用户故事的目标或期望（Goal/Desire）也很容易转换成一个反映用角（或用户）目标的用例名称。

此外，用户故事中角色所期望获得的好处或利益，可以在用例图中用一个 UML 标签或者在相应用例的文本模板字段（如“简述”）中加以说明。

事实上，除了小（或子功能层）用例以外，每个用例（名称）都反映了一个真正或主要的用户目标和意图（Intention）。而本书前面已经介绍过，从用户角度出发，或以用户为中心（User-Centered）、基于目标驱动，这些也正是用例技术由来已久的一个优点和特点。尤其在反映用户目标和业务价值这点上，两种故事其实是基本一致的。

那么，既然用户故事与用例故事两者不是全等价，它们的区别又在何处呢？

除了前面已介绍过的生命期不同以外，主要还在于表现形式以及内容的丰富程度(即完整或完全性)不同。

表达一个用户角色针对系统的目标及其具体操作和交互，一个只用简短文字表述，外加口头叙述(用户故事)，而另一个既可以画图，也可以用文字简述，或者采用文本模板进行详述，当然同时也不排斥口头交流(用例故事)。

虽然这两种故事技术表达需求所采用的具体形式与内容丰富程度各有不同，但是它们所反映或代表的需求本质上几乎是一致的。

与“本质用例”的共同点

Cohn还提到了Constantine与Lockwood两位专家提出的Essential Use Case(EUC，本质用例)方法，这也是用例方法的一个流派。

关于EUC的特点，Cohn是这么说的：

> 本质用例去掉了对技术与实现细节的隐含假定……另外，关于本质用例有趣的一点是，其中所反映的用户意图可以直接转译成用户故事。

以上EUC的特点(去掉了技术和实现细节、反映用户意图等)其实已经被如今的Cockburn、Jacobson等主流用例方法所吸收和采纳，包括在用例的主干部分去掉对技术和实现细节的描述，确保用例步骤的编写反映了用户的真实目标和意图等，并且本书在其他章节中也对这些特点做了介绍。

关键的一点是，既然反映了用户意图的用例(或其中的内容、步骤)可以直接转译成用户故事，或者与某些用户故事相对应，那么这也从一个侧面(尤其像Cohn这样的用户故事专家的角度)佐证了当代用例与用户故事在所反映内容的实质上具有某种等价性。

小结如下：

参照用户故事的3C定义(7.1节)，其实一个用例至少也可以由三部分组成：用例描述(文本与图形)，用户与开发人员的对话交流，以及完整的测试等。

在对后两部分(对话与确认测试)的要求上，用户故事与用例故事其实没有本质的区别，而且对于第一部分，用例同样可以用于项目计划和作为需求对话的提示物。

两者的区别主要在于需求描述的形式与内容详尽程度。同样是文字描述，用例的需求描述内容通常比用户故事要更加丰富和完善，除了一段话的简述，还有前后态、触发事件、基本流、扩展流、业务规则、非功能需求等字段。由于用例文本提供了更加丰富的流程化和结构化的需求描述信息，对于提高后两部分(用户交流、测试编写)的质量和效率反而有更大的帮助。

此外，用例方法还建议结合采用UML用例图、活动图、序列图等直观的可视化模型来描述复杂的系统需求，在需求描述与分析的技术手段与形式、内容上可谓更加完备。

通过以上分析，可以得出如下几点结论：

- 无论是用例故事，还是用户故事，都没有发明除功能需求与非功能需求以外新的需求类型。
- 一个用户故事（或史诗）所能表达的需求（主要是功能需求），也都能用一个与其相对应的用例（无论是大用例、普通用例，还是小用例）来表达。两者主要只是在需求表现、描述的具体形式上有所不同，而它们分别所要反映的内容实质是基本相同的。用例所提供的书面、有价值的信息通常比用户故事要丰富得多。
- 任何一个系统功能既可以用用例故事来表示，也可以用用户故事来表示，应根据不同应用场景的特点、情况来取舍。
- 一个用户故事的书面内容与一个用例（的用角、用例名称及其简述）相等价。

7.3 用户故事的优点

在2004年10月发表于*Informit Network*上的*Advantages of User Stories for Requirements*这篇著名文章中，Mike Cohn分析和列举了用户故事相较于用例等其他需求技术的一些主要优点，类似的观点在Cohn后来出版的《用户故事与敏捷方法》一书中也有所反映。

Cohn认为，与用例和其他传统需求技术相比，用户故事的不同之处和优势主要可以归纳为以下三点：

- 对话优先（强调口头交流，比文本描述更准确）；
- 适宜做计划（更适用于做项目计划和估算）；
- 推迟确定细节（简单易用，延迟细化需求，有利于迅速启动敏捷开发）。

那么，用户故事的这三项主要优点是否就是用例的缺点或不足之处呢？

答案是否定的。

同时，我们也并不赞同他认为总体上用户故事比用例更好、更适合敏捷开发的观点。下面是我们对以上Cohn观点的评论、分析与反驳。

7.3.1 优点一：对话优先

Cohn认为用户故事的第一个优点是用户故事相比其他技术更强调口头交流，可消除文本需求的多义性，他是这么说的：

> 用户故事强调口头沟通。书面语言经常是非常不准确的，而且无法保证客户与开发者对同一句书面陈述拥有相同的解释。我们总以为书面语言是准确的，并据此开展工作，然而它们常常并非如此。

用户故事卡片的文字内容非常简单，通常只有简单的一两句话，那么对于大量复杂的需求细节，不写下来怎么办？只好主要靠与现场的用户代表对话来澄清了。所以，鼓励用户代表与开发者之间面对面的口头交流，口述故事，强调对话比卡片更重要以及对话优先，这确实是用户故事的一个特点和优点（在某些特定情况下）。

然而，以上观点也可能会让人产生这样一些看法和误解：口头沟通一定好于书面沟通，用例采用书面记录需求的方式不鼓励对话、沟通等。事实真的如此吗？

以下我们分两个层面来分析。

(1) 用户故事比用例故事更适合口头交流

XP的支持者认为用户故事更强调口头交流，所以比用例更有优势，这个理由并不充分。

其实，用例技术比单纯的用户故事卡片能更好地促进用户与开发者之间的沟通，在促进对话这方面至少不必用户故事差。

例如，这是Cohn书中的第一个用户故事：

故事卡 1.1
用户可以在网站上发布简历。

拿着这张卡片，我们并不知道用户到底应该如何发布简历，显然具体的操作和使用细节需要用户代表与开发者之间的对话以及编写测试来填补。

而如图7-2所示的用例图、用例简述与以上故事卡完全等价，而且内容简短，同样可以起到提示、促进对话与沟通的作用，甚至如果需要，我们也可以像用户故事那样把它们画（写）在卡片上。

a)

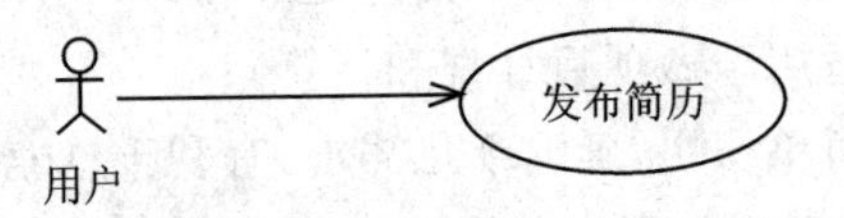

b)

用例：发布简历
简述：用户可以借用现成模板，填写并发布个人简历，以供用人单位查询和检索。

图7-2 “发布简历”的用例图与用例简述

有了如此简单的用例图和用例简述，还能说“促进对话”是用户故事独有的优势吗？

当然，用例促进对话的手段还不只有用例简述、用例图这两种。在与用户沟通一个复杂的系统需求时，如果讨论仍然不够清晰、明确，那么可以马上在白板或电脑工具上画出用户使用该功能的流程图（活动图）、交互图、状态图等更加直观的图形，或者快速写出相应用例基本流的步骤大纲，再者还可以配上界面原型、线框图等来强化说明效果。

可见在促进与用户进行有效对话、沟通需求方面，与用例方法所具备的多种文本加图形的丰富描述手段相比，用户故事卡片则显得内容太少、形式太单薄了。

所以，我们应该思考，到底拿什么东西、怎样去和干系人面对面地对话沟通、澄清需求，才是一种更好、更加高效的方式？

只是用一种简单的、只有寥寥几句话的故事卡片好呢，还是用有更多更规范的书面描述细节（如用例大纲）以及直观图形展示（如各种 UML 动态图）的用例模型更好呢？

前者可能主要适用于一些需求相对简单的小产品，而后者更适合需求比较复杂的大中型产品和系统（或者小产品中的一些复杂功能）。

（2）口头交流需求就一定比文字描述需求更好吗

前面 Cohn 说到，写下来的文字语言往往很不准确，甚至"无法永远保证客户和开发者对同一个句子有着相同的理解"，这种说法未免有点片面和夸大了。

的确，基于自然语言的需求文本描述常常不够准确，可能存在着多义性、不完整、不一致等问题。所以，需求文档的正式评审，除了分析师、架构师等内部人员参加以外，常常还需要用户代表、领域专家等外部人士的参与。并且通过严格的模型分析、测试、演示和实际使用等多种软件工程手段来验证、确认需求，才能保证当前开发的系统需求确实符合用户的需要。

然而，难道口头交流需求就比文本描述需求更加准确，人们交流所用的口语就不存在表达上的多义性了吗？

其实表义不准的问题，口头交流中也经常存在，而且实践表明，口头约定需求比文本约定隐匿的风险和问题常常更大，而专业、规范的文字或图形描述往往比口头交流更为可靠和准确。例如，在日常工作中存在着这样一种普遍现象：当遇到系统需求或设计中一些一时说不清楚的问题时，大家经常会利用办公室里随处可见的白板来画一些图形或者书写一些文字，以展开深入讨论与沟通。这也充分反映了针对理解和澄清复杂问题，书面交流的效力往往要高于口头交流。

造成需求描述不准确的原因，主要并不在于沟通形式采用的是口头还是文字，口语还是书面语，主要是因为人们采用了自然语言。例如，随便翻开一本语言词典，就会看到大量字或词语都至少有一种以上的不同解释。人类语言的天生缺陷会造成表义不精准，存在多义性，这是一种客观现象。

用户故事提倡对话优先，减少甚至不写需求文档，那么仅仅依靠拿着故事卡片，进行口头交流就可以完全消除沟通上的多义性、模糊性等现象吗？

显然也难以做到。

沟通需求，无论是采用口语还是书面语，如何才能尽量避免采用自然语言描述需求所产生的各种问题？答案是：用更加科学、系统和规范的办法，如结构化、形式化（或半形式化）等方法。

形式化（或半形式化）的需求描述方法通常比口头交流需求更为精准，当然这同时也增加了阅读理解的难度，不如用口语沟通那么直接、方便。形式化的需求描述方法主要流行于学界和科研界，在一般工业界的日常实践中并不多见。

而业界流行的用例模板（语言）是一种介于完全形式化和自然语言之间的一种“半形式化”与结构化描述方法，在追求需求语义的精准性、可读性和可理解性、书写的便利性等因素之间做出了较好的平衡。

小结一下：

用简单文字描述需求，以促进用户与开发者之间的对话、沟通，这并非用户故事独有的优点，其他具有类似形态的技术，如特性、用例简述、用例图等也同样可以发挥类似的功能。

“对话优先”并非适合所有类型的项目开发，单纯的口头对话也并非在任何情况下都是一种最佳的沟通方式。

另一方面，有了更加完善的需求模板和交互脚本的支持，适当的文本、图形描述加上口头沟通，用例故事比用户故事能更加有效地提高开发者与用户之间交流需求的质量和效率。

对于提取和分析复杂的产品需求，用例方法提供了规范的需求模板和编写规则，有了这些结构化、详细的模板字段、规则和技巧等建议，开发者和用户代表们就能有的放矢，更加系统、准确、有条理地进行沟通，从而尽早达成一致意见，消除各种模糊、多义性，促进系统需求的尽快稳定和收敛。

此外，基于规范文本与图形描述的用例模型，比强调口头交流的用户故事卡片集，内容更准确、细节更丰富、形式也更完备，不仅能更好地促进与客户沟通需求，还能有效提高测试编写的效率和质量。俗话说，细节决定成败。舍弃详细的书面需求文档和高质量的需求模型，只提倡基于简略的用户故事卡片进行口头沟通，并通过编写测试（试图用各种测试声明来全部取代需求模型）以补充细节，这对于许多软件开发项目而言其实是一个不小的风险隐患和质量缺陷。

补充和完善需求细节，完全依赖对话驱动而几乎不写任何需求文档，这是一个极端；而编写了大量的需求文档，却很少进行面对面的有效沟通与对话，这又是另一个极端。无论坚持哪种极端做法，都是不明智的。

7.3.2 优点二：适宜做计划

Cohn认为用户故事的第二个优点是相比其他技术，它更适于做项目计划（包括发布计划、迭代计划等）。对此他是这么说的：

> 用户故事的第二个优势是它们很适宜做项目计划。用户故事所采用的编写方式，使得很容易估算它们的开发耗时或难度。而用例常常（粒度）太大了，所以很难获得有用的估算。
>
> 此外在敏捷项目中，一个用户故事通常可以在一次迭代内完成开发，而一个用例的完成通常都需要跨越多个迭代（尽管这些迭代的时间往往比故事驱动型项目的迭代还要长）。

以上观点的实质还是在说用户故事的粒度，因为用户故事的粒度一般比用例要小，且合适（完成时间通常不超过一个迭代），所以它比用例更适合于做计划和估算。

下面我们分两个层面来分析。

(1) 用例不适合做项目计划和估算吗

Cohn认为用户故事通常比用例的粒度更小，可以在一个迭代中实现，所以做项目计划时用它们来做估算、排序更为方便。那么相比之下，是否用例就不适合做项目计划和估算了呢？

非也。

首先，同样描述系统的功能，为什么用例的粒度一般比用户故事大呢？这是有其内在道理的。

每一个普通用例其实都是一个比用户故事内容更为完整的需求故事。典型的用例与用户故事之间的关系，就像一棵大树的树干与树枝、树枝与树叶的关系。用例可以充当容器把各种琐碎的小故事拼接起来，让我们看到整个系统功能的全貌。

除了子功能层的小用例以外，每一个用例都是对用户真正具有价值（反映了用户目标）的需求单元，其粒度通常比用户故事大，这导致一个系统的用例总数往往比用户故事少，因而更便于我们在做项目计划时把握系统需求的全局视图，而不是“只见树叶不见森林”。

因此，始于系统用例图的用例分析技术并不是传统意义上的功能分解，而更像是需求或功能的聚合，可以让我们站在大量琐碎、关系错综复杂的小功能（如用户故事）之上，看清少数真正具有业务价值的关键用户目标和系统服务。

制定出有效、合理的项目计划，有时既需要大粒度的需求，也需要小粒度的需求。而用粒度稍大、数量更少（如概要目标层和用户目标层）的用例来辅助做项目的发布（或全局性）计划，效率往往比小粒度的用户故事更高，效果也更好。

为什么用户故事方法后来也发展出了史诗级故事？其中的道理与用例是类似的。

所以，“因为用例的粒度一般比用户故事大，所以不适合做计划”，这个结论不能成立。

其次，Cohn还说由于用例的粒度常常过大了，所以不能给出有用的估算。果真如此吗？

非也。

Cohn忽视了用例的层级与切分（分解、拆分）技术。

用例估算的正确做法是分而治之。为提高估算的准确度，有时可以把一些粒度过大的用例分解为更小的需求单元进行估算。用例的分解可采用多种方式，一个用例既可以分解为用户故事，也可以分解为小用例、用例块、特性等多种形态。把一个用例所包含的所有需求单元的估算值累加起来，往往就可以得到这个用例总的估算结果（如估计工作量或耗时等）。可见，在利用粒度更小的需求单元做计划与估算这点上，用例与用户故事的基本做法其实是一致的。

两者的区别主要在于：在需求细节内容的描述上，用例比用户故事提出的编写要求和信息量更多。基于文本模板的用例脚本提供了更多的需求细节（如前后态、触发事件、基本流、扩展流、业务规则等），从而与缺少大量书面细节作参考的用户故事相比，有利于我们做出更为准确、免于太乐观的估算。

(2) 用户故事更适合做估算吗

Cohn 认为针对每个用户故事（相比用例）更容易估算出它的开发难度和用时。然而，仅靠如此简单的一张故事卡片，这么一点信息，得出的估算可靠吗？

估算的一个基本规律是：掌握的有效信息越多，估算的准确性往往就越高。

用户故事估算的主要缺点在于，由于故事卡片本身缺少大量的需求细节信息，缺乏需求的完整性，很容易让人忽视各种特殊情况的需求和潜在的技术难点或风险，易造成估算不准，导致预测的结果往往偏乐观。

有人可能会辩解说，用户故事估算当然不是仅仅靠故事卡片上的那一点提示，提高故事估算可靠性的办法是：与用户口头交流，以及针对每个故事编写全面的测试，三者结合（即3C，参见7.1节）就能获得更可靠的估算。这种说法有一定道理。

然而与单纯靠简略的故事卡片相比，其实借助文本用例模板、UML图形等手段，会更有利于促进复杂需求的理解、澄清与交流。同时，有了对大量的用例扩展流所反映的特殊情况等重要需求细节信息的书面记载，也便于写出更加完善的测例。从需求用例到测例，是一个更自然的系统化思考与分析过程。

此外，即便在用户故事估算的过程中，适当编写每个重点用户故事所对应的文本用例（前后态、基本流、扩展流等），也更有利于提高估算的整体可信度。

总之，因为粒度小，所以更适合估算，这并非用户故事的专利。虽然一个用例的粒度通常比用户故事大，但是用例可以分解为与用户故事粒度基本相当的更小需求单元（如子功能层用例或小用例），因而用例同样适合做估算。

小结一下：

用户故事的粒度通常比用例小，这并非它特有的优势，因为一个粒度较大的用例同样可以分解成其他更小、适于做项目计划和估算的需求单元，如小用例、用例块、用户故事等。

用户故事粒度小且适中，所以适宜做计划，这确实是它的一个优点。然而与用户故事相比，用例不但可以提供与其粒度相似的功能小单元，而且还提供了更高质量、更丰富的其他书面需求细节信息，所以用例更适合做项目计划和估算，至少不比用户故事差。

7.3.3 优点三：推迟确定细节

Cohn 认为用户故事的第三个优点是形式简短，更有利于团队推迟收集需求的细节，从而可以迅速启动开发。

他认为，用户故事方法鼓励团队推迟收集需求的细节，一开始先用相当于占位器的故事卡片简略地描述一些重要需求，在无需编写详细需求文档的情况下就可以迅速投入开发，然后在适当和必要的时候再补充、完善更多的需求细节。因此与其他需求技术相比，用户故事尤其可以"完美地"适合进度紧张的项目开发。

Cohn 的观点有些道理，用户故事采取了一种看似不错的策略。但是，只可惜 Cohn 没有提及 UML 用例图与用例简述，而后者同样可以起到与用户故事类似的需求占位器乃至提供系统全局视图的作用。

例如，在本书宠物店案例的用例模型中，仅用一张 UML 用例图就直观、形象地勾勒出了系统的几个主要功能，以及用户与需求、需求与需求、用户与用户之间的多种关系，如图 7-3 所示。而采用用户故事简略地描述这些需求至少需要多张独立的故事卡片，不仅书写的文字可能有冗余，而且各个需求（故事）之间的关系也无法像用例图那样直观地表达出来。

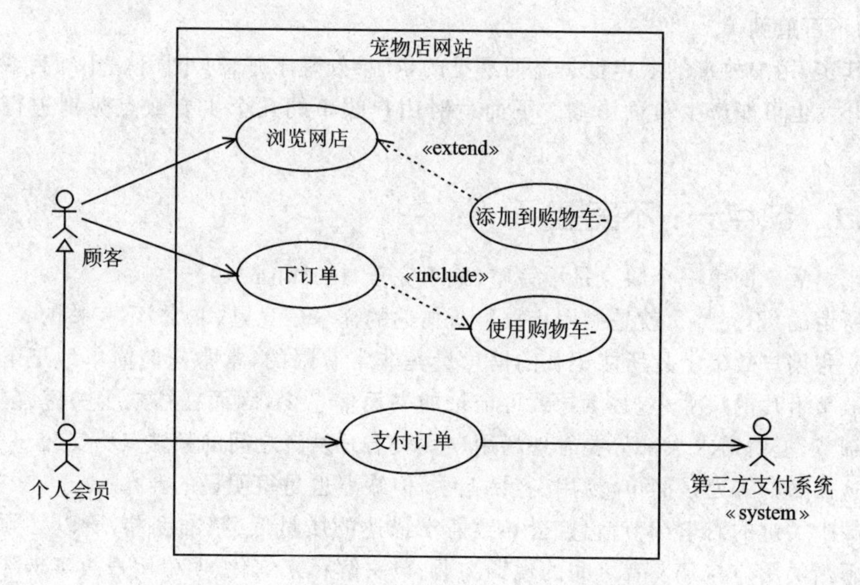

图 7-3　宠物店网站系统的一些核心用例示意图

其实，画用例图比书写用户故事卡片更简便，用例图中的每个用例也同样起到了需求讨论占位器的作用。

UML 用例图往往比一堆用户故事卡片更简单、更敏捷，能更好地促进团队推迟描述需求的细节，迅速启动开发。此外，用例图还可以直观地提供系统需求的全局、局部与关系等视图，这些是用户故事方法难以做到的。可见，用例技术同样可以甚至比用户故事更好地促进进度紧张项目的敏捷开发。

7.3.4　其他优点

除了以上三个主要优点（对话优先、适宜做计划、推迟确定细节）以外，Cohn 在书中还列举了用户故事的其他一些优点。例如：

- 容易理解；
- 适合迭代开发；
- 支持随机应变的开发；
- 鼓励参与性设计；
- 传播隐性知识等。

其实，这些也都是用例故事同样具有的优点，囿于篇幅限制，就不展开讨论了。

7.4 用户故事的缺点

以上我们分析了用户故事的优点，那么用户故事有哪些缺点呢？

Cohn在其书中也列举了用户故事的几项缺点，不过主要针对的是大项目、大团队（如不可追溯等）。

其实，用户故事的缺点也是显而易见的，如果处理不好，对小团队、小项目或小产品的开发也可能产生负面影响。下面就对用户故事的几个主要缺点分别进行简要分析。

7.4.1 缺点一：不完整

用户故事的第一个缺点是不完整（或不完全，Incomplete）。

所谓的“不完整”，就是指用户故事所描述的需求信息是（非常）不完整的。

一张用户故事卡片所能记载的信息量是非常有限的，常常只能简单地记下几句话。故事卡片的尺寸小，必然导致可记录的书面信息少，因而往往缺少关键、复杂的需求细节，澄清需求大部分要靠现场用户代表与开发者之间的频繁口头交流。

这么做的好处是简单、易用、容易上手，但缺点也是很明显的：

缺少关键的需求细节信息，会导致需求描述的质量低、精准度差，所以必须通过后续不断的用户与开发者之间的现场沟通、口头解释来细化、明确用户故事卡片背后所代表的那些真正的需求信息。

从需求完整性的角度看，用户故事（卡片）是无法取代用例故事的。与一个系统功能的用例描述相比，用户故事卡片缺少了该功能需求的包括其主干（具体行为描述的交互流，如前态、后态、基本流、扩展流等）在内的绝大部分内容，而仅有一两句概述。

用户故事另一个明显的不完整性，体现在它们缺少明确的上下文（Context），且彼此之间具有分散性。

一张张的故事卡片是独立、离散的，很难一眼看出它们彼此之间的联系。而用例的主干交互流提供了一个很好的需求上下文，可以把众多零散的用户故事组织到一个完整的执行流程当中，使得各个小功能彼此之间的联系更加清晰可见。

对此 Cohn 是这么说的：

> 在拥有大量用户故事的大型项目中，故事之间的关系可能错综复杂，难以捉摸……面对大量的需求时，用例固有的层级性会使需求收集比较方便。一个单一的用例，通过其主成功场景（**注：**即基本流）与扩展流，可以把相当多数量的用户故事汇聚成为一个整体。

Cohn 的这段话同时也清晰地表明了用例相较于用户故事的优点和价值，以及两者之间的内在联系，值得称赞。

7.4.2　缺点二：不正规

用户故事的第二个缺点是不正规（或非正式，Informal）。

这里的“不正规”，主要指的是用户故事在需求分析方面不是一种比较成熟、正规的技术。

前面已经介绍过了，用户故事的价值主要体现在项目管理上。在敏捷开发中它们起到了一种令牌（Token）或提示、占位器的作用，用来提醒大家需要细化和沟通某个需求，并作为代表系统需求的一个物理（或电子）的实物来驱动、辅助开发工作的计划、管理与跟踪。

然而，在产品的需求分析方面，与用例技术相比，用户故事只能算是一种比较初级、粗略的需求分析（或提取）技术，故事卡片上的那几句话所表达的常常只能是一种低精准度、模糊和不完整的需求。

对于现实中的大多数（尤其复杂的）软件开发，如果一个项目做完了只留下一大堆故事卡片，甚至按照用户故事的经典做法，在一个迭代内用完就把卡片上仅存的一点需求信息也给撕掉了，而没留下任何更加规范、完整、清晰的需求文档（或模型），这常常是不可想象的，也无法令人接受。

对此，Cohn 是这么说的：

> 虽然故事在一个团队内部能大大促进隐性知识的积累，但还是不适用于特大规模多团队的结构。这时，确实需要把有些交流记录下来，不然难以保证信息在大型团队中充分共享。

显然，Cohn 承认需求文档有时还是有价值的。不过 Cohn 在这里用的词是“特大规模”，意思是遇到特大规模的团队了，才可能需要编写需求文档，把口头交流、易忘的需求内容记录下来。

我们的看法与他有点不同：

其实不只是“特大规模”，而是一般的大、中型团队，甚至开发比较复杂一点的产品、系统的小团队，恐怕都需要编写、制作一些正规和专业一点的需求文档；而仅靠口头交流，缺乏（高质量的）需求文档（或模型），大概往往都是那些软件工程水平不成熟、缺乏开发经验的团队所为。

7.4.3　缺点三：不鼓励建模

用户故事的第三个缺点是不利于（或不提倡、不鼓励）创建与保存高质量、可视化的需求模型。

复杂产品的需求分析需要运用更加科学、系统化的工程技术方法与手段，而Scrum+XP的需求分析过程所缺少的一种重要实践正是“建立产品（或系统）的需求模型”。用户故事的3C（卡片、对话加确认，参见7.1节）无法从根本上取代需求模型。

建立需求模型的常见技术包括本书所介绍的UML与用例建模等，而且最好是图形与文本等多种描述手段相结合，这样才能获得最佳的分析、建模效果。

此外，在需求分析时编写用例脚本和绘制UML等图形的建模方式，对于随后复杂功能的测试分析与设计也大有帮助。20年来多位UP方面的专家（如Leffingwell、Zielczynski等）都曾经公开介绍过如何系统地、按部就班地从用例描述中分析、提取出测例的科学方法，基本思路是根据用例脚本画出对应的反映功能交互执行流程的活动图，然后为其中不同的流程分支设计不同的测例，以实现对测试路径的完整覆盖。这种方法清晰而有条理，可以说是对软件工程中传统测试分析与设计方法的一种自然继承与演进。

相反，在做复杂功能、交互的测试分析时，如果一点都不画任何的流程图或其他动态图，则相应的测例设计工作将会变得很困难，也往往难以保证质量。可见如何从简略的用户故事卡片与口头对话准确、高效地最终获得高质量的测例声明与测试脚本，这其实也是极限编程等不重视图形建模的传统敏捷方法的一项弱点和缺陷。

7.4.4 缺点四：不可追溯

在一些软件工程比较规范的开发组织里，常常要求保证需求的可追溯性（Traceability），例如确保所有程序代码、测试等工件都可追溯到需求定义。

在采用用户故事的敏捷项目中，如果把纸质的故事卡片都撕掉，自然就无法提供其他工件到需求的可追溯性。用户故事的这个缺点仍然与它不（提倡）保留需求文档有关。

Cohn介绍了一种比较简单的解决办法，用专门的可追溯文档来记录每个用户故事与其测试之间的联系。具体做法就是在每一轮迭代开始时，通过迭代计划确定当前迭代所要开发的故事，把这些故事记录在文档中，然后在为每个故事设计测试时，把这些测试的标识也都记录在相应的故事栏目下，并随着开发和测试的进程保持该文档不断地更新，这样就算建立了测试到需求之间的可追溯性。

如果事先采用电子卡片来记录用户故事，那么再通过专门的工具来保证和维护可追溯性可能就比以上纯手工记录的方式要方便得多。

7.5 小　结

关于用户故事与用例故事的4点不同之处，Cohn分析的结论比较准确。然而存在着这些不同，恰好说明了用例是比用户故事更重要、更强大的一种需求技术。

此外，鉴于用户故事与用例（简述）之间存在着事实上的偏等价性，可以发现Cohn所列举的几项优点（如对话优先、适宜做计划与推迟确定细节等）并非用户故事所独有，相应的等价物（如特性、用例简述、小用例、用例图等）也可以发挥几乎同样的价值和作用。

基于本章列举的用户故事的几项缺点，加上用户故事目前尚缺乏像用例与UML建模那样统一、有效支持上游业务分析的描述办法和手段，我们认为：其实用户故事更适合作为一种敏捷项目管理和计划的工具，如作为需求的占位符、提示器，驱动迭代开发等，这方面用户故事确实有它的长处，然而与本书所重点介绍的用例故事相比，用户故事算不上是一种成熟、完善的需求技术。

结束语

到这里本书就结束了，非常感谢您的阅读！

回顾全书，我们重点介绍了在当代敏捷开发过程中，采用基于图形符号的 UML 与基于文本模板的用例故事建模来进行产品的业务分析与系统需求分析的一些基本方法、步骤与技巧，而贯穿始终的是太极建模口诀——“由外而内，层次分明；动静结合，逐步求精”。

对于复杂的系统功能需求分析，利用用例文本模板进行详述往往是非常合适的，可以比采用特性、用户故事等其他简略技术所描述的需求具有更好的质量。有了具有更高精准度、更加稳定和全面的需求描述，就能更加顺畅、敏捷地驱动后续的交互设计、架构设计、编码以及测试等多项开发活动，以减少各种不必要的麻烦、浪费和扰动。

本书所采用的用例模板书写格式，吸收、借鉴了 Jacobson、UP、Cockburn 等流行用例模板的优缺点，引入了关键词、可嵌套执行块等多个创新的语法特征，从而使得用例文本看上去像是一种更加清晰、易读的“需求程序”，并且在此基础上有可能形成一种统一、规范的用例描述语言（UCL，暂定名）。我们正在研发免费的基于 Web 平台的 UCL 编辑工具，计划在不久的将来正式发布，敬请关注。

除了本书所介绍的利用 UML 描绘业务流程、功能需求以外，在日常的需求分析与建模活动中，还可以采用同为 OMG 国际标准的 BPMN（主要用于描述业务流程）、SysML（主要用于描述软硬件联合开发的系统需求）等技术，而这两种语言（或标记法）也都是在 UML 这个相对成熟、稳定的建模技术统一内核的基础之上发展而来的。

多年以来，坊间一直存在着许多贬低、忽视 UML 的看法和意见，而其中许多观点是片面、主观、不科学的。应用于软件工程，UML 的最大价值（之一）就是通过抽象、规范的建模，帮助分析师“化繁为简、抓住本质”，因此正确、聪明的 UML 建模实践也可以是非常敏捷的。这其实与建筑工程、机械工程等许多传统行业中所广泛应用的图形建模(画图)实践相类似,都具有基础而重要的科学、工程价值和意义。

传统的敏捷开发方法论大多是基于用户故事驱动,也很少提及图形建模,而这远非什么完美、成熟的最佳实践。相信读完此书,您一定会对为什么“包含书面、详细的用例故事与动态图在内的产品需求模型,比一大堆用完即可抛弃的、主要用作口头沟通提示物的简略用户故事卡片具有更高的需求质量与实用价值,而且在敏捷开发中前者完全可以有效地取代后者”,获得一些更加深刻的理解和认识。

全面的需求分析,除了包含主要描述系统功能与动态行为的用例分析以外,非功能需求分析以及数据需求分析(如数据建模、领域建模等)是另外两个比较重要的内容。囿于篇幅限制,本书对于后两者只是简略提及,未展开深入介绍,请感兴趣的读者自行参阅有关著作。

最后,若您希望获取更多有关敏捷需求方面的方法、模板、工具、技巧等工程技术信息和知识资源,欢迎访问网站 umlgreatchina. org 和 zhangxun. com。

参考文献

[1] 潘加宇. 软件方法:上. 业务建模和需求. 1 版. 北京:清华大学出版社,2013.

[2] 潘加宇. 软件方法:上. 业务建模和需求. 2 版. 北京:清华大学出版社,2018.

[3] 张恂. 浅论阴阳太极与 UML 建模. 软件世界,2007(5).

[4] 张恂,沈备军. 统一用例方法的研究. 计算机应用与软件,2005(9).

[5] 中国社会科学院语言研究所词典编辑室. 现代汉语词典. 7 版. 北京:商务印书馆,2016.

[6] Agile Alliance. Subway Map to Agile Practices. Agile Alliance. 2019. https://www.agilealliance.org/agile101/subway-map-to-agile-practices/.

[7] AgileAlliance. User Story Template. Agile Alliance. 2019. https://www.agilealliance.org/glossary/user-story-template/.

[8] Barker R,Longman C. Case Method:Function and Process Modelling. Addison-Wesley Professional,1992.

[9] Beck K,et al. Manifesto for Agile Software Development. agilemanifesto.org. 2001. http://agilemanifesto.org.

[10] Beck K,et al. Principles behind the Agile Manifesto. agilemanifesto.org. 2001. http://agilemanifesto.org/principles.html.

[11] Bittner K. Introduction To Writing Good Use Cases. IBM Rational Software. 2006. http://www-07.ibm.com/shared_downloads2/software/rsdc2006/ra_day_1/WritingGoodUseCases.pdf.

[12] Bittner K,Spence I. Use-Case Modeling. Addison-Wesley Professional. 2002.

[13] Boehm B. Software Engineering Economics. Prentice-Hall,1981.

[14] Boehm B,Basili V R. Software Defect Reduction Top 10 List. IEEE Computer Journal,2001,1(34):135-137.

[15] Cagan M. How To Write a Good PRD. Silicon Valley Product Group. 2005. https://svpg.com/assets/Files/goodprd.pdf.

[16] Cockburn A. 编写有效用例. 英文版. 北京:机械工业出版社,2002.

[17] Cohn M. 用户故事与敏捷方法. 石永超,张博超,译. 北京:清华大学出版社,2010.

[18] Cohn M. Advantages of User Stories for Requirements. Mountain Goat Software. 2014. http://www.mountaingoatsoftware.com/articles/advantages-of-user-stories-for-requirements.

[19] Davies R. The Power of Stories. Sardinia:XP 2001,2001.

[20] Eeles P. Capturing Architectural Requirements. IBM developerWorks. 2005. https://www.ibm.com/developerworks/rational/library/4706.html.

[21] Fowler M. The New Methodology. martinfowler.com. 2005. https://martinfowler.com/articles/newMethodology.html.

[22] Fowler M. Use Cases and Stories. martinfowler.com. 2003. https://www.martinfowler.com/bliki/UseCasesAndStories.html.

[23] Grady R. Practical Software Metrics for Project Management and Process Improvement. Prentice-Hall,1992.

[24] Harel D. Statecharts:A Visual Formalism For Complex Systems. North-Holland:Science of Computer Programming,1987, 8:231-274.

[25] Heumann J. Introduction to business modeling using the Unified Modeling Language(UML). IBM developerWorks. 2003. https://www.ibm.com/developerworks/rational/library/360.html.

[26] ICSE. Systems Engineering Handbook:A Guide for System Life Cycle Processes and Activities. Version 3.2.2. International Council on Systems Engineering,2012.

[27] IEEE-CS. IEEE Standard Glossary of Software Engineering Terminology. IEEE Computer Society,1990.

[28] IEEE-CS. SWEBOK:Guide to the Software Ehgineering Body of Knowledge, Version 3.0. IEEE Computer Society,2014.

[29] ISO. ISO/IEC 19501:2005 Information Technology Open Distributed Processing — Unified Modeling Language(UML). Version 1.4.2. International Organization for Standardization. 2019. https://www.iso.org/standard/32620.html.

[30] ISO. ISO/IEC 19505-2:2012 Information Technology Object Management Group Unified Modeling Language(OMG UML)Part 2:Superstructure. International Organization for Standardization. 2019. https://www.iso.org/

standard/52854. html.
[31] Jacobson I,Booch G,Rumbaugh J. 统一软件开发过程. 周伯生,等译. 北京：机械工业出版社,2002.
[32] Jacobson I,Christerson M,Jonsson P,et al. Object-Oriented Software Engineering：A Use Case Driven Approach. Addison-Wesley Professional,1992.
[33] Jacobosn I,Spence I,Bittner K. Use-Case 2. 0：The Guide to Succeeding with Use Cases(The Definitive Guide). Ivar Jacobson International,2011.
[34] Jeffries R. Essential XP：Card,Conversation,and Confirmation. XP Magazine,2001.
[35] Kettenis J. Getting Started With Use Case Modeling(An Oracle White Paper). Oracle. 2007. https://www. oracle. com/technetwork/testcontent/gettingstartedwithusecasemodeling-133857. pdf.
[36] Kruchten P. The Rational Unified Process：An Introduction. 3rd Edition. Addison-Wesley Professional,2003.
[37] Larman C. Agile and Iterative Development：A Manager's Guide. Addison-Wesley Professional,2003.
[38] Leffingwell D. 敏捷软件需求：团队、项目群与企业级的精益需求实践. 刘磊,等译. 北京：清华大学出版社,2015.
[39] Leffingwell D,Widrig D. Managing Software Requirements：A Unified Approach. Addison-Wesley Professional,1999.
[40] Martin R C. Agile Software Development：Principles,Patterns,and Practices. Pearson,2002.
[41] OMG. Business Process Model and Notation. BPMN,Version 2. 0. 2. Object Management Group,Inc.. 2013. https://www. omg. org/spec/BPMN/2. 0. 2/.
[42] OMG. Systems Modeling Language. Version 1. 5. Object Management Group,Inc.. 2017. https://www. omg. org/spec/SysML/1. 5/.
[43] OMG. Unified Modeling Language. OMG UML,Version 2. 5. 1. Object Management Group,Inc.. 2017. http://www. omg. org/spec/UML/2. 5. 1/.
[44] PMI. A Guide to the Project Management Body of Knowledge(PMBOK Guide). 5th ed. Project Management Institute,2013.
[45] Wiegers K,Beatty J. 软件需求. 3版(英文影印版). 南京：东南大学出版社,2014.
[46] Zielczynski P. Traceability from Use Cases to Test Cases. IBM Developer. 2006. https://www. ibm. com/developerworks/rational/library/04/r-3217/index. html.